国家级职业教育规划教材

人力资源和社会保障部职业能力建设司推荐

QUANGUO ZHONGDENG ZHIYE JISHU XUEXIAO JIANZHULEI ZHUANYE JIAOCAI

全国中等职业技术学校建筑类专业教材

电气设备安装工艺与技能训练

（第二版）

人力资源和社会保障部教材办公室组织编写

郭盛利 主 编

裘晓林 郭 庆 副主编

田敏霞 主 审

中国劳动社会保障出版社

简介

本教材共分为七个单元，主要内容有：电工基本操作、室内电气线路安装、室外电气设备安装、室内照明装置安装、电力拖动设备安装、防雷及接地装置安装、变配电设备安装。通过本教材的学习，使学生掌握电气设备安装工艺的基本知识，能在建筑安装施工企业独立完成电气配管、电气配线、常见照明器具的安装、电缆及封闭式母线的施工，电动机的检查接线及调试、变配电设备安装及调试等工作任务。

本教材由郭盛利任主编，裘晓林、郭庆任副主编，霍德华、付丽、高兵、马涛、孙超参加编写；由田敏霞任主审。

图书在版编目(CIP)数据

电气设备安装工艺与技能训练/郭盛利主编. —2版. —北京：中国劳动社会保障出版社，2015

全国中等职业技术学校建筑类专业教材

ISBN 978-7-5167-1648-9

Ⅰ.①电…　Ⅱ.①郭…　Ⅲ.①电气设备-设备安装-中等专业学校-教材　Ⅳ.①TM05

中国版本图书馆CIP数据核字(2015)第051559号

中国劳动社会保障出版社出版发行

（北京市惠新东街1号　邮政编码：100029）

*

北京宏伟双华印刷有限公司印刷装订　　新华书店经销

787毫米×1092毫米　16开本　19.75印张　432千字

2015年3月第2版　　2023年12月第8次印刷

定价：35.00元

营销中心电话：400-606-6496

出版社网址：http://www.class.com.cn

http://jg.class.com.cn

出版说明

本套教材共计27种，分为“建筑施工”“建筑设备安装”和“建筑装饰”三个专业方向。教材的编审人员由教学经验丰富、实践能力强的一线骨干教师和来自企业的专家组成，在对当前建筑行业技能型人才需求及学校教学实际调研和分析的基础上，进一步完善了教材体系，更新了教材内容，调整了表现形式，丰富了配套资源。

教材体系 补充开发了《建筑装饰工程计量与计价》《建筑装饰材料》《建筑装饰设备安装》等教材；将《建筑施工工艺》与《建筑施工工艺操作技能手册》合并为《建筑施工工艺与技能训练》。调整后，教材体系更加合理和完善，更加贴近岗位与教学实际。

教材内容 根据建筑行业的发展和最新行业标准，更新了教材内容。按照目前行业通行做法，将“建筑预算与管理”的内容更新为“建筑工程计量与计价”；为重点培养学生快速表现技法能力，将“建筑装饰效果图表现技法”的内容更新为“室内设计手绘快速表现”；《室内效果图电脑制作（第二版）》，以3DS MAX 10.0版本作为教学软件载体；新材料、新设备在相关教材中也得到了体现。

表现形式 根据教学需要增加了大量来源于生产、生活实际的案例、实例、例题以及练习题，引导学生运用所学知识分析和解决实际问题；加强了图片、表格的运用，营造出更加直观的认知环境；设置了“想一想”“知识拓展”等栏目，引导学生自主学习。

配套资源 同步修订了配套习题册；补充开发了与教材配套的电子课件，可登录www.class.com.cn在相应的书目下载。

目 录

第一单元　电工基本操作

学习目标

1. 了解电力系统的基本组成
2. 掌握安全用电知识及触电急救和电火灾的扑救方法
3. 了解常用电工材料的识别
4. 熟练掌握常用电工工具及测量仪表的正确使用
5. 熟练掌握导线连接的操作方法
6. 掌握钳工基本操作方法

电工基本操作技能是建筑类电工最基础的技能。本单元介绍的电工基本操作技能，结合了建筑电气设备安装和施工过程中涉及的技能及安全操作规程，主要包括入门知识、常用电工材料的认识、常用电工工具及测量仪表的使用、导线连接和钳工基本操作技能等内容。学习本单元知识和技能是完成后续课程的基础。

课题一　入 门 知 识

一、电力系统的基本组成

电力系统由发电、输电、变电、配电、用电这五个基本环节组成，如图 1—1 所示。其中一般用户和工厂的电力系统包含配电和用电环节。

目前常见的发电方式有火力发电、水力发电、风力发电和核能发电。

输电就是电能的传输。通过输电，把相距很远的发电厂和电能用户联系起来，使电能的开发和利用打破地域的限制。在一般情况下，输电距离在 50 km 以下的采用 35 kV 电压；100 km 以下的采用 110 kV 电压；超过 200 km 的采用 220 kV 或更高电压。

变电即变换电网的电压等级，通过电力变压器传输电能。电力系统中，通过一定设备将电压由低等级转变为高等级（升压）或由高等级转变为低等级（降压）的过程称为变电。变电分为输电电压的变换和配电电压的变换，前者称为变电站（所），后者称为变配电站（所）。

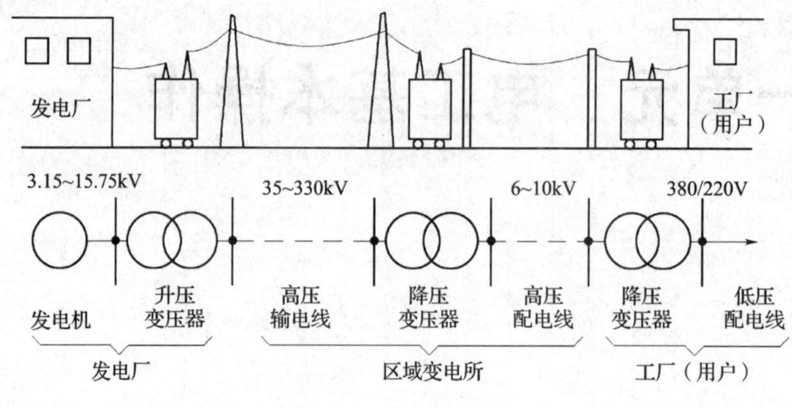

图 1—1　电力系统组成

配电即电力的分配，在一个用电区域内向用户供电。常用的配电电压有 10 kV 高压和 380/220 V 低压两种。

想一想

在电气工程中是怎样划分高压、低压电压等级的？哪个图形符号是表示变压器的？

二、安全用电知识

随着社会的发展，电能的应用日益广泛，发生用电事故的概率也相应增加。近年来，我国建筑行业每年触电死亡的人数均有数百人，其中因临时用电导致的低压触电死亡占 80% 以上。因此，学习安全用电基本知识，掌握常规触电防护技术，是保证建筑施工安全用电的有效途径。

1. 触电形式

所谓触电是指电流流过人体，如电流较强会对人体造成伤害。常见的几种触电形式见表 1—1。

表 1—1　　常见的几种触电形式

触电形式	图示	说明
单相触电	L1 L2 L3	当人体的某一部位碰到相线或绝缘性能不好的电气设备外壳时，电流由相线经人体流入大地的触电，叫单相触电（或称单线触电）

续表

触电形式	图示	说明
两相触电	L1 L2 L3	当人体的不同部位分别接触到同一电源的两根不同相位的相线时，电流由一根相线经人体流到另一根相线的触电，叫两相触电（或称双线触电）
跨步触电		当电气设备相线碰壳造成短路接地，或带电导线直接触地时，人体虽没有接触带电设备外壳或带电导线，但是跨步行走在电位分布曲线范围内而造成的触电，叫跨步触电（或称跨步电压触电）

造成触电事故和电火灾事故的原因主要有人为原因和电气设备原因。人为原因：缺乏安全用电知识，对安全用电不重视，存在麻痹大意和侥幸心理；不遵守电气设备安装、检修、运行规程和安全操作规程。电气设备原因：电气线路、电气设备安装维护不良、绝缘老化，电气设备接地安装不当或损坏。

2. 安全用电

所谓安全用电，是指在保证人身及设备安全的前提下，为了正确地使用电能而采取的措施和手段。

为了防止触电事故和电气火灾事故的发生，在使用电能时，必须做到安全用电。安全用电的基本要求是自觉遵守安全用电规定（见表 1—2），做到以防为主。

表 1—2　　安全用电规定

安全用电规定	图示	说明
禁用“一线一地”的用电方式		“一线一地”是指只用一根相线连接用电器（如电灯），另外一根用较短的导线捆扎在铁棒上插入地里以代替地线。因为插入地里的铁棒和电线全部带电，都会造成触电。所以这种用电方式是绝对不允许的

续表

安全用电规定	图示	说明
不乱拉电线		乱拉电线是指在室内横七竖八地拉挂电线，有的拉挂在钉子上，有的拉挂在梁上，有的拉挂并捆绑在床架上。这样既不美观，也不安全，一不小心就会损坏电线或用电器而造成触电
不使用绝缘层已损的电器		要经常检查电线或用电器的绝缘性能，不能使用绝缘层已损坏的电线或电器
不在插座上接过多、功率过大的电气设备		在插座上接过多或功率过大的电气设备，会使插座和插座电线上的电流过大，以致损坏绝缘层，甚至引起电气火灾
不用铜丝当熔丝（熔断器）		如果用铜丝当熔丝，熔断器就不能真正起到短路保护的作用，在电气设备发生短路故障时，破坏绝缘，引起电气火灾事故
不采用直接拉拔电源插头的方法切断电源		不采用直接拉拔电源插头的方法切断电源，要用电源主控开关控制所使用电器电源的通断。拉拔电源插头容易造成电力使用者触电
不在未切断电源的情况下，对电气线路进行清洁打扫		在未切断电源的情况下，对电气线路进行清洁打扫，这种做法很危险，清扫带电线路时，清扫工具容易破坏电气线路绝缘部分，引起触电事故

续表

安全用电规定	图示	说明
不使用未做良好接地保护的电气设备	接地线 接地体 接地干线	若电气设备漏电，未做好良好接地保护的电气设备就不能及时地将漏电流释放到大地，从而引起触电事故。因此，对电气设备一定要做良好的接地保护，才能真正保护人身安全

3. 防止触电的措施

常见的有效防止触电的措施见表1—3。

表1—3　常见的有效防止触电的措施

防范措施	说明
隔离	使人体不直接接触电气设备的带电部分，甚至不接触电气设备本身的措施称为隔离。隔离是最有效的防止触电的措施
绝缘	采用某种措施，将带电导体包封在绝缘材料里面，这样就不会发生触电电流通过人体的危险
防护接地	将电气设备不带电的金属外壳用导线和接地体与大地连接起来，使其保持与大地等电位。这样即使电气设备内部有绝缘损坏的情况，其漏电流也会通过接地系统流入大地，人体接触后也不会发生触电危险
防护切断	在电气设备线路上安装电压型或电流型漏电保护器。当出现电气设备因漏电，使金属外壳电压高于安全电压或出现大于安全值的漏电流时能立即切断电源，起到防范作用
安全电压	电气设备尽量使用低电压（交流36 V及以下的电压）供电。由于使用低电压，即使有漏电发生，但产生的电流在安全范围内，流过人体也不足以发生危险，因此36 V以下的电压称为安全电压

想一想

安全电压是多少？防止触电的措施有哪些？你有过触电的经历吗？请分析触电的原因。

4. 触电现场的救护

当发生触电事故时，电工应当积极参与现场救护，现场救护过程如下：

（1）使触电者迅速脱离电源。具体方法见表1—4。

表 1—4　　　　　　　　　　使触电者脱离电源的方法

方法	图示	说明
剪断电源线	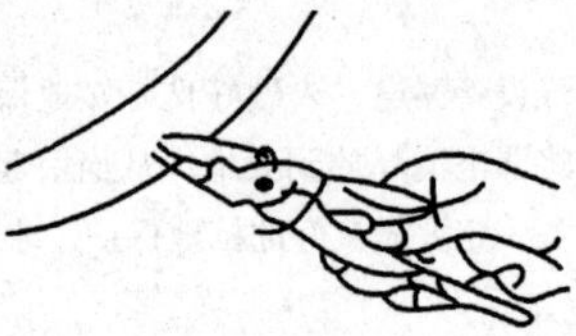	用绝缘良好的钢丝钳切断电源电路，注意切断的导线不能引起二次触电
就近关断电源	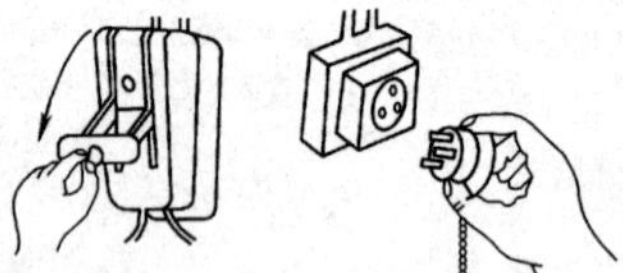	迅速拉开刀开关或拔掉电源插头
拽拉触电者	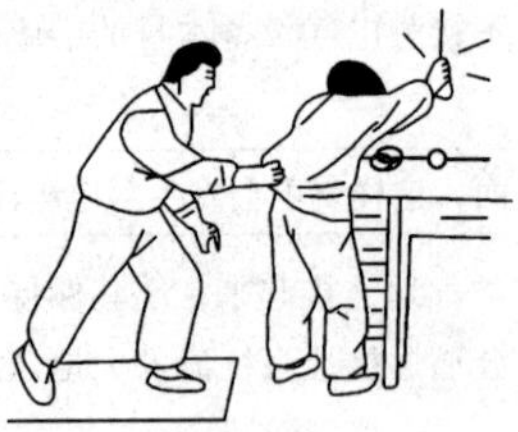	用手拉触电者的干燥衣服，同时注意操作者的安全（如踩在干燥的木板上）
挑开带电导线		用绝缘棒挑开触电者身上的电线

（2）现场诊断与救护。当触电者脱离电源后，除及时拨打“120”外，还应进行必要的现场诊断和救护，直至医务人员到来为止。具体方法如下：

若触电者呼吸停止，但心脏还在跳动，应立即采用口对口人工呼吸法救护。

若触电者虽有呼吸但心脏停止跳动，应立即用闭胸心脏按压法救护。

若触电者伤势严重，呼吸和心跳都停止或瞳孔开始放大，应同时采用口对口人工呼吸和闭胸心脏按压法救护。

人工呼吸的方法见表 1—5。

表 1—5 人工呼吸的方法

急救方法	图示	操作及要求
简单诊断	 仰卧  听呼吸  观察瞳孔 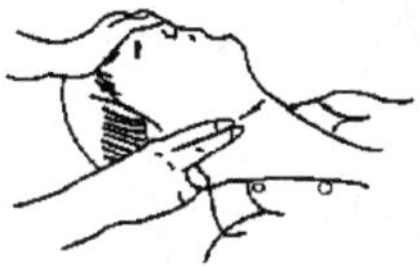 触摸颈动脉	将脱离电源的触电者迅速移至通风、干燥处，使其仰卧，松开衣扣和裤带。侧看触电者的胸部、腹部有无起伏症状，听触电者心脏跳动的情况和口鼻处的呼吸声响，触摸触电者喉结旁凹陷处的颈动脉有无搏动，观察触电者的瞳孔是否放大
口对口人工呼吸	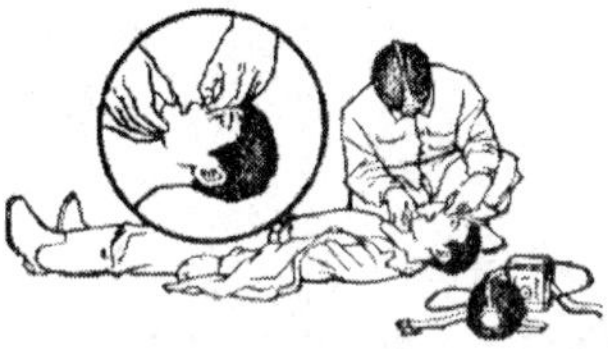 清理口腔防阻塞 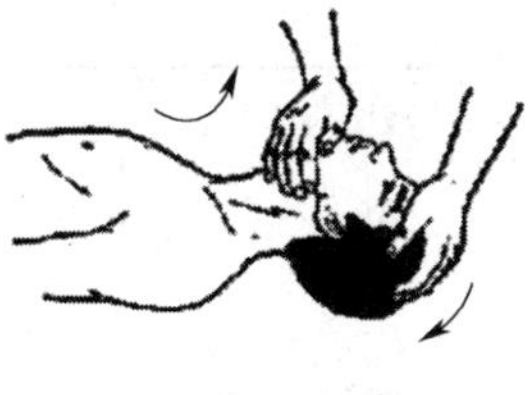 鼻孔朝天头后仰  贴嘴吹气胸扩张 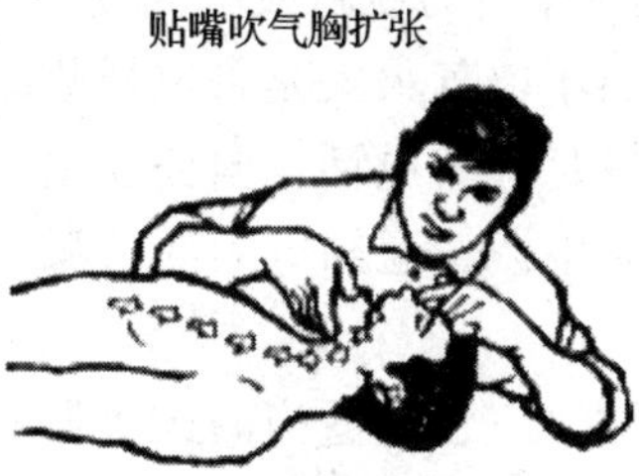 松开嘴鼻气换气	使触电者仰卧平躺，颈部枕软物，松开衣扣和裤带，清除触电者口腔中的异物。抢救者跪在触电者的侧面，并使触电者的鼻孔朝天后仰，用一只手捏紧触电者鼻子，另一只手托在触电者的颈后，将颈部上抬，深深吸一口气，然后紧贴触电者的嘴，大口吹气 松开捏着鼻子的手，让气流从触电者肺部排出，如此反复进行，每 5 s 吹一次，不间断进行，直到触电者苏醒为止。当触电者嘴巴张不开时，也可采用口对鼻人工呼吸

续表

急救方法	图示	操作及要求
闭胸心脏按压	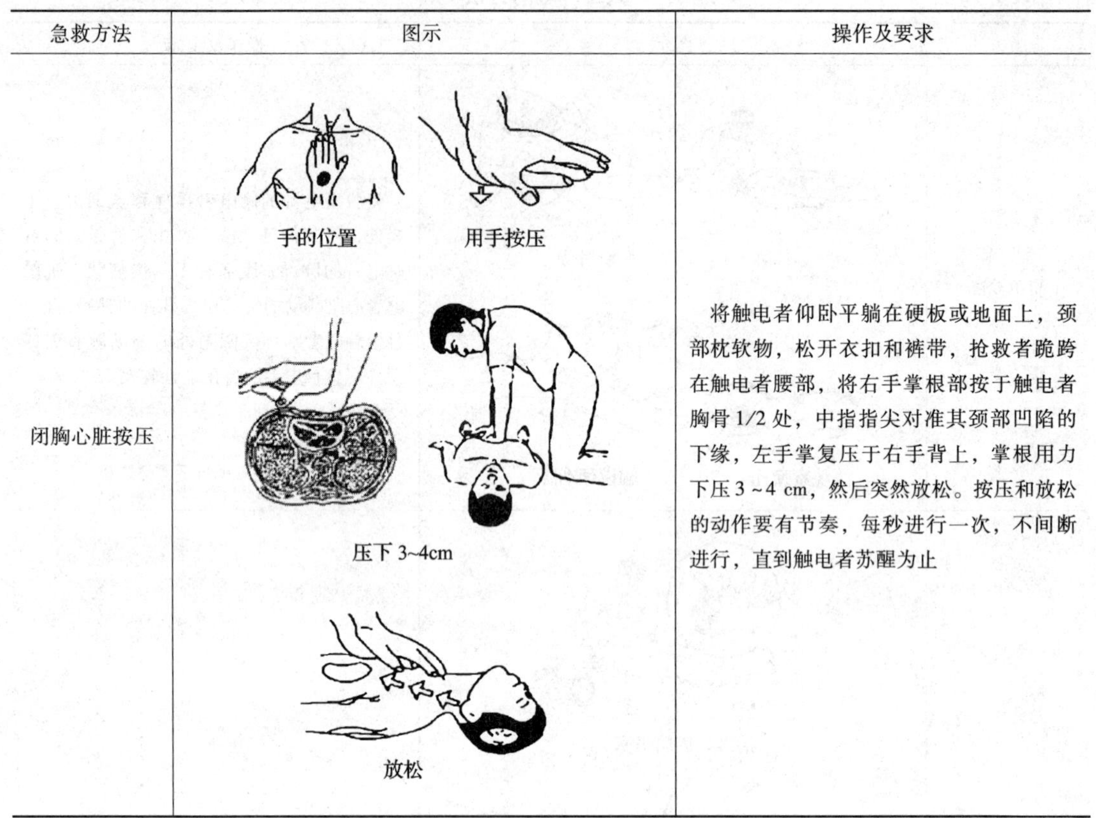	将触电者仰卧平躺在硬板或地面上，颈部枕软物，松开衣扣和裤带，抢救者跪跨在触电者腰部，将右手掌根部按于触电者胸骨1/2处，中指指尖对准其颈部凹陷的下缘，左手掌复压于右手背上，掌根用力下压3～4 cm，然后突然放松。按压和放松的动作要有节奏，每秒进行一次，不间断进行，直到触电者苏醒为止

特别提示

1. 对触电者不能注射强心针或泼冷水。

2. 触电者处于假死状态时，大脑细胞严重缺氧，处于死亡边缘，瞳孔放大不等于死亡，仍需进行抢救。

3. 同时采用两种急救方法进行急救时，一般吹气2～3次，再按压10～15次，且速度应快些。

4. 电气火灾的扑救。电气火灾一般是由于电力线路或电气设备发生老化造成短路引起的，也可能是由于操作不当或雷电所致。由于电气火灾是带电燃烧，所以蔓延迅速，扑救困难，危害极大。一旦发生火灾，应立即拨打火警电话，向公安消防部门求助。扑救电气火灾时，应注意触电危险，为此要及时切断电源，通知电力部门派人到现场指导和监护扑救工作。

在扑救尚未确定是否断电的电气火灾时，应选择适当的灭火器和灭火器装置。选择不当有可能造成触电事故和更大的危害，如使用普通水枪射出的直流水柱和泡沫灭火器射出的导电泡沫会破坏绝缘；使用四氯化碳灭火器时，灭火人员应站在上风侧，以防中毒，灭火后要注意通风；使用二氧化碳灭火器时，当其浓度达到 85% 时，人就会感到呼吸困难，要注意防止窒息。

想一想

1. 容易引起火灾的火源有哪些？怎样应对？
2. 拨打火警电话要讲清哪些内容？怎样正确使用消防灭火器材？

三、建筑电气工程简介

建筑电气工程就是以电能、电气设备和电气技术为手段来创造、维持与改善限定空间和环境的一门科学，它是介于土建和电气两大类学科之间的一门综合学科。建筑电气工程包括供配电系统、配电线路布线系统、照明电气、民用建筑物防雷。

1. 供配电系统的组成

一般民用住宅电能输送过程为：市政电→小区内变电所（10 kV）→小区内配电室（10 kV 转变为 0.4 kV）→建筑物内。

（1）负荷分级及供电要求。用电负荷根据用电可靠性及中断供电造成的损失或影响程度，分为一级负荷、二级负荷及三级负荷。

1）一级负荷。中断供电将造成人员伤亡；中断供电将造成重大影响或重大损失；中断供电将破坏有重大影响的用电单位的正常工作，或造成公共场所秩序严重混乱。例如：重要交通枢纽、重要通信枢纽、重要的经济信息中心等。

一级负荷应由两个电源供电，当一个电源发生故障时，另一个电源不应同时受到损坏。一般属于一级负荷的建筑物有：国家级会堂、宾馆、国家级国际会议中心、省部级政府办公建筑、地市级以上气象台、二级以上医院、一类高层建筑等。

2）二级负荷。中断供电将造成较大影响或损失；中断供电将影响重要用电单位的正常工作或造成公共场所秩序混乱。

二级负荷的供电系统，由两回路供电。一般属于二级负荷的建筑物有：地、市级办公建筑、大型商场、超市、一、二级客运站。

3）不属于一级和二级的用电负荷为三级负荷。

（2）配电系统的接线方式。最常用的建筑电气配电系统的接线方法有放射式、树干式和混合式三种。

1）放射式系统。放射式系统又可分为单电源单回路放射式和双电源双回路交叉放射式两种，如图 1—2 所示。单电源单回路放射式是从配电母线上引出一回线路直接向用电设备配电，沿线不接其他负荷。双电源双回路交叉放射式是从两个电源配电母线引出二回线路直接向用电设备配电，沿线也不接其他设备。

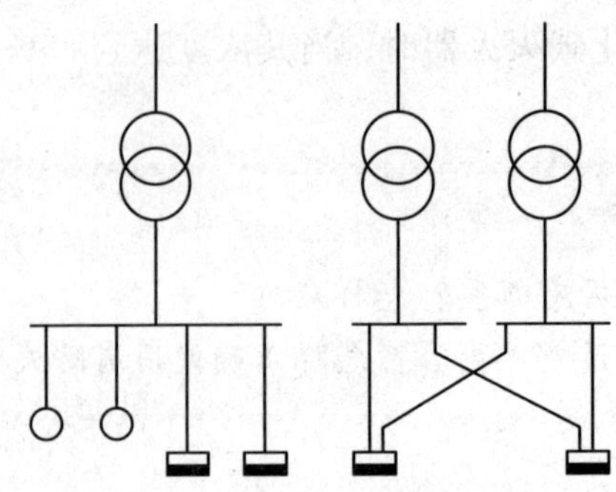

图 1—2　放射式配电系统

放射式配电系统的优点是线路敷设简单，配电设备集中，操作维护方便，保护容易，线路故障、停电影响范围小，供电可靠性较高，单电源单回路放射式可符合二级负荷供电要求，双电源双回路放射式，当电源相互独立时，可符合一级负荷供电要求。缺点是母线出线回路较多，需要配电的设备较多，有色金属消耗量也较多。放射式配电方式一般运用于容量大，负荷集中或重要的用电设备。

2）树干式系统。树干式配电系统又可分为直接连接树干式配电与链串型树干式配电系统两种。如图 1—3 所示。直接连接树干式配电是从配电母线引出一路配电干线，每个用电负荷从该干线上直接接出分支线供电的方式。

这种配电方式的优点是配电系统出线回路减少，敷设简单，配电设备的数量较少，从而可减少有色金属消耗量，节省投资。缺点是线路故障影响的停电范围大，供电可靠性差，一般只适用于三级负荷。

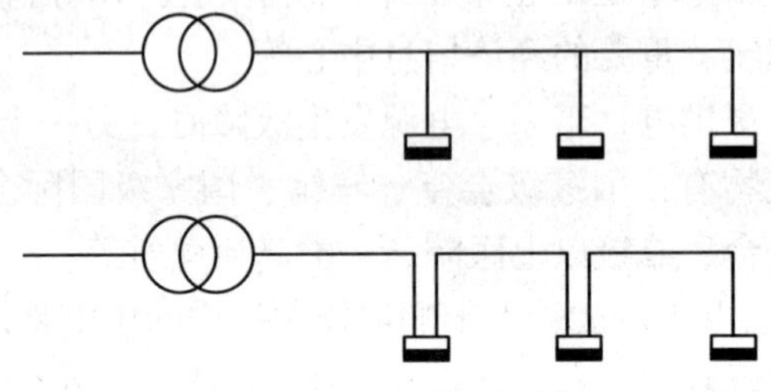

图 1—3　树干式配电系统

3）混合式系统。混合式即为放射式和树干式相结合的最常用的配电方式。如图 1—4 所示。

2. 配电线路布线系统

（1）配电线路布线方式可分为直敷布线、金属导管布线、金属电线保护套管布线、金属线槽布线、电力电缆布线、电气竖井内布线等。

1）金属导管布线。绝缘电线或电缆穿金属导管布线是民用建筑中最为常见的布线系统。金属导管布线宜用于室内、外场所，不宜用于对金属导管有严重腐蚀的场所。

2）直敷布线。直敷布线是指采用线卡将护套绝缘电线直接布设在敷设面上的明敷布线方式，主要用于居住及办公建筑室内照明及日用电气插座的布线。

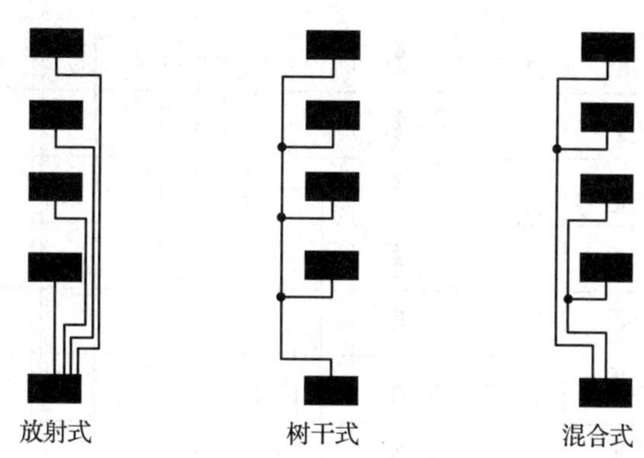

图 1—4 配电系统三种方式

3）电气竖井内布线。电气竖井内布线是高层民用建筑中强电及弱电垂直干线线路特有的布线方式。竖井内的布线方式分为金属套管、金属线槽、各种电缆或电缆桥架等。

（2）建筑低压配电系统。建筑电气的高压配电系统大多采用放射式接线方式，低压配电系统（特别是大型高层建筑）大多采用放射式和树干式相结合的混合式配电方式。建筑物地下设备层大容量的用电设备较多，应采用电缆放射式接线方式对单台设备或设备组供电，电缆可沿电缆沟、电缆支架或电缆托盘敷设，如电缆数量较少，线路较短，则可采用穿管暗敷。

建筑上部各层配电可采用分区树干式。所谓分区，就是将整个楼层依次分为若干供电区，分区层数一般为 2 ~ 6 层，每区可以是一个配电回路，也可分为照明、一般动力等几个回路，如图 1—5 所示。图 1—5b 是在图 1—5a 的方式中增加了一个公用备用回路，图 1—5c 方式中增加了一个中间配电箱，各层分配电箱前有保护装置，提高了供电可靠性。建筑上部各层也可采用由底层到顶层垂直大树干式接线方式向所有各层供电，如图 1—5d 所示。

不论是分区树干式还是大树干式的垂直主干线，现在常用的有电缆、绝缘母线槽及大电流分支电缆三种形式。

电缆一般用于楼层不多，负荷不太大的建筑物，绝缘母线槽电流大，插接方便，广泛使用于大型或高层建筑，最近发展起来的大电流分支电缆因其安装简单，供电可靠，投资省等优点，大有取代绝缘母线槽之势。

楼顶电梯回路不能同楼层用电回路共用，应由变电所低压母线引出单独回路供电。建筑内消防电梯、消防水泵、排烟风机、正压送风机、事故照明等属于重要的消防用电设备，应由两个回路供电，并在末级配电箱内实现自动切换。

3. 电气照明

建筑照明是指光能的产生、传播、分配（反射、折射和透射）和消耗吸收的系统，由电源、控制器、室内空间、建筑内表面、建筑形状、工作面等组成。电气和照明是两套系统，既相互独立又紧密联系。

照明方式可分为：一般照明、局部照明、混合照明和应急照明，其选择应符合下列规定。

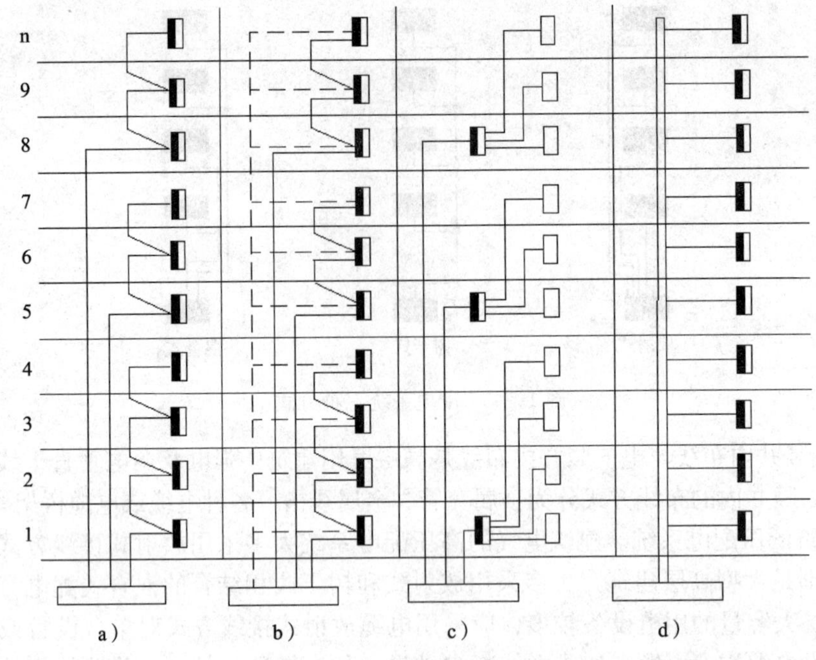

图 1—5 典型低压配电系统

（1）当仅需要提高房间内某些特定工作区的照度时，宜采用分区一般照明。

（2）采用局部照明的情况：局部需要较高照度；由于遮挡而使一般照明照射不到的某些范围；需要较少工作区的反射眩光；为加强某方向光照以增强质感。

（3）对于部分作业面照度要求较高，只采用一般照明不合理的场所，宜采用混合照明。

（4）设置应急照明的场所：正常照明因故熄灭后，需确保正常工作或活动继续进行的场所；正常照明因故熄灭后，需确保处于潜在危险之中的人员安全的场所；正常照明因故熄灭后，需确保人员安全疏散的出口和通道。

4. 民用建筑物防雷

根据现行国家标准《建筑物防雷设计规范》的规定，民用建筑物应被划分为第二类和第三类防雷建筑物。

（1）第二类防雷建筑物。高度超过 100 m 的建筑物；国家级重点文物保护建筑物；国家级会堂、办公建筑物、档案馆；国际性航空港、通信枢纽；国家级计算中心等对国民经济有重要意义且装有大量电子设备的建筑物；年预计雷击次数大于 0.06 的省部级办公建筑物及其他重要人员密集的公共建筑物；年预计雷击次数大于 0.3 的住宅、办公楼等一般民用建筑物。

（2）第三类防雷建筑物。省级重点文物保护建筑物及省级档案馆；省级大型计算中心和装有重要电子设备的建筑物；19 层以上的住宅建筑和高度超过 50 m 的其他民用建筑物；年预计雷击次数大于或等于 0.012 且小于 0.06 的省部级办公建筑物及其他重要人员密集的公共建筑物；年预计雷击次数大于或等于 0.06 且小于或等于 0.3 的住宅、办公楼等一般民用建筑物。

思考与练习

1. 简述电力系统的基本组成。
2. 什么是触电？常见的几种触电形式是什么？
3. 简述使触电者迅速脱离电源的方法。
4. 简述口对口人工呼吸和人工闭胸心脏按压法救护方法。
5. 简述供配电系统的组成。
6. 配电系统的接线方式有哪三种？

技 能 训 练

1. 模拟现场触电救护的操作。用 FSR 心肺复苏模拟对人进行复苏的操作。
2. 模拟现场电气火灾扑救的过程。
3. 在指导教师和电厂师傅的指导下参观电力系统。
4. 分析教学楼的配电系统、配电线路布线系统、照明电气和防雷措施。

课题二　常用电工工具及测量仪表

一、常用电工工具

常用电工工具的名称、图示、说明及使用要求见表 1—6。

表 1—6　　常用电工工具的名称、图示、说明及使用要求

工具名称	图示	说明及使用要求
1. 试电笔		试电笔又称低压验电器，是检验导线、电器是否带电的一种常用工具，检测范围为 50 ~ 500 V，有钢笔式、螺钉旋具式和组合式等多种 使用试电笔时，以中指和拇指持试电笔笔身，食指接触笔尾金属体或笔挂。当带电体与地之间电位差大于 60 V 时，氖泡产生辉光，证明有电 人手接触电笔部位一定要在试电笔的金属笔盖或者笔挂，绝对不能接触试电笔的笔尖金属体，以免发生触电

续表

工具名称	图示	说明及使用要求
2. 螺钉旋具	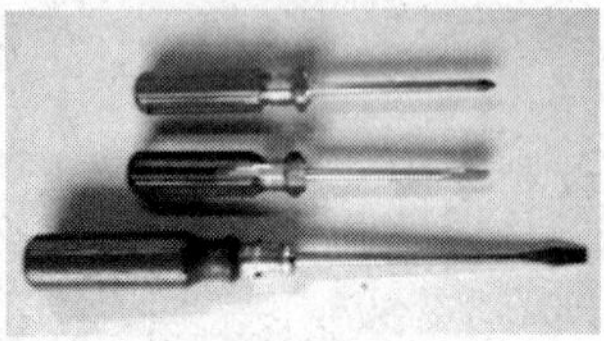	旋具又称起子或螺丝刀，是用来紧固或拆卸带槽螺钉的常用工具，旋具按头部形状的不同，分为一字形和十字形两种。一字形旋具用来紧固或拆卸一字槽螺钉。十字形旋具用来紧固或拆卸十字槽螺钉 带电作业时，手不可触及旋具的金属杆，以免发生触电事故。大旋具一般用来紧固较大的螺钉，使用时，除大拇指、食指和中指要夹住握柄外，手掌还要顶住柄的末端，这样可使出较大的力气 小旋具一般用来紧固较小的螺钉。使用时，可用大拇指和中指夹住握柄，用食指顶住柄的末端旋转。可用右手压紧并转动手柄，左手握住旋具的中间，以使旋具不致滑脱，此时左手不得放在螺钉周围，以免旋具滑出伤人
3. 电工刀	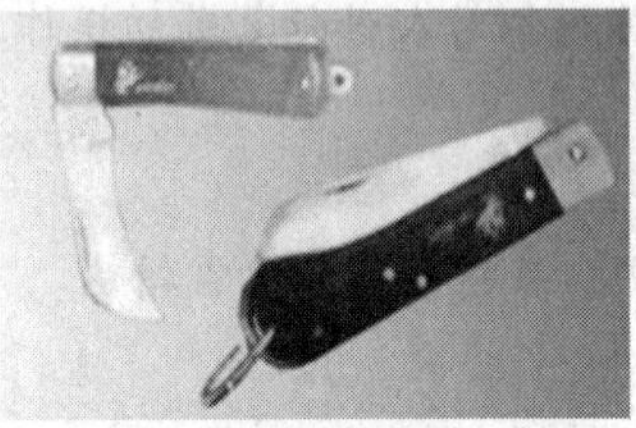	电工刀是用来剥削导线绝缘层，切割电线电缆的常用工具，其刀口磨制成单面呈圆弧状的刃口，刀刃部分锋利一些 使用电工刀时不得带电作业，以免触电。在剖削电线绝缘层时，应将刀口朝外剖削，并注意避免伤及手指。剖削导线绝缘层时，应使刀面与导线成较小的锐角，以免割伤导线。使用完毕，随即将刀身折进刀柄
4. 钢丝钳	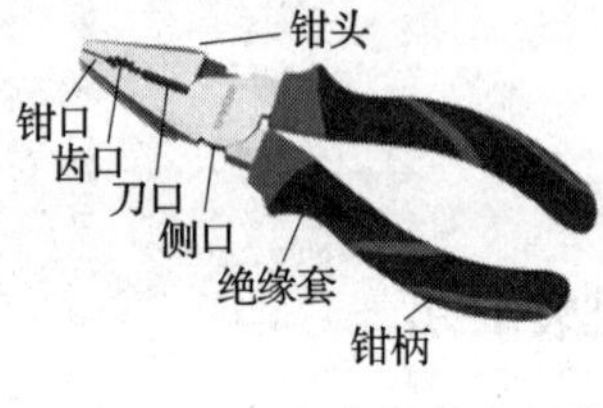	钢丝钳又称老虎钳，是电工应用最频繁的工具。常用的规格有 150 mm、175 mm 和 200 mm 三种 电工钢丝钳由钳头和钳柄两部分组成。钳头包括钳口、齿口、刀口、铡口四部分，其中钳口可用来钳夹和弯绞导线；齿口可代替扳手来拧小型螺母；刀口可用来剪切电线、掀拔铁钉；铡口可用来铡切钢丝等硬金属丝 使用钢丝钳时要刀口朝内侧，便于控制剪切部位。剪切带电导线时，必须单根进行，不得用刀口同时剪切相线和零线或者两根相线，以免造成短路事故
5. 尖嘴钳	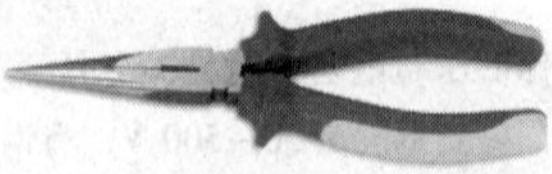	尖嘴钳由钳头和钳柄组成，外形如左图所示 尖嘴钳头部尖细，适用于在狭小的空间操作，钳头用于夹持较小螺钉、垫圈、导线和把导线端头弯曲成所需形状；刀口用于剪断细小的导线、金属丝等。电工用尖嘴钳采用绝缘手柄，其耐压等级为 500 V
6. 斜口钳	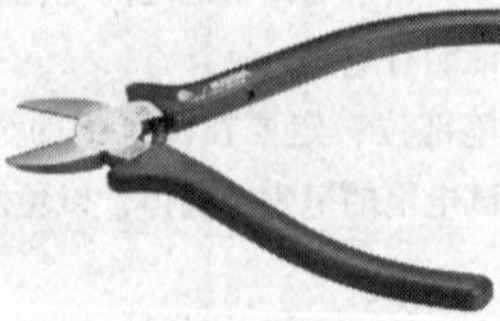	斜口钳又称断线钳，其头部扁斜，外形如左图所示，其耐压等级为 1 000 V。斜口钳用来剪断较粗的金属丝、线材及电线电缆等

续表

工具名称	图示	说明及使用要求
7. 剥线钳		剥线钳用来剥削直径为 3 mm 及以下绝缘导线的塑料或橡胶绝缘层，其外形如左图所示。它由钳口和手柄两部分组成，剥线钳钳口分有 0.5～3 mm 的多个直径切口，用于不同规格线芯的剖削，剥线钳使用时，将要剥削的绝缘层长度用标尺定好后，即可把导线放入相应的刃口中（比导线直径稍大），用手柄一握紧，导线的绝缘层即被割破，且自动弹出。剥线钳使用时应使切口与被剥削导线芯线直径相匹配，若切口过大无法剥除导线的绝缘层，若切口过小会切断芯线
8. 活扳手		活扳手又称活络扳头，是用来紧固和拆卸螺母的一种专用工具，活扳手由头部和柄部组成，头部由活络扳唇、呆扳唇、扳口、蜗轮和轴销等组成，如左图所示，旋动蜗轮可调节扳口的大小，规格用长度×最大开口宽度（单位：mm）来表示 扳动大螺母时，需用较大力矩，手应握在靠近柄尾处；扳动小螺母时，不需用较大力矩，但螺母过小，易打滑，因此手应握在接近头部的地方，并且可随时调节蜗轮，收紧活络唇，防止打滑。活扳手不可反用，也不可用钢管接长手柄来施加较大的扳拧力矩，活扳手不得当作撬棒或锤子使用

二、安装用电工工具

安装用电工工具的名称、图示、说明及使用要求见表 1—7。

表 1—7　　常用电工工具的名称、图示、说明及使用要求

工具名称	图示	说明及使用要求
1. 导线压接钳	油压钳 手压钳	油压钳用来压接 10 mm^2 以上大截面的导线终端头。压接前，选好相应模具。压接时，关紧回油螺钉，然后摇动手柄做往复运动，待压模略微接触，即已符合压接尺寸，若继续加压，则会损坏零件。压成一模后，放松回油螺钉，待活塞复位后，再关紧回油螺钉，然后压接第二模。手压钳，用来压接 10 mm^2 以下小截面的多股导线终端头。油压钳的模具可以更换，手压钳的模具在钳口中是固定的

续表

工具名称	图示	说明及使用要求
2. 喷灯		喷灯是利用高温火焰（温度约为1 000℃）对工件进行加热的一种工具，油筒中的汽油被压缩空气压入汽化管汽化，经喷气孔喷出与燃烧腔内的空气混合，点燃后呈蓝色高温火焰，如左图所示 使用前，燃料自加油孔注入，但只能装至油筒的3/4处，在点火碗中注入2/3的汽油并点燃，加热燃烧腔，打几下气，稍开调节阀，继续加热。多次打气加压，但不要打得太足，慢慢开大调节阀，待火焰由黄变蓝时，即可使用
3. 手电钻		手电钻属于手提电动钻孔工具，用于对金属、塑料或其他材料及工件进行钻孔。使用前要用手转动钻夹头，检查一下是否灵活，在钻孔前应先空转1 min，检查传动机构是否灵活，有无异常声音，钻头是否偏摆。如有异常声音应断电检修，钻头偏摆说明钻夹头与钻头不同心，要重新夹直钻头或更换钻头 用电钻钻孔时不宜用力过大，以免使电钻电动机超载。钻金属时，应注意在将要钻通时减轻用力，以免卡住钻头或伤手。若电钻转速突然降低应立即减轻压力；钻头卡住时要立即断开电源
4. 电锤		电锤适用于在各种脆性建筑构件（混凝土和砖石等）上錾孔、开槽、打毛，主要用于混凝土构件上的作业，电锤的功率较电钻要大，在电钻无能为力时，它却能更快、更深地钻直径大于14 mm的孔，并能钻透硬质混凝土材料，所以电锤在建筑安装，水、电、气管的穿墙钻孔及设备安装钻孔施工中得到广泛的应用。如左图所示 在使用电锤钻孔时，应避开暗装电管线和钢筋，对钻孔深度有要求时，应装上定杆控制钻孔深度，向上钻孔时，应装上防尘罩。施钻时应先将钻头顶在工作面上，然后再按下开关，在钻孔过程中若出现冲击停止现象，可断开开关，重新顶住电锤，然后接通开关

续表

工具名称	图示	说明及使用要求
5. 冲击钻		冲击钻是一种既能转动又带冲击的电动工具。它带有可调机构，当调节环在转动的无冲击位置时，装上麻花钻头在金属上进行钻孔。当调节环在转动和带冲击位置上，安上带硬质合金的钻头，可在砖面、混凝土墙、屋面、场面上进行钻孔 冲击钻一般情况下是不能用来作电钻使用的：一是因为冲击钻在使用时方向不易把握，容易出现误操作，开孔偏大；二是钻头不锋利，使所开的孔不工整，出现毛刺或裂纹；三是即使上面有转换开关，也尽量不用来钻孔，除非使用专用的钻木钻头，但是由于电钻的转速很快，很容易使开孔处发黑并使钻头发热，从而影响钻头的使用寿命 电锤依靠旋转和捶打来工作。与电锤相比，冲击钻需要更大的压力来钻入硬材料，所以在石头和混凝土，特别是相对较硬的混凝土上钻孔时，应选用电锤
6. 手动液压弯管机	上花板 柱塞 卸荷阀 角度尺 方挡块 辊轴销 工作油缸 辊轴 液压缸快速接头 高压油管 液压油泵 变管胎 6 个：1/2″、3/4″、1″、5/4″、3/2″、2″	手动液压弯管机的用途：液压弯管机主要用于电力施工、建筑施工等方面的管道铺设及修造，具有功能多、结构合理、操作简单、移动方便、安装快速等优点 使用时，将工作油缸旋入方挡块的内螺纹，根据所弯管子的外径选择模胎，套在柱塞上，将两只辊轴所对应槽向着模头，然后放入相应尺寸的花板孔中，将所弯管子插入槽中，再将高压油管端部的快速接头活动部分向后拉，并套在工作油缸及油泵的接头上，将油泵上的放油螺钉旋紧，即可弯管。弯管完毕，放松放油螺钉，柱塞即自动复位

三、便携数字式电工仪表

测量各种电量的仪表统称为电工测量仪表。电工测量仪表的种类很多，其中常用的是测量基本电量的便携式仪表，如万用表、兆欧表、钳形电流表、接地电阻测定仪等。根据测量仪表数据显示方式，分为指针式仪表和数字式仪表。

1. 便携数字式电工仪表的名称、图示、说明及使用要求（见表1—8）

表1—8　　便携数字式电工仪表的名称、图示、说明及使用要求

名称	图示	说明及使用要求
1. 万用表		万用表是一种多功能、多量程的便携式电工仪表，一般的万用表可以测量直流电流、直流电压、交流电压和电阻等，还可测量电容、功率、晶体管共发射极直流放大系数h_{FE}等。所以万用表是电工必备的仪表之一，万用表可分为指针式万用表和数字式万用表
2. 兆欧表	手摇兆欧表　数字兆欧表	兆欧表又称摇表，是专门用于测量绝缘电阻的仪表，它的计量单位是兆欧（MΩ）。常用的手摇式兆欧表如左图所示，主要由磁电式流比计和手摇直流发电机组成，输出电压有500 V、1 000 V、2 500 V、5 000 V几种。随着电子技术的发展，现在出现了用干电池及晶体管直流变换器把直流低压转换为直流高压，来代替手摇发电机的数字兆欧表
3. 钳形电流表	指针式钳形电流表　数字式钳形电流表	钳形电流表是一种不需要断开电路就可以直接测量交流电路的便携式仪表，这种仪表测量精度不高，可对设备或电路的运行情况作粗略了解，由于使用方便，因此应用很广泛。钳形电流表由电流互感器和电流表组成，如左图所示，有指针式和数字式两种
4. 接地电阻测定仪	指针式接地电阻测定仪　数字式接地电阻测定仪	接地电阻测定仪主要由手摇交流发动机、电流互感器、检流计和测量电路等组成，它是利用补偿法测量接地电阻的原理工作的，电阻测定仪的外形结构如左图所示

2. 数字式万用表的使用

数字式测量仪表已成为主流，有取代模拟式仪表的趋势。与模拟式仪表相比，数字式仪表灵敏度高，准确度高，显示清晰，过载能力强，便于携带，使用更简单。下面简单介绍目前使用量较大的VC890D数字万用表的使用方法。其他仪表的使用方法将在后边相应单元中学习。VC890D面板及量程开关如图1—6所示。

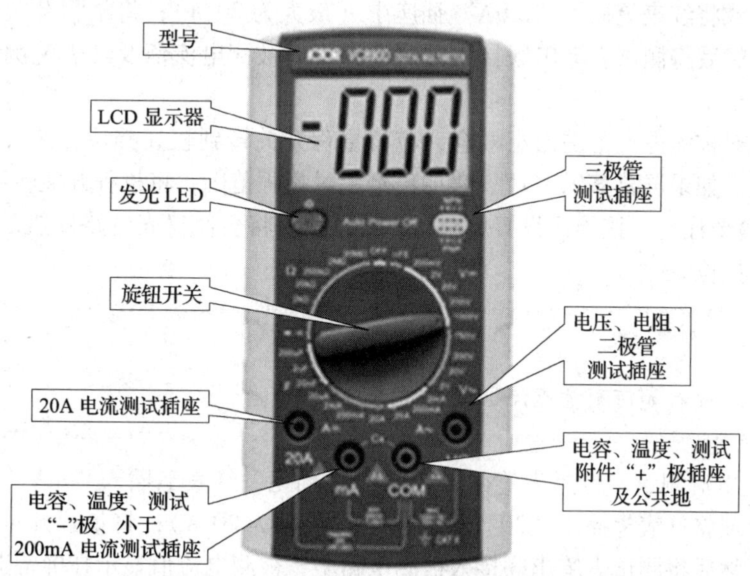

图 1—6　数字万用表面板及旋钮作用

（1）面板量程开关使用说明。

Ω：电阻挡：200 Ω、2 K、20 K、200 K、2 M、20 M。

V～：交流电压挡：2 V、20 V、200 V、750 V。

V＝：直流电压挡：200 mV、2 V、20 V、200 V、1 000 V。

A＝：直流电流挡：20 μA、200 μA、2 mA、20 mA、200 mA、20 A。

A～：交流电流挡：2 mA、20 mA、200 mA、20 A。

h_{FE}：0～1 000。

C：电容挡：20 nF、2 μF、200 μF。

→⊢ •))）：二极管及通断测试，二极管压降；蜂蜜器发出长响，测试电阻小于 70 Ω。

（2）直流电压测量。将黑表笔插入“COM”插座，红表笔插入“V/Ω”插座；将量程开关转到相应直流电压量程上，然后将测试表笔跨接在被测电路上，红表笔所接的该点电压与极性显示在屏幕上。

如果事先对被测电压范围没有概念，应将量程开关转到最高的挡位，然后根据显示值转到相应挡位上。如果屏幕显示“1”，表明已经超过量程范围，将量程开关转到较高挡位上。

（3）交流电压测量。将黑表笔插入“COM”插座，红表笔插入“V/Ω”插座；将量程开关转到相应交流电压量程上，然后将测试表笔跨接在被测电路上，在屏幕上读取测量结果。

如果事先对被测电压范围没有概念，应将量程开关转到最高的挡位，然后根据显示值转到相应挡位上。如果屏幕显示“1”，表明已经超过量程范围，将量程开关转到较高挡位上。

（4）直流电流测量。将黑表笔插入“COM”插座，红表笔插入“mA”插座中（最大为200 mA)，或将红表笔插入“20 A”插座中（最大为20 A)；将量程开关转到相应直流电流量程上，然后将测试表笔串联接入被测电路中，被测电流值及红表笔测量点的电流极性将显示在屏幕上。

如果事先对被测电流范围没有概念，应将量程开关转到较高挡位，然后根据显示值转到相应挡位上。如果屏幕显示“1”，表明已经超过量程范围，将量程开关转到较高挡位上。在测量20 A时要注意，该挡没设置熔断器，连续测量将会使仪表电路发热，影响测量精度甚至损坏仪表挡位。

想一想

指针式万用表如何测量直流电流?

(5) 交流电流测量。将黑表笔插入“COM”插座，红表笔插入“mA”插座中（最大为200 mA)，或将红表笔插入“20 A”插座中（最大为20 A)；将量程开关转到相应交流电流量程上，然后将测试表笔串联接入被测电路中，被测电流值显示在屏幕上。

如果事先对被测电流范围没有概念，应将量程开关转到较高挡位，然后根据显示值转到相应挡位上。如果屏幕显示“1”，表明已经超过量程范围，将量程开关转到较高挡位上。在测量20 A时要注意，该挡没设置熔断器，连续测量将会使仪表电路发热，影响测量精度甚至损坏仪表挡位。

(6) 电阻测量。将黑表笔插入“COM”插座，红表笔插入“V/Ω”插座；将量程开关转到相应电阻量程上，然后将测试表笔跨接在被测电阻上，在屏幕上读取测量结果。

如果电阻值超过所选的量程值，则会显示“1”，这时应将量程开关转到较高挡位；当测量电阻值超过1 MΩ时，读数需要几秒钟时间才能稳定，这在测量高电阻时是正常的；当输入端开路时，则显示过载情景；测量在线电阻时，要确认被测电路所有电源已经关断及所有电容已经完全放电后，才可以进行测量。

想一想

指针式万用表如何测量电阻?

(7) 电容测量。将红表笔插入“COM”插座，黑表笔插入“mA”插座中；将量程开关转到相应电容量程上，表笔对应极性（注意红表笔极性为“+”极）接入被测电容，被测电容值显示在屏幕上。

如果事先对被测电流范围没有概念，应将量程开关转到较高挡位，然后根据显示值转到相应挡位上。如果屏幕显示“1”，表明已经超过量程范围，将量程开关转到较高挡位上。在测试电容前，屏幕值可能尚未归零，残留读数会逐渐减小，可以不予理会，它不会影响测量的准确度。使用大电容测量挡测量严重或击穿电容时，可能会显示一些不稳定的数值，在测试电容前，必须对电容充分地放电，以防止损坏仪表。

(8) 二极管及通断测试。将黑表笔插入“COM”插座，红表笔插入“V/Ω”插座中

（注意红表笔极性为“＋”极）；将量程开关转到“→⊢ •)))”上，将表笔连接到被测试二极管，读数为二极管正向压降的近似值；将表笔连接到待测两点，如果两点之间电阻值低于70 Ω，则内置蜂鸣器发声。

（9）自动断电。当仪表停止使用20 min后，仪表将自动断电进入休眠状态；如果要重新启动电源，需将量程开关转到“OFF”挡。然后再转到需要使用的挡位上，就可以重新接通电源。

（10）仪表保养。注意防水、防尘、防摔；不宜在高温高湿、易燃易爆和强磁场的环境下使用；当屏幕出现“[+ −]”时，应更换电池。

查一查

阅读数字万用表说明书。

思考与练习

1. 简述试电笔和钢丝钳的结构、性能、使用方法。
2. 如何正确使用冲击钻和电锤。
3. 如何用数字式万用表测量交流电压和直流电流？
4. 如何用指针式万用表测量电阻？
5. 数字式万用表如何保养？

技 能 训 练

1. 阅读常用电工工具说明书。
2. 说明常用电工工具的用途。
3. 正确使用冲击钻、电锤。
4. 正确选择使用导线压线钳模具。
5. 正确使用液压弯管机和选择模具。

课题三　常用导线连接

导线的连接是建筑电气设备安装过程中常用的基本操作技能，本课题将学习导线的连接方法；恢复绝缘方法；导线与各类端子的连接方法；有线电视、网线、电话线终端头的制作方法。

一、绝缘导线与绝缘导线连接

对绝缘导线进行连接时，必须去除接头处的绝缘层，以保证接头处有良好的导电特性。绝缘层要去除干净、彻底，否则通电后接头处会因这些绝缘层形成的电阻而发热。此外，还要保证接头处的机械强度不低于非连接处的机械强度；导线连接后需要恢复绝缘，恢复绝缘后其绝缘强度应不低于原有绝缘层强度。

1. 接线端子

接线端子是用于实现电气连接的一种配件，接线端子是为了方便导线之间的连接而应用的，它是一段封在绝缘塑料里面的金属片，两端有孔可以插入导线，有螺钉用于紧固或者松开。如图 1—7 所示。

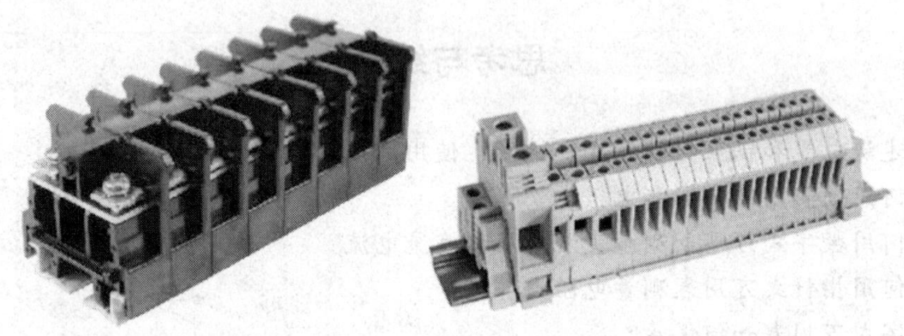

图 1—7　接线端子

接线端子在电气连接中起着相当重要的作用，所以接线端子所使用的材料在阻燃性、绝缘性、抗冲击性等技术指标方面都要在国家标准之上。接线端子的材料包括金属材料和外壳材料。

(1) 金属材料。端子的主要金属部件有导电条、螺钉和夹紧件。其中导电条含铜量至少为 58%。螺钉和夹紧件的材料一般用铜合金，或表面电镀防锈材料的铜，原则上不直接使用无表面电镀防锈材料的铜，这样可避免电腐蚀导致的电连接不可靠及螺钉锈死现象。

(2) 外壳材料。接线端子外壳材料主要有聚碳酸酯、尿素树脂（电玉粉）和 ABS 工程塑料等。

聚碳酸酯，俗称防弹胶。是一种综合性能优良的热塑性工程塑料，具有高强度、高韧性、高抗热性、高阻燃、高电绝缘性能和抗紫外线、颜色稳定不变色等优点，在接线端子中多数用来制作面板、边框和壳体。

尿素树脂，又叫脲醛树脂，其压塑粉俗称为电玉粉。用作电工产品的绝缘材料，其抗冲击性、耐磨性、绝缘性能及耐高温性与用高级 PC 料相比差一些，容易变色，表面摸多了就显得很毛糙，是中、低档次品牌使用最多的一种材料，多用于制作开关、插座的面板。

ABS 工程塑料是一种通用型材料，其品种多样，用途广泛，也称“通用塑料”。ABS 虽有一定的表面硬度，但抗冲击性能、阻燃性能较差，容易氧化变色，使用不久表面就会出现泛黄的现象。

2. 导线的绝缘层剖削

（1）导线横截面积 4 mm^2 及以下的塑料导线绝缘层的剖削方法可分为钢丝钳剖削和剥线钳剖削两种方法，见表 1—9。

表 1—9　　导线横截面积 4 mm^2 及以下的塑料导线绝缘层的剖削方法

操作项目	图示	方法及工艺要求
钢丝钳剖削操作方法		左手捏住导线，根据线头所需长度，用钳头刀口轻切塑料层，但不可切入芯线，然后用右手握住钳子头部，用力向外勒去塑料层。右手握住钢丝钳时，用力要适当，避免伤及线芯
剥线钳剖削操作方法		根据缆线的粗细型号，选择相应的剥线刀口；将准备好的电缆放在剥线工具的刀刃中间，选择好要剥线的长度；握住剥线工具手柄，将电缆夹住，缓缓用力使电缆外表皮慢慢剥落。松开工具手柄，取出电缆线，这时电缆金属整齐露出，其余绝缘塑料完好无损

（2）导线横截面积大于 4 mm^2 的塑料导线绝缘层的剖削方法。电工刀剖削绝缘层操作方法如图 1—8 所示。

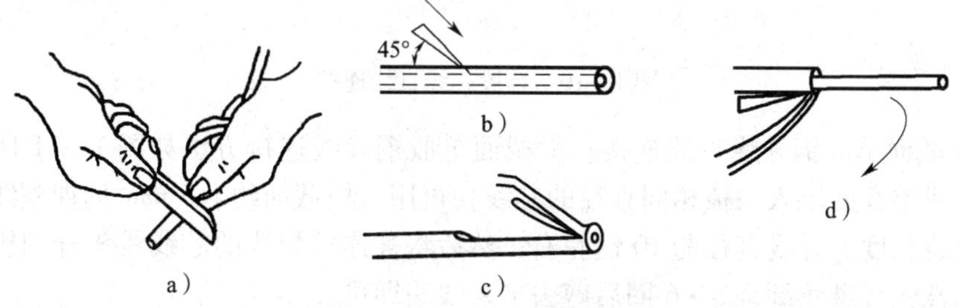

图 1—8　电工刀剖削绝缘层操作方法

a）握刀姿势　b）刀以 45°切入　c）刀以 25°倾斜推削　d）扳翻塑料层并在根部切去

（3）塑料护套线护层和绝缘层的剖削方法如图 1—9 所示。根据所需长度用刀尖在线芯缝隙间划开护套层。将护套层向后扳翻，用电工刀齐根切齐。用电工刀以 45°斜角切入内层的绝缘层后，向前推刀口剥去绝缘层，绝缘层切口与护套层切口间应留有至少 5 ~ 10 mm 的距离。

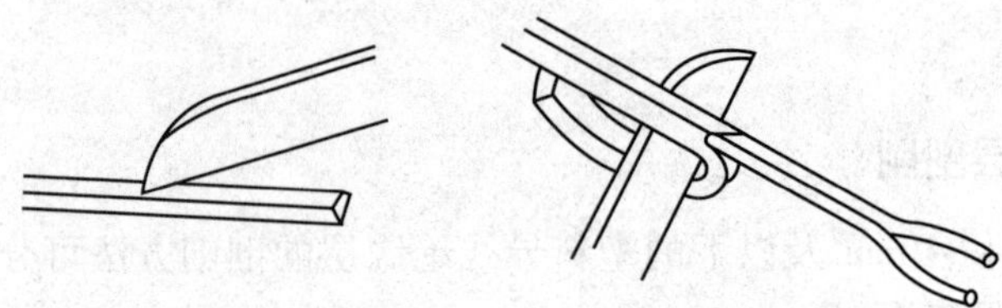

图 1—9 塑料护套线护层和绝缘层的剖削方法

特别提示

1. 用电工刀剖削时，刀口应向外，并注意安全，以防伤人。
2. 用电工刀和钢丝钳剖削时，不得损伤线芯，若损伤较多应重新剖削。
3. 用剥线钳剥除时，应注意导线规格与剥线钳钳口对应。

3. 导线的连接

（1）小截面单股芯线直线连接。小截面单股导线连接方法如图 1—10 所示，先将两导线的芯线线头作 X 形交叉，再将它们相互缠绕 2 ~ 3 圈后板直两线头，然后将每个线头在另一个芯线上紧贴密绕 5 ~ 6 圈后剪去多余线头。

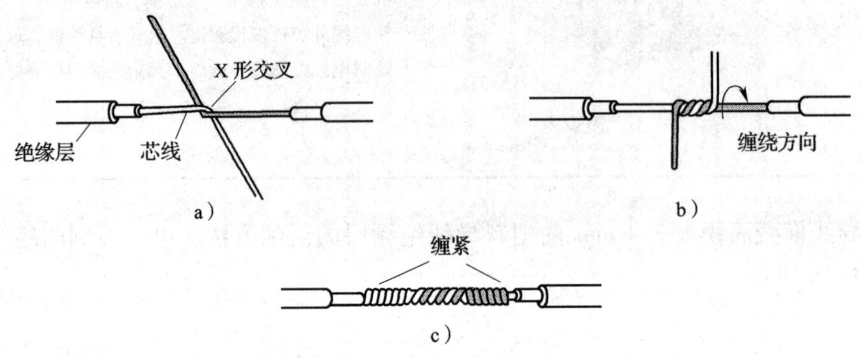

图 1—10 单股芯线直线连接

（2）大截面单股铜导线直线连接。大截面单股铜导线连接方法如图 1—11 所示，先在两导线的芯线重叠处填入一根相同直径的芯线，再用一根截面约 1.5 mm^2 的裸铜线在其上紧密缠绕，缠绕长度为导线直径的 10 倍左右，然后将被连接导线的芯线线头分别折回，再将两端缠绕的裸铜线继续缠绕 5 ~ 6 圈后剪去多余线头即可。

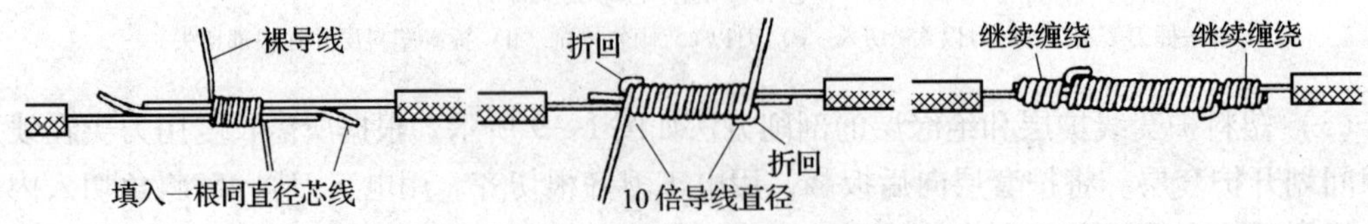

图 1—11 大截面单股铜导线直线连接

（3）单股线芯的 T 字形分支连接方法。

1）对截面积 6 mm^2 以下的导线进行 T 字形连接。将支线线头与干线十字相交后绕单结，支线芯线根部留 3 ~ 5 mm。然后紧密缠绕在干线线芯上，缠绕长度为芯线直径的 8 ~ 10 倍，剪去多余线头并修平。

2）对于截面较大的导线可用直接缠线法进行 T 字形连接：将芯线线头与干线十字相交后直接缠绕在干线上，缠绕长度应为芯线直径的 8 ~ 10 倍。缠绕时要用钢丝钳配合，力求缠绕紧固。连接过程如图 1—12 所示。

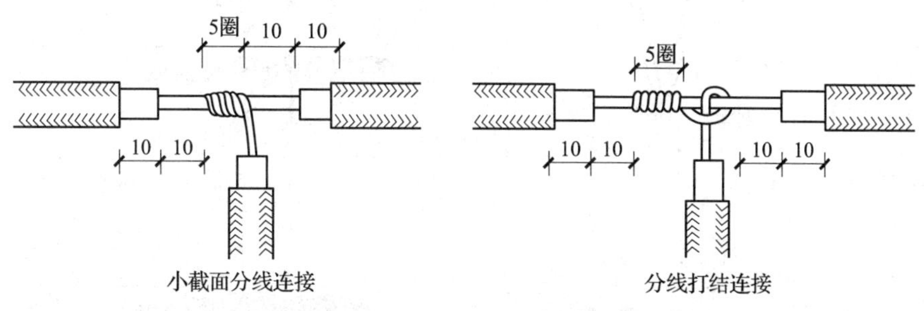

图 1—12　单股线芯的 T 字形分支连接

（4）多股芯线的直线连接（对于截面积较小，如 10 mm^2 的 7 股芯线采用自缠法。对于截面积较大，如 35 mm^2 及以上的 7 股芯线采用缠绕绑接法），如图 1—13 所示。先将两待接线头进行整形处理，用钢丝将其根部的 1/3 部分绞紧，其余 2/3 部分呈伞骨状。再将两芯线头隔股对叉，叉紧后将每股芯线捏平。将一端的 7 股芯线线头按 2、2、3 分成三组，将第一组 2 股垂直于芯线扳起，按顺时针的方向紧绕两周后扳成直角，使其与芯线平行。将第二组芯线紧贴第一组芯线直角的根部扳起，按第一组的绕法缠绕两周后仍扳成直角。

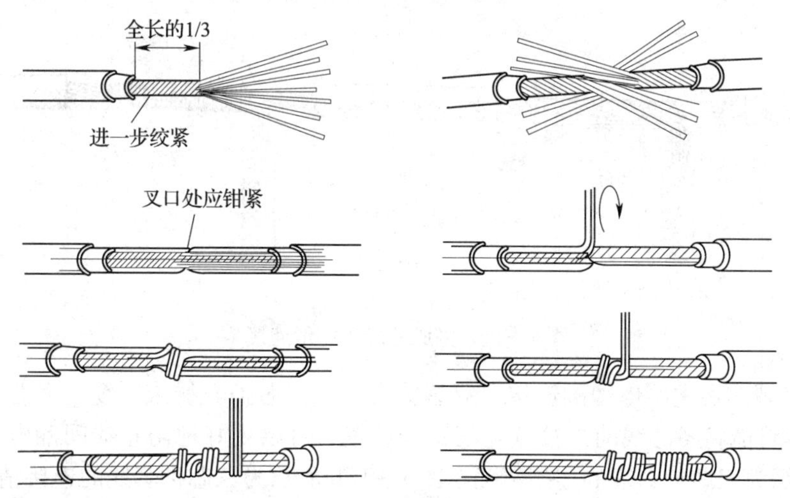

图 1—13　多股芯线的直线连接

第三组 3 根芯线缠绕方法如前，但应绕三周，在绕到第二周时找准长度，剪去前两组芯线的多余部分，同时将第三组芯线再留一圈长度，其余剪去，使第三组芯线第三周绕完后正好压盖住前两组芯线，一端连接结束。另一端连接方法相同。

（5）多股芯线T字形连接。对于截面积较小的7股芯线采用图1—14所示的连接方法。将支路芯线靠近绝缘层约1/8的芯线绞合拧紧，其余7/8芯线分为两组，如图1—14a所示，一组插入干路芯线当中，另一组放在干路芯线前面，并朝右边按图1—10b所示方向缠绕4～5圈。再将插入干路芯线当中的那一组朝左边按图1—14c所示方向缠绕4～5圈，连接好的导线如图1—10d所示。

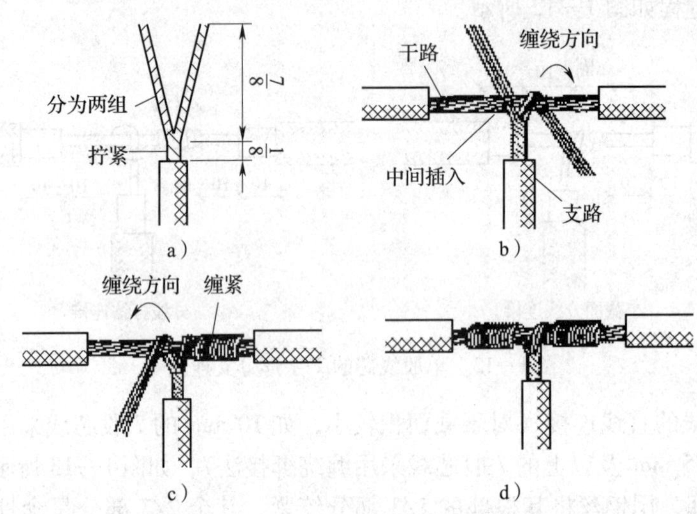

图1—14　多股芯线T字形连接

另一种方法如图1—15所示，将支路芯线90°折弯后与干路芯线并行，如图1—15a所示，然后将线头折回并紧密缠绕在芯线上即可，如图1—15b所示。

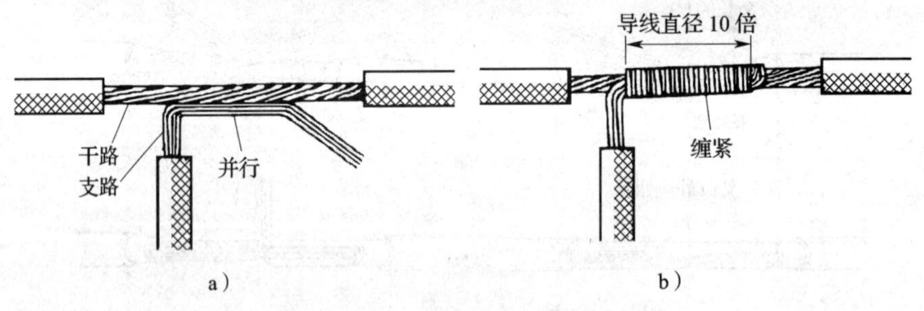

图1—15　多股芯线T字形连接

（6）双芯或多芯电线电缆的连接。双芯护套线、三芯护套线或电缆、多芯电缆在连接时，应注意尽可能将各芯线的连接点互相错开位置，可以更好地防止线间漏电或短路。如图1—16a所示为双芯护套线的连接情况，图1—16b所示为三芯护套线的连接情况，图1—16c所示为四芯电力电缆的连接情况。

（7）多根单股芯线线头连接（压线帽压接法）。在开关盒、灯头盒等接线盒内应用，连接方法如图1—17所示。

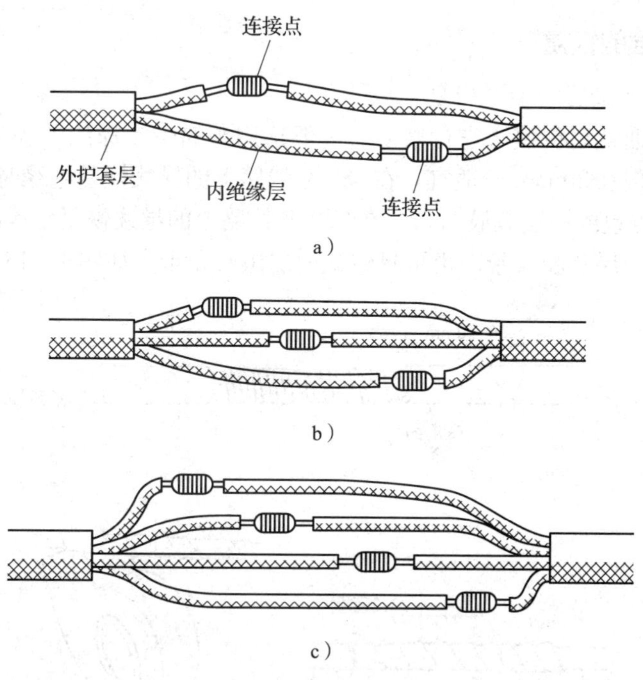

图 1—16　多芯电线电缆的连接

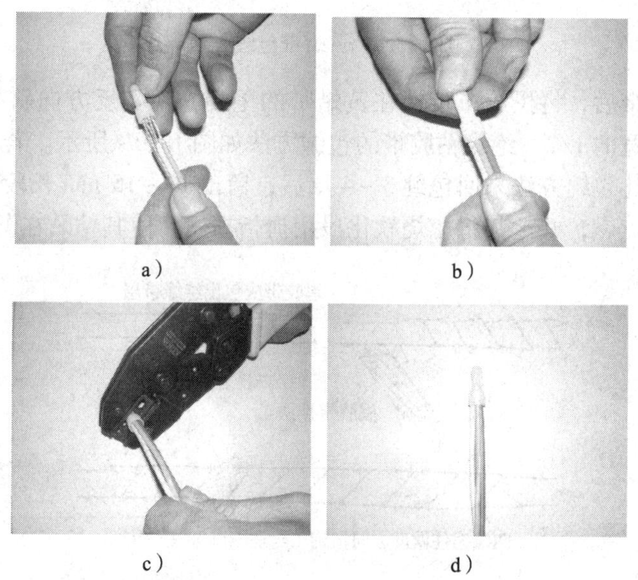

图 1—17　多根单股芯线线头连接（压线帽压接法）

将导线绝缘层剥去适当长度，长度按压线帽的规格型号决定，清除氧化层，按规格选用适当的压线帽，将线芯插入压线帽的压接管内，若填不实，可将线芯折回头，填满为止，导线绝缘层应和压接管平齐，并包在压线帽壳内用专用压接钳压实即可。

4．导线绝缘层的恢复

（1）导线直线连接后的绝缘恢复

电力线绝缘层通常用包缠法进行恢复。一般选用黄蜡带、涤纶薄膜带或玻璃纤维带等绝缘材料。宽度一般在 20 mm 较适宜。在 380 V 线路上的导线恢复绝缘时，必须先包缠 1 ~ 2 层黄蜡带，然后再包缠一层黑胶布带。在 220 V 线路上的导线恢复绝缘时，先包缠一层黄蜡带，然后再包缠一层黑胶布带。也可只包缠两层黑胶布带。如图 1—18 所示。

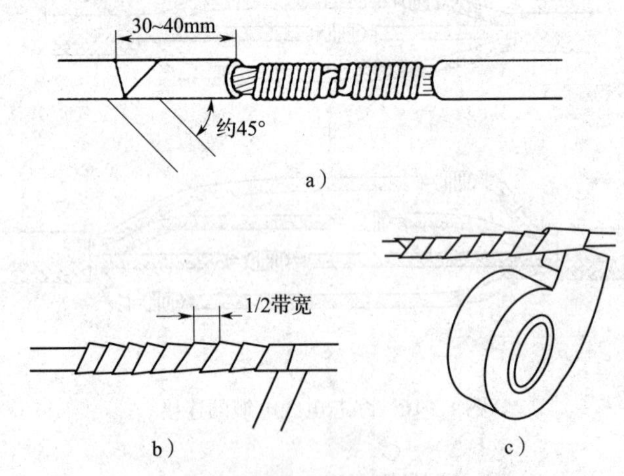

图 1—18　黄蜡带包缠方法

包缠一层黄蜡带后，将黑胶布带接在黄蜡带的尾端，朝相反方向斜叠包缠一层黑胶布带，要每圈压叠带宽的 1/2。绝缘粘胶带的包缠方法如图 1—19 所示。若采用塑料绝缘带进行包缠时，就按上述包缠方法来回包缠 3 ~ 4 层后，留出 10 ~ 15 mm 长段，再切断塑料绝缘带；将留出段用火点燃，并趁势将燃烧软化段用拇指摁压，使其粘贴在塑料绝缘带上。

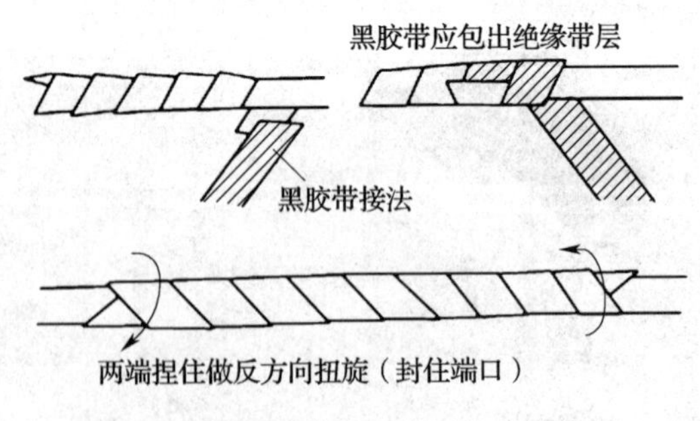

图 1—19　导线直线连接后的绝缘恢复

绝缘带包缠时，不能过疏，胶带要拉紧，要包缠紧密、结实，并粘在一起，以免潮气侵入。更不能露出芯线，以免造成触电或短路事故。绝缘带平时不可放在温度很高的地方，也不可浸染油类。

（2）T 字形连接后的绝缘恢复方法与直线连接的绝缘恢复方法相似，如图 1—20 所示。

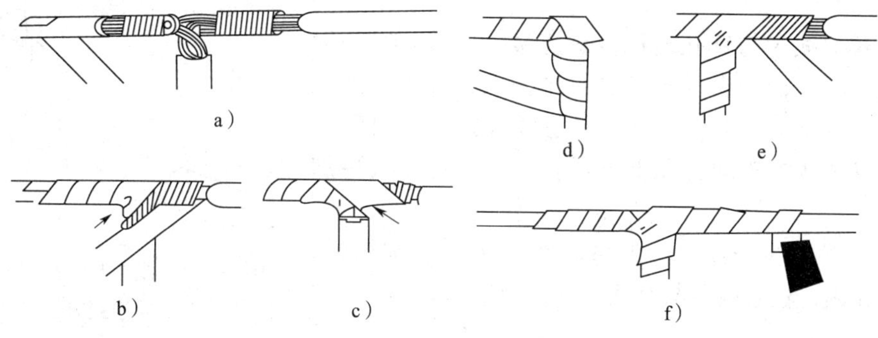

图 1—20　T 字形连接后的绝缘恢复

（3）多根单股芯线线头连接后的绝缘恢复方法与直线连接的绝缘恢复方法相似，如图 1—21 所示。

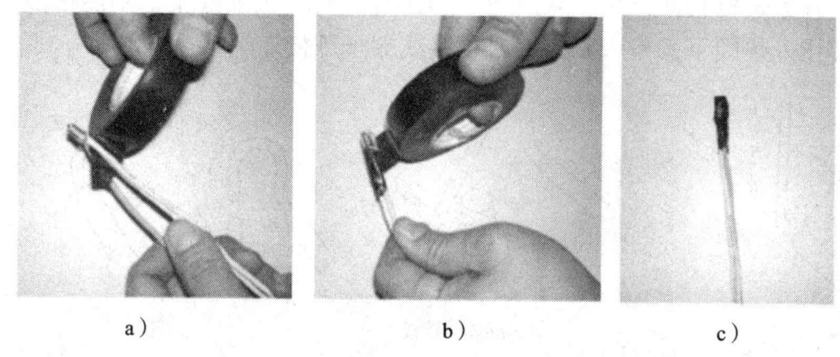

图 1—21　多根单股芯线线头连接后的绝缘恢复

特别提示

1. 380/220 V 线路上的导线绝缘恢复时，绝缘粘胶带一般包缠 2 ~ 4 层。
2. 绝缘粘胶带包缠时，不能过疏，更不允许露出芯线，以免造成触电和短路事故。
3. 绝缘粘胶带平时不可放在温度很高的地方，也不可浸染油脂。

二、导线与各类端子连接（封端）

在各种建筑电器或电气设备上，都采用接线桩作为导线的连接方式。常用的接线桩有针孔式、螺钉平压式和螺钉瓦形垫片扣压式三种。线头与接线桩的连接是一种最基本而又最关键的操作技能，许多电气事故的根本原因大多是导线连接质量不高。下面介绍导线与各类端子连接的具体操作方法。

1. 线头与针孔式接线桩的连接方法

线头与针孔式接线桩的连接是靠针孔顶部的压线螺钉压住线头来完成电路连接的。如

图 1—22 所示。

（1）单股线芯与针孔连接线桩连接。芯线直径一般小于针孔，最好将线头折成双股并排插入针孔内，使压接螺钉顶部处于双股芯线中间。若芯线较粗则也可用单股，但应将芯线线头向针孔上方微折一下，使压线更加牢固。

（2）多股芯线的连接，先将芯线线头进一步绞紧，再插入针孔内，注意线径与针孔的配合应恰当。

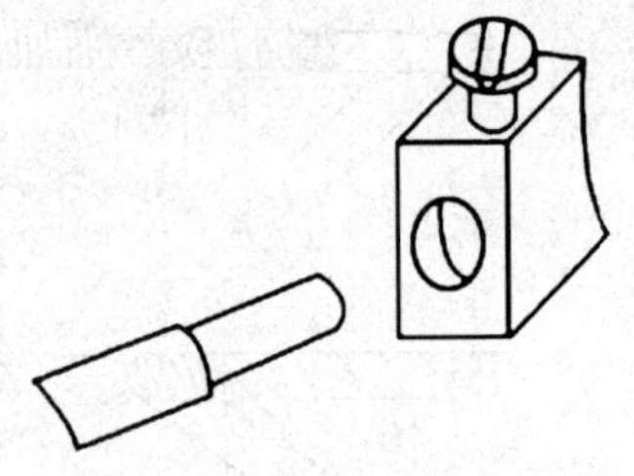

图 1—22　线头与针孔式接线桩的连接方法

2．线头与平压式接线桩的连接方法

如图 1—23 所示。载流量较小的单股芯线压接时，应将线头制作成压接圈，压接圈制成后可按下列步骤进行压接：压接前须清除连接部位的污垢，再将压接圈套入压接螺钉，上复垫圈后，拧紧螺钉将其压牢。软线线头连接时，线头必须绞紧，不能松散，且要镀锡。端头必须全部压入垫圈下，不可外露。或用接线端子压接、焊接。

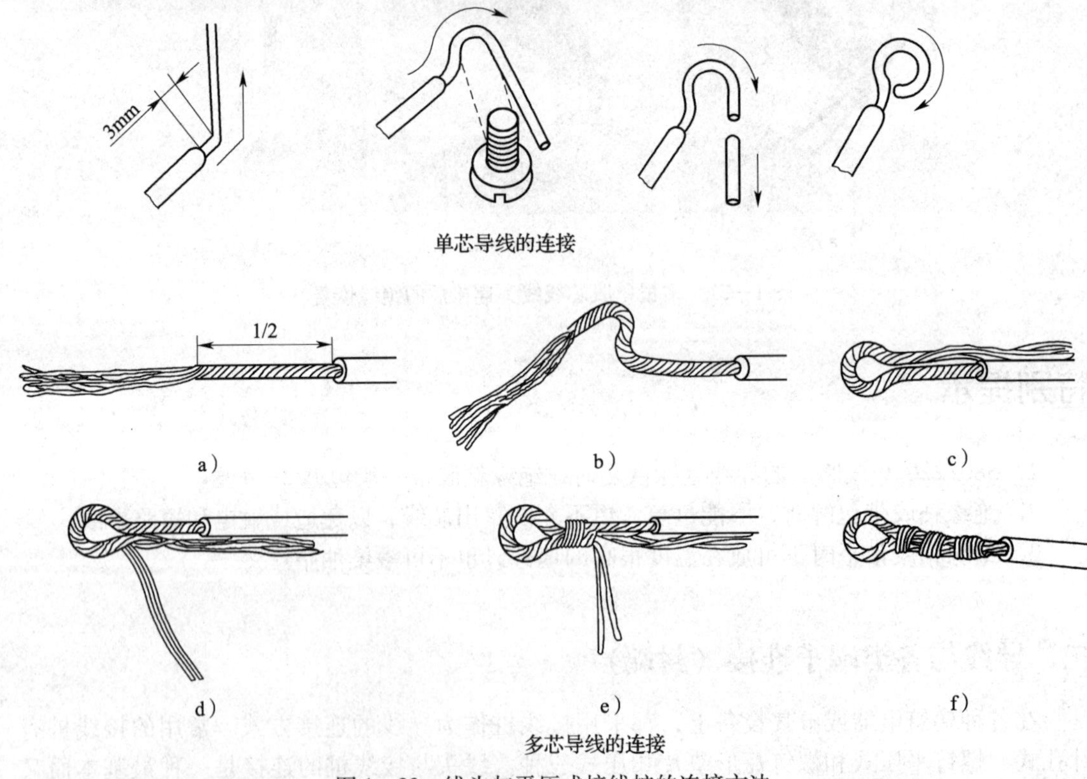

图 1—23　线头与平压式接线桩的连接方法

3．线头与瓦形接线桩的连接方法

如图 1—24 所示。这是一种利用瓦形垫圈进行平压式连接的方式。连接时，为防止线头脱落，应将芯线线头除去氧化层后弯成 U 形，再用瓦形垫圈进行压接。导线在与用电设

备连接时，必须对其端子进行技术处理。对于截面大于 10 mm^2 的多股铜芯线和铝芯线，必须在端头做好接线端子，才能与设备连接。这一项工作称为导线的封端连接。

4. 铝线封端的连接方法

铝芯导线通常采用压接钳压接法进行封端连接。压接前清除线头与接线端子内壁的氧化层污垢，涂上凡士林后进行压接，压接工艺多为围压截面，压接形式如图 1—25 所示。

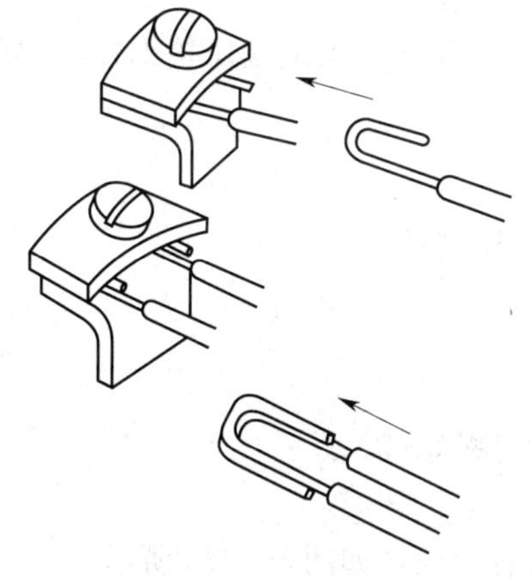

图 1—24　线头与瓦形接线桩的连接方法

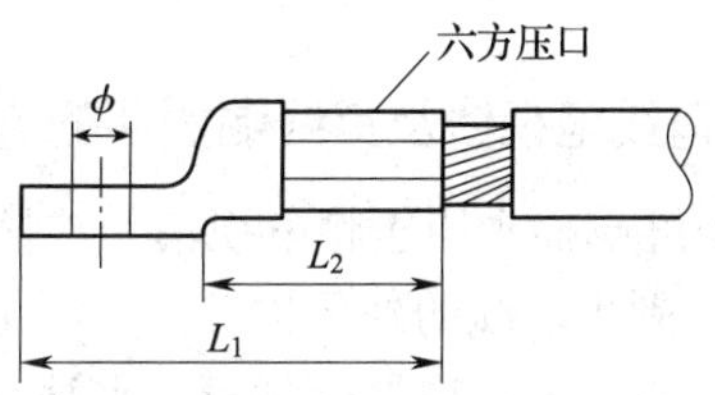

图 1—25　铝线的封端连接方法

5. 铜线的封端连接方法

（1）焊接法。清除导线端头与接线端子内壁的氧化层污物。在焊接部位表面涂上无酸焊膏并将线头镀锡。然后将少量焊锡放入接线端子线孔内，用酒精喷灯加热熔化。再把镀锡线头插入接线端子，用压接钳进行压接。

（2）压接法。如图 1—26 所示。方法与铝线的封端连接相同。

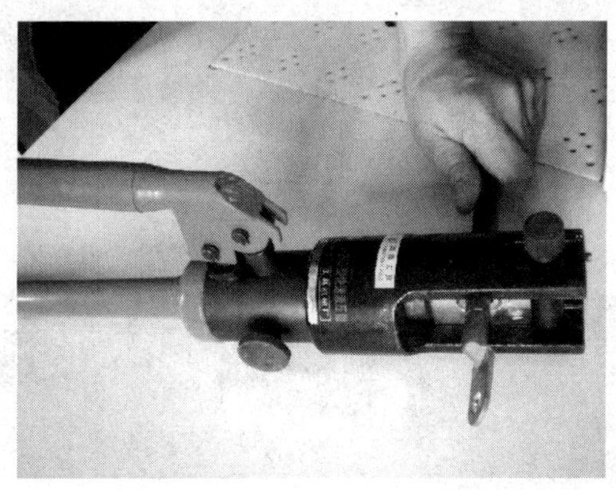

图 1—26　铜线的封端连接压接法

特别提示

1. 小截面铝芯线连接前必须先涂上凡士林锌膏，再清除线头表面的氧化层，还要留有能提供再连接 2 ~3 次的长度。大截面铝芯线在与铜接线桩连接时应采用铜铝过渡接头。

2. 连接时线端必须插到针孔底部，绝缘层不能插入针孔，孔外裸线长度不得大于 3 mm。多股芯线连接时，由于载流量较大，一般采用双螺钉针孔。压接时应先拧紧靠近端口处第一只螺钉，再拧紧另一只，要反复两次，将其彻底压牢。

3. 压线圈的直径要与压接螺钉相适，不可过大。此外，无论是压接圈还是接线端子，均要放在垫圈下面，且绝缘层不得压入。

三、有线电视线、网线、电话线的终端插头制作

1. 有线电视线及其终端插头的连接方法

这类终端插头用于将电视信号连接到电视机，如图 1—27 所示。

（1）剥去电缆的外层护套。如图 1—27a 所示。

（2）将屏蔽层取散、外折，剪掉前面一段铝复合薄膜。如图 1—27b 所示。

（3）剥去芯线的绝缘层后，接好插头。如图 1—27c 所示。

（4）将铜芯用固定螺钉拧紧，并检查屏蔽层固定器是否与金属屏蔽丝良好接合。如图 1—27d 所示。

（5）旋紧绝缘套管。如图 1—27e 所示。

（6）插头成型。如图 1—27f 所示。

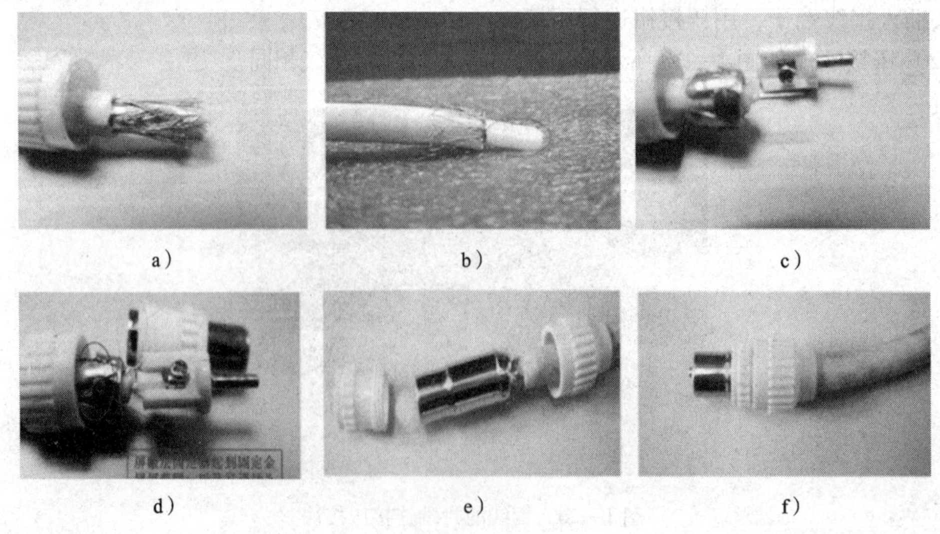

a） b） c）

d） e） f）

图 1—27 有线电视线终端插头制作方法

2. 有线电视线及其专用 FL10 插头的连接方法

这类插头用于连接分支器、放大器、数字电视机顶盒端，连接方法如图 1—28 所示。

（1）将有线电视同轴电缆的护套层、屏蔽层、绝缘层剥除，使铜芯露出 10 ~ 15 mm。如图 1—28a 所示。

（2）将固定环套入同轴电缆头内。如图 1—28b 所示。

（3）将 F 头尾端插入同轴电缆的金属屏蔽网与内芯绝缘层间。如图 1—28c 所示。

（4）固定环在 F 头尾端，用钳子压紧，将同轴电缆固定在 F 头上。如图 1—28d 所示。

（5）将多余的铜芯线头剪掉（与 F 头螺母平面齐平），并旋紧螺母。如图 1—28e 所示。

（6）插头成型。如图 1—28f 所示。

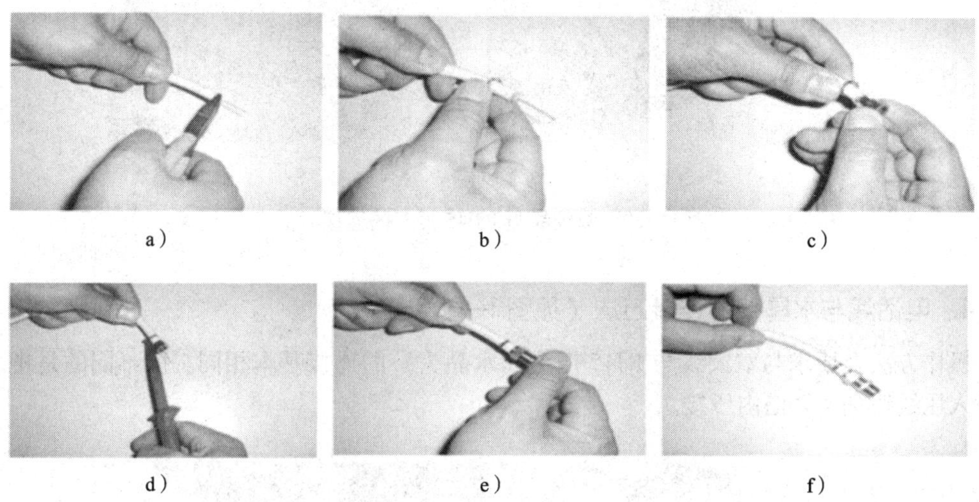

a）　b）　c）

d）　e）　f）

图 1—28　有线电视线及其专用 FL 10 插头的连接方法

3. 双绞线与 RJ 45 插头（水晶头）的连接方法（见图 1—29）

（1）利用剥线剪或压线钳的剪线刀口剪裁出计划需要使用到的双绞线长度。如图 1—29a 所示。

（2）把双绞线的灰色保护层剥掉，利用压线钳的剪线刀口将线头剪齐，再将线头放入剥线专用的刀口，稍用力握紧压线钳慢慢旋转，让刀口划开双绞线的灰色保护层。去掉线头上部的灰色保护层。把每对相应缠绕在一起的缆芯逐一解开。并根据接线规则把 8 根缆芯依次排列理顺，尽量保持缆芯平扁。如图 1—29b 所示。

（3）将依次排好的缆芯仔细检查一遍后，利用压线钳的剪线刀口把缆芯顶部剪齐，保留去掉灰色保护层的部分约 15 mm，这个长度正好能将各缆芯插入各自的线槽。把整理好的缆芯插入水晶头内。插入的时候需要注意缓缓地用力把 8 根缆芯同时沿水晶头内的 8 个线槽插入直至线槽的顶端。如图 1—29c 所示。

（4）压线。确认排线无误之后就可以把水晶头插入压线钳的 8 P 槽内压接，水晶头插入后，用力握紧线钳，受力后听到轻微的“啪”声即可。如图 1—29d 所示。

（5）插头成型。如图 1—29e 所示。

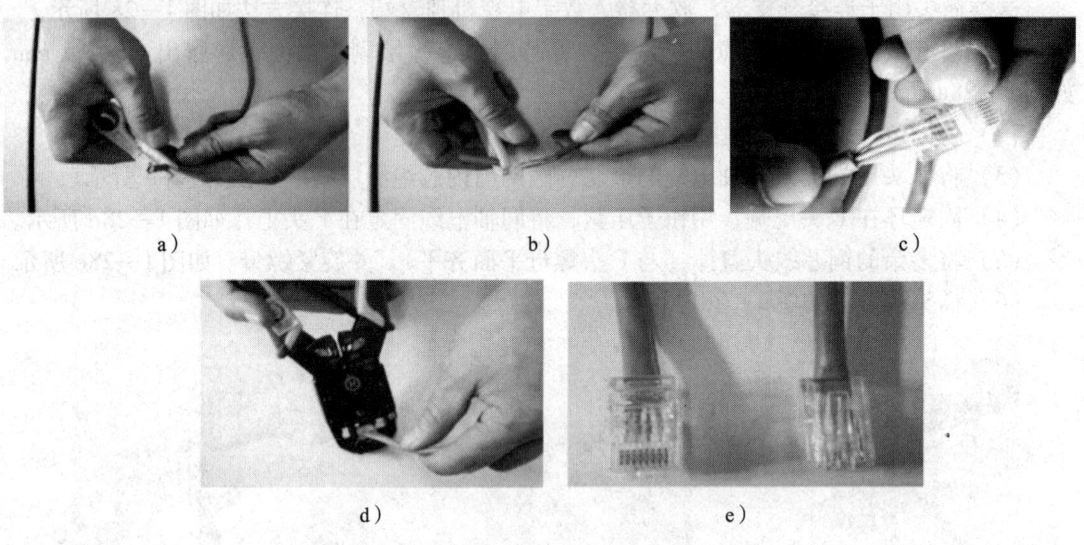

a）　b）　c）　d）　e）

图 1—29　双绞线与 RJ 45 插头的连接方法

4. 电话线与水晶头的连接方法（见图 1—30）

操作方法及要求与双绞线与 RJ45 插头（水晶头）的连接基本相同。所不同的是把水晶头插入压线钳的 4 P 槽内压接。

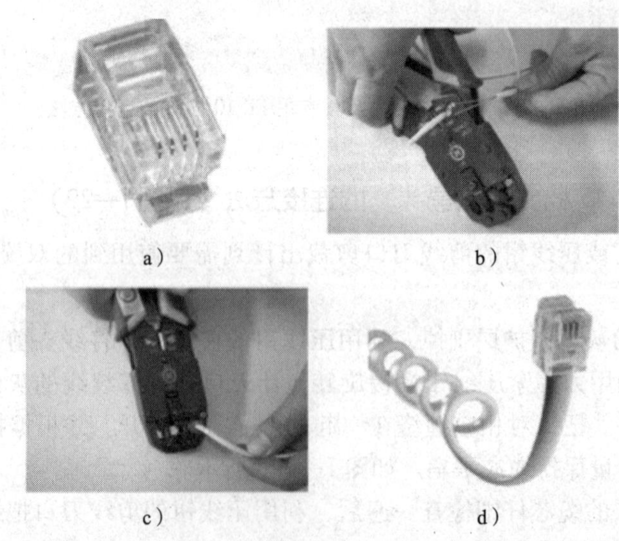

a）　b）　c）　d）

图 1—30　电话线与水晶头的连接方法

特别提示

1. 剥线时，若线芯过长不能被水晶头卡住，容易松动；若过短，则因有保护层塑料的存在，不能完全插到水晶头底部，造成水晶头插针不能与线芯完好接触，影响线路质量。

2. 排列缆芯时，除应注意顺序外，还应尽量避免线路的缠绕和重叠。

思考与练习

1. 如何用电工刀剖削导线横截面积大于4 mm^2的塑料导线绝缘层?
2. 叙述截面积4 mm^2单芯塑料导线直线连接。
3. 简述导线直线连接后的绝缘恢复。
4. 叙述有线电视线及其专用FL10插头的连接方法。
5. 铜、铝接线端子（接线鼻子）有哪些规格?

技 能 训 练

1. 截面积为2.5 mm^2、4 mm^2、6 mm^2的单芯塑料导线直线连接。
2. 10～16 $mm^2$7芯导线直线连接和T形连接。
3. 横截面积为2.5 mm^2、4 mm^2、6 mm^2的单芯塑料导线直线连接恢复绝缘。
4. 10～16 $mm^2$7芯导线直线连接和T形连接恢复绝缘。
5. 使用导线压接钳压接铜导线和铝导线，并用热缩管恢复绝缘。
6. 使用导线压接钳压接铝接线端子。
7. 有线电视线、网线和电话线的终端插头制作练习。

课题四　钳工基本操作

钳工基本操作技能是指正确使用工具、量具刃具，按照技术工艺文件，在所提供的毛坯上，利用平面划线、金属錾削、锯割、锉削、钻孔、攻螺纹和套螺纹等操作技能，完成工件加工的能力。

一、平面划线

平面划线是利用90°角尺、划针或平台划线盘在加工件表面的平面上划线的一种方法。划出的线作为钳工进行各种加工的尺寸依据。

平面划线所使用的工具主要有直尺、划规、90°角尺、划线盘、显示剂、样冲。

1. 平行线划法

在平面上划平行线的方法如图 1—31 所示。图 1—31a 是用作图法划平行线。直线上以两不同点为圆心，以已知平行线之间的距离 R 为半径划弧，作两弧的公切线，即得已知直线的平行线。图 1—31b、1—31c 分别是用 90°角尺和平台划线盘划平行线的方法。

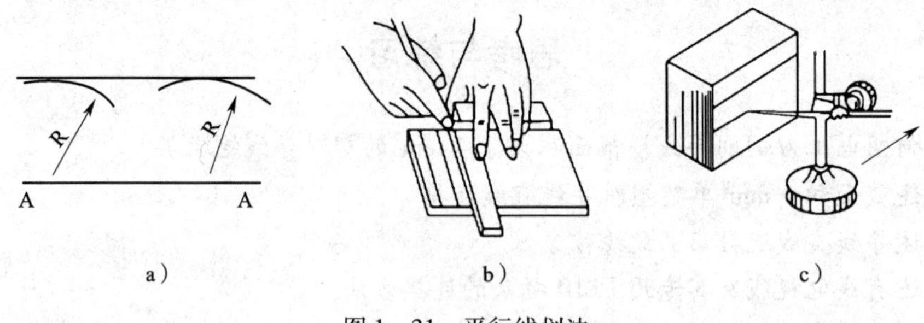

图 1—31　平行线划法

2. 垂直线划法

如图 1—32a 所示是用作图法划垂直线。如果画已知直线 AB 的垂线，则以线外一点 P 为圆心，选择适当长度 R 为半径划弧，与已知直线 AB 分别交于 a、b 两点；然后分别以 a、b 两点为圆心，长度 r 为半径划弧，两弧交于 C 点，连接 PC 两点与直线 AB 交于 O 点，PO 即为所作垂线。图 1—32b 是用 90°角尺划垂直线的方法。

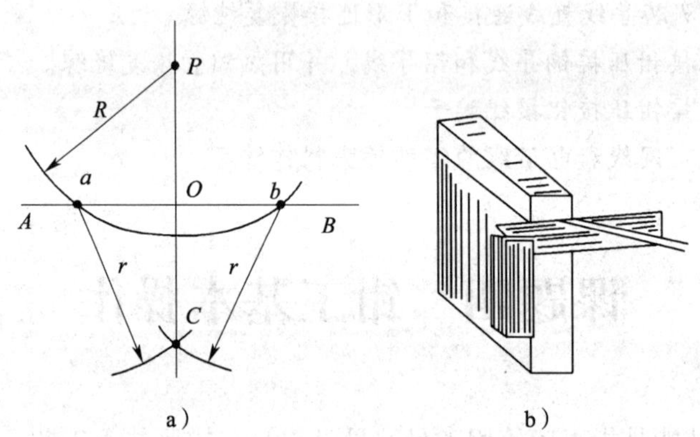

图 1—32　垂直线划法

3. 角度线划法

如图 1—33 所示。图 1—33a 标出了 45°角的划法。先划直角 AOB，以 O 点为圆心，选择适当长度 R 为半径划弧，与两直角边分别交于 a、b 两点，再分别以 a、b 两点为圆心，以 r 为半径（r 要大于 ab 两点的距离）划两圆弧交于 c 点，连接 Oc，即为直角 AOB 的平分线。

图 1—33b 为 30°、60°、75°、120°角的划线方法。作直角 AOB 后，以 O 为圆心选择适

当长度 R 为半径划弧，分别交两直角边于 a、b 两点。然后仍以 R 为半径，分别以 a、b 两点为圆心划弧交圆弧 ab 于 c、d 两点，连接 Od 即为30°；连接 Oc 为60°，作角 AOc 的平分线 OE 即得角 EOB 为75°；延长 BO 得 cOD 为120°。

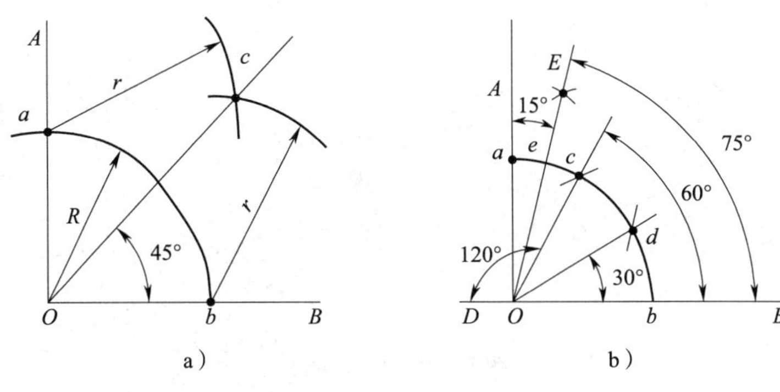

图 1—33　角度线划法

特别提示

划线过程：在工件需要划线的区域涂显示剂，然后利用各种量具、划针、划线盘、划规划线，最后在线的关键点用样冲打出样冲眼作为划线的标记，即使线被擦掉，通过样冲眼也能识别加工标记。

二、金属錾削

金属錾削是利用锤子敲击錾子，对金属进行加工的一种方法，錾削所用的工具是錾子和锤子。

1. 錾子握法

錾子的楔角主要根据加工材料的硬度来决定。錾削硬材料时，一般取60°～70°；錾削一般硬度材料时，楔角选取50°～60°；錾削较软的金属材料如铜或铝等材料时，楔角一般取30°～40°。錾子的握法分为正握法和反握法两种，如图 1—34 所示，图 1—34a 为正握法；图 1—34b 为反握法。

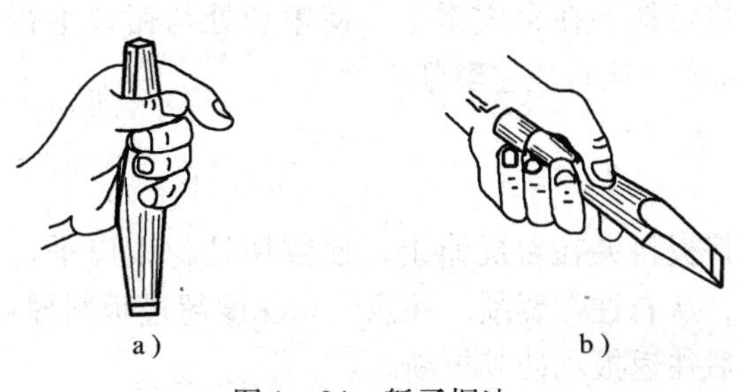

图 1—34　錾子握法

2. 锤子握法

锤子的握法分为紧握法和松握法两种，如图 1—35 所示，图 1—35a 为紧握法，图 1—35b 为松握法。

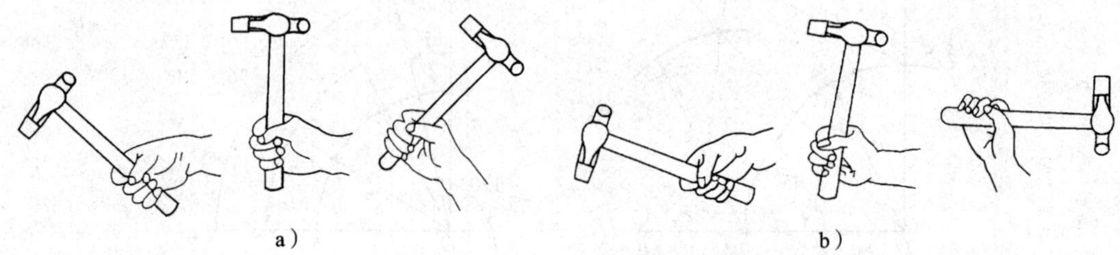

图 1—35 锤子握法

3. 站立位置及挥锤方法

錾削时身体站立位置与工作台的台虎钳中心线近似成 30°，如图 1—32 所示，两脚相距半步，左膝稍弯，右膝伸直站稳，身体略向前倾，一般左手执錾，右手挥锤进行錾削操作。

挥锤方法有三种：手挥、肘挥和臂挥，如图 1—36 所示。其中，手挥时采用紧握法，打击力最小；肘挥法配合锤子松握法，打击力较大；臂挥时打击力最大。

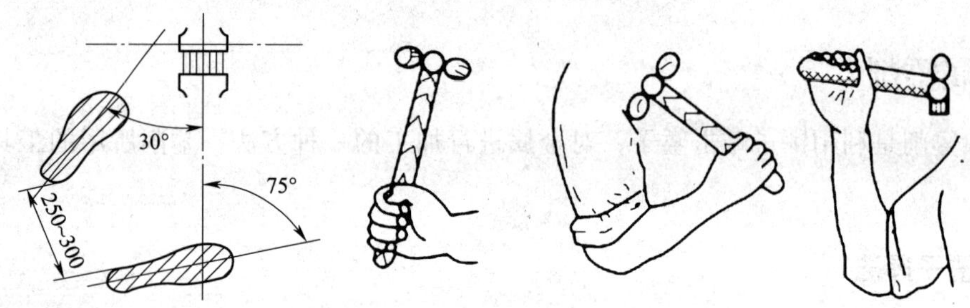

图 1—36 站立位置及挥锤方法

4. 錾断板料的边缘

如图 1—37 所示，将板料夹在台虎钳上，使錾切处与钳口平行，注意夹紧。左手持扁錾斜对工件 35°，右手挥锤，从右往左錾削。

5. 錾断板料

如图 1—38 所示，将板料夹在台虎钳上，使錾切处与钳口平行，注意夹紧。左手持扁錾正对工件，右手挥锤，从右往左錾削。注意錾切深度超过板料厚度的一半即可。錾完后，双手扳住板料上缘，前后往返扳动使其折断。

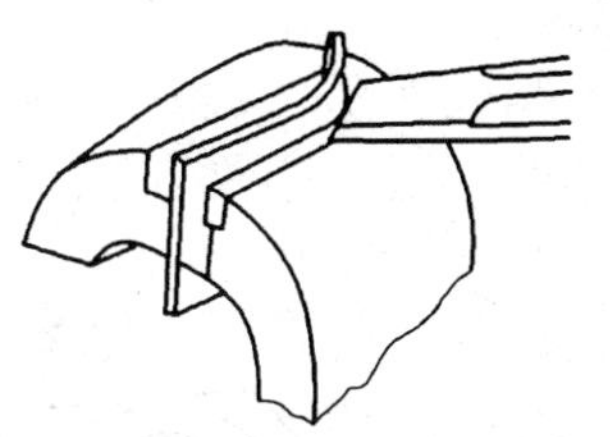

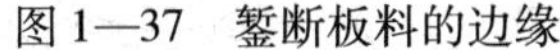

图 1—37　錾断板料的边缘

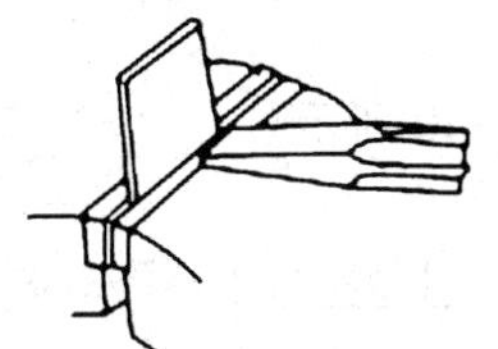

图 1—38　錾断板料

特别提示

1. 工件在台虎钳中心必须夹紧，工件高度一般要高出钳口 10 ~ 15 mm。操作人员要戴防护眼镜。

2. 检查锤子锤头与木柄安装是否牢固。

3. 錾头有明显毛刺或卷边时要及时除去。

4. 錾削加工精度较低，所以要留有一定修整加工余量。

5. 錾子应放在台虎钳的左边；锤子应放在台虎钳的右边，锤柄不可露出钳台外面，以免掉下砸伤脚。

三、金属锉削

用锉刀对金属工件表面进行切削加工的过程叫作锉削，锉削使用的工具是锉刀。

1. 锉刀握法

锉刀的握法如图 1—39 所示。

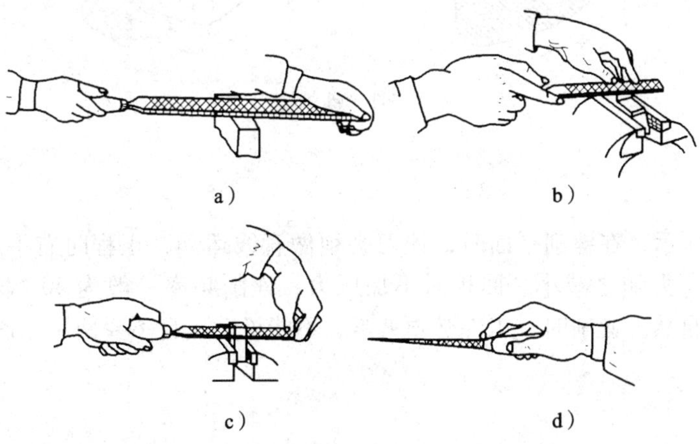

图 1—39　锉刀握法

a）大锉刀握法　b）中锉刀握法　c）小锉刀握法　d）整形锉的握法

2. 工件的夹持方法

工件的夹持方法如图 1—40 所示。

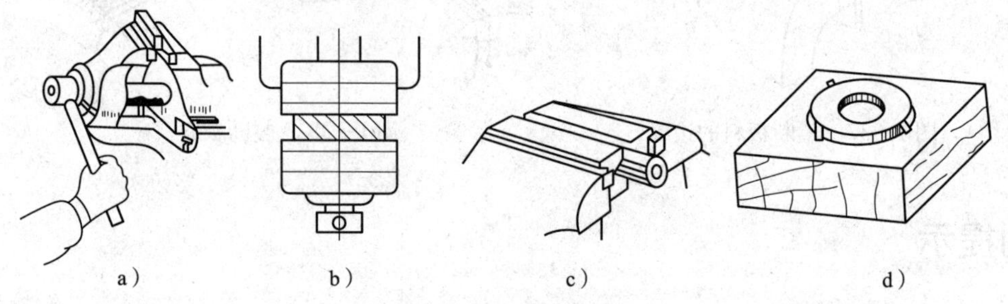

图 1—40　工件的夹持

a）用扳手紧台虎钳　b）工件夹在中间　c）用 V 形架夹圆形工件
d）扁平工件先固定在木板上，再把木板夹在台虎钳上

3. 锉削时身体站立的姿势

锉削的姿势如图 1—41 所示。

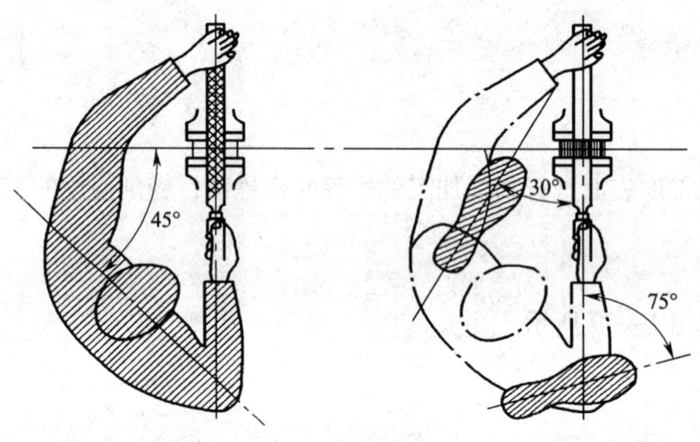

图 1—41　锉削姿势

4. 锉削

如图 1—42 所示，在锉削平面时，锉刀必须做直线运动，正程时右手压力要随锉刀推进而增加，左手压力随之减小。回程时不加压力，锉削频率一般为 40 次/min，且正程稍快，动作要协调自然。锉削时，工件必须夹紧，不能松动，且不要使用无柄锉刀。

特别提示

清除锉刀上的切屑时应用刷子刷除，不能用嘴吹或用手清除，以免切屑飞入眼内或伤到手。

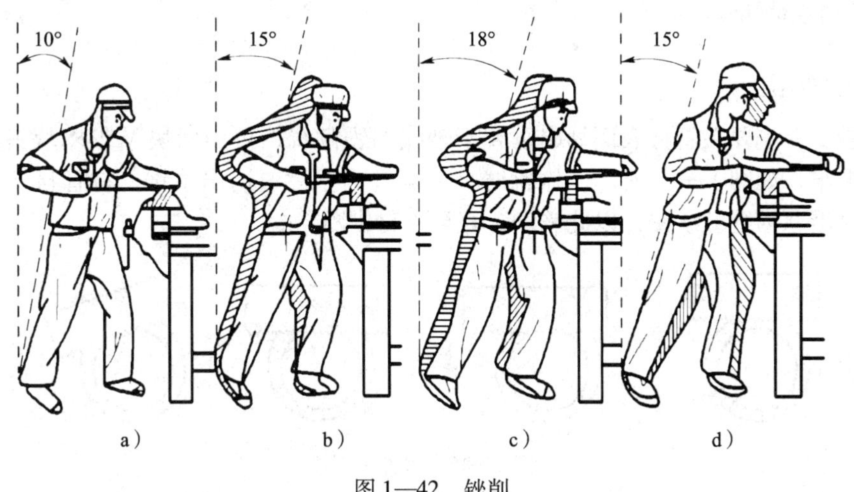

图 1—42 锉削

四、金属锯割

用钢锯对工件或材料进行切割的操作叫锯割。锯割所用的工具是钢锯。

1. 手锯的握法

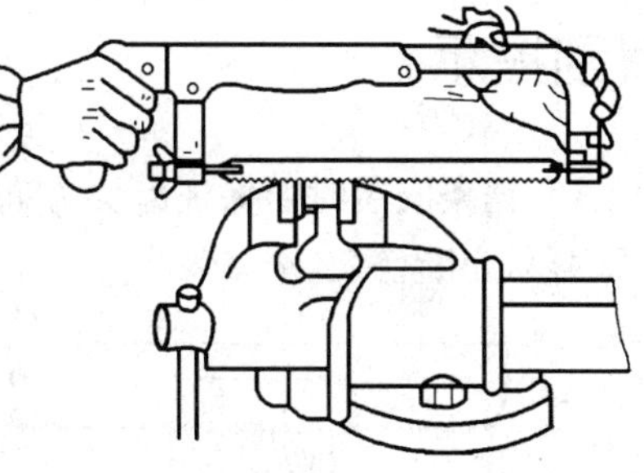

图 1—43 手锯的握法

手锯的握法如图 1—43 所示。锯割操作时，右手握锯柄，左手轻扶锯弓前端，身体站立位置和摆动姿势与锉削相似。

2. 起锯方法

起锯方法如图 1—44 所示。

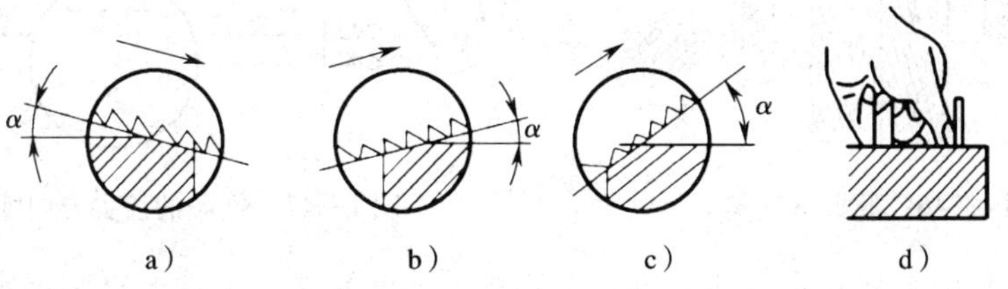

图 1—44 起锯方法

a）远起锯 b）近起锯 c）起锯角度太大 d）用拇指挡住锯条起锯

3. 锯割运动

锯割运动中，手锯在正程前进时进行切削，此时，其压力与推力均由右手施加，左手起辅助作用；回程时不切削，不加压力。锯割一般采用小幅度上下摆动的形式，行程一般为锯条长的2/3～3/4；往返频率一般为30～60次/min。锯割硬材料时要加大压力且放慢速度，对软材料则相反。

4. 管件锯割

锯割前，首先要在管材表面划出垂直于轴线的锯割线，再用两块V形木块夹起，放在台虎钳中夹牢，如图1—45所示。锯割时，锯至管内壁后，退出手锯，将管材转过一定角度，然后再沿原锯缝继续锯，以此锯割，直至管材锯断。

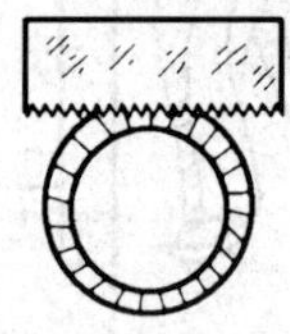
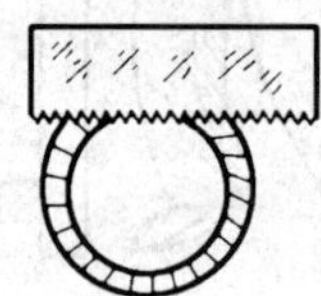
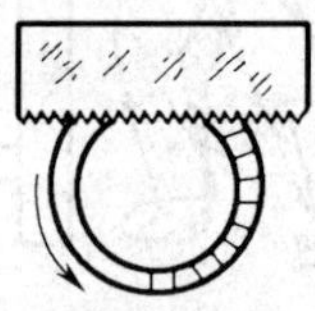
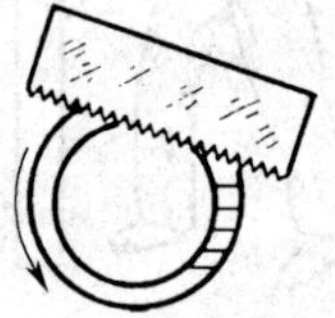

图1—45 管件锯割

5. 薄板材锯割

锯割时应尽量在宽面上锯割，当只能从窄面上锯时，则应把它夹持在两块木板之间，连木板一起锯下，如图1—46所示。

特别提示

1. 锯条安装时要保证齿尖方向朝前，如图1—47所示。且锯条安装不宜过松或过紧，否则容易崩断伤人。

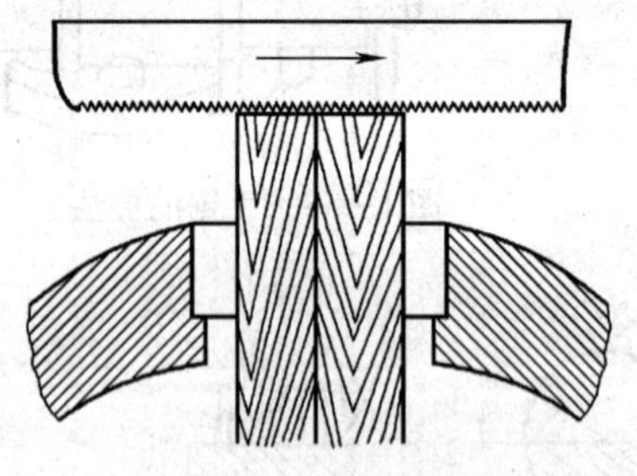

图1—46 薄板材锯割

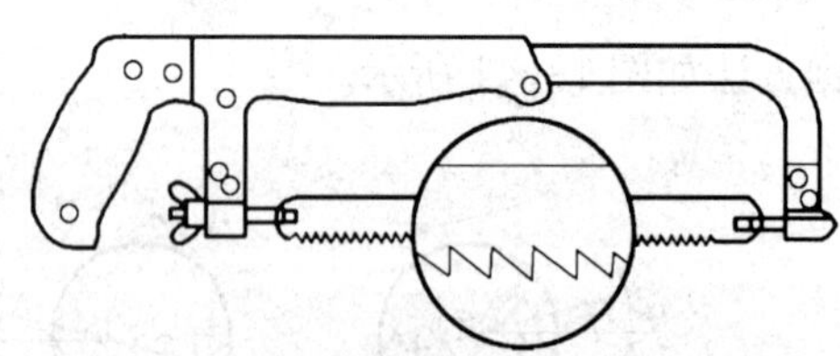

图1—47 锯条的齿尖方向朝前

2. 锯割工件时一般夹在台钳左侧，以便左手辅助操作。工件要夹紧夹牢，且伸出台钳侧口的部分不宜过长，一般锯缝离侧口20 mm左右为宜，且与钳口侧面平行。

3. 锯割时要注意安全，工件即将锯断时锯割幅度及压力均要减小，此时可用左手扶住工件，避免掉下砸伤脚。

五、钻孔、攻螺纹和套螺纹

1. 钻孔

用钻头在工件上加工孔的过程叫钻孔，钻孔所用的工具是钻床和钻头。用钻床钻孔时，将工件装夹在钻床工作台上固定不动，把钻头装在钻床主轴上。在钻孔过程中，钻头一方面绕自身轴线旋转切削金属，称为切削运动；另一方面沿钻头轴线向下做直线运动，称为进给运动。

（1）准备。在待钻孔的工件上划出孔的加工线，在孔的中心处打好样冲眼。检查钻床的传动情况和润滑情况。在钻床上安装钻头及工件。选择适当的切削量和润滑剂。

（2）开车。接通电源，调整主轴，使钻头对准钻孔中心位置。试钻一个浅孔，发现偏心要及时纠正。开放冷却液开始钻孔。

（3）钻通孔时，当孔即将钻透时必须减小进刀量。

（4）如孔径超过 30 mm 时，要分两次钻成。先钻一个小孔，小孔直径应超过大钻头的横刃宽度。钻盲孔时应根据所需孔深，调整钻床主轴的挡铁。

2. 攻螺纹

攻螺纹是用丝锥在金属圆孔内壁上加工出螺纹的工作。攻螺纹所用的工具是丝锥和铰杠，套螺纹是用板牙在圆柱形工件上加工出螺纹的工作。套螺纹所用的工具是圆板牙与铰杠。

起攻时，一手按住扳手中部，沿丝锥中心线用力下压，另一手配合做顺向旋进进行切削；也可两手握住扳手两端，两手要同时施加适当且均匀的压力和旋转力，进行顺向旋转切削。当攻入 4 ~ 5 圈后可逐渐减小压力。攻螺纹时，必须先用头锥攻削，再用二锥和三锥进行扩大和修光螺纹。若在较硬的材料上攻螺纹时，可交替使用头锥。在攻螺纹过程中，丝锥要经常反转 1/4 ~ 1/2 圈，以利于排出切削碎屑。如图 1—48 所示。

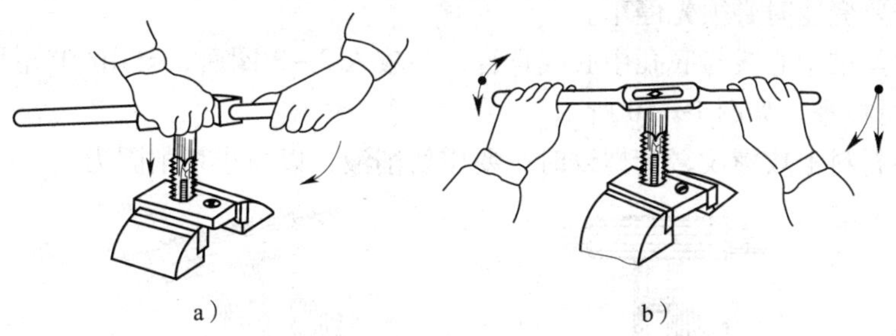

图 1—48　攻螺纹

3. 套螺纹

将套螺纹工件顶端倒角 15° ~ 20°，以利于板牙切入，工件直径要较螺纹外径小 0. 2 ~ 0. 4 mm，如图 1—49 所示，将待套螺纹的工件放在 V 形架或软钳口内，要夹正夹固，露出部分要尽量短些，以增大固定程度。

套螺纹时，必须使板牙与圆杆垂直。两手握住铰杠两端，同时施加适当的旋转力与压力，按顺时针方向转动铰杠进行切削，如图 1—49 所示。开始时，如果压力不足，会造成滑丝，待套入 3 ~4 个牙后，可不加压力而直接转动铰杠。同时也要将板牙随时倒转 90° ~180°，以便切削碎屑排出。

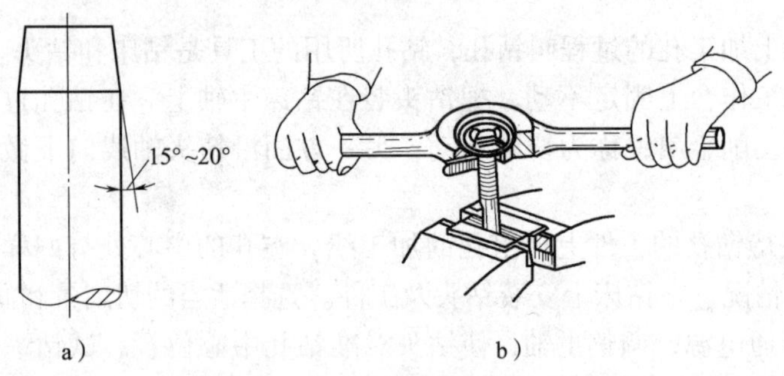

图 1—49　套螺纹

想一想

在建筑电气设备安装中需要哪些钳工基本操作技能?

特别提示

1. 钻孔时，不准戴布手套或线手套以防钻头铰杠，应穿胶鞋以防触电。清除金属切削碎屑时，应用刷子而不能用手。

2. 在硬材料上钻深孔时，要不断地将钻头抽出孔外，以利于排屑。

3. 拆装钻头时，必须用钥匙而不能用敲打的方法。

4. 钻床需要变速时必须先停车。

5. 为确保丝锥中心线与底孔中心线重合，当攻入 2 ~3 圈后，要用 90°角尺从前后、左右不同方向进行检查，如图 1—50 所示。

6. 在韧性材料上攻螺纹、套螺纹时，要用切削液，以减小切削阻力。

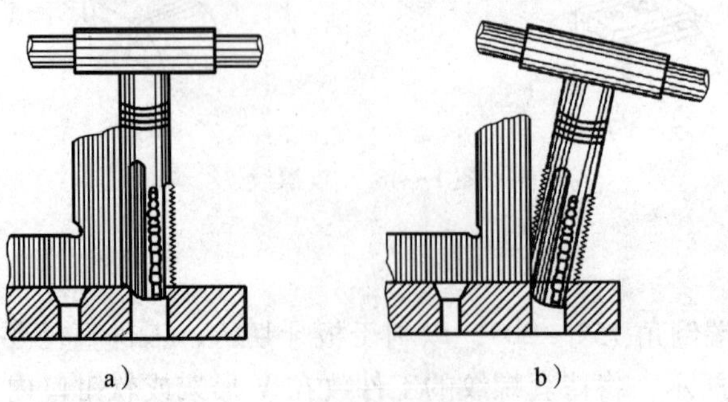

图 1—50　丝锥用法

思考与练习

1. 什么是钻孔？什么是切削运动？什么是进给运动？
2. 简述平面划线过程。
3. 平面划线的注意事项。
4. 简述金属锯割时手锯的握法。

技能训练

1. 用 50 mm×50 mm×5 mm 的角钢制作一矩形框架并钻孔、攻螺纹。
2. 用 10 mm 的圆钢制作一个含两个 90°弯头的 S 弯，并在两头攻螺纹。

第二单元　室内电气线路安装

学习目标

1. 了解现代建筑常用电气管材
2. 掌握塑料管、钢管、钢索配线的操作方法及工艺要求
3. 了解线槽、桥架配线的功能和安装操作工艺
4. 能识别各种常用导线并掌握管内穿线和线槽配线的工艺方法
5. 了解常用电缆施工工艺和敷设方法
6. 了解封闭式母线的安装工艺

线路安装分室内配线和室外配线两种，室内配线也叫内线工程，主要包括室内照明和室内动力配线，此外还有火灾报警、有线电视、程控电话、综合布线等弱电系统配线工程。随着城市高层建筑的日益增多和人们对室内装修标准的提高，导线管、线槽、桥架配线工程比例的增加，以及封闭式母线工程的增加，造成施工难度加大。

课题一　电 气 配 管

把绝缘导线敷设在钢管或塑料管中的配线方式叫作导线管配线。它适用于一切需固定敷设的场所，导线管配线根据敷设在建筑结构的内外不同可分为暗管配线和明管配线。凡是管线沿建筑结构表面敷设的为明配线（明敷设），如管线沿着墙壁、天花板、桁架等，在可进人的吊顶内配线也属于明敷；凡是管线在建筑结构内部敷设的为暗配线（暗敷设），如管线预埋在顶棚内、墙体内、梁内、地坪内等，在不能进人的吊顶内配线属于隐蔽工程，但是套施工定额时是按明敷设，因为材料使用及安装做法是明敷设做法。根据配线时线管的材料不同，又可分为钢管敷设、硬塑料管敷设、半硬塑料敷设。钢管敷设比较安全可靠，可避免发生火灾和遭受机械损伤。除了在易燃、易爆的场所使用钢管配线外，一般场所多采用塑料管敷设。

一、现代建筑常用电气管材

1. 塑料管材

塑料管与传统金属管道相比，具有易于锯割、易于弯曲、连接方便等特点，可以缩短施工时间，此外，硬塑料管还具有耐酸、耐腐蚀的特性，更适于在有腐蚀性气体和潮湿的场所使用。一经推出便受到建筑工程和管道工程界的青睐。建筑电气工程中常用的是PVC管和塑料波纹管。但是，塑料管明配线不可用于易燃易爆场所。

（1）硬质聚氯乙烯管。由聚氯乙烯树脂加入稳定剂、润滑剂等助剂经捏合、滚压、塑化、切粒、挤出成型加工而成，经过酸碱，加热煨弯、冷却定型才可使用。主要用于电线、电缆的保护套管等。管材长度一般4 m/根，颜色一般为灰色。管材连接一般为加热承插式连接和塑料热风焊接，弯曲必须加热进行。

（2）刚性阻燃管。为刚性PVC管，也叫PVC冷弯电线管，分为轻型、中型、重型。管材长度一般4 m/根，颜色有白、纯白，弯曲时需要专用弯曲弹簧。管子的连接方式采用专用插头插入法连接，连接处结合面涂专用胶合剂，接口密封。由于在浇铸混凝土过程中不易变形，现在被广泛应用。

（3）半硬质阻燃管。也叫PVC阻燃塑料管，由聚氯乙烯树脂加入增塑剂、稳定剂及阻燃剂等经挤出成型而得，用于电线保护，一般颜色为黄、红、白色等。管子连接采用专用插头抹塑料胶后粘接，管道弯曲自如无须加热，成捆供应，每捆100 m。

2. 薄壁镀锌钢管

薄壁镀锌钢管是近几年来的新技术材料，可用于新建和改造工程中的照明、动力、电话、消防等系统的管路敷设（材质为JDG、KBG），可进行明敷设、暗敷设，可敷设于墙体内，也可敷设于吊顶内。

电线管螺纹接头（盒接、杯锁）分紧定式（JDG）和扣压式（KBG）两种。

（1）KBG管。套接扣压式薄壁钢导管，简称KBG管。导管采用优质冷轧带钢，经高频焊管机组自动焊缝成型、双面镀锌而制成。有ϕ16、ϕ20、ϕ25、ϕ32、ϕ40五种规格，管壁厚度为1 mm或1.2 mm，导管出厂长度均为4 m。

1）接头

①直管接头，供管路直线段的管与管之间的连接。接头的管内径与导管外径相匹配，接头中间有一道深度与导管壁厚一致的凹槽。

②弯管接头，供管路弯曲段管与管之间的连接。弯管接头采用优质管材经滚压成型，为90°弯曲。其弯曲半径分别是管径的4倍、6倍。

③螺纹接头，供管与盒之间的连接。接头中间有一道深度与导管壁厚一致的凹槽，接头与导管连接的一端，同直管接头，接头与盒连接的一端，其内壁加工有螺纹，外廓呈六边形，并配有一个爪形螺母。

各种接头如图2—1所示。

图 2—1 KBG 管接头

2）连接方式

①管与管连接：直接将导管插入直管接头或弯管接头，用套接扣压器在连接处施行扣压即可。

②管与盒连接：先将螺纹管接头与接线盒施行螺纹连接，再将导管插入螺纹管接头的另一端，用扣压器在螺纹管接头与导管连接处施行扣压。扣压器如图 2—2 所示。

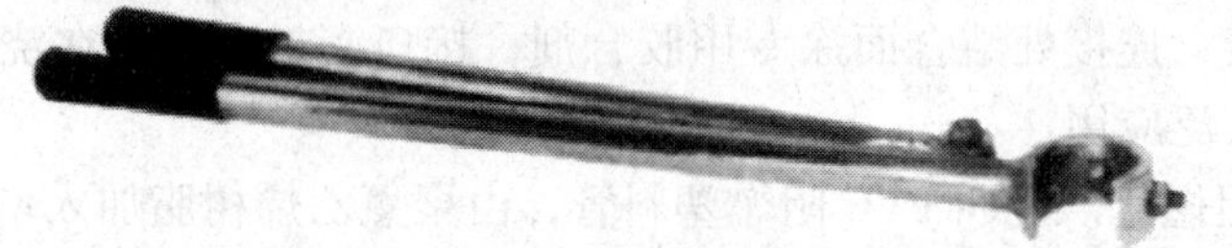

图 2—2 扣压器

（2）JDG 管。套接紧定式镀锌钢导管，简称 JDG 管。导管采用优质冷轧带钢，经高频焊机组自动焊缝成型、双面镀锌保护；用配套弯管器弯管时横截面变形小。导管出厂长度为 4 m，共有 $\phi16$ mm、$\phi20$ mm、$\phi25$ mm、$\phi32$ mm、$\phi40$ mm 五种规格。标准型导管壁厚为 1.6 mm。

1）接头

①直管接头，供管与管之间的连接。管接头中间有一道用滚压工艺压出的凹槽，所形成的锥度可使导管插紧定位，保证紧密性，而凹槽深度与导管壁厚一致，不影响穿线。接头两端各有一个带紧定螺钉的螺纹孔。紧定螺钉为特制，施力紧拧端呈六角形并有十字槽，另一端呈圆锥状；靠近紧拧端有一处直径变小的“脖颈”。

②螺纹接头，供管与盒之间的连接。接头与接线盒连接的一端，带有一个爪形螺母和一个六角螺母；与导管连接的一端，有一个带紧定螺钉的螺纹孔，紧定螺钉和螺纹孔的结构尺寸与直管接头相同。各种接头如图 2—3 所示。

2）连接方式

①管与管的连接：先把导管与直管接头插紧定位后，用紧定扳手持续拧紧紧定螺钉，直至拧断“脖颈”。

②管与盒的连接：旋下螺纹接头的爪形螺母并置于接线盒内壁，用紧定扳手使爪形螺母与六角螺母里外夹紧接线盒。再将导管与螺纹接头的另一端连接，其工艺做法同导管与直管接头的连接。

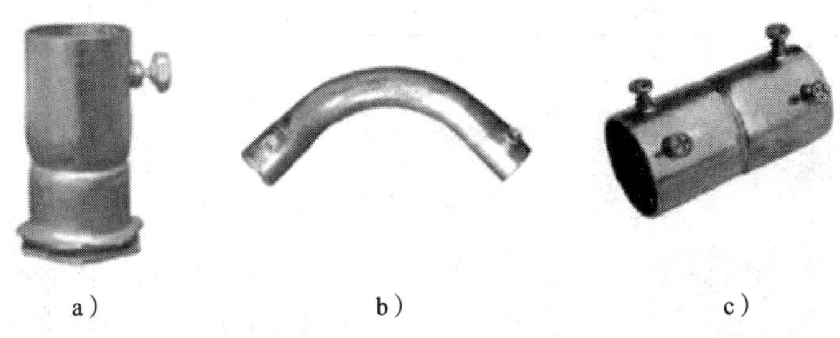

图 2—3　JDG 管接头

a）螺纹接头　b）弯管接头　c）直管接头

二、塑料管配线

塑料管配线的操作及工艺要求见表 2—1。

表 2—1　　　　**塑料管配线的操作及工艺要求**

操作流程	图示	工艺要求
施工准备		1. 材料准备。施工材料包括硬质 PVC 塑料管、阻燃平滑半硬塑料管、刚性阻燃管，塑料制品的接线盒、开关盒及各种成品的管接头、管卡等。如左图所示 2. 机具准备。施工机具包括喷灯、钢锯、锯条、卷尺、电工刀、铁锤、凿子、手电钻、弯管模具和弯管弹簧等 3. 施工条件准备。敷设管路须与土建主体密切配合进行，土建施工应及时给出建筑标高线。敷设塑料管的环境温度不应低于 -15℃

续表

操作流程	图示	工艺要求
塑料管的加工	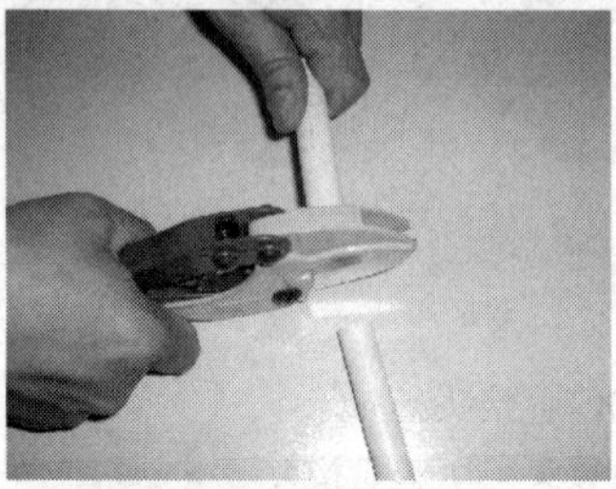 a） 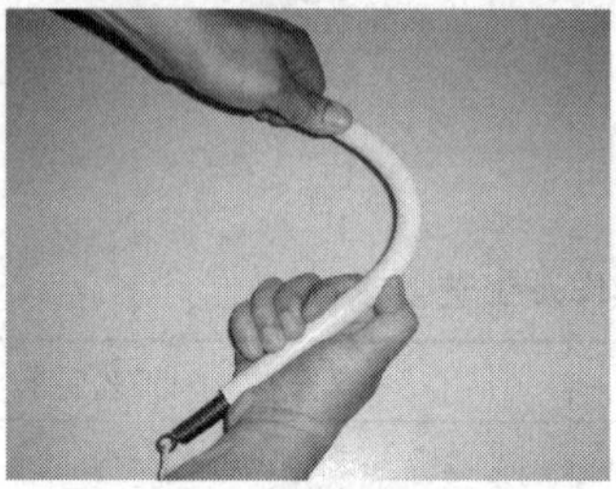 b）	1. 塑料管的切断。硬质聚氯乙烯塑料管的切断，可以使用钢锯切断，或者使用带锯的多用电工刀切断；硬质 PVC 塑料管切断，可以使用截管器切断，切断方法如左图 a 所示，也可以使用钢锯切断 2. 塑料管的弯曲。硬塑料管通常需加热弯曲，加热方法有直接加热和灌沙加热两种。加热时要控制好温度，既要使管子软化，又不能将管子烤伤、烤焦，更不能使管壁出现凹凸。明敷时，管子的弯曲半径至少为管径的 6 倍；暗敷时，管子的弯曲半径至少为管径的 10 倍。硬质 PVC 塑料管通常用弯管弹簧冷弯，弯曲方法如左图 b 所示
塑料管的连接	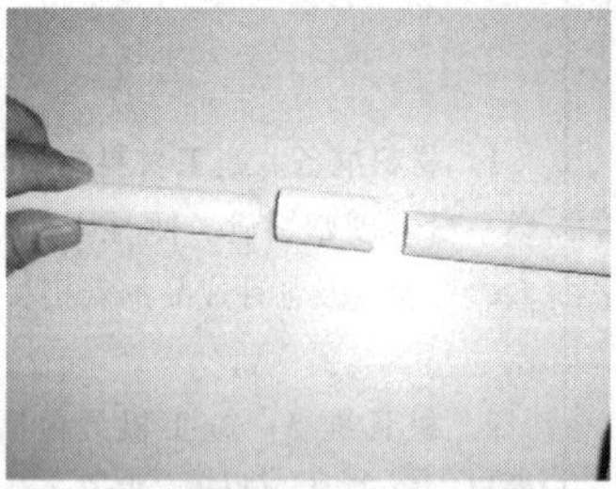 a） 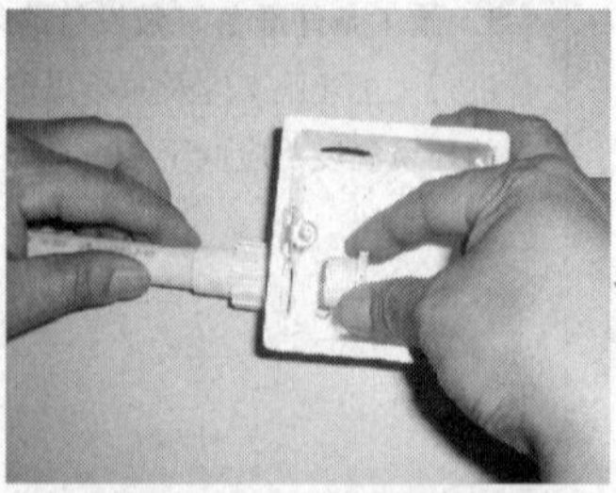 b）	1. 管与管的连接。管路连接应使用套管连接，套管长度为管外径的 2 倍，将套管连接清理后，用专用粘接剂均匀涂抹在管外壁上，将管子插入套管，管口应到位，粘接后 1 min 内不得移位，接口应牢固密封。套接法的连接如左图 a 所示 2. 管与盒（箱）的连接。管子进盒（箱）时排列要整齐，先接端接头，然后用内锁母固定在盒（箱）上，管口用顶帽型护口堵好。连接应一管一孔。做法如左图 b 所示

续表

操作流程	图示	工艺要求
塑料管明敷设（一）	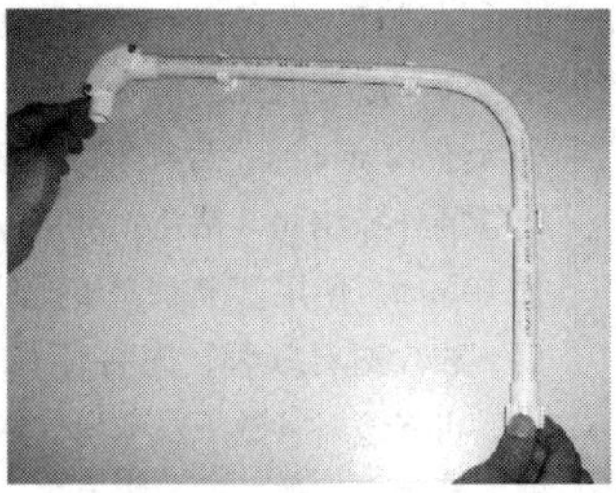 a） 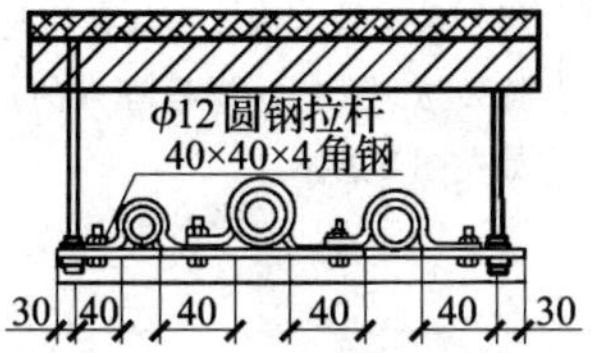 φ12圆钢拉杆 40×40×4角钢 30 40 40 40 40 30 三管钢吊架 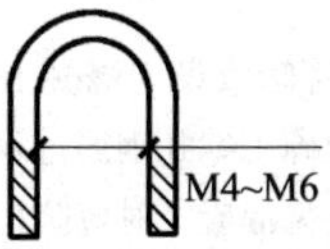 M4~M6 螺栓管卡 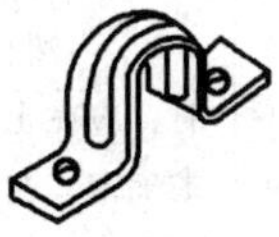　鞍形管卡 b） 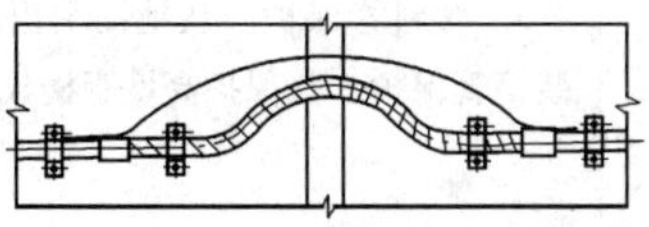 c） 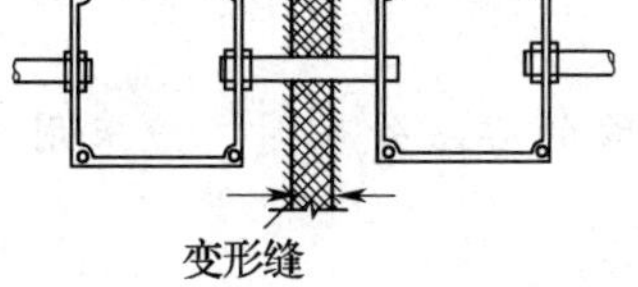 变形缝 d）	1. 用管卡敷设。当塑料管沿建筑物表面进行明敷设时，应该用管卡均匀固定塑料管，如左图 a 所示。在需要固定的管卡处，可用适配的塑料胀管或膨胀螺栓用胀管法进行固定 2. 用支架敷设。塑料管敷设时，如果管线较多或管径较粗，可以采用安装支架的方法进行敷设，安装时，先固定两端的支架，再拉线固定中间的支架。如图 b 所示为三管钢吊架，其固定管卡有螺栓管卡和鞍形管卡两种 3. 管路补偿措施。热胀冷缩补偿。塑料管的热膨胀系数比钢管大 5 ~ 7 倍，敷设时必须考虑热胀冷缩的问题，一般在管路直线部分每隔 30 m 需要加装一个补偿装置，补偿装置的结构，如左图 c 所示 变形缝补偿。塑料管明敷设时，若通过建筑物的伸缩和沉降等变形，缝处应做补偿装置，如左图 d 所示

续表

操作流程	图示	工艺要求
塑料管明敷设（二）	a） b）	管卡的固定方法： 1. 塑料胀管法。使用塑料胀管时的钻孔，可用冲击电钻进行，孔径应与塑料胀管外径相同，钻孔深度不应小于胀管的长度。使用膨胀螺栓时的钻孔，当孔径大于12 mm时，最好采用电锤，孔径应与膨胀螺栓套管的外径相同，钻孔深度不应小于套管长度，应再加10 mm。使用塑料胀管的固定，当胀管孔钻好以后，放入塑料胀管，先将管卡一端的木螺钉拧进一半，再将塑料管敷于管卡内，然后将管卡两端用木螺钉拧紧固定，如左图a所示 2. 膨胀螺栓法。使用膨胀螺栓时的固定，先将塑料管敷于管卡内，再将螺栓与套管一起送到孔内，螺栓要送到孔底，螺栓埋入的长度应与套管长度相同，如左图b所示
塑料管暗敷设		1. 当塑料管暗敷设于混凝土楼板、剪力墙和柱内时，应在土建施工编扎钢筋过程中，根据设计图样要求确定。在浇捣混凝土时应防止塑料管被振捣器等机械损伤 2. 塑料管在砖砌墙体内剔槽暗配（见左图）时，应用水泥砂浆抹面保护，保护层厚度不小于15 mm 3. 塑料管保护。从地面引出的塑料管部分，应加装钢管保护，其保护高度距楼板面不应低于500 mm

想一想

明敷塑料管弯曲角度较大，不能采用弯管的办法处理时，应采用什么办法使管路既美观，又便于穿线？

三、钢管配线

钢管配线是把绝缘导线穿在钢管内敷设的配线方式，广泛应用于工业厂房和重要的公共建筑，以及易燃、易爆、干燥场所，这种配线方式安全可靠，可避免机械损伤，同时更换电线也比较方便。

钢管配线通常有明配和暗配两种：明配是把钢管敷设于墙壁、桁架等表面可直接看得见的地方，明配要求整齐美观；暗配是把钢管敷设于墙壁、楼板内或地面下等看不见的地方，要求管路短，弯曲少，以便于穿线。

1. 钢管配线的操作及工艺要求

钢管配线的操作及工艺要求见表 2—2。

表 2—2　　钢管配线的操作及工艺要求

流程	图示	工艺要求
施工准备	JDG 管弯头 JDG 管接头	1. 施工材料准备。施工材料包括电线管或焊接钢管及各种金属制品（管接头、锁紧螺母、护圈帽、各种接线盒、开关盒和塑料内护口等），此外，还有圆钢、各种螺栓、木螺钉、圆钉、电焊条、铁线、防锈漆、油漆、沥青油和麻丝等 2. 施工机具准备。施工机具包括弯管器或弯管机、管子压钳、套螺纹器或套螺纹机、钢锯弓和钢锯条或切管器、卷尺、管钳子、圆锉或铰刀、钢丝刷、毛刷、钢丝等
钢管加工	详见图 2—4、图 2—5、图 2—6 和图 2—7	钢管加工包括刮口、除锈、刷漆、切割、套螺纹、弯曲等 1. 除锈涂漆（1）除锈方法；（2）刷漆方法 2. 切割套螺纹（1）钢管切断；（2）管子套螺纹 3. 钢管弯曲方法：冷弯法、热弯法
钢管连接—套管连接	套管连接	1. 螺纹连接。薄壁钢管的连接，必须采用束接连接，把要连接的管端部套螺纹，并用束接拧紧 2. 套管连接。套管连接只用于厚壁钢管的暗配管连接，连接时，把要连接的管中心对正插入套管内，两管反向拧紧，并使两管端吻合，满焊套管两端的四周

续表

流程	图示	工艺要求
钢管连接—管盒（箱）连接	 管盒连接 	暗配钢管与盒（箱）的连接，可采用焊接固定或采用锁紧螺母固定两种方法，管与盒（箱）的焊接固定仅适用于厚壁钢管，薄壁钢管只能用锁紧螺母固定 1. 焊接固定。暗配管与箱连接时，不是把管与箱体焊在一起，而是把作为接地跨接线的圆钢，在适当位置与入箱管横向焊接在一起，并应保证入箱管长度一致，管口露出盒（箱）部分不应超出 5 mm，再与盒（箱）体外侧的棱边进行焊接 2. 锁紧螺母固定。连接时，先用锤子把线盒与管子连接的敲落孔上的圆形连接片打下，再把钢管与连接线盒用锁紧螺母连接固定 3. 管间接线盒的设置。中间增设接线盒要求与塑料管敷设要求相同
钢管的接地	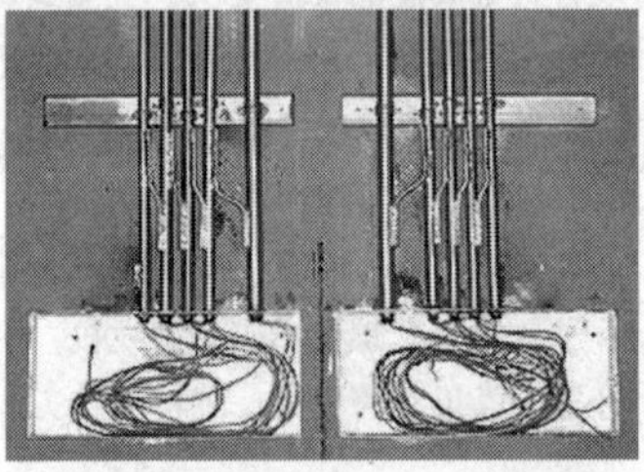	为了保证钢管可靠接地，一般在钢管与钢管、钢管与配电箱及接线盒等连接处，用圆钢或扁钢制成的跨接线连接，并在干线始末两端和分支线管上分别与接地体可靠连接
钢管敷设		配管一般先从配电箱开始，逐段配到用电设备（元件）处。根据实际情况，有时也从用电设备（元件）先配起，最后至配电箱处，一般在管子敷设完后，应把管口用木塞或其他专用件堵上，以免管子堵塞，影响穿线。配管有明配和暗配两种方法
钢管敷设—暗配	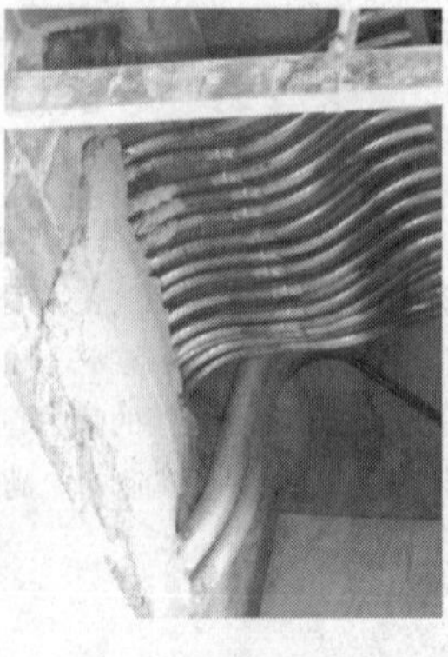	1. 在现浇混凝土内暗配钢管时，可用铁丝把钢管绑扎在混凝土中的钢筋上，或将管子绑牢后用钢钉钉在木模上，同时管下用垫块垫起 15 ~ 20 mm，这样可减轻地下水分对管子的腐蚀，配管工作应在混凝土浇注前完成 2. 在现浇混凝土内敷设灯头盒时，线管与盒体预埋要固定可靠，以防浇混凝土时移位 3. 钢管配在砖墙内时，一般应在土建砌墙时预埋或事先让泥瓦工在埋管处留槽，否则需人工开槽，费时费力，钢管在墙槽内固定时，应先在砖缝内打入木楔，以便固定钢管，不能仅把管子敷入槽中，完全靠小砖块、混凝土去固定，管子离墙表面的净距不应小于 15 mm

续表

流程	图示	工艺要求
钢管敷设—暗配		4. 管路敷设于地下时，最好不要穿过设备的基础面，以免维修不便，必须穿过基础面时，应加以保护，当许多管子并排敷设时，必须使各管间留出一定距离，以保证其间也能灌入混凝土。进入落地式配电箱的管子要整齐排列，管口高出基础面不小于 50 mm 5. 当钢管管路敷设到建筑物的伸缩缝或沉降缝时，一般应装设补偿盒，在补偿盒的侧面开一长孔，将管端插入长孔内，管可在长孔内伸缩，而另一端用六角螺母与接线盒拧紧固定
钢管敷设—明配		1. 管卡固定。当管子沿着柱、墙、屋架等处敷设时，可用管卡固定，管卡可用膨胀螺栓直接固定在墙上，也可以先在墙柱上固定金属支架，再用管卡子把管子固定在支架上，支架形式的选择可参考国家标准图集的有关内容 2. 焊接固定。当钢管沿着建筑物或设备的金属构件敷设时，若金属构件允许点焊，可把焊接钢管点焊在金属构件上，而电线管则必须用支架和管卡子固定
钢管穿线		钢管穿线就是将绝缘导线由一个接线盒，通过管路穿引到另一个接线盒。钢管穿线一般在土建抹墙、地坪施工时结束，最好在喷浆粉刷之后，配合室内装修进行 穿线后，需要仔细校对导线，以检查导线是否存在线芯折断或绝缘层损坏等故障，并在线端穿入号码管标注导线编号，或用电工刀在线端绝缘层上刻上统一刀痕标记。一般校线由两人分别在被校线首和线尾两端利用电铃或灯光装置，再配以步话机等通信工具进行校线

2. 配线钢管的除锈和刷漆

（1）除锈方法。为防止钢管生锈，配管前要除锈涂漆，管子内壁除锈方法是用圆形钢刷接长手柄来回拉动，管外壁除锈可用钢丝刷人工打磨或用电动除锈机。除锈后将管子的内外表面涂上除锈漆。

（2）刷漆方法。钢管外壁用漆刷漆。钢管内壁涂红丹漆防腐时，可用圆钢焊接成能放置数根钢管的涂漆操作架。把钢管在操作架上交错倾斜放置，用透明塑料软管将钢管穿接一体，在最上一层管口处灌入红丹漆，从最下一层管口内自然排出后，管内壁即可涂满漆，如图 2—4 所示。

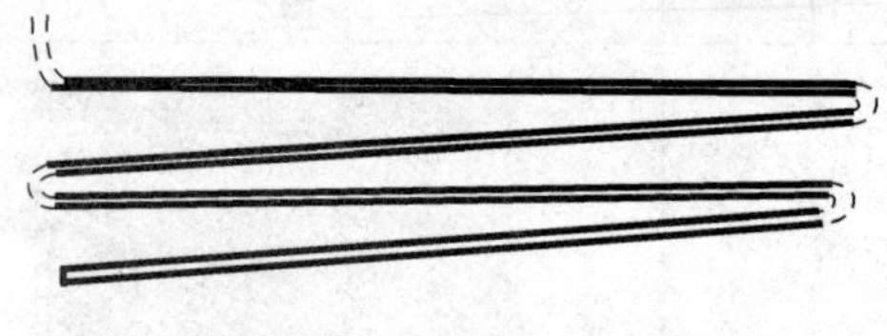

图 2—4　配线钢管的刷漆

（3）钢管刷漆的相关规定

1）使用镀锌钢管时不必刷漆，若镀锌层有剥落，在剥落处刷漆。

2）埋入混凝土内的钢管可以不刷防腐漆。

3）埋入道渣垫层和土层内的钢管刷两道沥青油或用厚度不小于 50 mm 混凝土保护层保护。

4）埋入砖墙内的钢管刷红丹漆。

5）埋入腐蚀性土层中的钢管，在刷第一道沥青后缠麻布或玻璃丝布，之后再刷第二道沥青油，包缠要紧密，不得有空隙，刷油要均匀。

6）电线管因已刷防腐油漆，故只需在管子的无漆处补同色漆即可。

7）钢管明敷时，应刷一道防腐漆、一道灰漆。若设计有规定，灰漆层按设计规定刷漆。

3. 切割套螺纹

（1）钢管切断。配管前，按实际需要长度切割管子，如果管子批量较大，最好用砂轮切割机（见图 2—5）切割，管子数量较少时，可用钢锯、割管器切割，严禁用气割切断钢管。管子切断后，断口处应与管轴线垂直，必要时应使用绞刀或锉刀修理管口，以确保管口整齐光滑，当断口为马蹄形状时，应重新切割。

图 2—5　砂轮切割机

（2）管子套螺纹。管子与管子的连接处，管子与器具或盒（箱）连接时，要在管子的端部套螺纹。套螺纹时，先将管子的一小部分伸出管钳或台虎钳并压紧，然后调好管子铰板（俗名代丝）（见图 2—6），用合适的板牙套螺纹，或用电动套螺纹机，省力高效。套螺纹完毕后去除管口毛刺，以免穿线时破坏导线绝缘层。

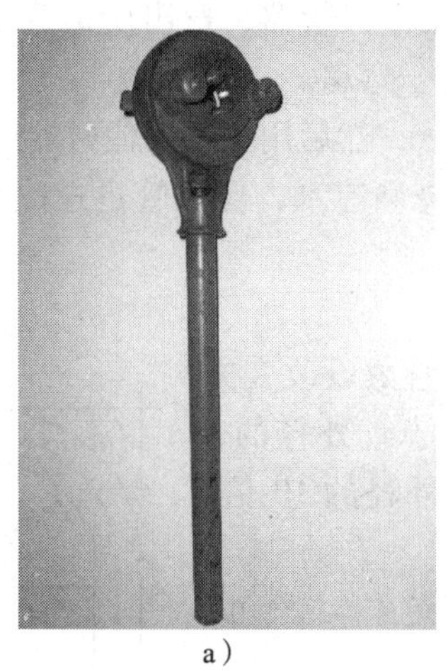

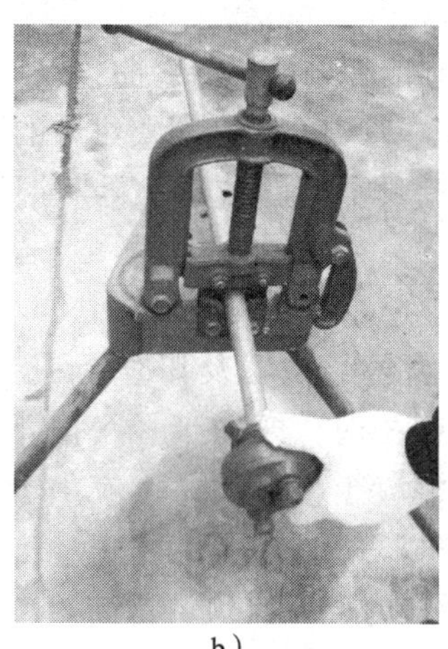

a）　　b）

图 2—6　管子套螺纹
a）铰板　b）套螺纹

由于钢管螺纹连接的部位不同，管端套螺纹长度也不尽相同，用在与连接盒、配电箱连接处的套螺纹长度，应不小于管外径的 15 倍；用在管与管相连接部位的套螺纹长度，应不小于管接头长度的 1/2 加 2 ~4 扣；需倒螺纹连接时，连接管的一端套螺纹长度应不小于管接头长度加 2 ~4 扣。

4. 钢管弯曲

（1）弯曲方法。管子弯曲可根据管径大小选用不同的方法，对于管径在 50 mm 及以下的管子多用冷弯法，管径在 25 mm 及以上的管子，采用弯管机弯曲或用热煨弯法。

1）冷弯法。用手动弯管器弯管径在 25 mm 以下的管子；用手动液压弯管器弯管径在 25 ~50 mm 的管子；用电动弯管器弯管径在 50 mm 以上的管子。如图 2—7 所示为三种弯管器。

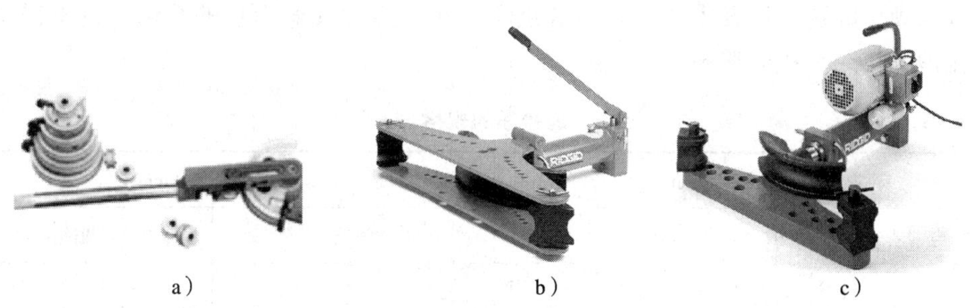

a）　　b）　　c）

图 2—7　弯管器
a）手动弯管器　b）手动液压弯管器　c）电动弯管器

用手动弯管器弯管时，先在需弯处划上尺寸，然后将管子需弯曲部位的前段置于弯管器内，再用脚踩住管子，扳动弯管器手柄，加一点力，使管子略有弯曲，立即换下一个点，沿管子的弯曲方向逐点移动弯管器，弯出所需弯度。

用液压弯管器弯管时，将管子放入模具，操作弯管器，弯出所需弯度。当然，50 mm以下的管子也可用割炬火焰加热后弯曲，以免管子弯扁。

2）热弯法。先在管内塞满、塞实烘干的沙子，然后用木塞堵住两端口，再在弯曲部位均匀加热，最后在胎具上弯曲成形，再对钢管浇洒凉水，使钢管迅速冷却，倒出沙子后，钢管便弯曲成形。

（2）弯曲要求

1）由于设备、元器件位置及其他原因，钢管敷设改变方向，就需要弯曲。明配时，弯曲半径一般不小于管外径的6倍，若埋于地下或混凝土楼板内，不应小于管外径的10倍。管子的弯曲半径如图2—8所示。

2）用热弯法弯曲时，应比预定弯曲角度略大2°~3°，以弥补因冷却收缩造成的管子角度减小。

3）在弯管过程中应注意弯曲处不应有褶皱、凹穴和裂缝现象，弯扁程度不大于管外径的1/10。

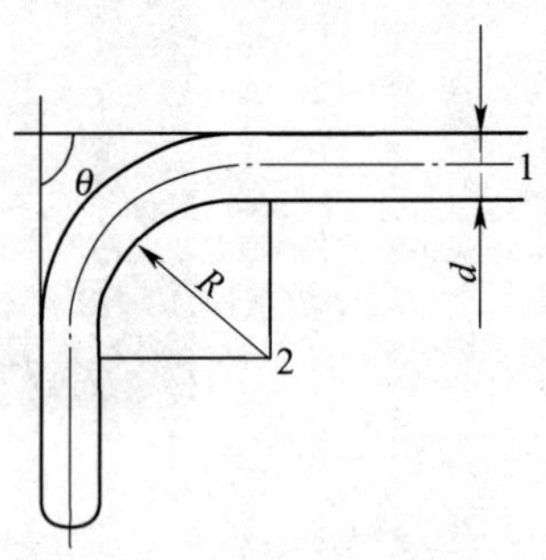

图2—8 管子的弯曲半径

5. 管子连接

（1）螺纹连接时，螺纹应光滑、无损，管端螺纹长度不小于束接长度的1/2，连接后，其螺纹宜外露2~3扣。

（2）套管的管径选择要合适，太大的管径套上去后，不易使两连接管的管中心线对正，造成管口处的有效截面积减小，致使穿线困难和焊接困难。

（3）套管长度应为连接管外径的1.5~3倍，若套管长度不合适，则不能起到加强接头处机械强度的作用。一般应视敷设管线上方的冲击大小而定，冲击大则选3倍上限，冲击小可选1.5倍下限。

6. 跨接线的选接

跨接线规格的选择见表2—3，焊接长度不可小于接地线截面积的6倍，也不得将束接焊死，接地跨接线焊接应整齐。

表2—3　　跨接线的规格

穿线管公称直径 ϕ（mm）		跨接线规格（mm）	
电线管	钢管	圆钢	扁钢
≤32	≤25	ϕ6	
40	32	ϕ8	
50	40~50	ϕ10	
70~80	70~80	ϕ12	25×4

特别提示

1. 明配管应注意美观，配管各固定点间距要均匀，一般管路应沿建筑物结构表面横平竖直地敷设，基础允许偏差在 2 m 管长以内间距均为 3 mm，全长的偏差不应超过管子内径的1/2。

2. 暗配管必须选用暗装附件，应选用钢板制成的冲压盒或点焊制作的焊接盒，其壁厚不应小于 1. 2 mm。

四、钢索配线

钢索配线就是借助钢索的支撑，在悬挂的钢索上吊瓷瓶、吊钢管、吊塑料管配线或吊塑料护套线的一种配线方式，灯具也吊在钢索上。这种配线一般适用于屋架较高、跨距较大，而灯具要求安装高度较低的场合，尤其在纺织工业中用得较多。

钢索架设工作的内容是测位、断料、架设、绑扎、拉紧、刷漆。配线工作的内容是测位、划线、上卡子、装接线盒、配线、焊接头。

钢索配线的一般工艺流程为：施工材料准备→配件安装→钢索安装→钢索配线（其中配件安装包括拉环的安装、花篮螺栓的安装、吊钩的安装）。

操作流程、图示、方法及工艺要求见表 2—4。

表 2—4　　操作流程、图示、方法及工艺要求

操作流程	图示	方法及工艺要求
施工材料准备	拉环 花篮螺栓 钢索绳套环 钢索卡	1. 钢索的准备。钢索一般采用直径大于 4. 5 mm 的镀锌钢绞线，而钢索中单根钢丝直径小于 0. 5 mm；也可用直径大于 8 mm 的镀锌圆钢作为钢索；不得使用含油芯的钢索，因为容易吸灰而腐蚀；在潮湿或腐蚀性场所应采用带塑料护套的钢索 2. 钢索的安装配件准备。钢索的主要安装配件有支（吊）架、拉环、螺栓、钢索卡、索具套环等工件。拉环用于在建筑物上固定钢索，为保证拉环的机械强度，拉环应选用直径不小于 16 mm 的圆钢制作，拉环有一式拉环和二式拉环两种。花篮螺栓用于拉紧钢索，并起调整作用。钢索绳套环又称心形环，用于钢绞线固定连接附件，在钢绞线与钢绞线或其他附件连接时，一端嵌在套环的凹槽中，形成环状，可对钢绞线起保护作用。钢索卡用于与钢丝绳索配合夹紧钢索末端

续表

操作流程	图示	方法及工艺要求
拉环的安装	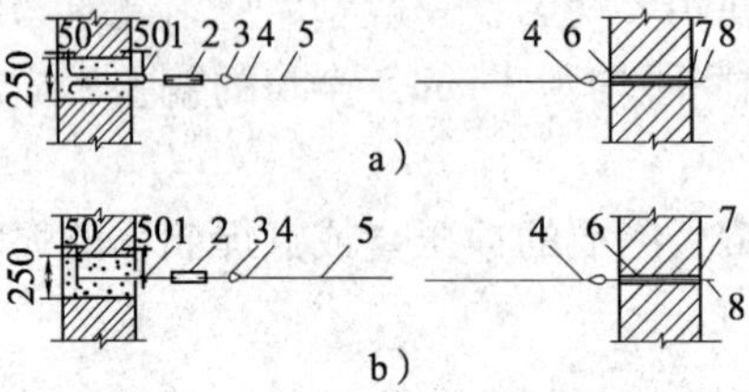 a） b） 1、8—拉环　2—花篮螺栓　3—钢丝绳套环 4—钢索卡　5—钢索　6—套管　7—垫板	在墙体上安装钢索的方法如左图所示，右侧拉环为穿墙拉环，应在墙体施工阶段配合土建施工预埋钢管件套管，一式拉环预埋一根套管，二式拉环应预埋两根套管，右侧一式拉环在穿入墙体内的套管后，需在靠外墙的一侧垫上一块 150 mm×150 mm×8 mm 的钢板。左侧拉环需在混凝土梁或圈梁施工中进行预埋；拉环的圆环接口处必须焊接牢固；拉环的环形一端不安装花篮螺栓时，应套好钢丝套环
花篮螺栓的安装		花篮螺栓的两端螺杆均应旋进螺母内，使其保持最大调节距离，以备进一步调整钢索的弛度
吊钩的安装		固定吊钩一般用直径为 8 mm 的圆钢制成。为了防止钢索受外界干扰的影响而发生跳脱现象，造成钢索张力加大，导致钢索拉断，吊钩的深度不应小于 20 mm，并应设置防止钢索跳出的锁定装置
钢索安装	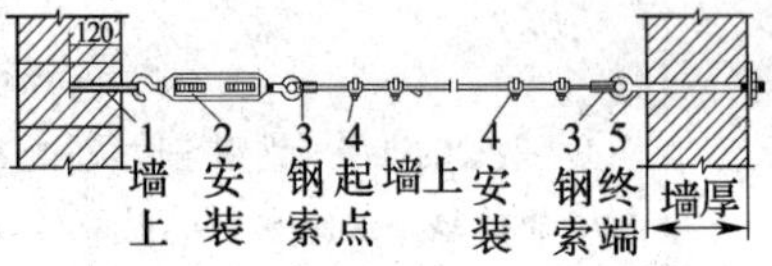 墙上安装　钢索起点　墙上安装　钢索终端　墙厚 1、5—耳环　2—花篮螺栓 3—钢索绳套环　4—钢索卡	钢索在墙上安装，如左图所示。安装前，先将钢索两端固定点和钢索中间的吊钩装好，然后将钢索的一端插入钢索绳环，折回钢索头，并用两只钢索卡，一反一正卡紧。再用紧线器收紧钢索，与花篮螺栓吊环上的钢丝绳套环相连接，剪断余下的钢索，将端头用金属线扎紧，最后用钢丝绳扎头固定（不少于两道），将花篮螺栓紧至适当程度，在花篮螺栓受力后才能取下紧线器
钢索配线	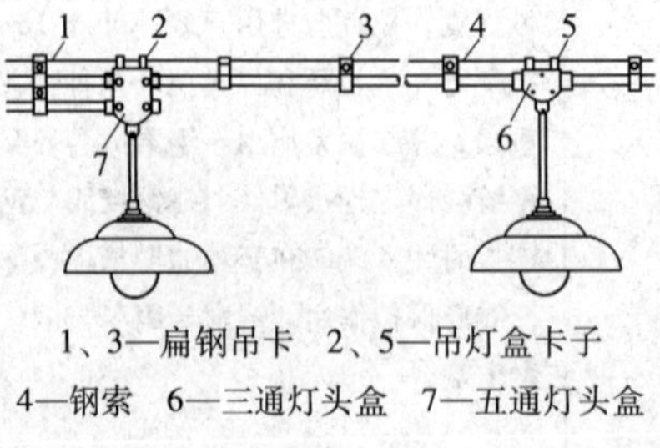 1、3—扁钢吊卡　2、5—吊灯盒卡子 4—钢索　6—三通灯头盒　7—五通灯头盒	钢索吊管配线是采用扁钢吊卡将钢管或硬质塑料管以及灯具吊装在钢索上，并在灯具上装好吊灯接线盒 先按设计要求确定好灯位和接线盒的安装位置，测量出每段管子的长度，再装上扁钢吊卡和吊灯灯头盒及卡子，如左图所示。然后将配线用的导管进行加工，为配线做好准备工作，再吊装导管和做整体的接地保护。最后在管内穿线，并连接导线和安装灯具

钢索吊装塑料护套线配线：

（1）安装方法。钢索吊装塑料护套线配线采用铝片线卡将塑料护套线固定在钢索上，使用塑料接线盒与接线盒安装钢板，将照明灯具吊装在钢索上的方法。在布线时，按设计要求先在钢索上确定好灯位的准确位置，把接线盒的固定钢板吊挂在钢索的灯位处，然后将塑料接线盒底部与固定钢板上的安装孔连接牢固。

（2）塑料护套线的敷设要求

1）敷设短距离护套线，可测量出两灯具间的距离，留出适当余量，将塑料护套线按段剪断，进行调直，然后卷成盘，敷线从一端开始，一只手托线，另一只手用铝片线卡将护套线平行卡吊于钢索上。

2）敷设长距离塑料护套线时，将护套线展开并调直后，在钢索两端做临时绑扎，要留足灯具接线盒内导线的余量，长度过长时，中间部位也应做临时绑扎，把导线吊起，用铝片线卡根据最大距离的要求，把护套平行卡吊于钢索上。

3）铝片线卡间距。用铝片线卡在钢索上固定护套线时，为确保钢索吊装护套线布线固定牢固，应均匀分布线卡间距，线卡距灯头盒间的最大距离为 100 mm；线卡之间最大间距为 200 mm。

特别提示

1．拉环安装要求

拉环应能承受钢索在全部荷载下的拉力，拉环应固定牢固、可靠，以防止拉环被拉脱，造成安全事故。使用的拉环根据拉力的不同，安装方法也不相同，左右两种拉环及其安装方法，应视现场施工条件选用。

2．花篮螺栓安装要求

钢索长度为 50 m 及以下时，可在一端装设调整钢索弛度的花篮螺栓；超过 50 m 时，两端均应装设花篮螺栓；以后每超过 50 m，则应加装一个中间花篮螺栓。

3．吊钩安装要求

钢索配线敷设导线及安装灯具后，钢索的弛度应不大于 100 mm，如不能达到时，应增加中间吊钩，吊钩固定点的间距不应大于 12 m。

4．钢索安装要求

（1）钢索的安装应在土建工程基本结束，并拆除对施工有影响的模板、脚手架，将杂物清理干净之后进行。

（2）钢索在安装前应先用略大于设计值的拉力预拉伸，以减少安装后的伸长率。

（3）用钢绞线作钢索时，钢索端的绳头处应用镀锌线扎紧，防止绳头松散，然后穿入拉环中的钢丝绳套环内，用不少于两个钢丝绳扎头固定，确保钢索连接可靠，防止钢索发生脱落事故。

（4）用圆钢作钢索时，端部可顺着钢索绳套环弯成环形圈，并将圈口焊牢，当焊接有困难时，也可使用钢丝绳扎头固定两道。

（5）钢索布线，绝缘导线至地面的最小距离，在室内时应不小于2.5 m。

5. 钢索吊管配线要求

（1）在吊装钢管时，应按照先干线后支线的顺序进行，把加工好的管子从始端到终端按顺序连接，管与接线盒的丝扣应拧牢固，将钢管逐段用扁钢卡子钢索固定。

（2）扁钢吊卡安装应垂直、平整、牢固，间距均匀，每个灯位接线盒应用两个吊卡固定，钢管上的吊卡距接线盒间的最大距离应不大于 200 cm，吊卡之间的间距应不大于 1 500 mm。

（3）钢索吊管配线完成后，应做整体的接地保护，管接头两端和接线盒两端的钢管应用适当的圆钢做接地线焊牢，并应与接线盒焊接。

思考与练习

1. 阅读如图 2—9 所示的分线盒，说明分线盒与线管的连接方式和线管的连接结构。

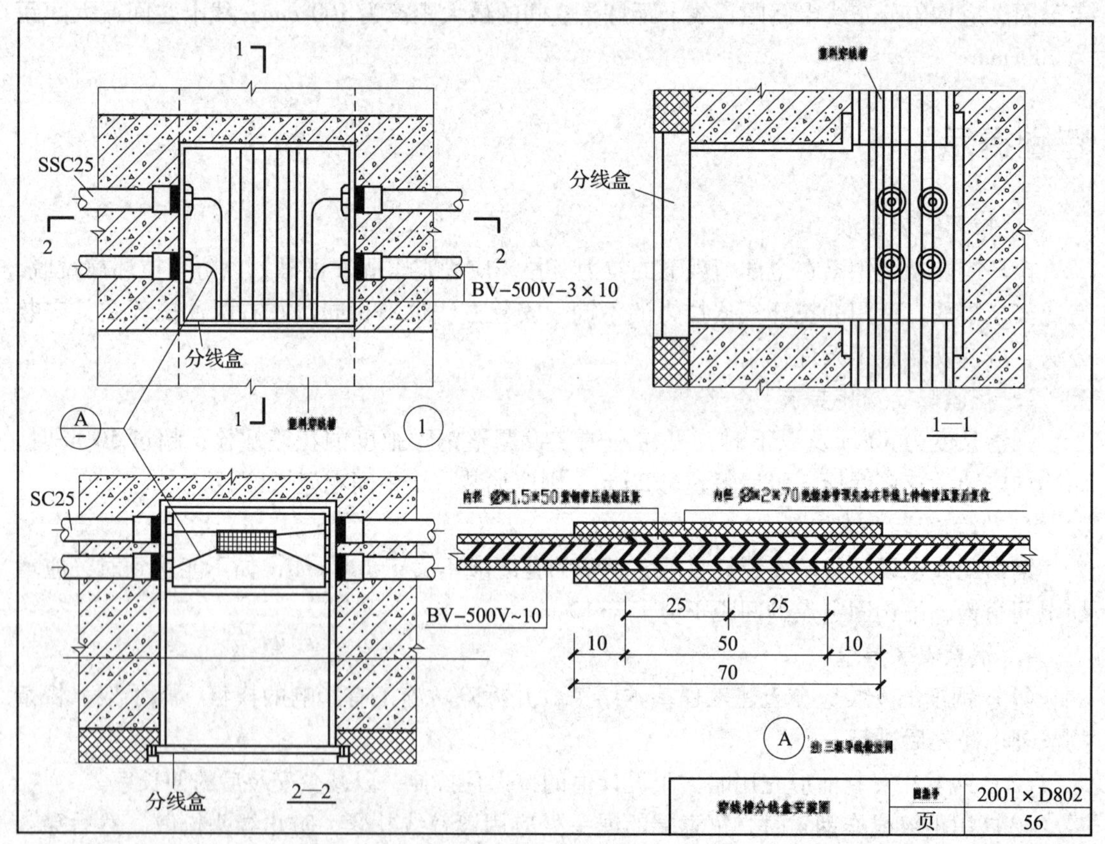

图 2—9　分线盒

2. 阅读如图 2—10 所示的竖井布线详图，说明竖井布线结构。

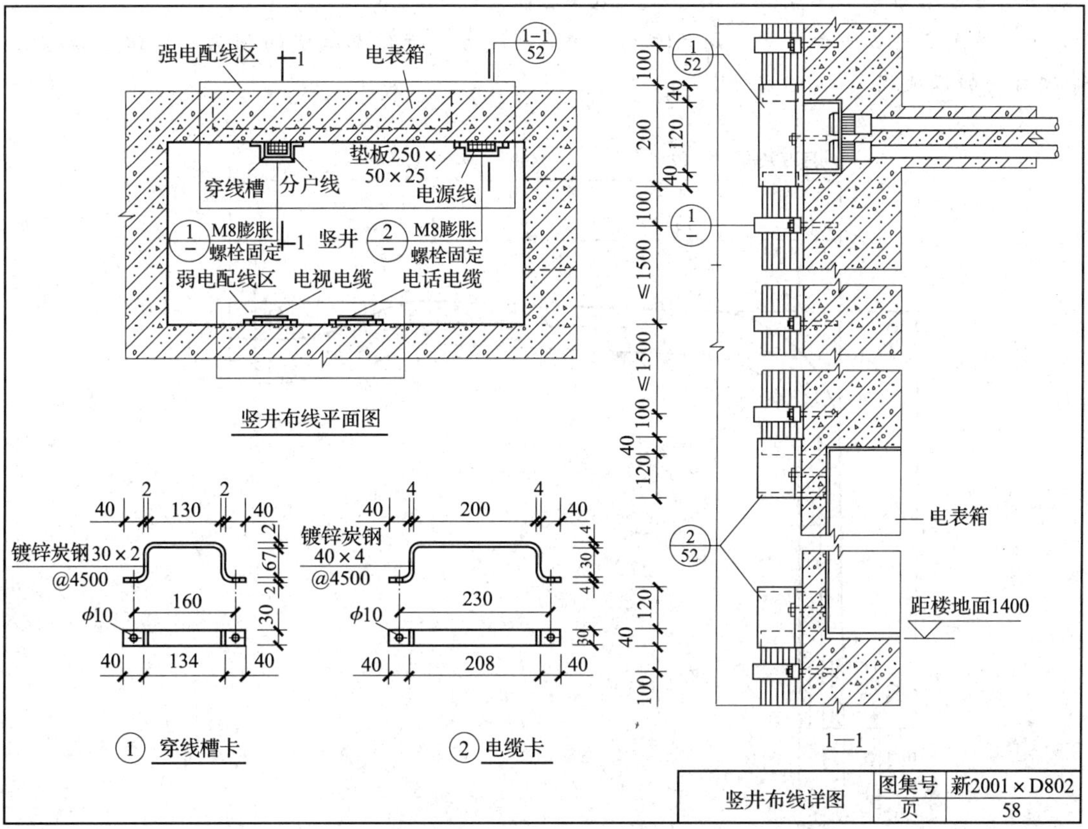

图 2—10　竖井布线详图

技 能 训 练

1. 按照如图 2—11 所示的线路图，在训练墙或训练板上，用 ϕ16 mmPVC 管、接线盒，加工并敷设管路（采用明敷的方式）。

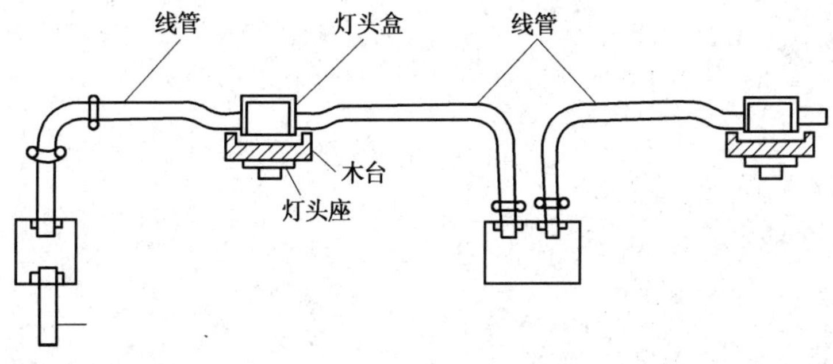

图 2—11　敷设管路技能训练

2. 组装一组5 m长的钢索。

3. 练习填写一个薄壁镀锌钢管施工质量验收表。

4. 按图2—12所示尺寸，用ϕ16 mm钢制电线管，进行电线管的锯割、弯曲、套螺纹等项目的加工训练。

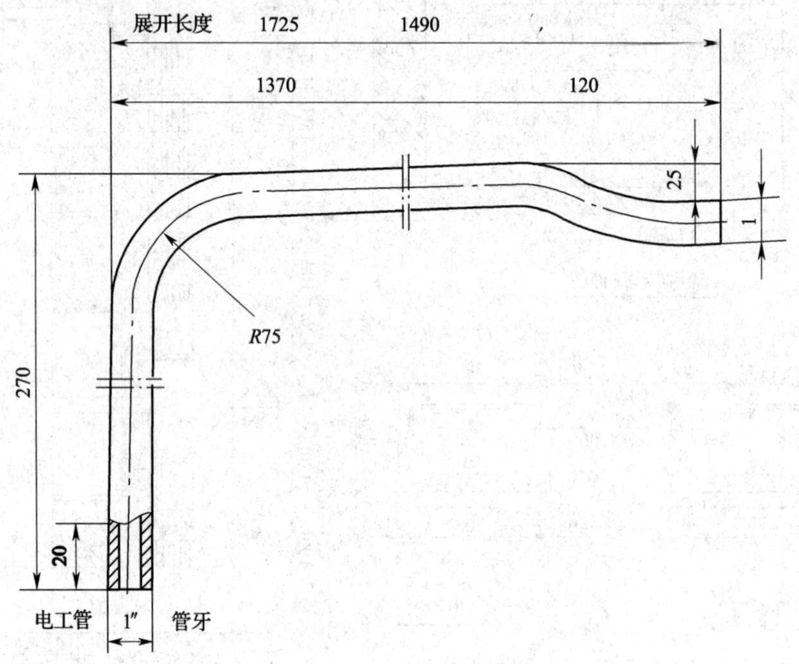

图2—12 钢管锯割、弯曲、套螺纹技能训练图

5. KBG管明敷设技能训练。要求：

(1) 房间面积不小于45 m^2；电源：220 V交流电。

(2) 管道壁厚大于，直径15～20 mm；一个开关箱，不少于3个接线盒；

(3) 控制要求：三盏照明灯分别控制，两个插座。

6. 阅读如图2—13所示线管敷设剖面，确定线管暗敷设在墙内的位置。

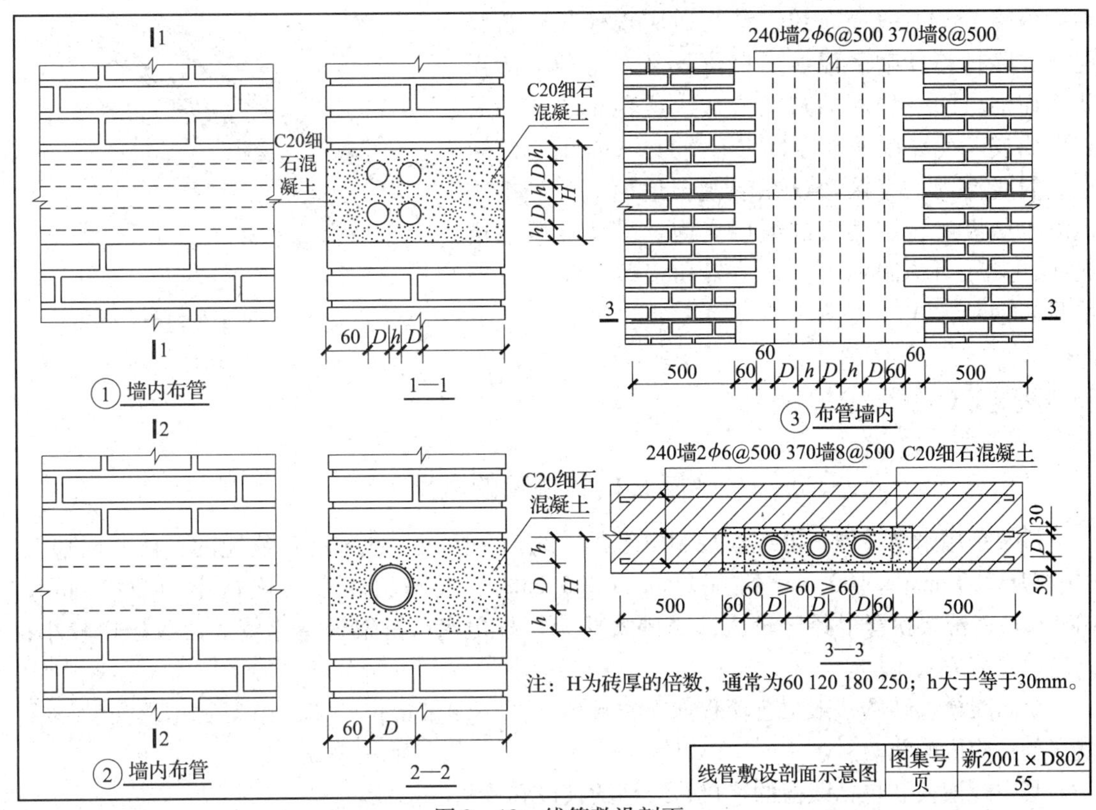

图 2—13　线管敷设剖面

课题二　线槽、桥架的安装

在现代化大型建筑物内，线槽配线和桥架已得到广泛应用。线槽是一种专门用于电线敷设的电线槽，常用的线槽用塑料或金属制成。塑料线槽由槽底和槽盖两部分组成，施工时先把槽底用木螺钉固定在墙面上，放入导线后再盖上槽盖。

一般塑料线槽尺寸为 20 mm×12.5 mm，每根长为 2 m，用于干燥场合做永久性的导线根数较少、截面不大的明线敷设。

金属线槽一般用厚 0.4～1.5 mm 的钢板支撑，一般高度尺寸是 30～65 mm，宽度为 45～120 mm，用于导线根数较多，截面较大的导线敷设。

桥架是一种专门用于电缆敷设的电缆槽，可分为槽式、盘式和梯级式等几种形式，施工时先在专用支架上安放电缆槽，槽内放入电缆后，可以在上面加盖板，既美观又清洁。

一、金属线槽安装

金属线槽安装方式有地面内暗装金属线槽布线和吊装金属线槽布线两种（见图 2—14）。

地面内暗装金属线槽布线，是为适应现代化建筑物电气线路日趋复杂而配线出口位置又多变的实际需要，而推出的一种新的布线方式，这种布线方式是将电线或电缆穿在经过特制的壁厚为 2 mm 的封闭矩形金属线槽内，直接敷设在混凝土地面、现浇钢筋混凝土楼板或预制楼板的垫层之内。吊装金属线槽布线，又分为预制加工支、吊架和定型产品（万能吊具）两种方式。

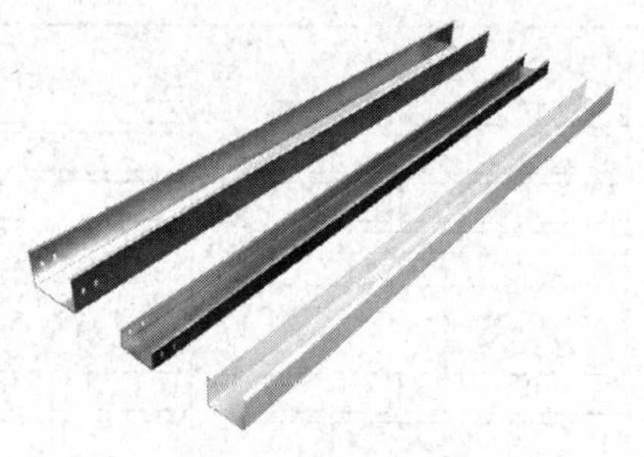

图 2—14　金属线槽

特别提示

金属线槽和桥架的区别

桥架是用来敷设电力电缆和控制电缆的，线槽是敷设导线和通信线缆的；桥架比较大（规格从 200 mm × 100 mm 到 600 mm × 200 mm），线槽比较小（规格小于 200 mm × 100 mm）；桥架拐弯半径比较大，线槽大部分拐直角弯；桥架跨距比较大，线槽比较小；固定、安装方式不同。

金属线槽安装的一般工艺流程如下：预留孔洞→测量定位→支、吊架制作及安装→线槽安装→槽内配线。

其中线槽安装包括线槽的连接、线槽的敷设和线槽的接地。

金属线槽安装的操作流程、方法及工艺要求见表 2—5。万能型吊具吊装金属线槽示意图如图 2—15 所示。

表 2—5　　金属线槽安装的操作流程、方法及工艺要求

操作流程	方法及工艺要求
预留孔洞	随着土建结构施工，将预制好的模具固定在线槽穿墙、板的准确位置处，土建拆模后，取下模具，收好孔洞口
测量定位	根据施工图确定箱、柜的安装位置，按照主线槽与支线槽的顺序沿线路的走向弹出固定点的准确位置。在钢结构上宜采用拉线的方法定位；敷设地面线槽时，还应弹出出线口的位置
支、吊架制作及安装	安装支、吊架一般使用扁钢 30 mm × 3 mm、角钢 25 mm × 25 mm 及圆钢 ϕ8 mm 预制加工，也可采用定型产品（万能吊具）。型钢应平直，无显著变形，采用镀锌产品或进行防腐处理。 支、吊架安装应牢固，横平竖直，固定点间距不应大于 2 m，距离楼顶板不应小于 200 mm。方法一，在土建结构钢筋配筋的同时，将 120 mm × 60 mm × 6 mm 的钢板平面向下用圆钢锚固在钢筋网上，模板拆除后，清理露出预埋件，将已制成的支、吊架焊在预埋铁上固定，焊接应牢固，无变形，焊缝均匀，焊渣清理干净；方法二，按弹线定位标出的固定点位置钻孔，孔的深度应以将套管全部埋入墙内或顶板内为宜，并应将孔内残存的碎屑清除干净，然后将螺栓敲进洞内，配上相应的螺母、垫圈将支、吊架固定在金属膨胀螺栓上

续表

操作流程	方法及工艺要求
线槽连接	线槽与线槽之间应采用连接板连接，紧固螺母要加平垫、弹簧垫，接茬处应严密平整；线槽进行交叉、转弯及分支时，应采用专用连接件进行连接，终端加封堵；线槽通过钢管引入或引出导线时，线槽内外要加锁母固定钢管
线槽敷设	线槽安装应平整，无扭曲变形，内壁无毛刺，各种附件齐全；建筑物的表面如有坡度时，线槽应随其坡度变化而变化。待线槽全部敷设完毕后，应在配线之前进行调整检查；在无法上人的吊顶内敷设线槽时，吊顶应留有检修孔；穿插过墙壁的线槽四周应留出 50 mm 的距离，并用防火枕进行封堵；线槽经过建筑物的变形缝（伸缩缝、沉降缝）时，线槽本身应断开，线槽内用内连接板搭接，不需固定 在钢结构建筑物中，一般采用万能型吊具吊装金属线槽，安装前先将吊具及附件组装好，并固定在钢结构上，将顶丝拧牢。具体敷设如图 2—15 所示
线槽接地	线槽的所有非导电部分的铁件均应相互连接和跨接，使之成为连续导体，并整体接地。保护地线应敷设在明显处，非镀锌线槽连接板的两端需跨接地线，跨接地线可采用铜编织带或不小于 6 mm 的铜芯绝缘软线。镀锌线槽在连接板的两端可不跨接地线，但连接板两端需用不少于 2 个防松螺栓固定。金属线槽的宽度在 100 mm 及以下时，连接板两端螺钉固定点不少于 4 个；金属线槽的宽度在 200 mm 及以上时，连接板两端螺钉固定点不少于 6 个
槽内配线	配线前应先检查导线的规格、型号是否符合设计要求；保护地线是否压接牢固；管与线槽连接处的护口是否齐全；管进入盒、槽时内外螺母是否锁紧 配线应按先干线，后支线的顺序进行，并在导线两端做好标记。不应出现挤压背扣、扭结、损伤导线等现象。线槽内，导线面积总和（包括绝缘在内）不应超过线槽截面积的 40%。导线较多时，可利用导线绝缘层颜色区分相序，也可利用在导线端头和转弯处做标记的方法区分相序。导线在线槽内要有一定余量，不得有接头。沿线槽垂直配线时，应将导线固定在线槽底板上，防止导线下坠

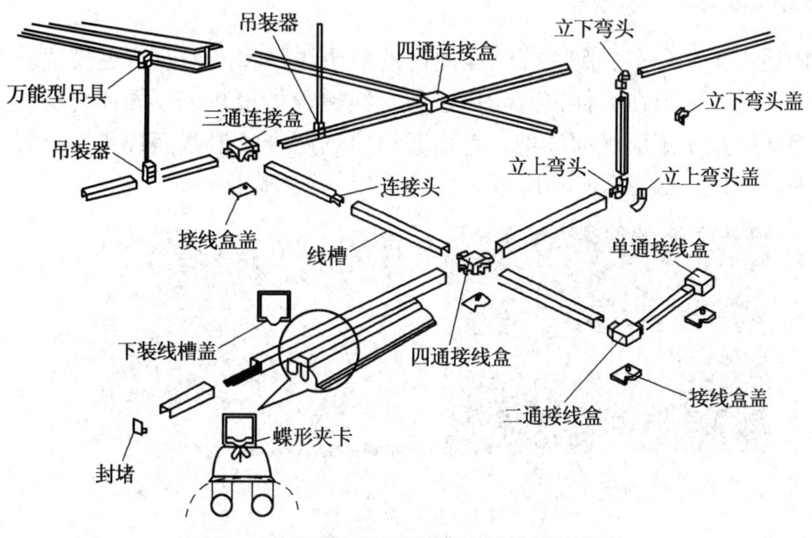

图 2—15　万能型吊具吊装金属线槽示意图

特别提示

1. 用金属膨胀螺栓安装支、吊架时，不得在空心砖墙和陶粒混凝土砌块等轻型墙体上使用金属膨胀螺栓。

2. 轻钢龙骨吊顶内敷设线槽应单独设置吊具，吊杆直径不小于 8 mm。

3. 不同电压、不同回路、不同频率的导线放在同一线槽内应加隔板，但下列情况可直接放在同一线槽内：电压在 65 V 及以下；同一设备的动力和控制回路；照明花灯的所有回路；三相四线制的照明回路。

4. 同一回路的相线和零线，应敷设于同一金属线槽内。同一电源的不同回路无抗干扰要求的线路可敷设于同一线槽内，有抗干扰要求的线路要用隔板隔离，或屏蔽电线且屏蔽护套一端接地。

5. 导线按回路编号分段绑扎，绑扎点间距不应大于 2 m，线槽在穿越建筑物的变形缝时，导线应留有补偿余量。

6. 地面金属线槽安装要求：

（1）地面线槽调节支架安装。配合土建地面工程施工，地面找平后，再测定固定点位置。依据面层厚度，固定好调节支架，以确保各支架在同一平面上，且出线口与地面平齐。

（2）应及时根据弹线确定的位置，将地面金属线槽放在支架上，然后进行线槽连接，并接好出线口。

（3）地面线槽及附件全部上好后，再进行一次系统调整，主要根据地面厚度，仔细调整线槽干线，分支线，分线盒接头，转弯、转角、出口等处，水平高度要求与地面平齐，将各种盒盖盖好并封堵严实，以防止水泥砂浆进入。

二、塑料线槽安装

塑料线槽适用于办公室、卧室等干燥屋内的照明线路和工程改造更换线路以及弱电线路吊顶内暗敷。敷设一般在墙体刷灰粉后进行。线槽种类很多，不同场合应合理选用，一般室内照明等线路选用矩形截面线槽，地面敷设应选用带弧形截面线槽，电气控制柜内一般采用带格栅的线槽，如图 2—16 所示。

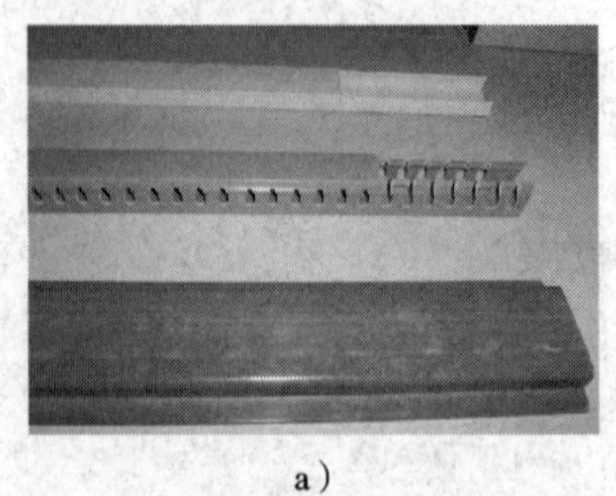

a）

b）

图 2—16　塑料线槽

a）矩形截面线槽（中间一根带格栅）　b）带弧形截面线槽

塑料线槽安装的一般工艺流程如下：

测量定位→线槽敷设→槽内布线→导线连接→线路绝缘测试

1. 塑料线槽安装的操作及工艺要求

塑料线槽安装的操作及工艺要求见表2—6。

表2—6　　塑料线槽安装的操作及工艺要求

操作流程	图示	方法及工艺要求
测量定位		首先根据施工图中的盒、箱等电器的位置，确定线路走向及固定点，固定点应均匀分布
线槽敷设		选用线槽时应根据设计要求选择型号、规格相应的产品。敷设场所的环境温度不得低于－15℃。墙体为混凝土砖墙时，可采用塑料线槽。固定线槽时应先两端后中间 塑料线槽连接时，线槽及附件连接处应平齐，没有缝隙。槽底或槽盖直线段对接时，槽底对接缝与槽盖对接缝应错开并不小于20 mm。线槽分支接头以及线槽附近采用相同材质的定型产品
塑料胀管固定线槽	木螺钉　垫圈　塑料胀管	首先根据胀管选择相应规格的钻头。在已确定好的固定点上垂直钻孔。孔钻好后，把塑料胀管垂直插入孔中，使其外端与建筑表面平齐。用平头木螺钉将线槽底板紧贴建筑物表面固定牢固，线槽底板应平直
槽内布线		布线前，应先将线槽内的杂物清除干净。布线时，宜从始端到终端的顺序进行。干线放下面，支线放上面，导线应理顺、不拧绞。线槽内严禁有接头。线槽内敷设导线的线芯最小允许截面：铜导线为1.0 mm^2，铝导线为2.5 mm^2

续表

操作流程	图示	方法及工艺要求
覆盖盖板		布线完毕，逐段将线槽盖板盖牢

特别提示

1. 线槽及线槽附件安装要求：

（1）接线盒、各种附件、转角、三通等固定点不应少于两点。

（2）接线盒、灯头盒应采用相应的插口连接件。

（3）在线路分支接头处应采用相应接线箱。

（4）线槽的终端应采用终端头封堵。

（5）过变形缝时应做补偿装置。

2. 线槽的固定点最大间距的规定

线槽的固定点最大间距的规定见表2—7。

表2—7　　线槽的固定点最大间距

固定点形式	槽板宽度（mm）			
	25	40	60	80
	固定点最大间距（mm）			
中心单列	500	800	—	—
双列	—	—	800	—
双列	—	—	—	800

想一想

塑料线槽配线有哪些优点？

三、电缆桥架安装

电缆桥架是指用于排放、固定电缆的梯架和托盘式金属线槽，如图 2—17 所示。电缆桥架主要有钢制、铝合金制及玻璃钢制等。钢制桥架表面处理分为喷漆、喷塑、电镀锌，热镀锌、粉末静电喷涂等工艺。电缆桥架的安装主要有沿顶板安装、沿墙水平和垂直安装、沿竖井安装、沿地面安装、沿电缆沟及管道支架安装等几种方式。安装所用支（吊）架可选用成品或自制。支（吊）架的固定方式主要有预埋铁件上焊接、膨胀螺栓固定等。

a）

b）

图 2—17 电缆桥架
a）梯式桥架 b）托盘式桥架

电缆桥架安装的一般工艺流程如图 2—18 所示，电缆桥架安装的操作方法及工艺要求见表 2—8。

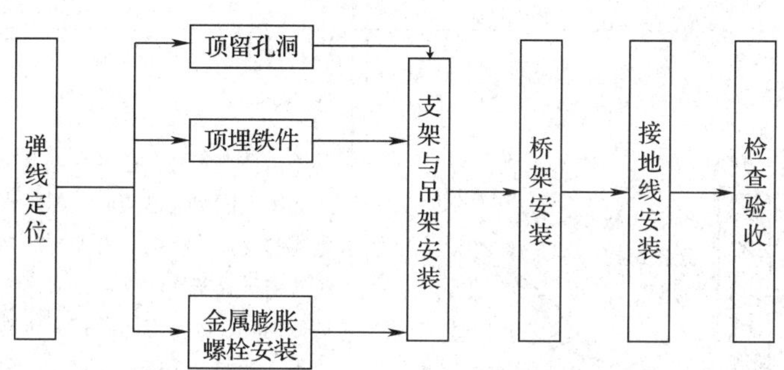

图 2—18 电缆桥架安装的一般工艺流程

表 2—8 **电缆桥架安装的操作方法及工艺要求**

操作项目	图示	操作方法及工艺要求
电缆桥架的连接	伸缩连接板 固定连接板 95	桥架的直线段之间、直线与弯通之间应用连接板等附件来连接，连接螺栓应紧固，螺母应置于桥架外侧。不得在桥架穿楼板或过墙处进行连接。左图所示为两种常用的连接板

续表

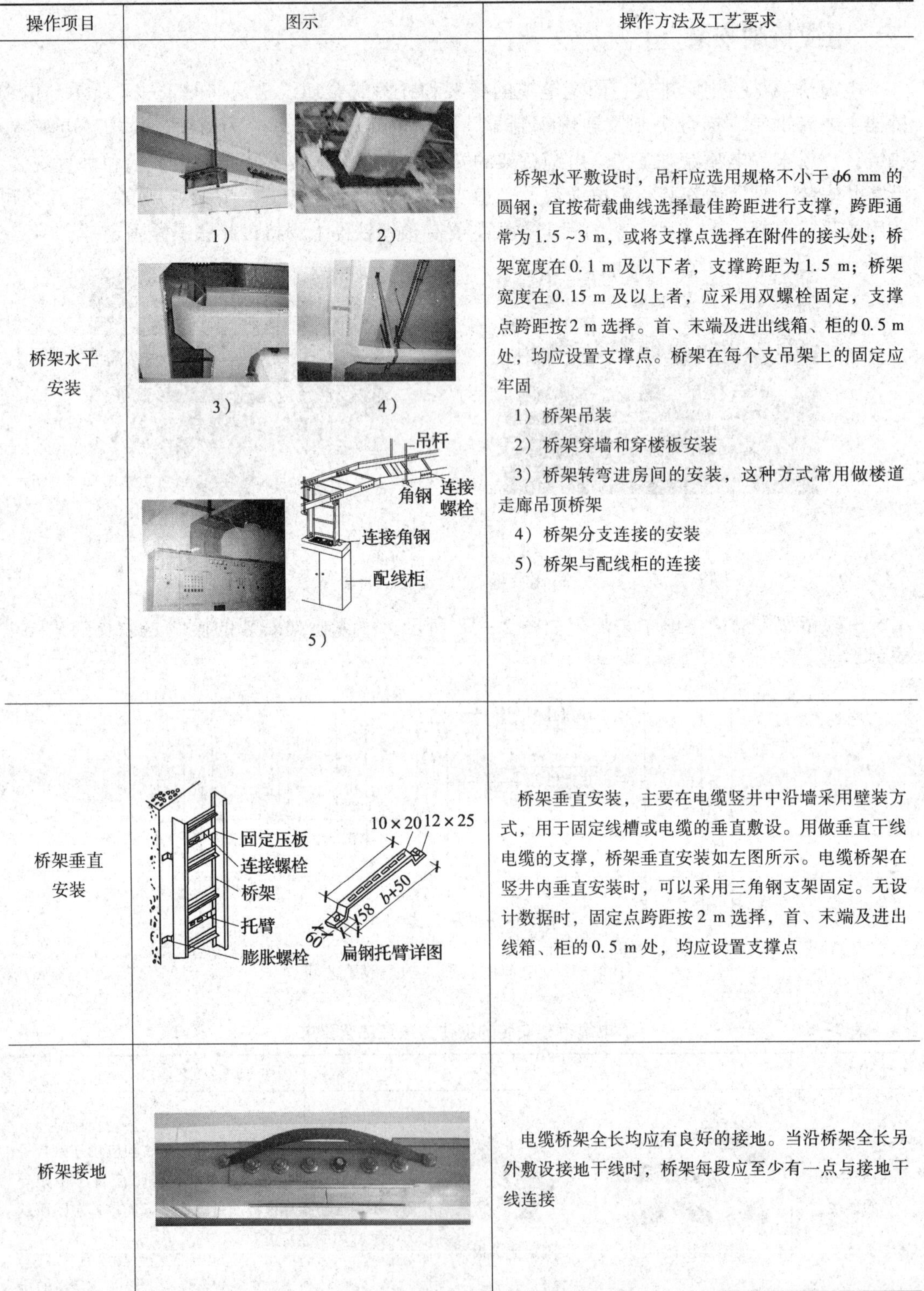

操作项目	图示	操作方法及工艺要求
桥架水平安装	1） 2） 3） 4） 5）	桥架水平敷设时，吊杆应选用规格不小于 ϕ6 mm 的圆钢；宜按荷载曲线选择最佳跨距进行支撑，跨距通常为 1.5～3 m，或将支撑点选择在附件的接头处；桥架宽度在 0.1 m 及以下者，支撑跨距为 1.5 m；桥架宽度在 0.15 m 及以上者，应采用双螺栓固定，支撑点跨距按 2 m 选择。首、末端及进出线箱、柜的 0.5 m 处，均应设置支撑点。桥架在每个支吊架上的固定应牢固 1）桥架吊装 2）桥架穿墙和穿楼板安装 3）桥架转弯进房间的安装，这种方式常用做楼道走廊吊顶桥架 4）桥架分支连接的安装 5）桥架与配线柜的连接
桥架垂直安装		桥架垂直安装，主要在电缆竖井中沿墙采用壁装方式，用于固定线槽或电缆的垂直敷设。用做垂直干线电缆的支撑，桥架垂直安装如左图所示。电缆桥架在竖井内垂直安装时，可以采用三角钢支架固定。无设计数据时，固定点跨距按 2 m 选择，首、末端及进出线箱、柜的 0.5 m 处，均应设置支撑点
桥架接地		电缆桥架全长均应有良好的接地。当沿桥架全长另外敷设接地干线时，桥架每段应至少有一点与接地干线连接

特别提示

1. 下列不同电压用途的电缆不宜敷设在同一层桥架上：

（1）1 kV 以上和 1 kV 以下的电缆。

（2）向一级负荷供电的双路电源电缆。

（3）应急照明和其他照明的电缆。

（4）强电和弱电电缆。

如受条件限制需安装在同一层桥架上时，应用隔板隔开。

2. 桥架托臂安装（见图 2—19）

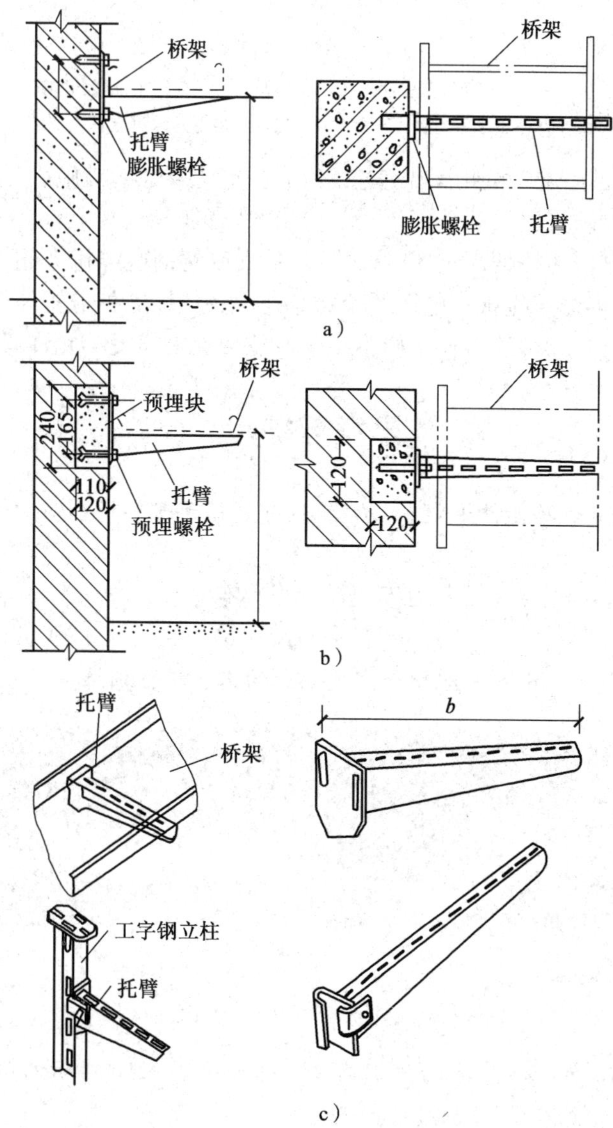

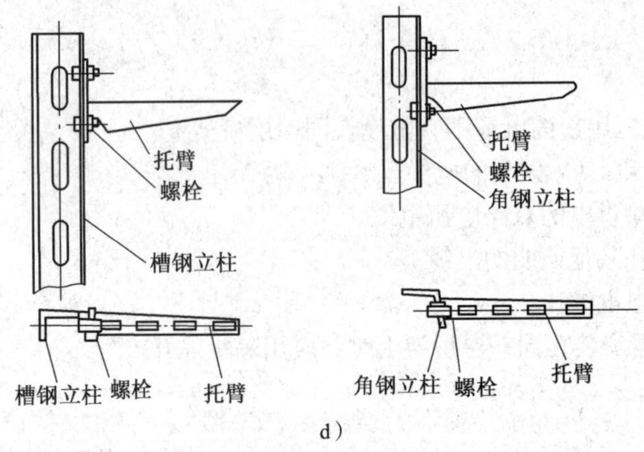

图 2—19　桥架托臂安装

a）A 式：托臂用膨胀螺栓固定　b）B 式：托臂用预埋螺栓固定

c）托臂在工字钢立柱上安装　d）托臂在槽钢、角钢立柱上安装

3. 铝合金梯架在钢制支吊架上固定时，应有防电化腐蚀的措施。

4. 电缆桥架穿过防火墙及防火楼板时，应采取防火隔离。

5. 当直线段钢制电缆桥架超过 30 m、铝合金或玻璃钢电缆桥架超过 15 m 时，应有伸缩缝，其连接宜采用伸缩连接板；电缆桥架跨越建筑物伸缩缝处应置伸缩缝。

6. 电缆桥架转弯处的转弯半径，应不小于该桥架上电缆最小允许弯曲半径的最大者。

思考与练习

建筑工程中，金属线槽配线和塑料线槽配线分别用于哪些场合？

技 能 训 练

1. 如图 2—20 所示，进行一组塑料线槽配线的工艺操作训练。

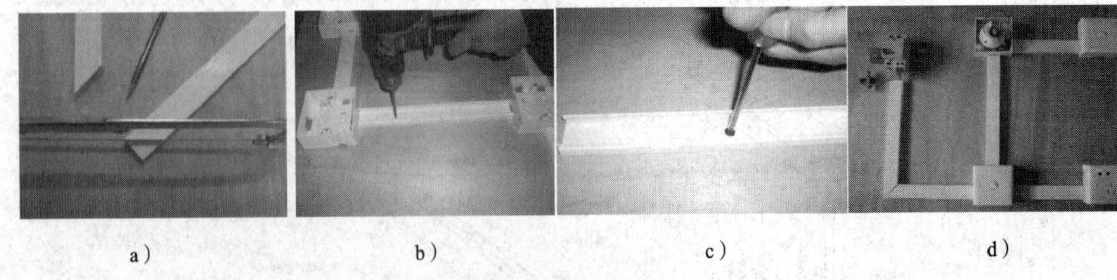

图 2—20　塑料线槽配线的操作训练图

2. 用 40 mm×40 mm×4 mm 的角钢加工一个如图 2—21a 所示的门形支架，组装一组如图 2—21b 所示的桥架。

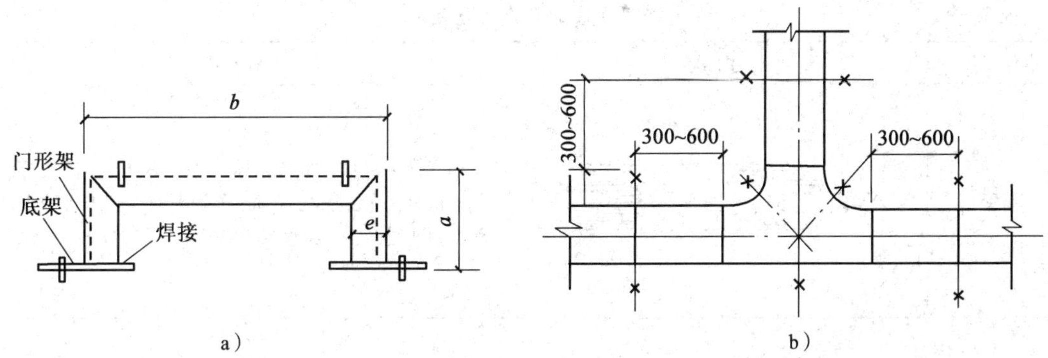

图 2—21　组装门形支架和电缆桥架的技能训练图

课题三　电 气 配 线

本课题主要介绍常见绝缘导线及弱电导线、管内穿线及线槽配线的工艺方法，要求学会识别各种铜芯绝缘导线、弱电导线并掌握管内穿线工艺要求。

一、导线材料

常用电线电缆的导电材料多采用铜、铝及其合金。铜的导电性能和力学性能均比铝好，导电用铜是纯度很高的电解铜，导电用铝通常为含铝量 99.5% 以上的工业纯铝。铜和铝基本符合导电材料的要求，即电阻率小，导电、导热性好，线膨胀系数小，机械强度适中，不易氧化和腐蚀，容易加工和焊接，因此它们及其合金是常用的导电材料，其形式有裸导线、电磁线、电缆线等。

绝缘导线颜色的选配。在电气设备安装调试工程中，应确保接线正确无误，有利于以后对系统线路的检查和维护，所以要求同一建筑物内的供配电系统导线颜色选择应统一。例如单相电源相线应选用红色绝缘导线，三相电源的各相导线应选用不同颜色的绝缘导线，按相序 L1、L2、L3 分别对应选择为黄、绿、红三种颜色，以利于区分各相导线；中性线（即零线 N）应选用淡蓝色或黑色绝缘导线；保护接地线（即 PE 线）应选用黄绿相间的双色绝缘导线。电源线从控制开关到电负荷之间的控制都可选用白色或其他颜色的绝缘导线。

二、线管穿线的工艺要求

线管穿线的工艺过程：清管、放线、穿引线、导线入管、线头预留。

线管穿线的操作工艺要求见表2—9。

表2—9　　　　线管穿线的操作工艺要求

操作流程	图示	工艺要求
清管		在线管穿线前，应先用吹尘器向管内吹入压缩空气，也可在引线铁丝上绑扎布条来回拉动进行清理，将管内残留杂物和积水等清理干净
放线		用放线架顺着导线缠绕方向放线，在放线过程中，注意将导线拉直，以防止打结扭绞，同时检查导线是否存在曲结、绝缘层破损等缺陷。左图为较小截面的导线，采用手工放线
穿线引线		往塑料管内穿入直径为1.2～1.6 mm的铁引线，用它将导线拉入管内。如果管径较大、长度较短、转弯较少，可将铁丝引线从管口一端直接引入，从管口另一端引出。如果管径较小、长度较长、转弯较多，一根铁丝无法直接从管子的一端穿入，从另一端引出，则可从管的两端同时穿入引线，将引线端部弯成小钩，当两根铁丝引线在管中相遇时，用手转动引线，使两根引线钩在一起，将要留在管内的引线一端拉出管口，使管内保留一根完整的引线，其两端伸出管外，并绕成一个大圈，使之不缩入管内，以供穿线之用
导线入管		先将引线铁丝的一端与被穿引导线可靠地绑在一起，俗称“牵线结头”，以确保在穿线过程中不使导线松脱。用引线铁丝将导线从管口缓缓拉入管内，这项工作应由两人合作，一人在一端慢慢拉引线铁丝，另一人同时在导线绑扎处慢慢送入，如左图所示。注意线管两端的拉线人与送线人动作要协调，送入管内的导线应平行成束，不能相互缠绕

操作流程	图示	工艺要求
线头预留	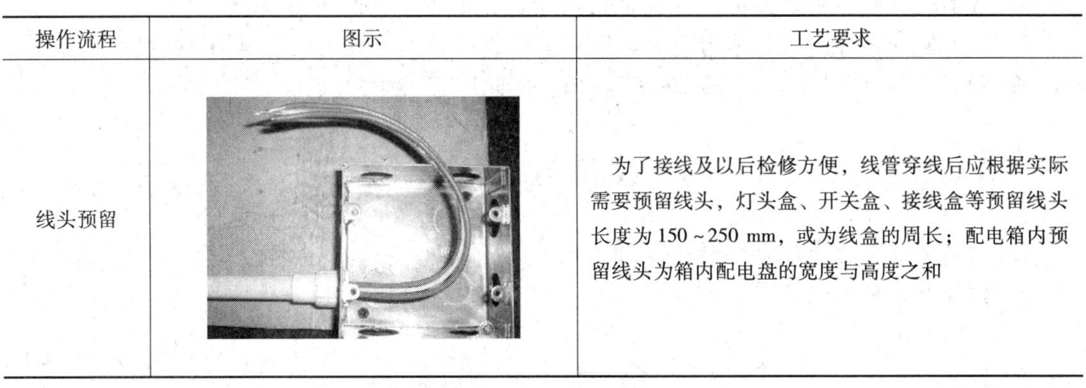	为了接线及以后检修方便，线管穿线后应根据实际需要预留线头，灯头盒、开关盒、接线盒等预留线头长度为150～250 mm，或为线盒的周长；配电箱内预留线头为箱内配电盘的宽度与高度之和

想一想

管路中间增设接线盒的目的是什么?

三、线槽配线

1. 配线前，应先将线槽内的杂物清除干净；检查导线的规格、型号是否符合设计要求；保护地线是否压接牢固；管与线槽连接处的护口是否齐全；管进入盒、槽时内外螺母是否锁紧。

2. 配线时，宜从始端到终端、先干线后支线的顺序进行（干线放下面，支线放上面），并在导线两端做好标记。不应出现挤压背扣、扭结、损伤导线等现象。

3. 线槽内敷设导线的线芯最小允许截面：铜导线为1.0 mm^2，铝导线为2.5 mm^2。导线面积总和（包括绝缘部分在内）不应超过线槽截面积的40%，不得有接头。布线完毕，逐段将线槽盖板盖牢。

4. 沿线槽垂直配线时，应将导线固定在线槽底板上，防止导线下坠。

特别提示

1. 不同电压、不同回路、不同频率的导线放在同一线槽内应加隔板，但下列情况可直接放在同一线槽内：电压在65 V及以下；同一设备的动力和控制回路；照明花灯的所有回路；三相四线制的照明回路。

2. 同一回路的相线和零线，应敷设于同一金属线槽内。同一电源的不同回路无抗干扰要求的线路可敷设于同一线槽内，有抗干扰要求的线路要用隔板隔离，或屏蔽电线且屏蔽护套一端接地。

3. 导线按回路编号分段绑扎，绑扎点间距不应大于2 m，线槽在穿越建筑物的变形缝时，导线应留有补偿余量。

4．线槽配线前应将槽内的灰尘和杂物清净，防止污染和损坏线缆。

5．线槽配线在穿过楼板或墙壁时，应用保护管，并且穿楼板处必须用钢管保护，其保护高度距地面不应低于1.8 m；装设开关的地方可引至开关的位置。

思考与练习

1．识别建筑工程用的导电材料。

2．线管穿线的工艺过程。

技 能 训 练

1．完成三个弯头的线管明敷设穿线。

2．完成两个弯头的线管暗敷设穿线。

3．设计、安装用塑料线槽配线方式的45 m^2教室照明和插座控制线路。控制要求：

（1）控制线路1：六盏40 W双管日光灯，分别用墙壁开关控制。有漏电保护。

（2）控制线路2：4个墙壁插座。有漏电保护。

（3）进户电源为交流220 V，要求有短路保护。

课题四　电 缆 敷 设

本课题介绍普通电缆、预分支电缆、电缆绝缘穿刺线夹及T接端子和矿物绝缘电缆的施工工艺。

一、普通电缆施工工艺

电缆线路的敷设方式主要有电缆直埋铺砂盖砖或盖混凝土板、电缆沿沟内敷设、电缆穿钢管埋设、电缆沿墙明敷设、电缆穿混凝土管敷设、电缆沿电缆托盘或电缆桥架敷设等。

电缆敷设方法可分为人工敷设和机械牵引敷设；按方向可分为水平敷设和垂直敷设。

电缆敷设的一般工艺流程如图2—22所示。

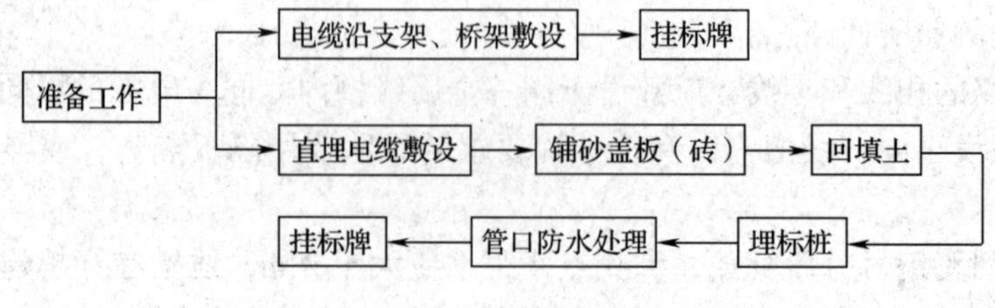

图2—22　电缆敷设的一般工艺流程

二、预分支电缆的施工

预分支电缆又称带分支电缆或枝状电缆。多应用于高层建筑配电干线，电缆具有良好的抗振、气密、防水性能，占用空间小、安装方便，如图 2—23 所示。

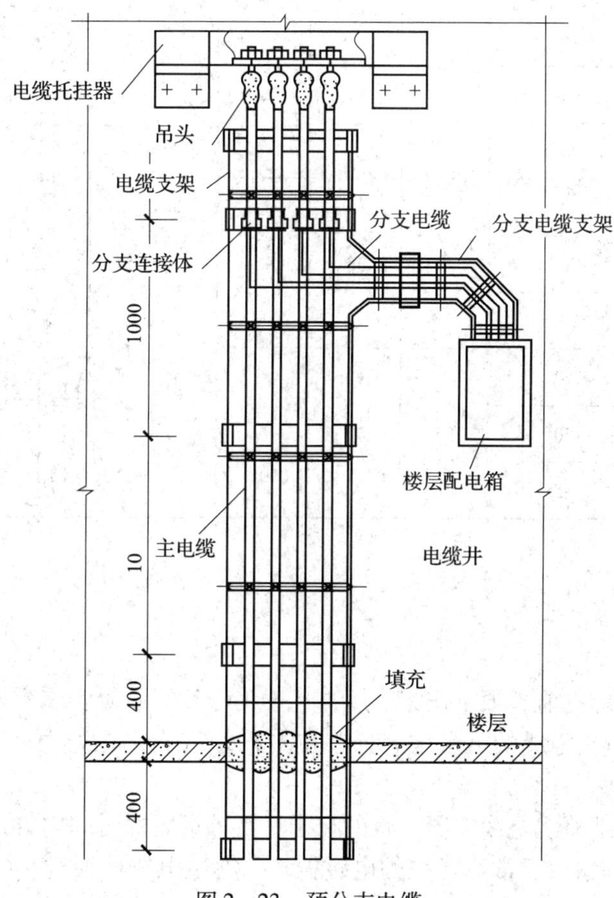

图 2—23　预分支电缆

1. 将吊钩安装在吊挂横梁上。

2. 将吊挂横梁安装在预定位置。

3. 在电缆井或电缆通道中，按主电缆截面小于或等于 300 mm^2 每 2 m 间距、大于或等于 400 mm^2 每 1.5 m 间距的要求，将支架固定在建筑物上。

4. 前三项工作完成并检查无误后，开始起吊预制分支电缆。

5. 起吊到预定位置后将吊头挂于挂钩之上。

6. 按设计图样上各分支电缆的走向要求理顺方向，迅速用缆夹将主电缆紧固到支架上。

7. 按设计图样要求，将各分支电缆和主电缆进线端接到已就位的各自的配电柜上，分支电缆接头的结构见表 2—10。

表 2—10　　分支电缆接头规格表

主干电缆截面积（mm^2）	支线电缆截面积（mm^2）	参考尺寸			分接头示意图
		d_1	d_2	L	
10	~10	54	35	95	d_1 d_2 分支绝缘 连接件 支线电缆 主干电缆 L D
16	~16				
25	~25				
35	~35				
50	~50	57	38	95	
70	~70				
95	~95				
120	~120	96	70	160	
150	~150				
185	~185				

特别提示

1. 第 4 项工作应在前 3 项工作完成后，且于工作日开始时实施。目的在于：在尽量短的时间内，将预制分支电缆的重量均匀分布在支架上，尽量减少建筑主体吊挂横梁部位和电缆吊头的承重时间。

2. 缆夹尽可能地将主电缆夹紧，目的在于：在尽量短的时间内将预制分支电缆的重量均匀分布在支架上和减少正常运行中的电磁振动。在主电缆截面过小时，可采用在主电缆包绝缘材料后夹紧的方法。

三、电缆绝缘穿刺线夹

电缆绝缘穿刺线夹，如图 2—24 所示，是我国近几年从国外引进和自主开发出来代替预分支电缆和传统连接的一种新型连接器，适用于小容量动力与照明供电系统的新型电缆 T 接产品。

图 2—24　电缆绝缘穿刺线夹

电缆绝缘穿刺线夹的使用是在电缆分线箱、预分支电缆后的又一种电缆 T 接方式，具有配电更安全可靠、安装简单方便、防水、环境要求低、免维修、更经济等特点，安装过程见表 2—11。

表 2—11　　电缆绝缘穿刺线夹的安装

步骤	图示
1. 把穿刺线夹螺母调节至合适位置	
2. 将支线完全插入支线帽套中	
3. 插入主线。主线有两层绝缘层的，在连接位置要剥除一定长度的外层绝缘皮	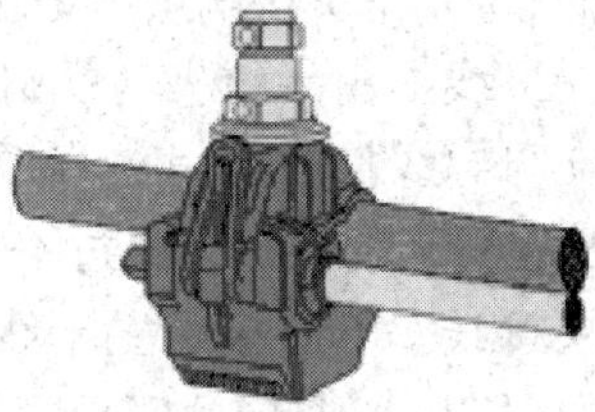
4. 用手旋紧螺母，将线夹固定在合适的位置	
5. 用套筒扳手旋紧螺母	

续表

步骤	图示
6. 用力旋紧螺母，直到顶端断裂脱落，安装完成	

四、T 接端子安装

T 接端子主要适用于建筑、工业电气设备中作主电缆（干线）不能切断时的“T”形分线连接用。同时也可作大截面电缆的线端连接用。

常用的 JXT2 型 T 接端子由绝缘基座、接线框、防护罩三部分组成。接线框由导线夹、螺钉、螺母和支承框等零件组成。导线夹与导线接触面呈包容形的犬牙交错结构，具有接触面大、压接可靠的特点，通过不同形状导线夹的相互组合，可形成双层接线。下层接入主干线，上层接入分支线，构成干线不断的“T”形连接。JXT2 型 T 接端子为防护型，尤其适合在电缆桥架中使用。T 接端子外形如图 2—25 所示。

图 2—25　T 接端子

1. 电缆分接前的准备工作

由于同一桥架内有多根电缆，分接前要仔细检查，核实需分接的电缆，并检查干、支线电缆外观，确保完好无损，无机械损伤，无明显皱折和扭曲现象，电缆外皮绝缘层无老化及裂纹出现。

2. 对压接点做预处理

选择与电缆型号匹配的 T 接端子，确保其与所接电缆干、支线截面匹配，以免出现压接质量问题。

3. 干线电缆外绝缘剥除

外绝缘剥取长度要根据芯线压接点排列总长度严格控制。T 接端子分接不需要切断干线电缆。将其外绝缘剥除后，两端做电缆头封闭处理。

4. 支线电缆外绝缘剥除

选取支线电缆内各芯线分接位置要预先进行考虑，确定支线电缆分接需用长度后，选择最捷径分支点，再进行外绝缘剥除，并做好支线电缆头封闭处理。

5. 干、支线电缆内绝缘剥除

剥取长度要严格按端子压接长度量取，现场要严格控制，不得剥取过长，导致线芯裸露在端子外；也不得剥取过少，导致线芯压接不实；剥除内绝缘时不得损伤电缆线芯，以免影响电缆载流量。

6. 对干、支线电缆芯线分别进行压接处理

在压接前特别注意要进行相序核对，即干线 L_1 相与支线 L_1 相压接，干线 L_2 相与支线 L_2 相压接，依此类推。

7. 将干、支线压入端子中

确保干线在下、支线在上的压接原则。首先在端子内装入主干线，之后安装固定导线夹。其次在端子内装入支线。最后将干、支线电缆分支处压接固定牢固。

8. 端子密封固定

全部压接完毕，电缆按回路排列固定牢固，同一回路电缆各压接端子位置错开排列，电缆在桥架内根据缆径大小选用塑料绑扎带固定，固定点间距 2 m。如图 2—26 所示。

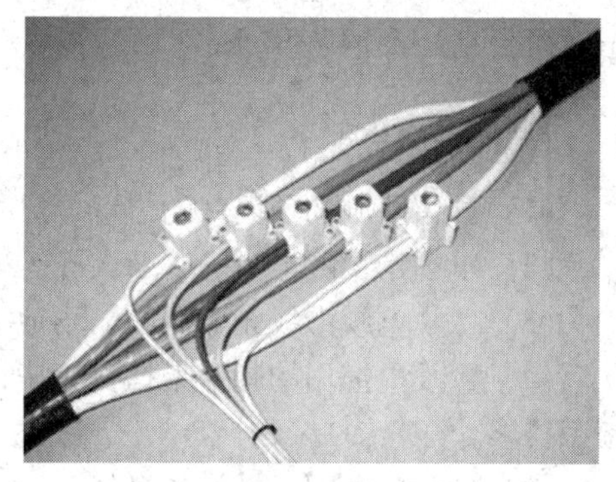

图 2—26　T 接端子应用

9. 摇测电缆绝缘电阻

电缆分支连接后，需对电缆的绝缘电阻进行摇测，低压电线和电缆，线间和线对地间的绝缘电阻值必须大于 0.5 MΩ。检查合格后挂标志牌。如图 2—26 所示。

想一想

电缆绝缘穿刺线夹和 T 接端子分别适用于哪些场合？

五、矿物绝缘电缆的施工

矿物绝缘电缆又称氧化镁电缆或防火电缆，如图 2—27 所示。它是由矿物材料氧化镁

粉作为绝缘材料的铜芯铜护套电缆。具有耐火、耐高温、防爆、载流量大、无卤无毒、防水、耐腐蚀等优点。

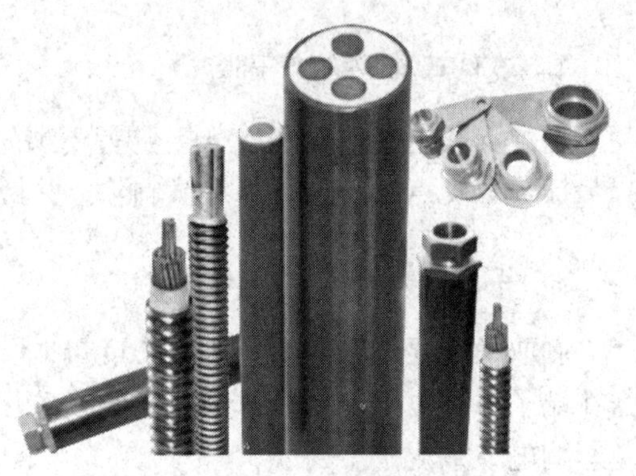

图 2—27　矿物绝缘电缆

1. 施工准备

（1）材料准备

1）电缆应有出厂合格证、产品质量证明单、CQC 认证标识；其规格型号及电压等级应符合设计要求。

2）电缆外观完好无损，（无压扁、破损、扭曲及锈蚀现象），有防腐护套的电缆，防腐护套无破损及折裂等损伤。

3）各种配套用附件应有明显的规格标记，不应有明显锈蚀，边缘处无毛刺。所有紧固螺钉，均应采用镀锌件。

（2）机具准备

1）电动工具：手电钻、台钻。

2）测试器具：500 V 兆欧表、万用表、核相器、验电笔。

3）其他工具：人字梯、电缆滚轮、转向导轮、手持通话对讲设备等。

4）辅助材料：密封胶、热熔胶、塑料绑带、热缩管、抹布、镀锡铜编织接地线、铜卡子（可自制）及铜芯 BV 线等。

2. 作业条件

（1）预留孔洞和预埋件的位置、尺寸应符合设计要求。

（2）电缆沟、隧道、竖井及人孔等处的土建工程结束，且无积水及杂物。

（3）敷设电缆沿线无障碍物，场地清理干净、道路畅通，沟盖板齐备。

（4）敷设电缆用的脚手架搭设完毕，且符合安全要求，电缆敷设沿线照明照度能满足施工要求。

（5）敷设电缆用机械设备良好。

（6）电缆桥架、电缆托盘、电缆支架、电缆保护管、暗敷的电缆沟槽或架空的电缆钢索均已安装、施工完毕并检验合格。变配电室内全部电气设备及用电设备配电箱、柜安装验收完毕。

3. 技术准备

（1）施工图样和技术资料齐全。

（2）施工方案编制完毕并通过审批。

（3）施工前应组织施工人员熟悉图样、方案，并进行安全、技术交底。

查一查

什么是技术交底？

4. 操作工艺

操作工艺流程：准备工作；敷设电缆；挂标牌；终端接头、中间接头的制作、电缆分相、试验、试运行。

5. 操作方法

（1）准备工作

1）施工前检查所敷设电缆的规格、型号、截面等是否符合设计要求，外观应无明显损伤、划痕。电缆配套附件齐全、完备。配套工具整齐、好用。

2）电缆敷设前用500 V摇表进行绝缘电阻摇测，阻值不应小于200 MΩ。否则应清除电缆端头处密封胶，并在离电缆两端600 mm处，用喷灯向端头处单向烘烤至电缆外表皮微微变色，然后用热熔胶重新密封，等电缆头冷却至室温后重新摇测。

3）电缆的现场搬运，用机械搬运时需做好电缆的防护工作，以防损伤电缆。如用人工搬运则千万不要将电缆在地面上滚动、拖动，以免地面上的尖锐物体划坏电缆。电缆的放线地点应选在电缆的起始点附近，在一个敷设区内应选择地势高的一端做敷设的起始点。

特别提示

矿物绝缘电缆包括敷设附件、中间连接附件、终端附件及密封绝缘附件四类。

1. 敷设附件主要是电缆固定用电缆卡子以及架空敷设时的电缆挂钩。

2. 中间连接附件用于电缆中间的连接，其规格应根据所使用的矿物绝缘电缆的规格选用。一条线路有几处中间接头就需要几套中间连接附件。

3. 终端附件用于线路两端的连接、固定，其规格也应根据所使用的矿物绝缘电缆规格进行选用。每条线路需要两套终端附件。终端附件如图2—28所示。

4. 密封绝缘附件用于矿物绝缘电缆中间接头及终端接头的密封和绝缘。数量由电缆供应商确定。中间连接附件及密封绝缘附件如图2—29所示。

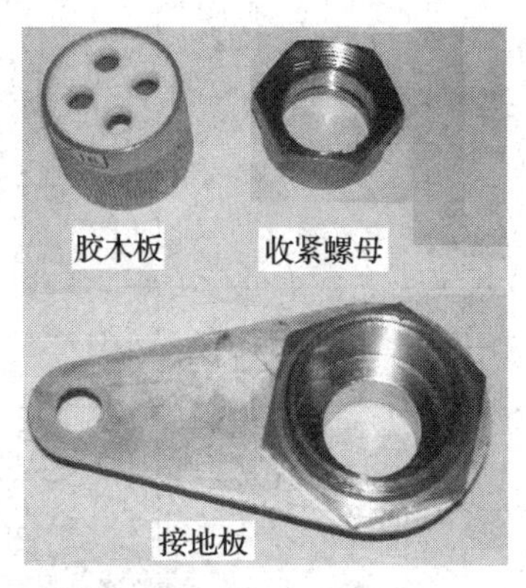

图2—28　终端附件

（2）电缆敷设

1）电缆敷设前，应根据现场实际情况，绘出电缆的详细排列图表，以尽量减少电缆的交叉；根据图样和所提供的电缆交货清单，绘出电缆分段统计表，以尽量减少电缆不必要的分段和接头。如果电缆无法避免分段，由于电缆

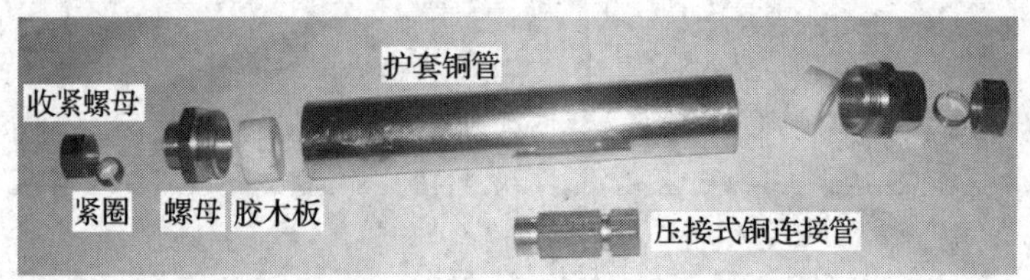

图 2—29　中间连接附件及密封绝缘附件

绝缘氧化镁粉极易吸潮，在电缆断开处一定要用热熔胶及时密封。

2）电缆敷设时，应在放线架上放线并根据路径长短组织劳力沿电缆途径按一定间隔准备好，每个转弯处需要有人看护，若有条件可在转弯处放置转向导轮。严禁在地面上及有尖锐凸起的表面拖动电缆。

3）电缆穿过楼板时，应装套管保护（但严禁单根单芯电缆穿越钢铁管），敷设完毕后应将套管用防火材料封堵严密。另外电缆穿管敷设只能是穿直通的管，而且管长不宜超过 30 m；管径不得小于电缆总体外径的 1.5 倍。对于可能在敷设过程中，对电缆外护套造成损坏的，如混凝土管、水泥管、陶土管等，要求选用有塑料外套的电缆。

4）每根电缆敷设完毕后应及时测量绝缘电阻，对于绝缘电阻不合格的要找出原因并及时处理。每组电缆敷设完毕后应及时整理好每根电缆，并按照设计的排列方式用铜卡子或塑料绑带及铜 BV 线等固定牢固，排列方式见表 2—12。固定间距除支架敷设要求每个支架分别固定外，其他敷设方式固定间距见表 2—13；电缆转弯处要求在弯头两侧 100 mm 处分别固定。

表 2—12　　电缆排列方式

敷设方式	三相三线	三相四线
单路电缆	L_1 L_2 L_3　L_1 L_2 L_3	L_1 N L_2 L_3　L_1 L_2 L_3 N
两路平行电缆	d　d L_1 2d L_1 L_2 L_3　L_2 L_3 d 2d d L_1 L_2 L_3　L_3 L_2 L_1	d 2d d L_1 N　L_1 N L_2 L_3　L_2 L_3 d 2d d L_1 L_2 L_3 N N L_3 L_2 L_1
两路以上平行电缆	d　d　d L_1 2d L_1 2d L_1 L_2 L_3　L_2 L_3　L_2 L_3 d 2d d　2d d L_1 L_2 L_3　L_1 L_2 L_3　L_1 L_2 L_3	d 2d d 2d d L_1 N　L_1 N　L_1 N L_2 L_3　L_2 L_3　L_2 L_3 d 2d d 2d d L_1 L_2 L_3 N　L_1 L_2 L_3 N　L_1 L_2 L_3 N

表 2—13　敷设方式固定间距规定

电缆外径（mm）		$D<9$	$9\leqslant D<15$	$D\geqslant 15$
固定点的最大间距（mm）	水平	600	900	1 500
	垂直	800	1 200	2 000

5）在温度变化比较大的场合、建筑物的沉降缝，伸缩缝及有振动源设备的地方应将电缆敷设成“S”或“Ω”形弯，但其弯曲半径不能小于电缆外径的 6 倍。另外在电缆的两端、中间接头处、电缆井内、垂直位差处均应留有适当的余量。多种规格电缆同时敷设时，电缆的弯曲半径按最大直径的电缆弯曲半径计算。电缆的弯曲半径见表 2—14。

表 2—14　电缆最小弯曲半径

电缆外径（mm）	$D<7$	$7\leqslant D<12$	$12\leqslant D<15$	$D\geqslant 15$
电缆内侧最小弯曲半径（mm）	$2D$	$3D$	$4D$	$6D$

6）当电缆进配电箱、柜时，为了防上电流产生涡流损耗，在开孔处应采取断开磁路的方法切断涡流。同时在固定电缆时也要尽量采用非磁性材料，如黄铜板、紫铜排及铜卡子等，以避免产生涡流损耗。

（3）挂标牌

1）在电缆终端头、电缆中间接头拐弯处及竖井两端、敷设电缆的桥架及托盘两端、人孔井内等处电缆上应装设标牌。

2）标牌规格应统一，字迹清晰不易脱落，标牌应做防腐处理，挂装应牢固。

3）标牌上应注明线路编号、规格、型号及电压等级、起止地点。

（4）热缩型终端的制作。其制作方法有两种，一种是采用内壁涂有热熔胶的热缩管，另一种是采用不涂热熔胶的热缩套管结合热熔胶进行制作。下边介绍采用内壁涂有热熔胶的热缩管终端的制作方法。

1）开安装孔。确定电缆在安装支架或配电箱、柜、盒的安装固定位置，并参照封套本体大端的螺纹直径钻好安装固定孔。

2）定位。首先核对每根电缆的相位，并做好记号，确定电缆的安装顺序。然后根据电缆的接线位置，量好电缆铜护套应剥切的长度，锯断多余电缆。

3）固定电缆。依次套入终端封套的封套螺母、压缩环及封套本体，而后将电缆穿进已钻孔的安装支架或配电箱、柜、盒，再套进接地铜片和束紧螺母。用扳手旋紧束紧螺母和封套螺母。使电缆紧紧固定在与之连接的电气设备上。

4）剥除铜护层。绝缘满足要求后，量好护套剥除长度，用铜皮剥切器剥除铜护套。然后用干净的棉纱或棉布，揩净导线上的氧化镁粉末，切忌用口吹，否则会立即导致绝缘下降。

5）制作终端绝缘与密封。先将电缆端末铜护套及导线表面用干净的棉纱和棉布揩干净，套入内壁涂有热熔胶的热缩管，而后预热电缆剥切口以下 200 mm 及电缆导线。按热缩密封管的长度，在铜护层及导线的 2/3 和 1/3 处各做记号。将无胶热缩套管移至记号处，用喷灯火焰沿热缩套管横向加热，并将火焰逐渐向导线端移动，直至铜护套及导线端处有少量热熔胶挤出。加热时，先加热缩铜护层，再逐渐加热至导线处，使密封热缩套管逐渐收缩。铜护层及导线端在热缩套管收缩后应有少量热熔胶挤出，此时说明热熔胶已与铜护套及导线粘接了。

6）安装接线端子。将电缆导线弯曲至设备接线处，量出铜接线端子与导线连接的位置，锯断多余导线，而后安装接线端子。

7）接线。根据电缆的相位，接线处的相位，将电缆逐根弯曲成形，用螺栓、螺钉将电缆连接于设备上。

（5）中间接头的制作

1）定位。取两端电缆交叉的中心为接头中心，并弯好两端电缆。若条件允许，可在一端电缆的后段做“S”或“Ω”形弯，以作备用。在中间连接段两端的电缆要对直，在接头中心用钢锯锯断两端多余电缆。

2）套入中间连接附件。在对接的两端电缆上分别套进中间接头附件，其中的一根电缆端部套入中间连接器的中接封套和一根长的热缩套管，另一根电缆端部依次套入中间连接器的中接封套及连接套管。

3）剥除铜护层。根据连接套管的长度，确定两端电缆的铜护层剥切长度，而后剥除铜护层。铜护套剥除后，用干净的棉纱或干布揩净导线的氧化镁粉末。

4）制作热缩型终端。两端电缆分别进行。

5）制作线芯绝缘。

6）导线连接。先量出中接端子的长度，按1/2中接端子的长度分别在对接的两根线芯上做好标记，然后将对接的两根电缆置入中接端子至标记处，如是压装接管，则用扳手将接管螺母拧紧；如是压接的，则用相应规格液压钳的模具压接接管；如是螺钉压紧的则用旋具将四只螺钉拧紧使电缆导线完整连接。中接端子连接好后再测试电缆的绝缘。

7）制作中接端子绝缘。移入已套入电缆的一根长的热缩套管，用喷灯文火自中间逐渐向两端加热热缩套管使其收缩于中间连接头上。

8）安装中间连接器。将连接套管移至接头中心，然后将一端的中接封套移到连接套管处旋紧固定，而后再将另一端的中接封套连接固定，使两端的中接封套与电缆及连接套管紧密地连接在一起。

想一想

矿物电缆为什么要封堵？矿物电缆受潮以后的标志有哪些？

（6）电缆分相

1）当电缆所有的接头已连接完毕后，再一次用500 V摇表复测绝缘电阻，合格后用核相器或万用表来核对电缆线芯相位，并用彩色热缩管做好相序标识，再用液压钳压紧接线端子后，将电缆按设计接入配电箱、柜内开关或用电设备上。

2）矿物绝缘电缆的铜外护套一般当作接地母线使用，接地连接线应采用镀锡铜编织带，截面积不应小于电缆的铜护套截面积。使用接地铜卡子和电缆相连接。

（7）试验与试运行。电缆所有接头已施工完毕；开关及设备的所有连接已完毕；用摇表复测绝缘电阻合格后，可要求验收部门组织验收。验收合格后送电空载运行 24 h 无异常现象，可办理交接手续。

查一查

电缆核相器的用途和使用方法。

6. 质量标准

（1）主控项目

1）电缆敷设严禁有绞拧、电缆挤压变形、防腐护套破损和电缆表面严重划伤、破损等缺陷。

2）三相或单相的交流单芯电缆，不得单根穿于磁性导管内，固定用的卡子和支架等不得形成闭合铁、磁回路。

3）电缆终端头固定牢固，芯线与接线端子压接牢固，接线端子与设备螺栓连接紧密相序正确，绝缘密封严密。

4）电缆中间接头安装牢固，中间连接端子压接紧密，绝缘恢复严密结实，电缆线芯与中间连接管之间有合理的绝缘间隔。

5）电缆接线正确，并联运行的电缆的型号、规格、长度、相位应一致无误。

（2）一般项目

1）电缆排列整齐，固定可靠，避免交叉。

2）电缆的首端、末端和分支处应设标志牌，并由专人复查，以防挂装不整齐或遗漏。

3）对于电缆施工后发现绝缘电阻不合格的，多数是因为电缆接头施工质量不好，可用喷灯沿电缆长度方向烘烤每一个接头处，同时用摇表摇测电缆绝缘电阻，当在某一接头处电缆绝缘电阻急剧变化时，即为此接头绝缘电阻不合格，可拆开后重新制作。

7. 成品保护

（1）敷设电缆时，与其他专业交叉施工时，应进行协调，做好成品保护。

（2）在拐弯处敷设电缆时，用定滑轮做导向，并配专人把守，以防拐角损伤电缆。

（3）电缆头制作完毕，暂不能送电。若有其他作业时，应对电缆头采取保护措施，同时电缆头不得受力。

思考与练习

1. 怎样用兆欧表测量电缆绝缘电阻？
2. 预分支电缆在施工时，为什么缆夹要尽可能地将主电缆夹紧？

技 能 训 练

1. 参观预制分支电缆的样板施工模型。

2. 现场观摩电缆绝缘穿刺线夹和T接端子实际应用情况。

3. 查阅矿物绝缘电缆沿电缆桥架敷设、电缆隧道和电缆沟内敷设、支架上卡设、墙面和平等敷设、钢索架空敷设、伸缩缝和沉降缝敷设、进配电箱和柜敷设、电缆接地敷设示意图。

课题五　封闭式母线安装

近年来，在现代高层建筑、体育场馆和工业厂房中，采用封闭式母线（简称母线槽）布线方式作低压配电干线已十分普通。一般的母线槽配电系统安装如图2—30所示，它可作为连接电力变压器和低压配电柜的线路，也可作为低压配电引出的配电干线线路，并可通过在母线槽上的插接孔安装插接式开关箱，很方便地引出电源支路，由此可见，母线槽具有体积小、结构紧凑、传输电流大、绝缘强度高、防潮性能好、使用寿命长、配电安全、维护简便和外形美观等特点。

母线槽可分为交流三相三线制、三相四线制和三相五线制三种类型，如图2—31所示，额定电压为400 V，额定电流为250 ~3 150 A。在安装母线槽之前，应先对母线槽进行外观检查，尤其是接头搭接面的质量应满足要求，以免由于接触电阻过大而使接头严重发热。

一、施工准备

1. 材料准备

（1）封闭、插接母线。

（2）各种规格的型钢、卡件，各种螺栓、垫圈等。

2. 机具准备

（1）主要安装机具：液压升降车、脚手架、卷扬机、滑轮、大绳、台虎钳、钢锯、手锤、电钻、电锤、电焊机、液压弯管器、活扳手、厂家专用工具、力矩扳手等；

（2）主要检测机具：钢角尺、钢卷尺、水平尺、欧姆表等。

3. 作业条件

（1）适用于封闭、插接母线安装的室内场所已经干燥，安装部位的建筑装饰工程应全部结束，门窗齐全。

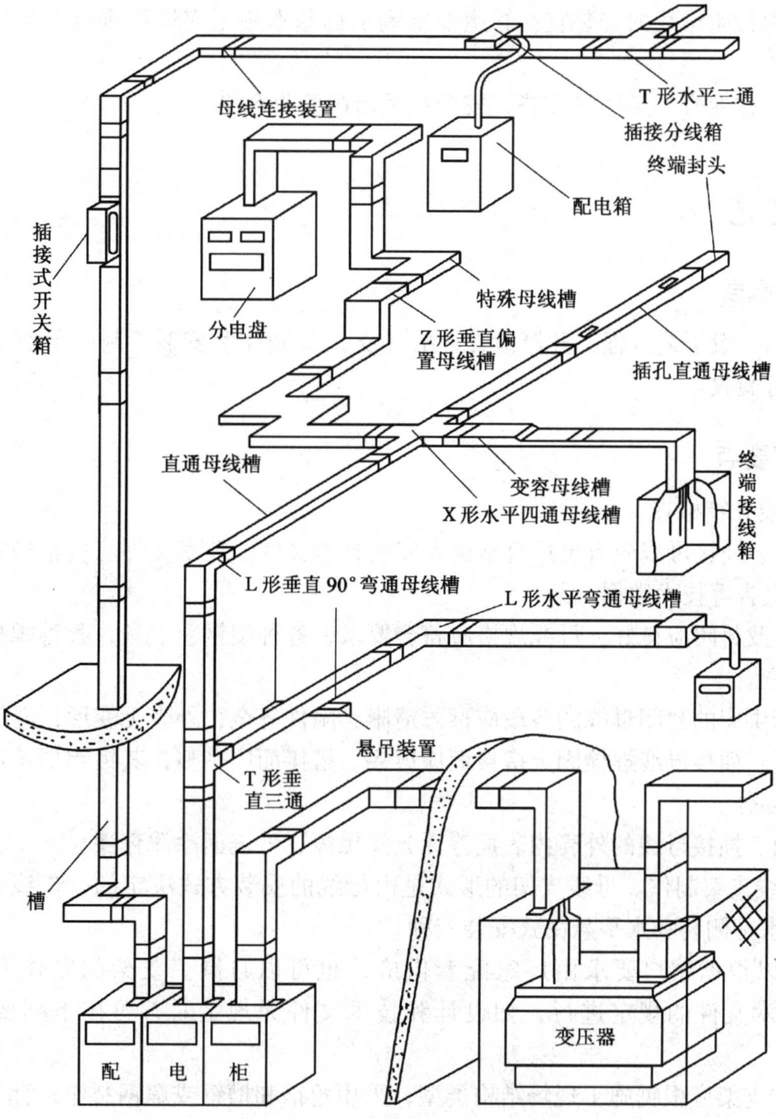

母线连接装置
T 形水平三通
插接分线箱
终端封头
配电箱
插接式开关箱
分电盘
特殊母线槽
Z 形垂直偏置母线槽
插孔直通母线槽
直通母线槽
变容母线槽
X 形水平四通母线槽
终端接线箱
L 形垂直 90° 弯通母线槽
L 形水平弯通母线槽
悬吊装置
T 形垂直三通
槽
变压器
配　电　柜

图 2—30　母线槽配电系统安装图

图 2—31　三相四线制母线槽

（2）室内封闭母线的安装宜在管道及空调工程基本施工完毕后进行，防止其他专业施工时损伤母线。

（3）高空作业脚手架搭设完毕，安全技术部门验收合格。

二、施工工艺

1. 工艺流程

母线槽安装的一般工艺流程：开箱检查、吊（支）架制作和安装、封闭母线安装、送电前检查、试运行验收。

2. 施工要点

（1）母线开箱检查

1）封闭、插接母线应有出厂合格证、安装技术文件。技术文件应包括额定电压、额定容量、试验报告等技术数据。

2）包装及封闭应良好，母线规格应符合要求，各种型钢、卡具，各种螺栓、垫圈等附件、配件齐全。

3）成套供应的封闭母线的各段应标志清晰，附件齐全，外壳无变形，内部无损伤。

4）封闭、插接母线螺栓固定搭接面应镀锡。搭接面应平整，其镀锡层不应有麻面，起皮及未覆盖部分。

5）封闭、插接母线的外壳内表面涂无光泽黑漆，外表面涂浅色漆。

（2）母线支架制作。母线支架的形式是由母线的安装方式决定的，母线安装方式有垂直式安装，水平侧装和水平悬吊式安装三种。

支架可以根据用户要求由厂家配套供应，也可以自制。支架的制作安装，应按设计和产品技术文件的规定进行，如设计和技术文件无规定时，可按下列要求制作和安装：

1）制作支架应根据施工现场结构类型，采用角钢和槽钢或扁钢制作，宜采用“一”字形、“U”形、“L”形和“T”形等几种形式。

2）支架加工应按选好的型号、测量好的尺寸下料制作，角钢、槽钢的断口必须锯断或冲压，且要求倒角，严禁使用电、气焊切割，加工尺寸最大误差不应大于5 mm。

3）支架的钻孔应使用台钻或手电钻钻孔，孔径不应大于固定螺栓直径2 mm。严禁使用电、气焊割孔。

4）吊杆套丝扣应使用套丝机或套丝板加工，不许乱丝或断丝，或者直接采用丝杆代替套丝吊杆。

5）现场加工制作的金属支架、配件等应按要求镀锌或涂漆，若无条件或要求不高的场所可刷防锈漆、灰漆各一道。

（3）母线支、吊架的安装

1）封闭、插接母线支架安装位置应根据母线敷设需要确定。封闭、插接母线直线段水平敷设时，应使用支架或吊架固定，固定点间距一般为 2 ~ 3 m，电流在 1 000 A 以上者以 2 m 为宜。封闭、插接母线沿墙垂直固定时，应使用固定支架。在建筑物楼板上封闭、插接母线垂直安装时应使用弹簧支架支承。对于电流容量较小（400 A 及以下）的封闭、插接母线可隔层在楼板上面设弹簧支架，400 A 以上时则需每层支承。

2）封闭、插接母线的拐弯处以及箱（盘）连接处必须加支架。垂直敷设的封闭、插接母线，当进箱及末端悬空时，应采用支架固定。任何封闭、插接母线支、吊架安装均应位置准确、横平竖直、固定牢靠，成排安装时应排列整齐、间距均匀。固定支架螺栓应加平垫和弹簧垫圈固定，丝扣外露 2 ~ 4 扣。

支架膨胀螺栓固定。安装在建筑物上的支架应根据母线路径的走向测量出较准确的支架位置，在已确定的位置上钻孔，先固定好安装支架的膨胀螺栓。设置膨胀螺栓套管钻孔时，采用的钻头外径与套管外径相同，钻成的孔径与套管外径的差值不大于 1 mm。

一字形角钢支架安装。一字形角钢支架适用于母线在墙上水平安装，支架采用预埋的方法埋设在墙体内，角钢支架埋设深度为 120 mm 和 150 mm，角钢外露长度在母线直立式安装时为母线宽度加 140 mm，当母线侧卧式安装时为母线高度加 160 mm，如图 2—32 所示。

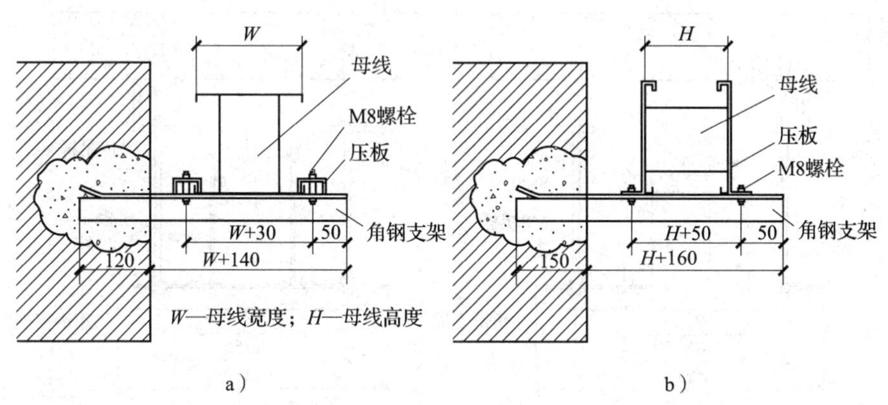

图 2—32　一字形支架安装

a）母线直立式安装用支架　b）母线侧卧式安装用支架

L 形角钢支架安装。L 形角钢支架适用于母线在墙或柱子上水平安装。L 形角钢支架与墙或柱子的固定，使用 M12 × 110 膨胀螺栓固定，如图 2—33 所示

在楼板上安装吊架。封闭、插接母线的吊装有单吊杆和双吊杆几种形式，根据母线的吊装位置不同其吊架的安装方式也不相同。母线在楼板上水平安装双杆吊架如图 2—34 所示，若强度能够满足的情况下也可以使用内膨胀螺钉。

（4）封闭、插接母线安装。封闭、插接母线水平敷设时，距地面的距离不应小于 2.2 m；垂直敷设时，距地面 1.8 m 以下部分应采取防止机械损伤措施，但敷设在电气专用房间内（如配电室、电气竖井、技术层等）时除外。

封闭、插接母线应按分段图、相序、编号、方向和标志正确放置。

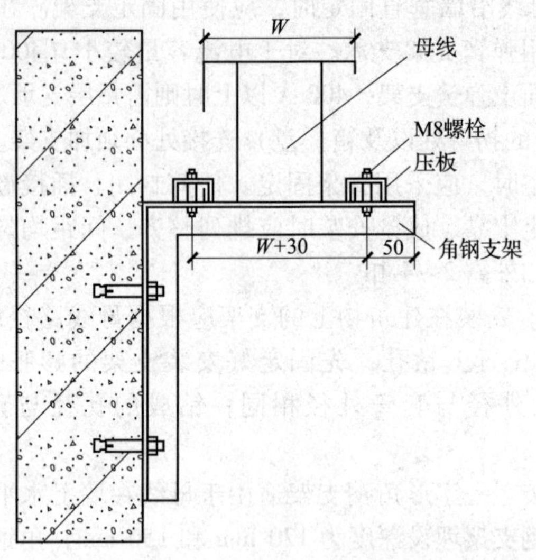

图 2—33　L形角钢支架安装

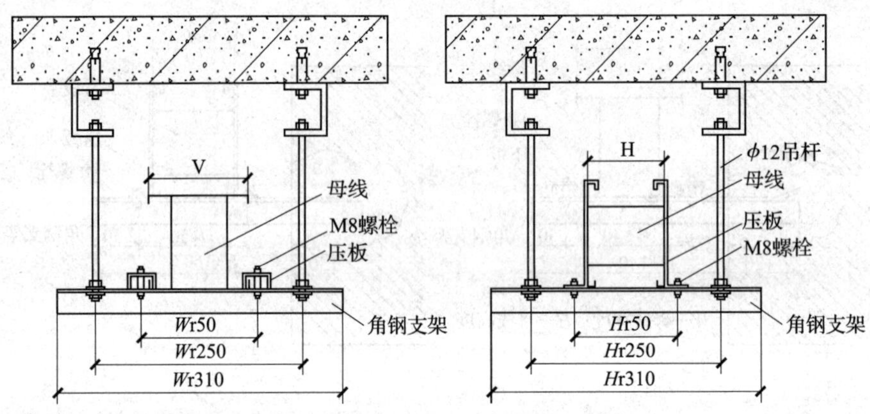

图 2—34　双杆吊架

母线组装前检查。母线组装前应逐段进行检查外壳是否完整，有无损伤变形。母线在组装前还应逐段进行绝缘测试。测试绝缘电阻值是否满足出厂要求，可以用 500 V 兆欧表进行测试，每节母线的绝缘电阻值不应小于 20 MΩ，必要时也可以做耐压试验，试验电压为 1 000 V。

母线垂直安装。在起吊母线时不应用裸钢丝绳起吊和绑扎。母线沿墙垂直安装（限于小安培数母线），可使用门型支架安装。母线在门型支架上安装有平卧式固定和侧卧式固定两种，如图 2—35 所示。母线压板均由母线生产厂家提供。

封闭母线在建筑物楼板上垂直安装时，安装前先将弹簧支承器安装在母线槽上，然后将该母线槽安装在预先设置的槽钢上，如图 2—36 所示。

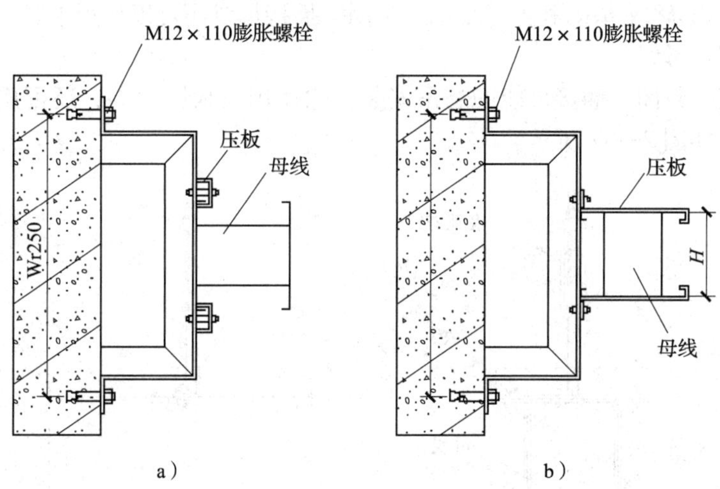

图 2—35　在门型支架上安装母线

a）平卧式固定　b）侧卧式固定

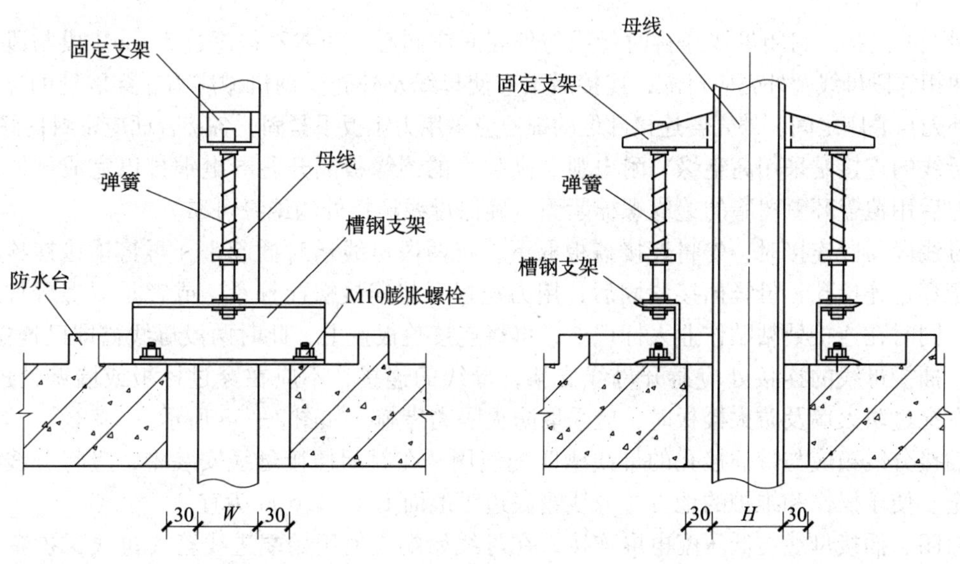

图 2—36　母线垂直安装

弹簧支承器的作用是固定母线槽并承受每层母线槽的重量。只有长度在 1.3 m 以上的母线槽才能安装弹簧支承器。安装弹簧支承器时应事先考虑好母线连接处的位置，一般要求在母线穿过楼板垂直安装时，须保证母线的接头中心高于楼板面 700 mm。

母线水平安装。母线水平安装的顺序应由始端开始至中间固定再至终端固定。母线的各种不同类型的支、吊架的水平安装也有平卧式和侧卧式两种安装方式。母线与支、吊架的安装用压板固定，母线平卧式安装用平压板固定，母线侧卧式安装用侧卧式压板固定，压板均由厂家配套供应。母线平卧式安装时平卧压板用 M8 ×45 六角螺母固定，在螺母一侧

应使用 $\phi 8$ 平垫圈和弹簧垫圈。母线侧卧式安装的侧卧式压板用 M8 ×20 六角螺母固定，在螺母一侧同样使用 $\phi 8$ 平垫圈和弹簧垫圈。封闭、插接母线还可以使用平装抱箍或立装抱箍在角钢支架上固定母线。

母线的吊装。封闭、插接母线的悬吊安装，除使用压板固定外，还可用吊装夹板以及吊装夹具安装，如图 2—37 所示。

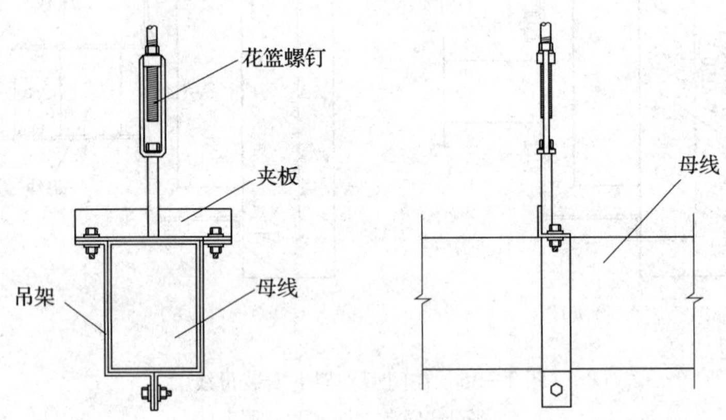

图 2—37　母线用夹板吊装

母线的连接。封闭母线连接时母线与外壳间应同心，误差不得超过 5 mm。段与段连接时，两相邻段母线及外壳应对准，连接后不应使母线及外壳受到机械应力。穿墙处的连接法兰、外壳与底座之间、外壳各连接部位的螺栓应采用力矩扳手紧固，各接合面应密封良好。

母线的连接是采用高绝缘、耐电弧、高强度的绝缘板隔开各导电铜排以完成母线的插接，然后用覆盖环氧树脂的绝缘螺栓紧固，确保母线连接处的绝缘可靠。

母线段与段连接时，先将连接盖板取下，将两段母线槽对插起来，再将连接螺栓和绝缘套管穿过连接孔，母线插接紧固后，用力矩扳手将连接螺栓拧紧，或者是双螺母拧断式拧断，同时在连接处粘贴作业人标识卡，再将连接盖板盖上，此时两段母线槽即已连接好。封闭、插接母线的连接处应避开母线支架，母线的连接，不应在穿过楼板或墙壁处进行。母线在穿过防火墙及防火楼板时，应采取防火隔离措施。如图 2—38 所示。

插接分线箱应与带插接孔的母线槽匹配使用，在封闭插接母线安装中，应将分线箱设在安全、便于操作和维护的地方，分线箱底边距地面 1.4 ~ 1.6 m 为宜。

封闭、插接母线与低压配电屏连接，在母线始端应使用始端进线箱（进线保护箱）连接，进线箱与配电屏之间使用过渡母线进行连接，过渡母线为铜排，母线两端连接处应镀锡。

封闭、插接母线与设备间连接，应在母线插接分线箱处明敷设钢导管至设备接线箱（盒）内，钢导管两端应套螺纹，在箱（盒）壁内外各用根母、护口将管与箱（盒）紧固。由设备接线箱（盒）至设备电控箱一段可使用普利卡金属管或金属蛇皮管敷设。

封闭、插接母线的接地。封闭、插接母线的金属外壳仅作为防护外壳，不得作保护接地干线（PE 线）用，但外壳必须接地。每段母线间应用不小于 16 mm^2 的编织软铜带跨接，使母线外壳相互连接成一体。

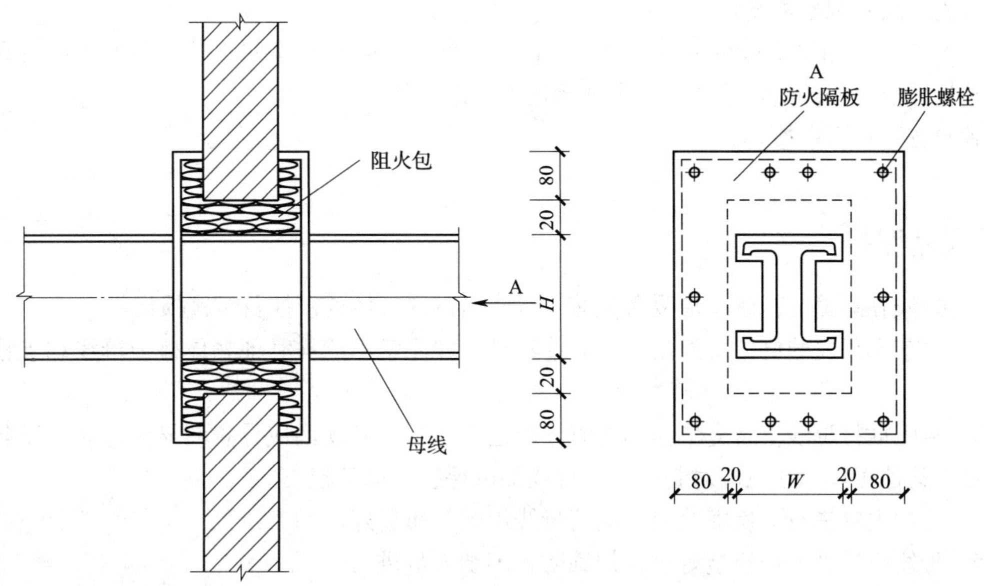

图 2—38　封闭母线穿墙防火做法

试运行及工程交接验收。封闭、插接母线安装完毕后，应整理、清扫干净，用兆欧表测试相对地间的绝缘电阻值，并做好记录。母线的绝缘电阻值必须大于 0.5 MΩ。经检查和测试符合规定后，送电空载运行 24 h 无异常现象，办理交接验收手续。

封闭、插接母线安装完毕，暂时不能送电运行时，现场应设置明显的标志，以防止损坏。

三、质量标准

1. 主控项目

（1）绝缘子的底座、套管的法兰、保护网（罩）及母线支架等可接近裸露导体的应接地（PE）或接零（PEN）。不应把其作为接地（PE）或接零（PEN）的接续导体。

检验方法：观察检查。

（2）封闭、插接式母线安装应符合下列规定：母线与外壳同心，允许偏差为 ±5 mm。当段与段连接时，两相邻段母线及外壳对准，连接后不使母线及外壳受额外应力。母线的连接方法符合产品技术文件要求。

检验方法：观察检查和检查安装记录。

2. 一般项目

（1）母线的支架与预埋铁件采用焊接固定时，焊缝应饱满；采用膨胀螺栓固定时，选用的螺栓应适配，连接应牢固。

检验方法：观察检查。

（2）封闭、插接式母线组装和固定位置应正确，外壳与底座间、外壳各连接部位和母线的连接螺栓应按产品技术文件要求选择正确，连接坚固。

检验方法：观察检查。

四、成品保护

1. 母线在运输与保管中应妥善包装，以防腐蚀性气体的侵蚀及机械损伤。

2. 严禁利用安装好的母线吊、挂其他物件，并注意不能被其他物体碰撞母线和支柱绝缘子。

3. 封闭插接母线安装完毕，如暂时不能送电运行，其现场应设置明显标志牌，以防损坏。如有其他工种作业时应对封闭插接母线加以保护，以免损伤。

4. 变配电室进行二次喷浆时，应将母线用塑料布盖好。

5. 母线安装处的门窗装好，并加锁防止闲杂人员进入。

五、安全环保措施

1. 母线施工时脚手架搭设必须牢固可靠，便于工作，检查合格后方可施工。

2. 当母线进行电、气焊操作时，清理周围易燃物，并备有消防设施。

3. 母线送电后，不得在母线附近工作或走动，以免造成触电事故。

4. 工程验收交工前，不得使母线投入运行。

5. 下班前或工作结束后要切断电源，检查操作地点，确认安全后，方可离开。

6. 母线涂色所用油漆等材料，专人管理并进行严格控制，在现场使用时，专人监督负责；若有遗洒，马上清理移走，剩余油漆不得随意丢弃，派专人进行回收，以免造成土地和水体污染。

7. 母线施工时固体废弃物做到工完场清，分类管理，统一回收到规定的地点存放清运。

想一想

在高层建筑中安装封闭母线有哪些优点？

思考与练习

1. 封闭母线的特点有哪些？

2. 母线的安装方式有哪几种？

技能训练

1. 参观一个高层建筑母线槽配电系统的设置。
2. 查阅母线槽配电系统施工图。

第三单元　室外电气设备安装

学习目标

1. 了解直埋电缆线路敷设和电缆沟（隧道）线路敷设方式
2. 了解新材料海泡石水泥电缆管线路敷设方式
3. 掌握电缆沟线路敷设——电缆支架和低压电缆终端的制作和安装工艺
4. 掌握常用城市道路照明灯具的安装工艺
5. 了解并掌握太阳能路灯的基本原理、结构、安装工艺和简单设计方法
6. 了解 LED 水下灯具特殊的安装工艺及注意事项

课题一　电缆敷设施工

本课题主要介绍了直埋电缆线路敷设和电缆沟（隧道）线路敷设，介绍了新材料海泡石水泥电缆管线路敷设方式，详细介绍了电缆沟线路敷设的重要组成部分——电缆支架和低压电缆终端的制作和安装工艺。

一、直埋电缆线路敷设

将电缆敷设于地下壕沟中，沟底和电缆上覆盖有软土层或沙且设有保护板再埋齐地坪的敷设方式称为电缆直埋敷设。典型的直埋敷设沟槽电缆布置断面图，如图 3—1 所示。

直埋敷设适用于电缆线路不太密集和交通不太繁忙的城市地下走廊，如市区人行道、公共绿化带、建筑物边缘地带等。直埋敷设不需要大量的前期土建工程，施工周期较短，是一种比较经济的敷设方式。电缆埋设在土壤中，一般散热条件比较好，线路输送容量比较大。

直埋敷设较容易遭受机械外力损坏和周围土壤的化学或电化学腐蚀，以及白蚁和老鼠的危害。地下管网较多的地段，可能有熔化金属、高温液体和对电缆有腐蚀性液体溢出的场所，待开发、有较频繁开挖的地方，不宜采用直埋。

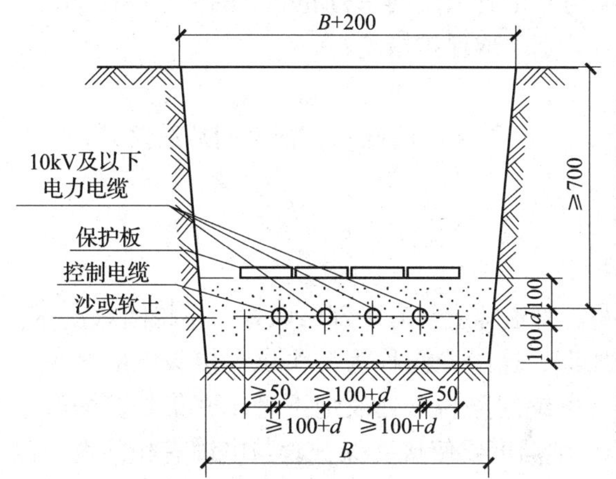

10kV及以下电缆壕沟尺寸								
电缆壕沟宽度 B（mm）		控制电缆根数						
		0	1	2	3	4	5	6
10kV及以下电力电缆根数	0		350	380	510	640	770	900
	1	350	450	580	710	840	970	1100
	2	500	600	730	860	990	1120	1250
	3	650	750	880	1010	1140	1270	1400
	4	800	900	1030	1160	1290	1420	1550
	5	950	1050	1180	1310	1440	1570	1800
	6	1100	1200	1330	1460	1590	1720	1850

图 3—1 直埋敷设沟槽电缆布置断面图

直埋敷设法不宜敷设电压等级较高的电缆，通常 10 kV 及以下电压等级铠装电缆可直埋敷设于土壤中。

1. 作业准备

根据敷设施工设计图所选择的电缆路径，必须经城市规划管路部门确认。敷设前应申办电缆线路管线制执照、掘路执照和道路施工许可证。沿电缆路径开挖样洞，查明电缆线路路径上邻近地下管线和土质情况，按电缆电压等级、品种结构和分盘长度等，制订详细的分段施工敷设方案。如有邻近地下管线、建筑物或树木的迁让，应明确各公用管线和绿化管理单位的配合、赔偿事宜，办理书面协议。

明确施工组织机构，制订安全生产保证措施、施工质量保证措施及文明施工保证措施。熟悉施工图样，根据开挖样洞的情况，对施工图作必要修改。确定电缆分段长度和接头位置。编制敷设施工工艺。

确定各段敷设方案和必要的技术措施，施工前对各盘电缆进行验收，检查电缆有无机械损伤，封端是否良好，有无电缆“合格证”，进行绝缘校潮试验、油样试验和护层绝缘试验。

除电缆外，主要材料包括各种电缆附件、电缆保护盖板、过路导管。机具设备包括各种挖掘机械、敷设专用机械、工地临时设施（工棚）、施工围栏、临时路基板。运输方面的准备，应根据每盘电缆的重量、制订运输计划。同时应备有相应的大件运输装卸设备。

2. 操作步骤

直埋电缆敷设工艺流程：准备工作、电缆敷设、覆砂盖砖、回填土、埋标桩。

直埋沟槽的挖掘应按图样标示电缆线路坐标位置，在地面划出电缆线路位置及走向。凡电缆线路经过的道路和建筑物墙壁，均按标高敷设过路导管和过墙管。根据划出电缆线路位置及走向开挖电缆沟，直埋沟的形状挖成上大下小的倒梯形，电缆埋设深度不得小于 0.7 m，其宽度由电缆数量来确定，但不得小于 0.4 m，电缆沟转角处要挖成圆弧形，并保证电缆的允许弯曲半径。保证电缆之间、电缆与其他管道之间平行和交叉的最小净距离。

在电缆直埋的路径上凡遇到以下情况，应分别采取保护措施：

（1）机械损伤：加保护管；

（2）化学作用：换土并隔离（如陶瓷管），或与相关部门联系，征得同意后绕开；

（3）地下电流：屏蔽或加套陶瓷管；

（4）腐蚀物质：换土并隔离；

（5）虫鼠危害：加保护管或其他隔离保护等。

挖沟时应注意地下的原有设施，遇到电缆、管道等应与有关部门联系，不得随意损坏。

在安装电缆接头处，电缆土沟应加宽和加深，这一段沟称为接头坑。接头坑应避免设置在道路交叉口、有车辆进出的建筑物门口、电缆线路转弯处及地下管线密集处。一般电缆接头坑宽度为电缆土沟宽度的2~3倍，接头坑深度要使接头保护盒与电缆有相同埋设深度。接头坑的长度需满足全部接头安装和接头外壳临时套在电缆上的直线距离。

对挖好的沟进行平整和清除杂物，全线检查，应符合前述要求。合格后可将细砂、细土铺在沟内，厚度10 cm，沙子中不得有石块、锋利物及其他杂物。所有堆土应置于沟的一侧，且于1 m以外，以免放电缆时滑落沟内。

在挖好的电缆沟槽内敷设电缆时必须用放线架，电缆的牵引可用人工牵引或机械牵引。将电缆放在放线支架上，注意电缆盘上箭头方向，不要相反。

电缆的埋设与热力管道交叉或平行敷设，在不能满足允许距离要求时，应在接近或交叉点前后做隔热处理。隔热材料可用泡沫混凝土、石棉水泥板、软木或玻璃丝板。埋设隔热材料时除热力沟（管）宽外，两边各伸出2 m。电缆宜从隔热后的沟下面穿过，任何时候不能将电缆平行敷设在热力沟的上、下方。穿过热力沟部分的电缆除隔热层外，还应穿管保护。

人工牵引展放电缆就是每隔几米有人肩扛着放开的电缆并在沟内向前移动，或在沟内每隔几米有人持展开的电缆向前传递而人不移动。在电缆轴架处有人分别站在两侧用力转动电缆盘。牵引速度宜慢，转动轴架的速度应与牵引速度同步。遇到保护管时应将电缆穿入保护管，并有人在管孔守候，以免卡住或意外。

机械牵引和人力牵引基本相同。机械牵引前应根据电缆规格先沿沟底放置滚轮，并将电缆放在滚轮上，滚轮的间距以电缆通过滑轮下垂不碰地面为原则，以避免与地面、沙面的摩擦。电缆转弯处需放置转角滑轮来保护。电缆盘的两侧应有人协助转动。电缆的牵引端用牵引头或牵引网罩牵引。牵引速度应小于15 m/min，如图3—2所示。

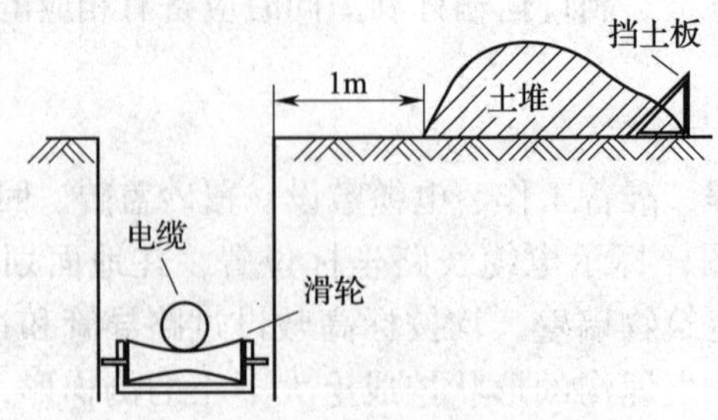

图3—2　直埋电缆敷设沟槽施工断面

敷设时电缆不要碰地和摩擦沟沿或沟底硬物。

电缆在沟内应留有一定的波形余量，以防冬季电缆收缩受力。多根电缆同沟敷设应排列整齐。

先向沟内充填0.1 m的细土或砂，然后盖上保护盖板，保护板之间要靠近。也可把电缆放入预制钢筋混凝土槽盒内填满细土或砂，然后盖上槽盒盖。

为防止电缆遭受外力损坏，在电缆接头做完后再砌井或铺砂盖保护板。在电缆保护盖板上铺设印有“电力电缆”和管理单位名称的标识。

回填土应分层填好夯实，保护盖板上应全新铺设警示带，覆盖土要高于地面0.15~0.2 m，以防沉陷。将复土略压平，把现场清理和打扫干净。

在电缆直埋路径上按要求规定的适当间距位置埋标志桩牌。

冬季环境温度过低，电缆绝缘和塑料护层在低温时物理性能发生明显变化，因此不宜进行电缆的敷设施工。如果必须在低温条件下进行电缆敷设，应对电缆进行预加热处理。

当施工现场的温度不能满足要求时，应采用适当的措施，避免损坏电缆，如采取加热法或躲开寒冷期等。一般加温预热方法如下：

（1）用提高周围空气温度的方法加热。当温度为5~10℃时，需72 h；如温度为25℃，则需用24~36 h；

（2）用电流通过电缆导体的方法加热。加热电缆不得大于电缆的额定电流，加热后电缆的表面温度应根据各地的气候条件决定，但不得低于5℃。

经烘热的电缆应尽快敷设，敷设前放置的时间一般不超过1 h。但电缆冷至低于规定温度时，不宜弯曲。

3. 质量标准

（1）电缆表面距地面的距离应不小于0.7 m。冬季土壤冻结深度大于0.7 m的地区，应适当加大埋设深度，使电缆埋于冻土层以下。引入建筑物或地下障碍物交叉时可浅一些，但应采取保护措施，并不得小于0.3 m。

（2）电缆沟底必须具有良好的土层，不应有石块或其他硬质杂物，应铺0.1 m的软土或砂层。电缆敷设好后，上面再铺0.1 m的软土或砂层。沿电缆全长应盖混凝土保护板，覆盖宽度应超出电缆两侧0.05 m。在特殊情况下，可以用砖代替混凝土保护板。

（3）电缆中间接头盒外面应有防止机械损伤的保护盒。

（4）电缆线路全线，应设立电缆位置的标志，间距合适。

（5）电缆与电缆、管道、道路、构筑物等之间的容许最小距离，见表3—1。

表3—1　　电缆与电缆、管道、道路、构筑物等之间的容许最小距离（m）

电缆直埋敷设时的配置情况		平行	交叉
控制电缆之间		—	0.5
电力电缆之间或与控制电缆之间	10 kV及以下电力电缆	0.1	0.5
	10 kV以上电力电缆	0.25	0.5
不同部门使用的电缆		0.5	0.5

续表

电缆直埋敷设时的配置情况		平行	交叉
电缆与地下管道	热力管道	2	0.5
	油管或易（可）燃气管道	1	0.5
	其他管道	0.5	0.5
电缆与铁路	非直流电气化铁路路轨	3	1.0
	直流电气化铁路路轨	10	1.0
电缆与建筑物基础		0.6	—
电缆与公路边		1.0	—
电缆与排水沟		1.0	—
电缆与树木的主干		0.7	—
电缆与1 kV以下架空线电杆		1.0	—
电缆与1 kV以上架空线杆塔基础		4.0	—

（6）电力电缆间、控制电缆间以及它们相互之间，不同使用部门的电缆间在交叉点前后1 m范围内，当电缆穿入管中或用隔板隔开时，其交叉净距可降低为0.25 m。

（7）电缆与热管道（沟）、油管道（沟）、可燃气体及易燃液体管道（沟）、热力设备或其他管道（沟）之间，虽净距能满足要求，但检修可能伤及电缆时，在交叉点前后1 m范围内，应采取保护措施；电缆与热管道（沟）及热力设备平行、交叉时，应采取隔热措施，使电缆周围土壤的温升不超过10℃。

（8）当直流电缆与电气化铁路路轨平行、交叉其净距不能满足要求时，应采取防电化腐蚀措施。防止的措施主要有：增加绝缘和增设保护电极。

（9）直埋电缆穿越城市街道、公路、铁路，或穿过有载重车辆通过的大门，进入建筑物的墙角处，进入隧道、人井，或从地下引出到地面时，应将电缆敷设在满足强度要求的管道内，并将管口封堵好。

（10）直埋敷设的电缆与铁路、公路或街道交叉时，应穿保护管，保护范围应超出路基、街道路两边以及排水沟边0.5 m以上。引入构筑物，在贯穿墙孔处应设置保护管，管口应施阻水堵塞。

（11）直埋敷设电缆采取特殊换土回填时，回填土的土质应对电缆外护层无腐蚀性。在电缆线路路径上有可能使电缆受到机械性损伤、化学作用、地下电流、振动、热影响、腐蚀物质、虫害等危害的地段，应采取保护措施。

（12）直埋电缆回填土前，应经隐蔽工程验收合格，并分层夯实。

二、电缆沟敷设

电缆的沟道敷设主要是指电缆沟敷设和电缆隧道敷设。

1. 电缆沟敷设

电缆沟就是封闭式不通行、盖板与地面相齐或稍有上下、盖板可开启的电缆构筑物。

将电缆敷设于预先建设好的电缆沟中的方法称为电缆沟敷设。如图 3—3 所示。

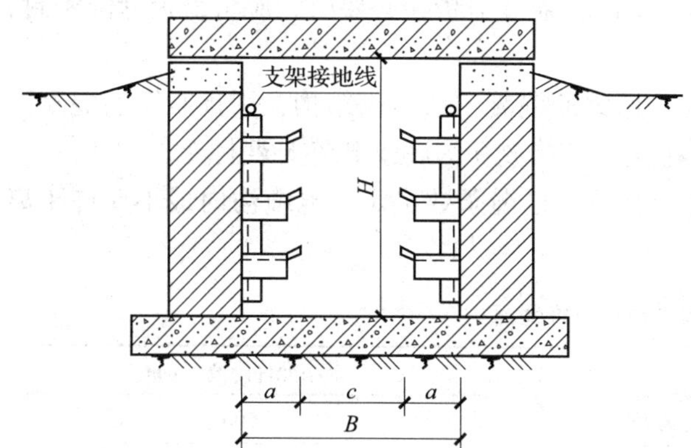

沟宽（B）	层架（a）	通道（c）	沟深（H）
1000	200 300	500	1100
1200	200 300	600	1300

图 3—3 电缆沟敷设

（1）电缆沟敷设的特点。电缆沟敷设适用于并列安装多根电缆的场所，如发电厂及变电站内、工厂厂区或城市人行道等。电缆不容易受到外部机械损伤，占用空间相对较小。根据并列安装的电缆数量，需在沟的单侧或双侧装置电缆支架，敷设的电缆应固定在支架上。敷设在电缆沟中的电缆应满足防火要求，如具有不延燃的外护套或钢带铠装，重要的电缆线路应具有阻燃外护套。

地下水位太高的地区不宜采用普通电缆沟敷设，电缆沟内容易积水、积污，而且清除不方便。电缆沟施工复杂，周期长，电缆沟中电缆的散热条件较差，影响其允许载流量，但电缆维修和抢修相对简单，费用较低。

（2）电缆沟敷设的施工过程

1）电缆沟敷设前的准备。电缆施工前需揭开部分电缆沟盖板。在不妨碍施工人员下电缆沟工作的情况下，可以采用间隔方式揭开电缆沟盖板；然后在电缆沟底安放滑轮，清除沟内外杂物、检查支架预埋情况并修补，并把沟盖板全部置于沟上面不利展放电缆的一侧，另一侧应清理干净；采用钢丝绳牵引电缆，电缆牵引完毕后，用人力将电缆定位在支架上；最后将所有电缆沟盖板恢复原状。

2）电缆沟敷设的操作步骤。施放电缆的方法，一般情况下是先放支架最下层、最里侧的电缆，然后从里到外，从下层到上层依次展放。

电缆沟中敷设牵引电缆，与直埋敷设基本相同，需要特别注意的是，要防止电缆在牵引过程中被电缆沟边或电缆支架刮伤。因此，在电缆引入电缆沟处和电缆沟转角处必须搭建转角滑轮支架，用滚轮组成适当圆弧，既减小牵引力和侧压力，以控制电缆弯曲半径，又防止电缆在牵引时受到沟边或沟内金属支架擦伤，从而对电缆起到很好的保护作用。

电缆搁在金属支架上应加一层塑料衬垫。在电缆沟转弯处使用加长支架，让电缆在支架上允许适当位移。单芯电缆要有固定措施，如用尼龙绳将电缆绑扎在支架上，每 2 档支架扎一道，也可将三相单芯电缆呈品字形绑扎在一起。

在电缆沟中应有必要的防火措施，这些措施包括适当的阻火分割封堵。如将电缆接头用防火槽盒封闭，电缆及电缆接头上包绕防火带等阻燃处理，或电缆置于沟底再用黄沙将其覆盖。也可选用阻燃电缆等。

电缆敷设完毕，应及时将沟内杂物清理干净，盖好盖板，必要时，应将盖板缝隙密封，以免水、汽、油、灰等侵入。

(3) 电缆沟敷设的质量标准。电缆沟采用钢筋混凝土或砖砌结构，用预制钢筋混凝土或钢制盖板覆盖，盖板顶面与地面相平。电缆可直接放在沟底或电缆支架上。

电缆沟的内净距尺寸，根据电缆的外径和总计电缆条数决定。电缆沟内最小允许距离见表3—2。

表3—2　　电缆沟内最小允许距离

名称		最小允许距离（mm）
通道高度	两侧有电缆支架时	500
	单侧有电缆支架时	450
电力电缆之间的水平净距		不小于电缆外径
电缆支架的层间净距	电缆为10 kV及以下	200
	电缆为20 kV及以下	250
	电缆在防火槽盒内	1.6×槽盒高度

电缆沟内金属支架、裸铠装电缆的金属护套和铠装层应全部和接地装置连接。为了避免电缆外皮与金属支架间产生电位差，从而发生交流腐蚀或电位差过高危及人身安全，电缆沟内全长应装设有连续的接地线装置，接地线的规格应符合规范要求。电缆沟中应用扁钢组成接地网，接地电阻应小于4 Ω。电缆沟中预埋铁件应与接地网以电焊连接。

电缆沟中的支架，按结构不同有装配式和工厂分段制造的电缆托架等种类。以材质分，有金属支架和塑料支架。金属支架应采用热浸镀锌，并与接地网连接。以硬质塑料制成的塑料支架，又称绝缘支架，具有一定的机械强度并耐腐蚀。

电缆沟盖板必须满足道路承载要求。钢筋混凝土盖板应用角钢或槽钢包边。电缆沟的齿口也应用角钢保护。盖板的尺寸应与齿口相吻合，不宜有过大间隙。盖板和齿口的角钢或槽钢要除锈后刷红丹漆两遍，黑色或灰色漆一遍。

室外电缆沟内的金属构件均应采取镀锌的防腐措施，室内外电缆沟，也可采用涂防锈漆的防腐措施。

为保持电缆沟干燥，应适当采取防止地下水流入沟内的措施。在电缆沟底设不小于0.5%的排水坡度，在沟内设置适当数量的积水坑。

电缆沟内充砂，电缆平行敷设在沟中，电缆间净距不小于35 mm，层间净距不小于100 mm，中间填满砂子。

敷设在普通电缆沟内的电缆，为防火需要，应采用裸铠装或阻燃性外护套的电缆。

电缆线路上如有接头，为防止接头故障时殃及邻近电缆，可将接头用防火保护盒保护或采取其他防火措施。

电力电缆和控制电缆应分别安装在沟的两边支架上。若不能时，则应将电力电缆安置在控制电缆之下的支架上，高电压等级的电缆宜敷设在低电压等级电缆的下面。

2. 电缆隧道敷设

电缆隧道就是容纳电缆数量较多、有供安装和巡视的通道、全封闭的电缆构筑物。将电缆敷设于预先建设好的隧道中的安装方法，称为电缆隧道敷设。如图3—4所示。

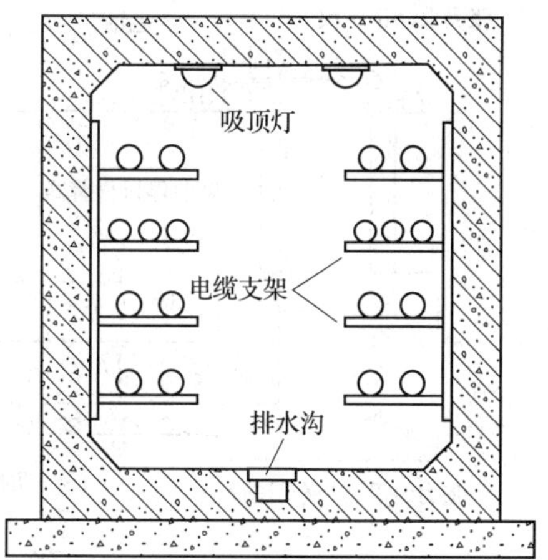

图3—4 电缆隧道断面示意图

（1）电缆隧道敷设的特点。电缆隧道应具有照明、排水装置，并采用自然通风和机械通风相结合的通风方式。隧道内还应具有烟雾报警、自动灭火、灭火箱、消防栓等消防设备。

电缆敷设于隧道中，消除了外力损坏的可能性，对电缆的安全运行十分有利。但是隧道的建设投资较大，建设周期较长。

（2）电缆隧道适用的场合一般有：大型电厂或变电所，进出线电缆在20根以上的区段，电缆并列敷设在20根以上的城市道路，有多根高压电缆从同一地段跨越内河。

（3）电缆隧道敷设的施工方法

1）电缆隧道敷设前的准备。电缆隧道敷设一般采用卷扬机钢丝绳牵引和电缆输送机牵引相结合的办法。在敷设电缆前，电缆端部应制作牵引端。将电缆盘和卷扬机分别安放在隧道入口处，并搭建适当的滑轮、滚轮支架。在电缆盘处和隧道中转弯处设置电缆输送机，以减小电缆的牵引力和侧压力。

当隧道相邻入口相距较远时，电缆盘和卷扬机安置在隧道的同一入口处，牵引钢丝绳经隧道底部的开口葫芦反向。

电缆隧道敷设，必须有可靠的通信联络设施。

2）电缆隧道敷设的操作步骤。电缆隧道敷设牵引一般采用卷扬机钢丝绳牵引和输送机（或电动滚轮）相结合的方法，其间使用联动控制装置。电缆从工作井引入，端部使用牵引端和防捻器。牵引钢丝绳如需应用葫芦及滑车转向，可选择隧道内位置合适的拉环。在隧道底部每隔2～3 m安放一只滑轮，用输送机敷设时一般根据电缆重量每隔30 m设置一台，敷设时关键部位应有人监视。高度差较大的隧道两端部位，应防止电缆引入时因自重产生过大的牵引力、侧压力和扭转应力。隧道中宜选用交联聚乙烯电缆，当敷设充油电缆时，应注意监视高、低端油压变化。位于地面电缆盘上的油压应不低于最低允许油压，在隧道底部最低处电缆油压应不高于最高允许油压。如图3—5所示。

电缆敷设时卷扬机的启动和停车，一定要听从现场指挥人员的统一指令。常用的通信联络手段是架设临时有线电话或专用无线通信。

电缆敷设完后，应根据设计施工图规定将电缆安装在支架上，单芯电缆必须采用适当夹具将电缆固定。高压大截面单芯电缆，应使用可移动夹具，以蛇形方式固定。

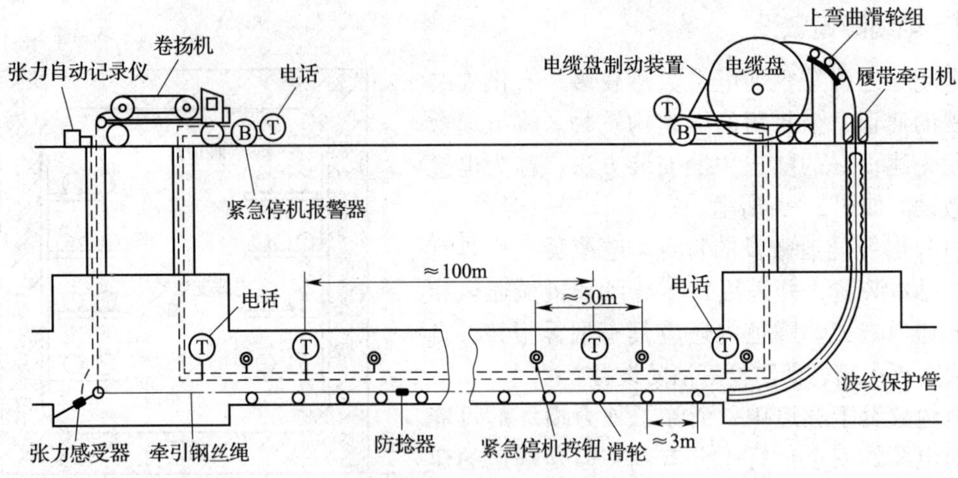

图 3—5　电缆隧道敷设

（4）质量标准。电缆隧道一般为钢筋混凝土结构，也可采用砖砌或钢管结构，可视当地的土质条件和地下水位高低而定。一般隧道高度为 1. 9 ~2 m，宽度为 1. 8 ~2. 2 m。

电缆隧道两侧应架设用于放置固定电缆的支架。电缆支架与顶板或底板之间的距离，应符合规定要求。支架上蛇形敷设的高压、超高压电缆应按设计节距用专用金具固定或用尼龙绳绑扎。电力电缆与控制电缆最好分别安装在隧道两侧的支架上，如果条件不允许，则控制电缆应该安装在电力电缆的上面。

深度较浅的电缆隧道应至少有两个以上的人孔，长距离一般每隔 100 ~200 m 应设一个人孔，设置人孔时，应综合考虑电缆施工敷设，在敷设电缆的地点设置两个人孔，一个用于电缆进入，另一个用于人员进出。近人孔处装设进出风口，在出风口处装设强迫排风装置；深度较深的电缆隧道，两端进出口一般与竖井相连接，并通常使用强迫排风管道装置进行通风。电缆隧道内的通风要求在夏季不超过室外空气温度 10℃为原则。

在电缆隧道内设置适当数量的积水坑，一般每隔 50 m 左右设积水坑一个，使水及时排出。

隧道内应有良好的电气照明设施，排水装置，并采用自然通风和机械通风相结合的通风方式。隧道内还应具有烟雾报警、自动灭火、灭火箱、消防栓等消防设备。

电缆隧道内应装设贯通全长的连续接地线，所有电缆金属支架应与接地线连通。电缆的金属护套、铠装除有绝缘要求（如单芯电缆）以外，应全部相互连接并接地，这是为了避免电缆金属护套或铠装与金属支架间产生电位差，从而发生交流腐蚀。

电缆隧道敷设方式选择应遵循以下几点：

1）同一通道的地下电缆数量较多，电缆沟不足以容纳时应采用隧道。

2）同一通道的地下电缆数量较多，且位于有腐蚀性液体或经常有地面水流溢的场所，或含有 35 kV 以上高压电缆，或穿越公路、铁路等地段，宜用隧道。

3）受城镇地下通道条件限制或交通流量较大的道路下，与较多电缆沿同一路径有非高温的水、气和通信电缆管线共同配置时，可在公用性隧道中敷设电缆。

三、海泡石水泥电缆管

海泡石管又名海泡石水泥管、海泡石水泥电缆保护管、海泡石水泥电缆管、海泡石电缆管是吸收国内先进技术，采用电扩孔等先进工艺，以高强无污染的海泡石纤维作为盘材，加入高强高摩维尼纶、植物纤维等原料，用高标号水泥为主要原料，通过抄取卷制而成的新一代增强纤维水泥电缆管，海泡石水泥电缆管具有强度高、耐酸碱腐蚀、耐高温、散热好、载流量大、不导磁、单芯电缆，不产生涡流、内壁光滑、易切割加工等优点。海泡石水泥电缆管敷设地下后，湿润泥土使管体的硬化过程继续进行，海泡石管管体强度随之增加，使用寿命可达100年。如图3—6所示。

A类海泡石管适用于混凝土包封敷设。

B类海泡石管适用于人行道和绿化带等非机动车道直埋敷设，也适用于有重载车辆通过的机动车道混凝土包封敷设。

C类海泡石管适用于有重载车辆通过路段（包括高速公路、一、二级公路）的直埋敷设。

1. 直埋敷设

选用电力管的直径应满足电力电缆规程的要求，一般为电缆外径的1.3~1.6倍。

铺设电力管的沟槽挖好后，沟底必须夯实找平。如沟槽土质不好应做100 mm厚的砼基础，管外径距基础边不小于100 mm。若同其他管道交叉或遇砂石土层，应按设计意见采用配筋砼基础。铺管时，勿使管子悬空，为此应在每根管接口处留工作小坑。若在砼基础上铺管，则应在基础上铺放20 mm的砂土或过筛细土，如图3—7所示。

图3—6　海泡石水泥电缆管

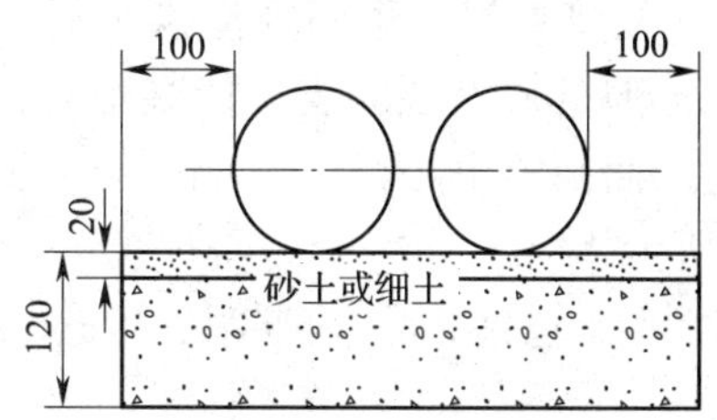

图3—7　直埋沟底的处理方法

在安装接头时，要在管箍内涂上肥皂水再往里穿，至使两根管口的距离达到10~15 mm为准，每根管插入深度为整个管箍长度一半再减去5~15 mm为止，如图3—8所示。

人井间铺设完电力管后，应由专人进行检查找正，合格后才可回填。覆土时管子两侧及“胸腔”必须捣实。在管子两侧200 mm内，不许回填石块等硬质物体，应回填砂土或过筛细土。如多根管水平排列敷设，管壁之间的距离应不少于40 mm，覆土时两管之间一定要填满细土或砂土并予以捣实，两层管上下排列铺设时，要先在首层上覆 40 mm 细土或砂土并压实，然后铺设第二层管道，多层管道的铺设以此类推。为使管道所受应力传导均匀，上下管道中心线应互相错开。如图 3—9 所示。

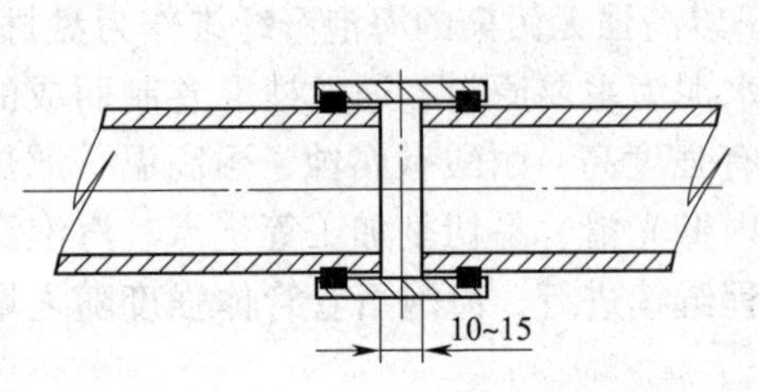

图 3—8　管接头的处理方法

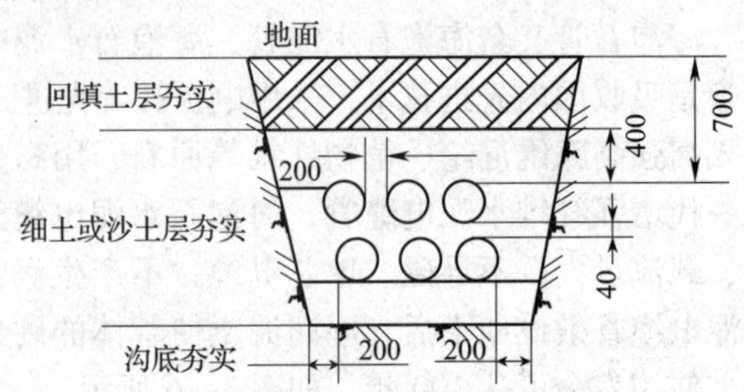

图 3—9　直埋敷设的横截面示意图

不论单排或多排铺设，都要在最上层管上覆过筛细土或砂土 400 mm 并夯实，然后再回填，且最上层管顶距地面不得小于 700 mm，否则应根据电力管的机械强度做砼包封处理。

管道和人井交界处，应于井壁接近管处外侧垫上橡胶圈，可用电缆管保护圈剪开代用。管口在井内壁需做 100 mm 的水泥倒角。

管道铺设完后，尚未覆土之前，应由验收单位检查，如发现弯曲，裂纹时应予返工。整个施工完后，在验收单位到场情况下，由施工单位用外径小于电力管内径 10 mm，长度不少于 1 m 的拉棒在管道内拉通，方为符合质量要求。

2. 电力管做混凝土包封敷设

当采用混凝土包封敷设工艺时，除执行电力管直埋的有关规定外，还要满足混凝土包封有关规定。当距地面覆土不足 100 mm 时，应考虑加厚混凝土包封层或配筋包封。

铺设管道沟槽挖好后，应予找平，在沟底浇注100 mm 厚的混凝土基础，待凝固后把电力管两端用木块固定，用水泥砂浆把电力管的“胸腔” 和距基础的缝隙填满。

多根管水平排列，管壁间距仍为 40 mm，多层排列时，应先将首层管道间隙灌满水泥砂浆后，再打一层 40 mm 厚的砂石混凝土。待凝固后，将第二层管依次码上，而后在周围打上 100 mm 的包封层，如图 3—10 所示。

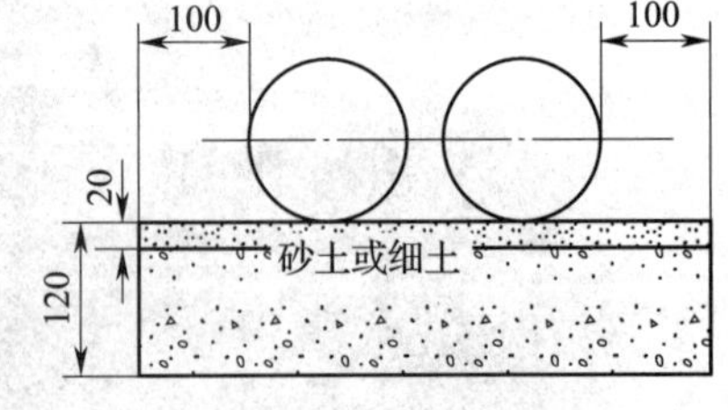

图 3—10　包封层

待混凝土包封凝固、养护后，再进行覆土回填工作。

3. 竣工处理

工程竣工后，施工单位应将施工平面图、纵断图、电力管做法图及有关资料转交验收运行单位。

4. 电力管的运输与保管

电力管在装卸过程中，要严格执行厂家要求，要轻抬轻放，严禁抛掷。

运输中必须设法使管子固定，减少振动，防止碰撞。

管子堆放场地必须平坦坚实，不同规格的管材应分别堆放。堆放时最下一层应固定好，以防塌落，堆垛高度应低于 1.5 m。

四、电缆沟支架的安装工艺

电缆沟支架是电缆沟和电缆隧道中支撑电缆用的支撑物。如图 3—11 所示。

图 3—11 电缆沟支架

1. 施工准备

（1）材料准备。成品电缆支架应具有出厂合格证。支架表面应光滑、平整，无棱刺、无扭曲变形、无磨损、划痕，其规格应符合设计要求。制作支架的槽钢、角钢或扁钢等型材具有出厂合格证和材质证明。电缆支架及紧固件均应做镀锌处理或做防腐处理。

（2）机具设备。电工工具、电焊机、台钻、切割机、手电钻、冲击钻、铅笔、卷尺、水平尺、线坠、墨斗等。

（3）作业条件。结构施工中的预留孔洞、预埋件全部完成。电缆沟、电缆夹层内土建作业全部完成。

2. 技术准备

施工图样和技术资料齐全。施工方案编制完毕并经审批。施工前应组织参施人员熟悉图样、方案，并进行安全、技术交底。

3. 操作工艺过程

工艺流程：材料检查、电缆支架加工、电缆支架安装、接地线安装、检查和验收。

（1）材料检查。检查槽钢、角钢或扁钢等型材是否具有出厂合格证和检验报告。检查型材的尺寸是否满足设计要求。

（2）电缆支架加工。电缆支架的加工应符合下列要求：

1）钢材应平直，无明显扭曲。下料误差应在 5 mm 范围内，切口应无卷边、毛刺。

2）支架应焊接牢固，无显著变形。各托臂间的垂直净距与设计偏差不应大于 5 mm。

3）金属电缆支架必须进行防腐处理。位于湿热、盐雾以及有化学腐蚀地区时，应根据设计做特殊的防腐处理。

电缆支架可由生产厂家制作或现场加工，考虑到施工现场加工设备的数量、制作精度和生产效率，对于批量生产的电缆支架宜采用生产厂家制作的方式。

（3）电缆支架的层间允许最小距离，不应小于两倍电缆外径加 10 mm，35 kV 及以上高压电缆不应小于 2 倍电缆外径加 50 mm。

（4）电缆支架安装

1）测量定位。根据设计图样，测量出电缆支架边缘距轴线、中心线、墙边的尺寸，在同一直线段的两端分别取一点。用墨斗在电缆夹层顶板上弹出一条直线，作为支架距轴中心或墙边的边缘线。以顶板的墨线为基准线，用线坠定出立柱在地板的相应位置，用墨斗在地面弹一直线。按照设计图样的要求在直线上标出底板的位置。

2）底板安装。按标注的位置，将底板紧贴住夹层地面或夹层顶板，根据底板上的孔位，用记号笔在地面和夹层顶板做出标记（对于结构有预埋铁时，将上下底板直接焊接到预埋铁上）。取下底板，在记号位置用电锤将孔打好。将膨胀螺栓敲入眼孔，装好底板，紧固膨胀螺栓将底板固定牢固。

3）立柱焊接、防腐。测量夹层上、下底板之间的准确距离，根据此距离切割出相应长度的立柱槽钢长度。槽钢长度比上、下底板之间的距离小 2 ~ 3 mm。

采用可拆卸托臂时，切割槽钢时必须保证槽钢各托臂安装位置在同一高度。

将直线段两端的槽钢立柱放在电缆支架的上、下底板之间，确认立柱位置无误后，采用电焊将立柱与下部底板点焊固定。

用水平尺检验槽钢立柱的垂直度，确认无误后，将槽钢立柱与上、下底板焊接牢固。

用两根线绳在两根立柱之间绷紧两条直线，顶部与下部各一条。

以此直线为依据安装其他立柱，使所有立柱成为直线。

除去焊接部位的焊渣，用防锈漆和银粉进行防腐处理。

电缆支架最上层至沟顶、楼板或最下层至沟底、地面的距离，见表 3—3。

表 3—3　电缆支架最上层至沟顶、楼板或最下层至沟底、地面的距离（mm）

敷设方式	电缆隧道及夹层	电缆沟	吊架	桥架
最上层至沟顶、楼板	300 ~ 500	150 ~ 200	150 ~ 200	350 ~ 450
最下层至沟底、地面	100 ~ 150	50 ~ 100	—	100 ~ 150

（5）接地线安装。在金属电缆支架的立柱内或外侧，敷设接地扁钢或圆钢作接地线。接地线与立柱采用焊接方式，电缆支架及其接地线焊接部位必须进行防腐处理。电缆支架的接地线与接地干线可靠连接。

（6）检查和验收。根据电缆支架线路平面布置图，检查电缆支架最上层至沟顶、楼板或最下层至沟底、地面的距离；检查电缆支架的托臂间距，托臂和立柱的水平度和垂直度。电缆支架接地良好。对焊接部位进行检查，焊接及防腐应符合要求。

4. 质量检验

（1）主控项目。金属电缆支架必须接地（PE）或接零（PEN）可靠。

（2）一般项目。电缆支架安装应符合下列规定：位置正确，固定可靠，油漆完整，镀锌件无锈蚀，转弯平缓。电缆支架层间距离正确。支架与预埋件焊接固定时，焊缝饱满。用膨胀螺栓固定时，选用螺栓适配，连接紧固，防松零件齐全。

5. 成品保护

电缆支架搬运和安装过程中，应采取保护措施，避免磨损、划痕。电缆支架不宜安装在腐蚀性气体管道和热力管道的上方及腐蚀性液体管道的下方，否则采取防腐、隔热措施。电缆支架安装完成后，其他工种施工时，应有保护措施，防止损坏或污染支架。

五、1 kV 及以下热塑式电缆终端的制作工艺

为防止触电，挂接地线前，应使用合格电器及绝缘手套验电，确认无电后再挂接地线。使用移动电气设备时，必须装设漏电保护器。搬运电缆附件人员应相互配合，轻搬轻放，不得抛接。用刀或其他切割工具时，应正确控制切割方向。使用液化气枪应先检查液化气瓶、减压阀、液化喷枪，点火时火头不准对人，以免人员烫伤，其他工作人员应与火头保持一定距离，用后及时关闭阀门。吊装电缆终端时，应保证与带电设备的安全距离。

1. 材料要求

电缆终端头套、塑料带、接线鼻子、镀锌螺丝、凡士林油、电缆卡子、电缆标牌、多股铜线等材料必须符合设计要求，并具备产品出厂合格证。塑料带应分黄、绿、红、黑四色，各种螺丝等镀锌件应镀锌良好。地线采用裸铜软线或多股铜线，截面 120 号电缆以下 16 mm^2，150 号以上 25 mm^2表面应清洁，无断股现象。

2. 主要机具

制作和安装机具：压线钳、钢锯、扳手、钢锉。

测试器具：钢卷尺、欧姆表、万用表。

3. 施工条件

电气设备安装完毕，室内空气干燥。电缆敷设并整理完毕，核对无误。电缆支架及电缆终端头固定支架安装齐全。现场具有足够照度的照明和较宽敞的操作场地。

4. 工艺流程

摇测电缆绝缘、剥电缆铠甲、打卡子、焊接地线、包缠电缆、套电缆终端头套、压电缆芯线接线鼻子、与设备连接。

(1) 测量电缆绝缘。选用1 000 V摇表，对电缆进行摇测，绝缘电阻应在10 MΩ以上。电缆测量完毕后，应将芯线分别对地放电。

(2) 剥电线铠甲。根据电缆与设备连接的具体尺寸，量电缆并做好标记。锯掉多余电缆，剥除外护套，如图3—12所示。

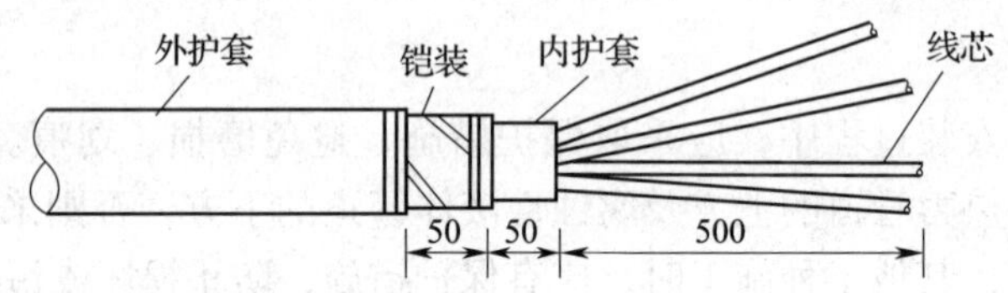

图3—12　终端剥切尺寸

(3) 焊接铠装接地线。用锉刀打毛铠装表面，用铜绑线将一根铜编织带端头临时扎紧在铠装上，用锡焊牢后去掉临时铜绑线，再在外面绕包几层PVC胶带。

自外护套断口以下40 mm长范围内的铜编织带均需进行渗锡处理，使焊锡渗透铜编织带间隙，形成防潮段。

(4) 热缩分支手套。在电缆内、外护套端口上绕包两层填充胶，将铜编织带压入其中，在外面绕包几层填充胶，再分别绕包三叉口，绕包后的外径应小于分支手套内径。

套入分支手套，并尽量拉向三芯根部。

取出手套内的隔离纸，从分支手套中间开始向下端热缩，然后向手指方向热缩。

(5) 剥除绝缘层，压接接线端子。将电缆端部接线端子扎深加5 mm长的绝缘剥除，擦净导体，套入接线端子进行压接。压接后将线端子表面用砂纸打磨光滑、平整。

(6) 热缩绝缘管。每相套入绝缘管，与分支手套搭接不少于30 mm，从根部向上加热收缩，绝缘管收缩后应平整、光滑、无皱纹、气泡。

(7) 套热缩相色管。将相色管接相位颜色分别套入各相，环绕加热收缩，如图3—13所示。

(8) 连接地线。户外终端与电杆的地线连接如图3—14所示，将电缆接地线与电杆的接地引线连接。户内终端接地线应与变电站内接地网连通。与其他电气设备连接，将电缆终端导体端子与架空线或开关柜连接，确保接触良好。

(9) 清理现场。施工结束后，工作负责人依据施工验收规范对施工工艺、质量进行自查验收，按要求清理施工现场，整理工具、材料，办理工作终结手续。

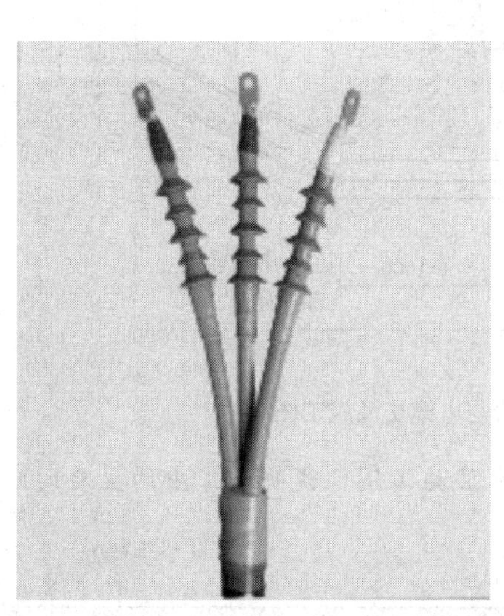

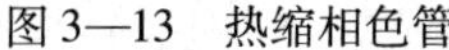

图 3—13　热缩相色管

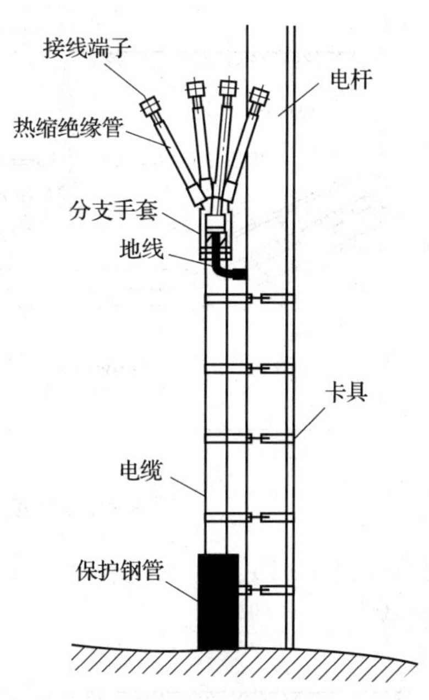

图 3—14　户外电缆终端

想一想

1 kV 热缩式电力电缆终端制作需要哪些工器具?

思考与练习

1. 简述直埋电缆敷设工艺流程。
2. 在电缆直埋的路径上遇哪几种情况时，应采取保护措施?
3. 当施工现场的温度不能满足要求时，应采用适当的措施，一般的加温预热方法是什么?
4. 什么是电缆沟敷设? 电缆沟敷设的特点是什么?
5. 什么是电缆隧道敷设? 电缆隧道敷设的特点是什么?
6. 电缆隧道适用的场合一般有哪些?
7. 1 kV 及以下热塑式电缆终端制作需用的主要机具有哪些? 其施工条件是怎样的?

技 能 训 练

1. 画出三根电力电缆直埋式敷设电缆沟截面施工图。
2. 阅读如图 3—15 所示电缆穿管与电缆交叉施工图，说明施工中的关键间距尺寸。

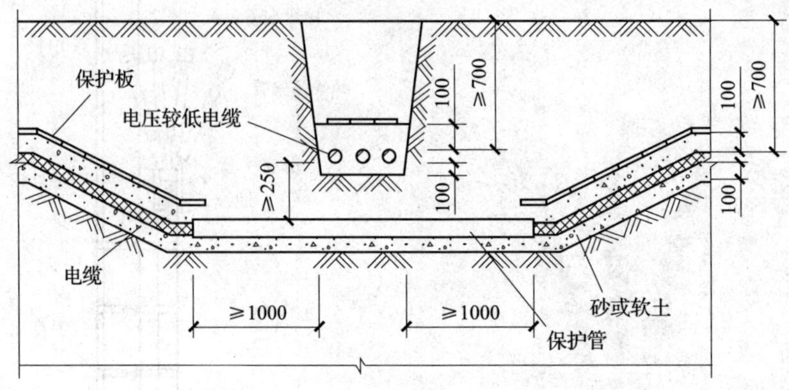

图 3—15　电缆穿管与电缆交叉施工图

3. 阅读如图 3—16 所示电缆和热力管道交叉施工图，说明施工中的主要间距尺寸和采取的技术措施。

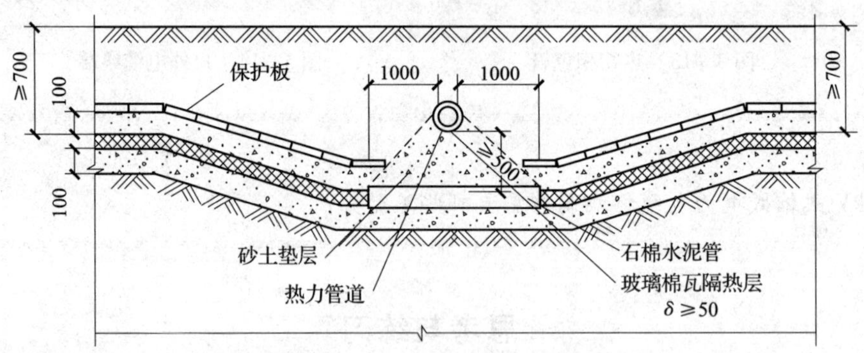

图 3—16　电缆和热力管道交叉施工图

4. 阅读如图 3—17 所示电缆沟施工图，说明电缆沟的主要结构和主要尺寸。

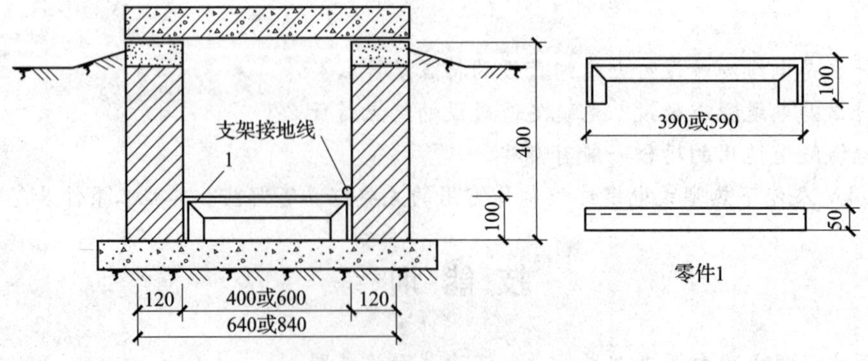

图 3—17　电缆沟施工图

5. 阅读如图 3—18 所示施工图，说明与 1 题电缆沟的差别。

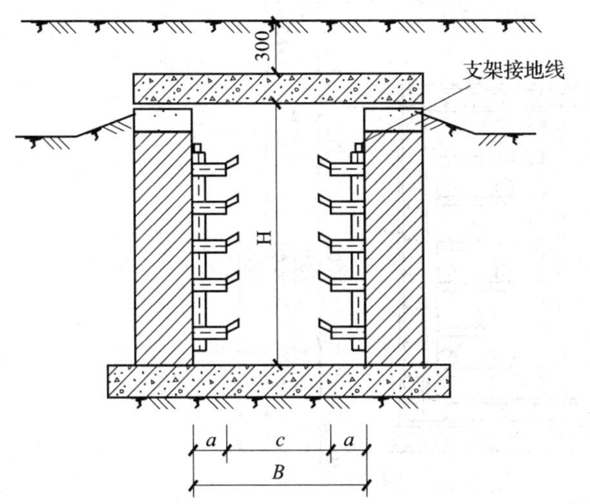

沟宽（*B*）	层架（*a*）	通道（*c*）	沟深（*H*）
800	200 200	400	700 800
1000	300 200	500	900 1100
1200	300 300	600	1100
1200	300 300	600	1300

图 3—18　电缆沟施工图

6. 按如图 3—19 所示制作电缆沟预埋件。

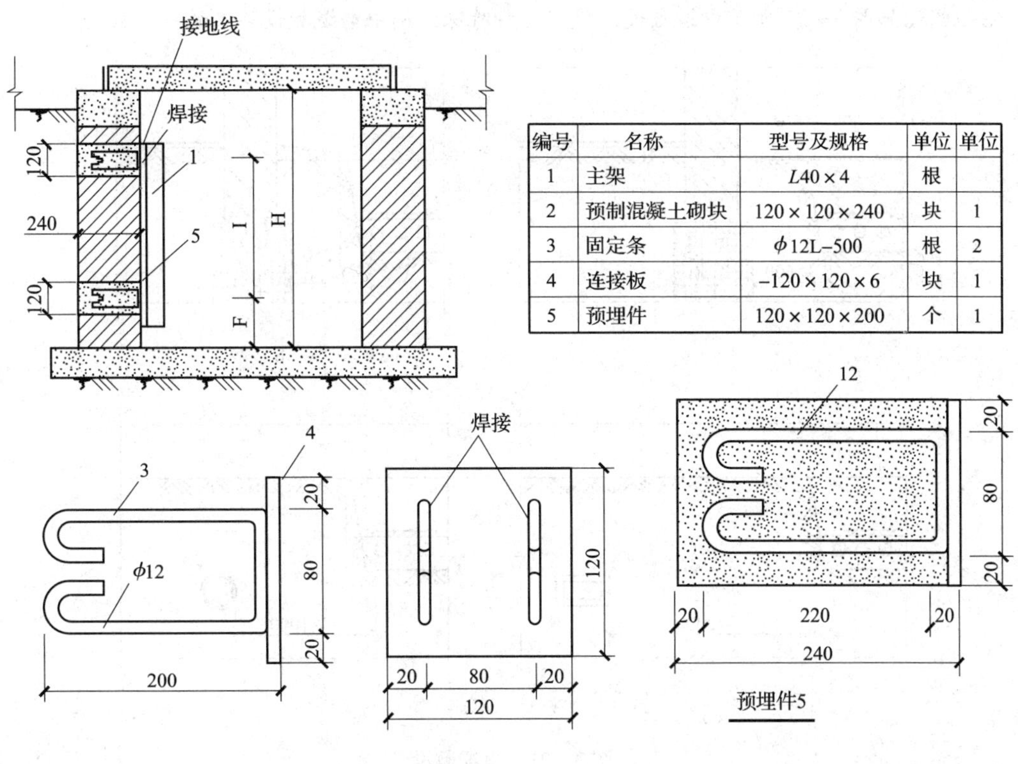

编号	名称	型号及规格	单位	单位
1	主架	*L*40×4	根	
2	预制混凝土砌块	120×120×240	块	1
3	固定条	ϕ12L–500	根	2
4	连接板	–120×120×6	块	1
5	预埋件	120×120×200	个	1

图 3—19　预埋件

7. 阅读如图 3—20 所示电缆隧道施工图，说一说你看到的技术数据。

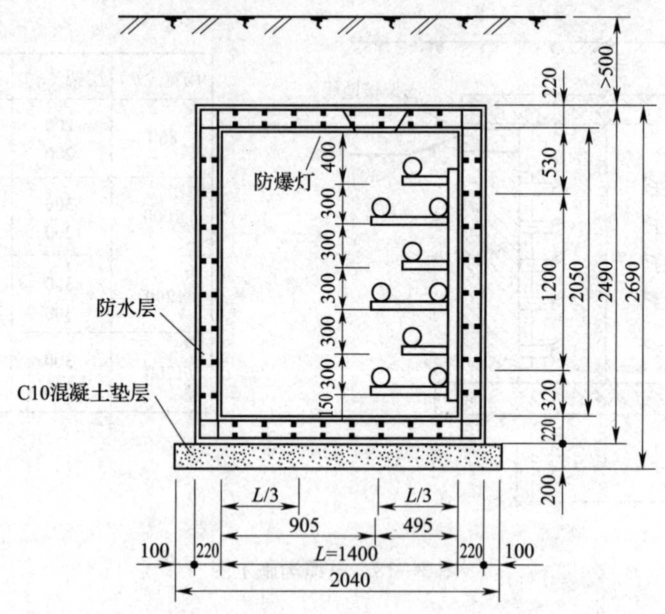

图 3—20　电缆隧道施工图

8. 阅读如图 3—21 所示电缆敷设，说明各种特殊结构中电缆敷设施工的技术数据。

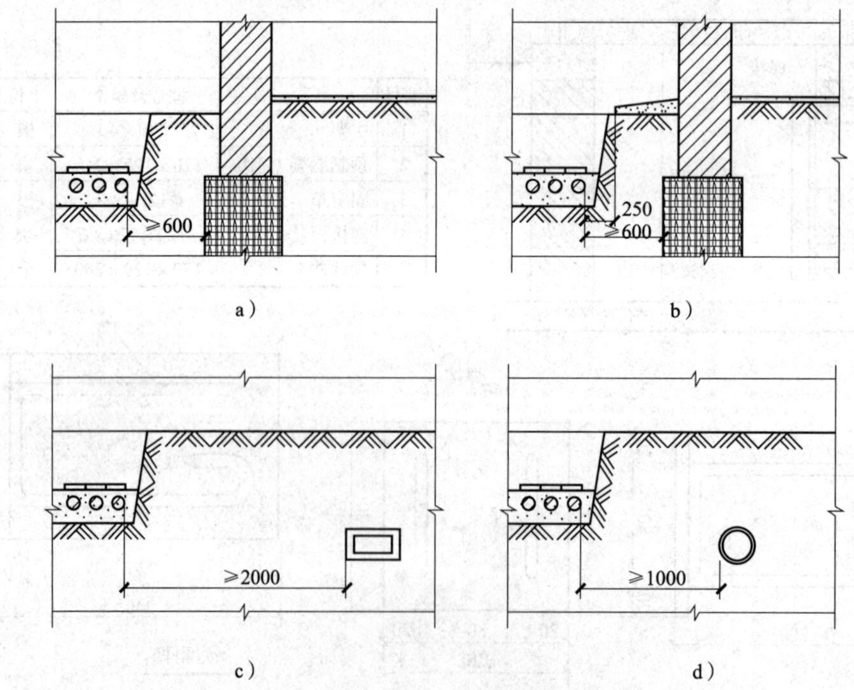

图 3—21　电缆敷设

a）电缆与建筑物平行（一）　b）电缆与建筑物平行（二）

c）电缆与热力沟（管）平行　d）电缆与易燃、易爆管平行

9. 按如图 3—22 所示的示意图制作电缆支架。

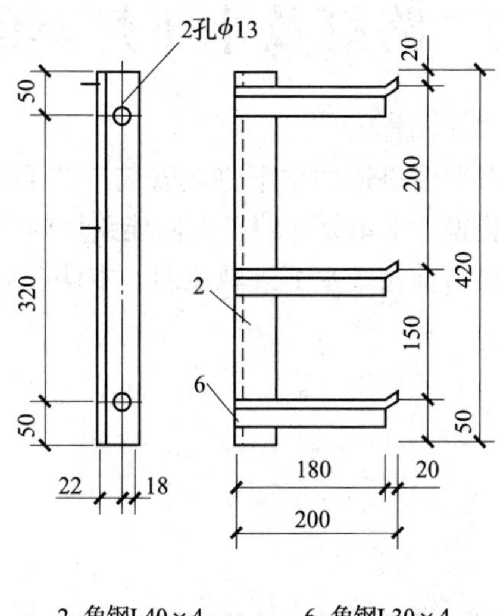

图 3—22　电缆支架

10. 按如图 3—23 所示制作电缆支架。

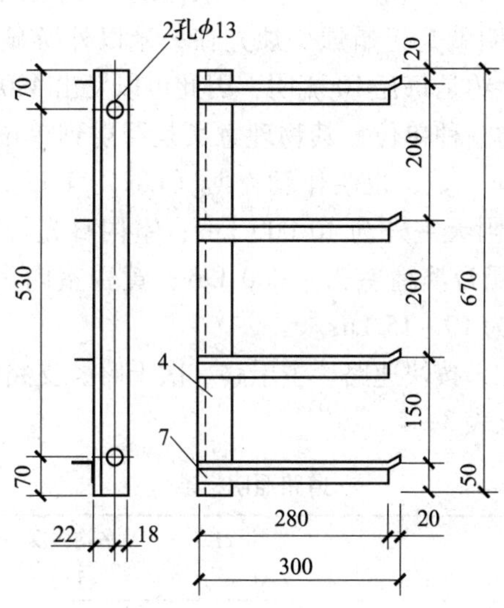

图 3—23　电缆支架

11. 1 kV 热缩式电力电缆终端制作。

课题二　路灯及水下灯具的安装

本课题介绍路灯和近年来发展迅速的水下灯具安装工艺。在城市道路照明中，太阳能路灯是一种环保节能的照明装置，本单元介绍了太阳能路灯的基本原理、结构、安装方法、简单设计方法。LED 水下灯具目前用于水下景观照明，本课题对 LED 水下灯具特殊的安装注意事项作了介绍。

一、道路照明

1. 道路照明标准

一只或两只灯具安装在高度通常为 15 m 以下的灯杆上，按一定间距有规律地连续设置在道路的一侧、两侧或中央分车带上进行照明的方式称为常规道路照明。采用这种照明方式时，灯具的纵轴垂直于路轴，因而灯具所发出的大部分光射向道路和纵方向。

光亮度就是单位面积光源的发光强度。发光强度的单位是 cd/m^2，cd 为光通量的单位，发光强度为 1 坎德拉（cd）的点光源，在单位立体角（1 球面度）内发出的光通量为“1 流明”，英文缩写 lm。1 流明就是指蜡烛一烛光在一米以外所显现出的亮度。一个普通 40 瓦白炽灯泡，其发光效率大约是每瓦 10 流明，因此可以发出 400 lm 的光。

照度是反映光照强度的一种单位，其物理意义是照射到单位面积上的光通量，照度的单位是每平方米的流明（lm）数，也叫作勒克斯（Lux）：$1\ Lux = 1\ lm/m^2$。一般情况：夏日阳光下为 100 000 Lux；阴天室外为 10 000 Lux；室内日光灯为 100 Lux；距 60 W 台灯 60 cm 桌面为 300 Lux；电视台演播室为 1 000 Lux；黄昏室内为 10 Lux；夜间路灯为 0.1 Lux；烛光（20 cm 远处）为 10～15 Lux。

我国城市道路照明标准，按快速路、主干路、次干路、支路以及居住区道路分为五级。这五级分别有照明标准，见表 3—4。

表 3—4　道路照明标准

级别	道路类型	平均亮度（cd/m^2）	平均照度（Lx）	眩光限制
Ⅰ	快速路	1.5	20	严禁采用非截光型灯具
Ⅱ	主干路及迎宾路、大型公共建筑的主要道路、市中心的道路、大型交区纽等	1.0	25	严禁采用非截光型灯具
Ⅲ	次干路	0.5	8	不得采用非截光型灯具
Ⅳ	支路	0.3	5	不宜采用非截光型灯具
Ⅴ	主要供行人和非机动车通行的居住区道路和人行道	—	1～2	采用的灯具不受限制

2. 照明光源和灯具

（1）光源的选择。快速路和对颜色识别要求不高的市郊道路宜采用低压钠灯或高压钠灯；主干路和次干路宜采用高压钠灯；市中心、商业中心等个别对颜色识别要求较高的街道必要时可采用金属卤化物灯或中显色型、高显色型高压钠灯，如图 3—24 所示。

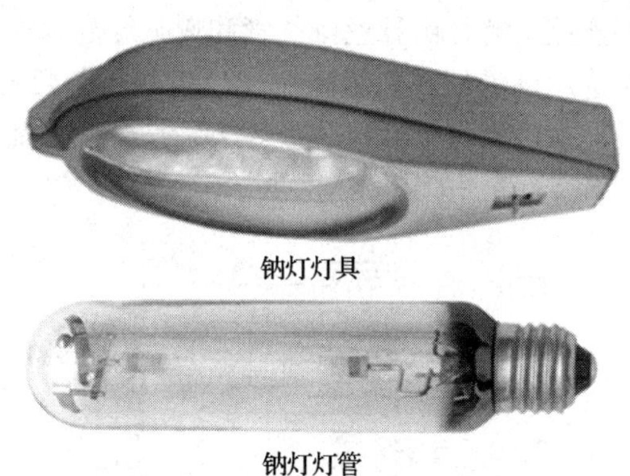

图 3—24　钠灯

（2）灯具选择。快速路、主干路必须采用截光型、半截光型灯具；次干路应采用半截光型灯具；支路宜采用半截光型灯具；支路宜采用半截光型灯具。

常规（道路）照明灯具可根据其最大光强度方向分为三种类型：

1）非截光型灯具。其最大光强方向不受限制，90°角方向上的光强最大值不得超过 1 000 cd 的灯具。

2）截光型灯具。其最大光强方向与灯具向下垂直轴夹角为 0°～65°，90°角和 80°角方向上的光强最大允许值分别为 10 cd/1 000 lm 和 30 cd/1 000 lm 的灯具。

3）半截光型灯具。其最大光强方向在 0°～75°，90°和 80°角方向上的光强最大允许值分别为 50 cd/100 lm 和 100 cd/1 000 lm 的灯具。

（3）钠灯组成及工作原理。高压钠灯是由半透明的多晶氧化铝（PCA）陶瓷电弧管，外管、金属支架、消气剂和灯口组成。放电时内部的钠蒸气压力为 10～10 kPa。如图 3—25 所示。

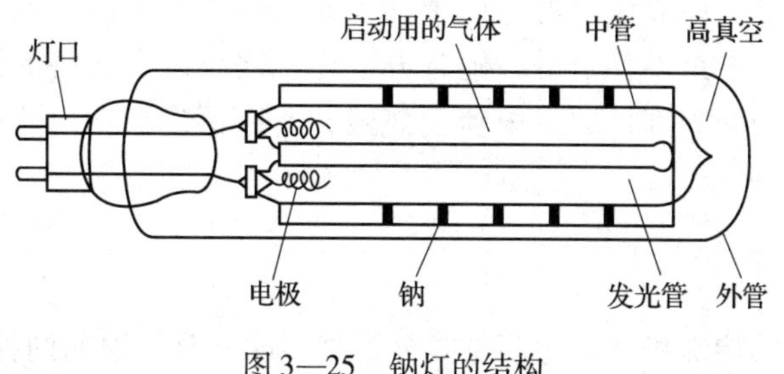

图 3—25　钠灯的结构

1）组成。钠灯主要由发光管、中管、外管等组成。

发光管。发光管是把电极、多晶氧化铝陶瓷管、陶瓷帽、焊料环装配在一起加入钠汞一起进入封接炉封接，同时充入少量的氙气，以改善灯泡的启动特性，电极是用高纯钨丝绕成螺旋状，在螺旋孔中插入芯杆，浸渍电子粉，然后将电极芯杆封闭端焊接成一体。

中管。灯芯是采用金属支架将电弧管、消气剂环等固定在芯柱上，电弧管两端电极分别与芯柱上两根内导丝相连接。芯柱由导丝排气管和喇叭经高温火焰熔成一体。

外管。钠灯玻璃壳是选用高温的硬料玻璃制造。玻璃壳与灯芯的喇叭口经高温火焰熔融封口，然后抽成真空或充入惰性气体后再装上灯头，整个灯泡基本成型。

2）工作原理。钠灯控制电路图如图3—26所示。

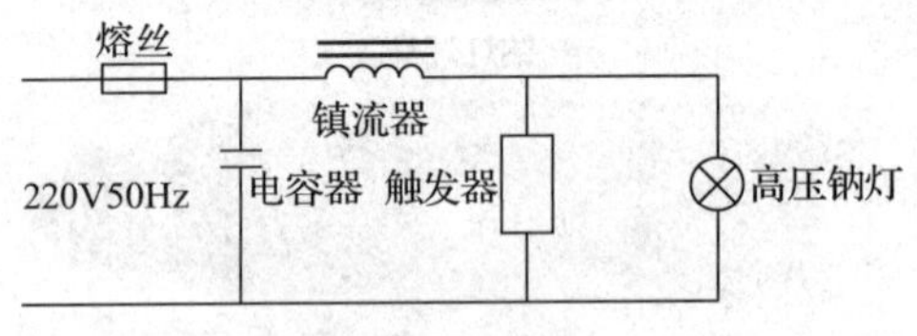

图3—26　钠灯控制电路图

当以上电路接入220 V电压时功率因数补偿电容充电，同时触发器会感应出高压脉冲（感应高压），与电源220 V一起叠加到灯泡两端。两电压相加约为2 500 V，这也是灯泡启动所需的电压。

触发时放电管两端加上约2 500 V的高压使两极间在氙气中放电，此时灯的光色为很暗的白灰色辉光，很快变为蓝色，这表明放电管内的汞蒸发已有足够的压力，激发和电离主要是在汞蒸气中发生，随后发出单一的黄光，说明在较低的钠蒸气下钠产生了共振辐射。随着钠蒸气压力的提高，灯发出金白色光启动过程结束。当灯启动后，施加在触发器上的电压≤140 V，触发器处于休眠状态。

当灯泡启动后，电弧管两端电极之间产生电弧，由于电弧的高温作用使管内的钠、汞受热蒸发成为汞蒸气和钠蒸气，阴极发射的电在向阳极运动过程中，撞击的放电物质有原子，使其获得能量产生电离激发，多余的能量以光辐射的形式释放，便产生了光。当放电管端温度达到稳定，放电便趋于稳定。灯泡的光通量、工作电压、工作电流和功率也处于正常的工作状态，整个启动过程约需10 min。

钠灯是一种高强度气体放电灯泡。由于气体放电灯泡的负阻特性，如果把灯泡单独接到电网中去，其工作状态是不稳定的，随着放电过程继续，它必将导致电路中电流无限上升，直至灯光或电路中的零部件因过电流而烧毁，所以镇流器在电路中起到限制电流，稳定电流、电压的作用。

3．照明方式

道路及与其有关的特殊场所的照明方式分常规照明和高杆照明两种。

（1）常规照明。常规照明有单侧布置、双侧交错布置、双侧对称布置、横向悬索布置和中心对称布置五种基本布灯方式。采用常规照明方式时，灯具的配光类型、布灯方式、安装高度和间距见表3—5。灯具的悬挑长度不宜超过安装高度的1/4，灯具的仰角不宜超过15°。

表3—5　　灯具的配光类型、布灯方式、安装高度和间距（m）

灯具配光类型	截光型		半截光型		非截光型	
布灯方式	安装高度 H	间距 S	安装高度 H	间距 S	安装高度 H	间距 S
单侧布置	$H \geq$ Weff	$S \leq 3H$	$H \geq 1.2$ Weff	$S \leq 3.5H$	$H \geq 1.4$ Weff	$S \leq 4H$
交错布置	$H \geq 0.7$ Weff	$S \leq 3H$	$H \geq 0.8$ Weff	$S \leq 3.5H$	$H \geq 0.9$ Weff	$S \leq 4H$
对称布置	$H \geq 0.5$ Weff	$S \leq 3H$	$H \geq 0.6$ Weff	$S \leq 3.5H$	$H \geq 0.7$ Weff	$S \leq 4H$

注：Weff为路面有效宽度（m）

（2）高杆照明。一组灯具安装在高度大于20 m（含20 m）的灯杆上进行大面积照明的照明方式称为高杆照明，采用高杆照明方式时应合理选择灯杆灯架的结构形式、灯具及其配置方式，确定灯杆安装位置、高度和间距以及灯具最大光强的投射方向，并处理好功能性和装饰性两者的关系。

灯具的配置方式有平面对称，径向对称和非对称三种。宽阔道路宜采用平面对称配置方式，广场和道路布置紧凑的立体交叉处宜采用径向对称配置方式；多层大型立体交叉处或道路分布很广、很分散的立体交叉处宜采用非对称配置方式。

采用普通截光型路灯按平面对称式配置灯具的高杆灯，其间距和高度之比以3∶1为宜，不应超过4∶1。采用泛光灯按径向对称式配置灯具的高杆灯，其间距和高度之比以4∶1为宜，不应超过5∶1，采用泛光灯按非对称式配置灯具的高杆灯，间距和高度之比可适当放宽些。

4. 照明供电与控制

（1）照明供电。城市道路照明宜由10 kV配电线路上专用路灯变压器或公用三相变压器供电（低压供电）。重要道路和区段的照明宜采用双电源供电。低压照明线路的末端电压不应低于额定电压的90%或不应低于始端电压的95%。采用路灯专用变压器供电时，变压器宜在经济负荷率上运行。对高压汞灯、高压钠灯等气体放电光源，负荷率可选择在额定容量的70%～80%。路灯供电网络设计应符合规划的要求并留有余地。在技术经济条件许可时，宜采用地下电缆线路供电。可触及的金属灯杆和配电箱等金属照明设备均需保护接地，接地电阻应小于10 Ω。

（2）照明控制。道路照明控制有定时控制和光电控制两类。定时控制所采用的器件为定时钟或微型计算机控制器，光电控制所采用的器件为光控开关。应根据自身条件，选择一种或结合起来使用。采用低压供电时宜用控制线或单电源控制方式，也可采用单灯控制方式。

5. 节能措施

常规道路照明时，灯具效率低于60%者不应选用。气体放电灯应加电容补偿，补偿后的功率因数应不小于0.8。

尽量实行半夜灯控制：采用双光源的灯具，下半夜关掉一盏灯；采用下半夜能自动降低灯泡功率的镇流器，以降低灯泡消耗的功率；关掉不过半数的灯具，但不允许关掉沿道路纵向相邻的两盏灯具。

想一想

路灯照明控制器能实现无线遥控的方式控制路灯吗？

二、城市道路照明设备安装工艺

城市道路照明设备安装过程：定灯位、挖沟埋管、路灯基础浇注、敷设电缆、绝缘测试、路灯安装、电气设备安装、实验和调试、自检、竣工验收。

1. 定灯位

按照施工图及现场情况，以灯位间距为35 m为基准确定路灯安装位置。

2. 挖沟及埋管

距路基石50 cm为中心，挖开宽30 cm深50 cm电缆管预埋沟，按照施工图样预埋相应的电缆管。

3. 路灯基础浇注

按甲方提供的路灯基础图样预制金属构件挖开相应尺寸的基坑，金属构件进行热镀锌处理。

4. 敷设电缆

应符合下列要求：电缆型号应符合设计要求，排列整齐，无机械损伤，标志牌齐全、正确、清晰；电缆的固定、间距、弯曲半径应符合规定；电缆接头良好，绝缘应符合规定；电缆沟应符合要求，沟内无杂物；保护管的连接、防腐应符合规定。

5. 路灯安装

（1）一般规定。同一街道、公路、广场、桥梁的路灯安装高度（从光源到地面）、仰角、装灯方向宜保持一致。灯具安装纵向中心线和灯臂纵向中心线应一致，灯具横向水平线应与地面平行，紧固后目测应无歪斜。

（2）灯具要求。灯具配件应齐全，无机械损伤、变形、油漆剥落、灯罩破裂等现象。灯具的防护等级、密封性能必须在 IP55 以上。

反光器应干净整洁，并应进行抛光氧化或铰膜处理，反光器表面应无明显划痕；透明罩的透光率应达到 90% 以上，并应无气泡、明显的划痕和裂纹。

封闭灯具的灯头引线应采用耐热绝缘管保护，灯罩与尾座的连接配合应无间隙。

灯头应固定牢靠，可调灯头应按设计调整至正确位置，灯头接线的规定：相线应接在中心触点端子上，零线应接螺纹口端；灯头绝缘外壳应无损伤、开裂；高压汞灯、高压钠灯宜采用中心触点伸缩式灯口。

灯头线应使用额定电压不低于 500 V 的铜芯绝缘线。功率小于 400 W 的最小允许线芯截面应为 1.5 mm^2，功率在 400 ~ 1 000 W 的最小允许线芯截面应为 2.5 mm^2。

在灯臂、灯盘、灯杆内穿线不得有接头，穿线孔口或管口应光滑、无毛刺，并应采用绝缘套管或包带包扎，包扎长度不得小于 200 mm。

每盏灯的相线宜装设熔断器，熔断器应固定牢靠，接线端子上线头弯曲方向应为顺时针方向并用垫圈压紧，熔断器上端应接电源进线，下端应接电源出线。

气体放电灯应将熔断器安装在镇流器的进电侧，熔丝规定：250 W 及以下汞灯、150 W 及以下钠灯和白炽灯可采用 4 A 熔丝；250 W 钠灯和 400 W 汞灯可采用 6 A 熔丝；400 W 钠灯可采用 10 A 熔丝；1 000 W 钠灯和汞灯可采用 15 A 熔丝。

高压汞灯、高压钠灯等气体放电灯的灯泡、镇流器、触发器等应配套使用，严禁混用。镇流器、电容器的接线端子不得超过两个线头，线头弯曲方向，应按顺时针方向并压在两垫片之间，接线端子瓷头不得破裂，外壳应无渗水和锈蚀现象，当钠灯镇流器采用多股导线接线时，多股导线不能散股。

路灯安装使用的灯杆、灯臂、抱箍、螺栓、压板等金属构件应进行防腐处理，各种螺母紧固，宜加垫片和弹簧垫，紧固后螺丝露出螺母不得少于两个螺距。

（3）中杆灯和高杆灯。中杆灯和高杆灯宜采用三相供电，且三相负荷应均匀分配，每一回路必须装设保护装置。

基础顶面标高应提供标桩。

基础坑的开挖深度和大小应符合设计规定。基础坑深度的允许偏差应为 +100 mm、−50 mm。当土质原因等造成基础坑探与设计坑深偏差 +100 mm 以上时，按以下规定处理：偏差在 +100 ~ +300 mm 时，应采用铺石灌浆处理；偏差超过规定值的 +300 mm 以上时，超过的 +300 mm 部分可采用填土或砂、石夯实处理，分层夯实厚度不宜大于 400 mm，夯实后的密实度不应低于原状土，然后再采用铺石灌浆处理。

地脚螺栓埋入混凝土的长度应大于其直径的 20 倍，并应与主筋焊接牢固，地脚螺栓应去除铁锈，螺纹部分应加以保护，基础法兰螺栓中心分布直径应与灯杆底座法兰孔中心分布直径一致，偏差应小于 ±1 mm，螺栓应采用双螺母和弹簧垫。

浇筑混凝土的模板宜采用钢模板，其表面应平整且接缝严密，支模时应符合基础设计尺寸的规定，混凝土浇筑前，模板表面应涂脱模剂。

基坑回填的规定：对适于夯实的土质，每回填 300 mm 厚度应夯实一次，夯实程度应达到原状土密实度的80%及以上；对不宜夯实的水饱和黏性土，应分层填实，其回填土的密实度应达到原状土的80%及以上。

（4）单挑灯、双挑灯和庭院灯。单挑灯、双挑灯的安装高度宜为6～12 m。

路灯钢杆应进行热镀锌处理，镀锌层厚度不应小于65 μm，表面涂漆、喷塑处理应在钢杆热镀锌后进行，校直等因寡作修改的部位不得超过2处，且修整面积不得超过杆身表面积的5%。

路灯钢杆必须焊接良好，长度8 m及以下的锥形杆应无横向焊缝，纵向焊缝应匀称、无虚焊。在水平放置且无负荷的条件下，杆身直线度误差应小于3‰。

路灯钢杆的允许偏差规定：直埋式钢杆，其长度（包括埋入地下部分）允许偏差宜为杆长的±0.5%；法兰式钢杆，其长度允许偏差宜为杆长的±0.5%；杆身横截面尺寸允许偏差宜为±0.5%；接线手孔尺寸允许偏差宜为±5 mm；一次成形悬臂灯杆仰角允许偏差宜为±1°。

直线路段安装单、双挑灯时，在无障碍等特殊情况下，灯间距与设计间距的偏差应小于2%。灯杆垂直偏差应小于半个杆梢，直线路段单、双挑灯排列成一直线时，灯杆横向位置偏移应小于半个杆根。

钢灯杆吊装时应采取防止钢缆擦伤灯杆表面油漆或喷塑防腐装饰层的措施。钢灯杆安装时接线手孔朝向应一致，宜朝向人行道或慢车道侧。灯臂应固定牢靠，与道路纵向垂直偏差不应大于3°。当整个灯杆投影面上承受35 m/s及以下的风速时，目测灯杆不应弯曲、结构构件不应转动。

庭院灯宜采用不碎灯罩，灯罩托盘应采用铸铝材质；若采用玻璃灯罩，紧固时螺栓应受力均匀，并应采用不锈钢螺栓，玻璃灯罩卡口应采用橡胶圈衬垫。

庭院灯具铸件表面不得有影响结构性能与外观的裂纹、砂眼、疏松气孔和夹杂物等缺陷。庭院灯具铸件油漆涂层和喷塑后的外观应符合本规程第7.1.13条的规定。

铝制或玻璃钢灯座放置的方向应一致，可开启式门孔的铰链应完好，开关应灵活可靠，开启方向宜朝向慢车道或人行道侧。

采用预制或砖砌灯座应牢固不漏水，一条道路上的灯座尺寸、表面粉刷、装饰材料应一致。

灯杆根部应做混凝土结面，且不积水，浇制前应将杆根周围夯实，混凝土厚度不应小于100 mm。

（5）杆上路灯。杆上安装路灯，悬挑1 m及以下的小灯臂安装高度宜为4～5 m；悬挑1 m及以上的灯架，安装高度应大于6 m；设路灯专杆的，安装高度应根据设计要求确定。

杆上路灯灯臂的抱箍应紧固，不得松动，装灯方向与道路纵向应成90°，误差不得大于3°。

引下线宜使用铜绝缘线和引下线支架，且松紧一致。引下线直接搭接在主线路上时应在主线上背扣后缠绕7圈以上。当主导线为铝线时应缠上铝包带并使用铜铝过渡连接引下线。

熔断器宜安装在引下线离灯臂瓷瓶 100 mm 处，带电部分与灯架、灯杆的距离不应少于 50 mm。非固定式保险台在不受拉力情况下，应安装在离灯架瓷瓶 60 mm 处。

引下线应对称搭接在电杆两侧，搭接处离电杆中心宜为 300 ~ 400 mm，引下线接头不得超过一个，不同规格的导线不得对接。

引下线严禁从高压线间穿过。

在灯臂或架空线横担上安装镇流器应有衬垫压板；固定螺栓不得少于两只，直径应小于 5 mm。

（6）其他路灯。安装墙灯，其高度宜为 3 ~ 4 m。安装墙灯时，路灯架空线与第一支持物距离不得大于 25 m，支持物之间相隔距离不得大于 6 m，特殊情况应按设计要求安装。

吊灯安装高度不宜小于 6 m，吊灯吊线采用 16 ~ 25 mm^2 的镀锌钢绞线或 ϕ4 镀锌铁丝合股使用，其抗拉强度不应小于吊灯（包括各种配件、引下线铁板、瓷瓶等）重量的 10 倍，吊线两端应安装接线瓷瓶。吊线松紧应合适，两端高度宜一致，当电杆的强度或刚度不足以承受吊线拉力时，应设拉线增强。吊灯的电源引下线不得受力，其保险装置安装应符合规定。吊灯引下线如遇树枝等障碍物时，可沿吊线敷设支持物，支持物之间间距不宜大于 1.5 m。

6. 电气设备安装（路灯控制箱安装）

（1）材料到场后经开箱检验后方可进行安装使用。

（2）动触头与静触头的中心线应一致，触头应接触紧密。

（3）二次回路辅助开关的切换接点应动作准确，接触可靠。

（4）箱内照明应齐全。

（5）配电柜（箱、盘）的漆层（镀层）应完整无损伤，固定电器的支架应刷漆。

（6）机械闭锁、电气闭锁动作应准确、可靠。

7. 工程交接验收

（1）路灯安装工程交接验收时应按下列要求进行检查

1）路灯安装试运行前，应检查灯杆、灯具、光源、镇流器、触发器、熔断器等电器的型号、规格并应符合设计要求。

2）灯杆杆位合理。

3）灯臂安装应与道路中心线垂直，固定牢靠，在杆上安装时，灯臂安装高度应符合设计要求，引下线松紧一致。

4）灯具纵向中心线和灯臂中心线应一致，灯具横向中心线和地面应平行，投光灯具投射角度应调整适当。

5）灯杆、灯臂的热镀锌和油漆层不应有损坏。

6）基础尺寸、标高与混凝土强度等级应符合设计要求。

7）金属灯杆、灯座均应接地（接零）保护，接地线端子固定牢固。

（2）路灯安装工程交接验收时应提交的资料和文件：工程竣工资料；设计变更文件；灯杆、灯具、光源、镇流器等生产厂家提供的产品说明书、试验记录、合格证件及安装图样等技术文件；试验记录。

三、太阳能路灯安装工艺

1. 太阳能路灯概述

太阳能路灯主要是通过太阳能板，把光能转换为电能，然后达到照明功效。

太阳能路灯是照明行业的一项重要的节能产品，不但有太阳能的转换功能，而且配有目前比较新颖的LED光源系统，能更节能，突出LED光源的优越性。

2. 太阳能路灯基本结构及工作原理

（1）太阳能路灯基本结构 。主要由太阳电池组件、支架 、光源、控制器、蓄电池、电控箱（内装控制器、蓄电池）、灯杆、灯具几部分组成，如图3—27所示。

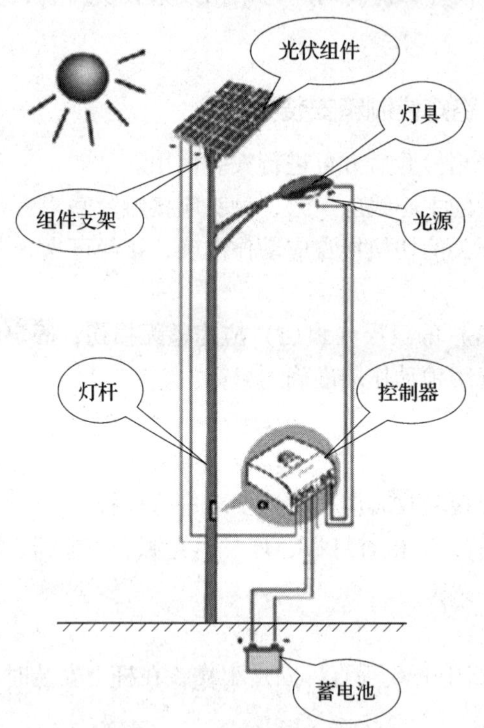

图3—27　太阳能路灯系统组成

（2）太阳能路灯的工作原理。太阳能路灯利用太阳电池的光生伏特效应原理，白天太阳电池吸收太阳能光子能量产生电能，通过控制器储存在蓄电池里，当夜幕降临或光电板周围光照度较低时，蓄电池通过控制器向光源供电，通过设定一定的时间后切断，如图3—28所示。

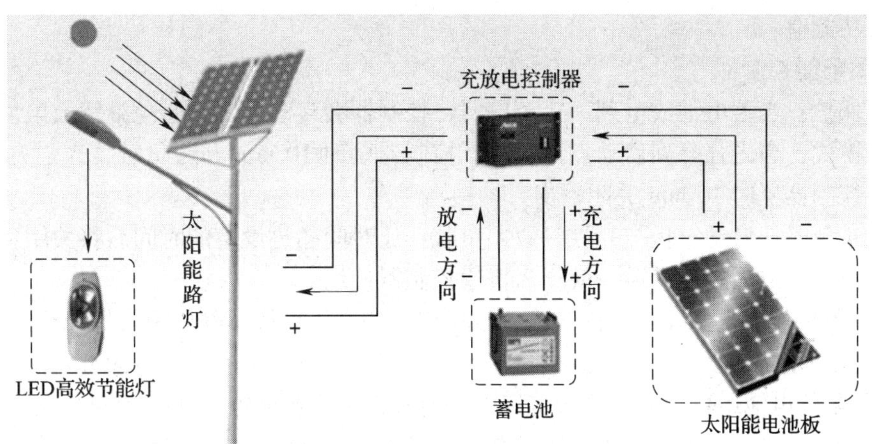

图 3—28 太阳能路灯工作原理

3. 主要参数

（1）经度和纬度。通过地理位置可以了解并掌握当地的气象资源，比如月（年）平均太阳能辐照情况、平均气温、风力资源等，根据这些条件可以确定当地的太阳能标准峰值时数（h）和太阳电池组件的倾斜角与方位角。

（2）光源参数。光源的参数有工作电压和功率。这两个参数的大小直接影响着整个系统的参数。

（3）工作时间（H）。这是决定太阳能路灯系统中组件大小的核心参数，通过确定工作时间，可以初步计算负载每天的功耗和相应的太阳电池组件的充电电流。

（4）需要保持的连续阴雨天数（d）。这个参数决定了蓄电池容量的大小及阴雨天过后恢复电池容量所需要的太阳电池组件功率。

（5）两个连续阴雨天之间的间隔天数（D）。这是决定系统在一个连续阴雨天过后充满蓄电池所需要的电池组件功率。

4. 关键部件功能

（1）控制部分。太阳能控制器与电源转换器（恒流模块），如图 3—29 所示。

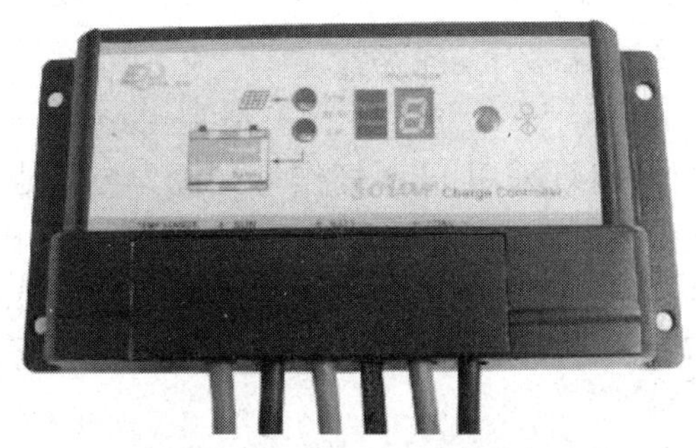

图 3—29 太阳能控制器

主要功能有：

1）太阳能控制器

放电保护：当蓄电池放电到一定范围时，控制器会自动关闭，避免继续放电。

光控模式：当光强降到启动点以下时，控制器延时 10 min 开通负载，光强升到启动点以上时，控制器延时 10 min 关闭输出。

光控 + 延时：启动过程与光控一致，负载开通时间超过设定的时间后将关闭负载。

通用模式：取消上述设定，就作为普通控制器使用。

2）电源转换器。主要是保证输出电压稳定。如升压模块、降压模块等。

（2）充放电部分

1）太阳能电池组件。由于太阳能路灯的特殊性，太阳能电池板一般安装在灯杆上，对于灯杆而言，一般都是 5 m 以上，重心较高，而且大部分太阳能电池板都是悬挂式，为增强整套设备的抗风力，一般选择多块太阳能电池板组成所需要的组件功率。

主要功能是吸收太阳光，将光转换为电能后对蓄电池进行充电，如图 3—30 所示。

2）蓄电池。目前都选用免维护、防水铅酸蓄电池或胶体蓄电池。蓄电池在进行并联连接时，需要考虑各单体电池间的不平衡影响，通常情况下并联组数不宜超过 4 组，如图 3—31 所示。

图 3—30　太阳能电池板

图 3—31　蓄电池

主要功能是存储太阳能电池板转换的电能以及为路灯提供电能。

想一想

如果不用蓄电池，太阳能路灯能亮吗？

（3）光源部分。太阳能路灯采用 LED 灯作为光源。与其他光源的使用寿命相比较：LED 灯使用寿命 50 000 h；直流节能灯使用寿命 8 000 h；高频无极灯使用寿命 60 000 h；低压钠灯使用寿命 18 000 h。LED 作为半导体光源，其发展势头强劲，是未来太阳能路灯较为理想的光源，随着半导体技术的发展，其应用将会越来越广泛，将取代普通、传统的路灯，如图 3—32 所示。

主要功能是节能、延长使用寿命。

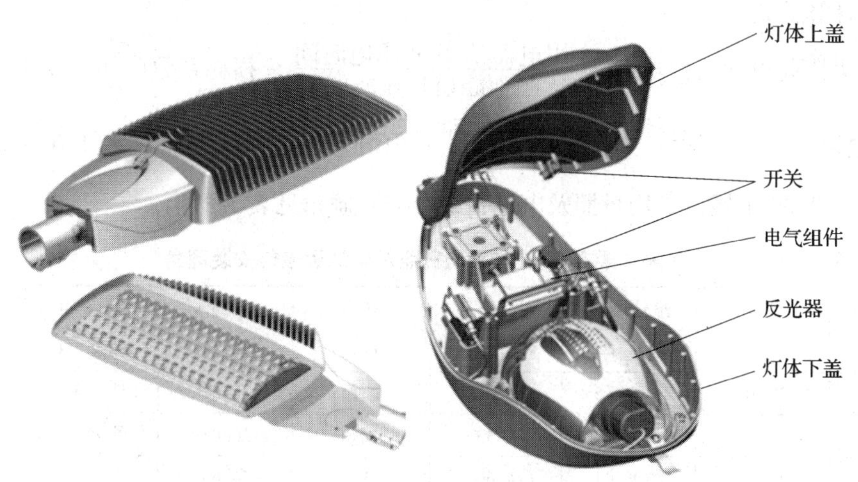

图 3—32 LED 路灯光源外形与结构

想一想

如何实现太阳能和交流市电两用的路灯，说明控制过程。

5. 简单设计过程

（1）首先计算出电流

如 12 V 蓄电池系统；30 W 的灯 2 只，共 60 W。

电流 I = 60 W ÷ 12 V = 5 A

（2）计算出蓄电池容量需求

如路灯每夜累计照明时间为 7 小时（h），需要满足连续阴雨天 5 天的照明需求（5 天另加阴雨天前一夜的照明，计 6 天）。

计算：蓄电池容量 = 5 A × 7 h ×（5 + 1）d = 5 A × 42 h = 210 A · h

另外为了防止蓄电池过充和过放，蓄电池一般充电到 95% 左右；放电余留 20% 左右。所以 210 A · h 也只是应用中真正标准的 75% 左右。

（3）计算出电池板的需求峰值（WP）

如路灯每夜累计照明时间需要为 7 小时（h）。电池板平均每天接受有效光照时间为 4.5 小时（h）（为长江中下游附近地区日照系数），电池板最高电压为 17.4 V，最少放宽对电池板需求 20% 的预留额：

$$WP \div 17.4\ \text{V} = (5\ \text{A} \times 7\ \text{h} \times 120\%) \div 4.5\ \text{h} = 9.33\ \text{A}$$

$$WP = 162\ (\text{W})$$

所以选取 2 块峰值功率为 80 ~ 85 Wp 的太阳能电池组件为佳。另外在太阳能路灯组件中，线损、控制器的损耗及镇流器或恒流源的功耗各有不同，实际应用中可能在 5% ~ 25%。所以 162 W 也只是理论值，根据实际情况需要有所增加。

简单计算公式：

$$太阳能电池组件功率 = \frac{用电器功率 \times 用电时间}{当地峰值日照时间} \times 损耗系数(1.6 \sim 2.0)$$

$$蓄电池容量 = \frac{用电器功率 \times 用电时间}{系统电压} \times 阴雨天数 \times 系统损耗系数(1.6 \sim 2.0)$$

我国主要30个城市平均日照及电池板最佳安装倾角见表3—6。

表3—6　　我国主要30个城市平均日照及电池板最佳安装倾角　　（度）

城市	纬度	最佳倾角	平均日照	城市	纬度	最佳倾角	平均日照
北京	39.80	纬度+4	5	杭州	30.23	纬度+3	3.43
天津	39.10	纬度+5	4.65	南昌	28.67	纬度+2	3.80
哈尔滨	45.68	纬度+34	4.39	福州	26.08	纬度+4	3.45
沈阳	41.77	纬度+1	4.60	济南	36.68	纬度+6	4.44
长春	43.90	纬度+1	4.75	郑州	34.72	纬度+7	4.04
呼和浩特	40.78	纬度+34	5.57	武汉	30.63	纬度+7	3.80
太原	37.78	纬度+54	4.83	广州	23.13	纬度-7	3.52
乌鲁木齐	43.78	纬度+12	4.60	长沙	28.20	纬度+6	3.21
西宁	36.75	纬度+1	5.45	香港	22.00	纬度-7	5.32
兰州	36.05	纬度+8	4.40	海口	20.03	纬度+12	3.84
西安	34.30	纬度+14	3.59	南宁	22.82	纬度+5	3.53
上海	31.17	纬度+3	3.80	成都	30.67	纬度+2	2.88
南京	32.00	纬度+5	3.94	贵阳	26.58	纬度+8	2.86
合肥	31.85	纬度+9	3.69	昆明	25.02	纬度-8	4.25
拉萨	29.70	纬度-8	6.70	银川	38.48	纬度+2	5.45

6．路灯的安装

（1）现场勘查，设计方案。

（2）地基浇注

1）确定立灯位置：勘查地质情况，确认开挖位置以下没有其他设施（如电缆、管道等），路灯顶部没有长时间遮阳物体，否则要适当更换位置。

2）在立灯位置预留1~1.3 m的坑，并进行预埋件及线管的定位浇筑，如图3—33所示。

3）注意螺栓上不得有残留泥渣。

4）地基浇筑后一般是3~5天后才能实施安装。

（3）太阳能电池组件的安装。电池组件的输出正负极在连接到控制器前需采取措施避免短接；太阳能电池组件与支架连接时需牢固可靠；组件的输出线应避免裸露，并用扎带扎牢；电池组件的朝向要朝南，可以指南针方向为准。

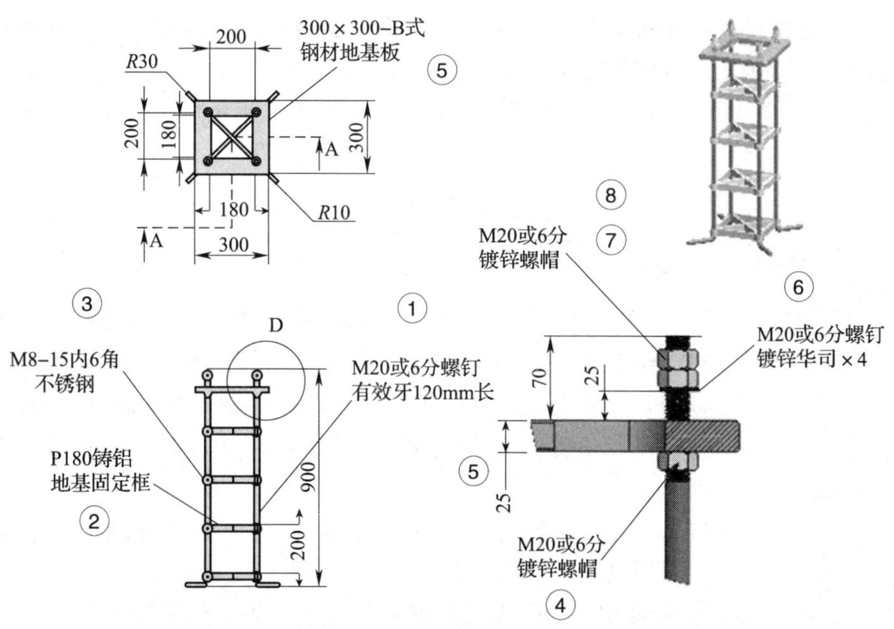

图 3—33　基础预埋件

（4）蓄电池的安装。蓄电池置于控制箱内时须轻拿轻放，防止砸坏电源箱；在任何情况下禁止将正负极短接，避免损坏蓄电池；蓄电池的输出线与电线杆内的控制器相连时必须用穿线管进行保护；蓄电池在进行并联或串联时，接线处需做好防水措施；上述完成后检查控制器端的接线，防止短路，正常后关好电源箱。

（5）灯具安装

1）光源及组件的连接线穿到主杆内。穿线时切勿将导线破皮，否则会导致短路。

2）各部位组件固定。太阳能组件固定在太阳能板支架上，灯头固定到挑臂上，然后将支架与挑臂固定到主杆进行各部位组件固定：太阳能组件固定在太阳能板支架上，灯头固定到挑臂上，然后将支架与挑臂固定到主杆。

3）起吊。先检查各部位紧固件是否牢固，灯头安装是否端正，手动调试下光源工作是否正常灯杆起吊：先检查各部位紧固件是否牢固，灯头安装是否端正，手动调试下光源工作是否正常。

4）控制器：注意接线顺序是先接蓄电池，再接太阳能组件，然后接负载，如图 3—34 所示。

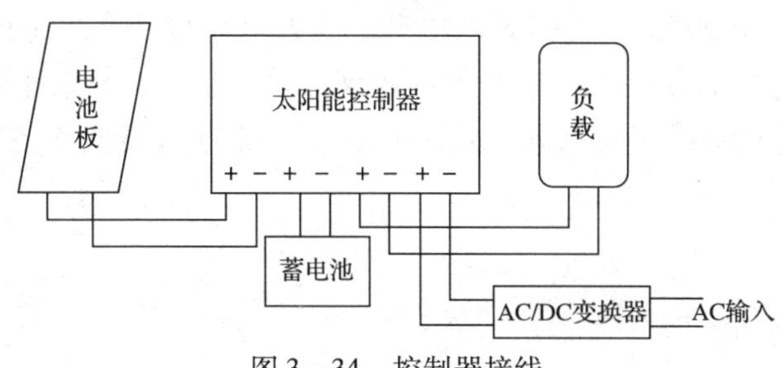

图 3—34　控制器接线

接线时一定要注意各路接线与控制器上标明的接线端子不能接错，正负两极性不能碰撞，不能接反，否则控制器将被损坏。

5）完毕后设置参数、调试系统工作是否正常，观察工作指示灯是否正常后方可封好控制箱。

四、水下灯具施工工艺

LED 水下灯是装在水下的一种灯具，外观小巧精致，美观大方，外形和有些地埋灯差不多，只是多了个安装底盘，底盘是用螺钉固定。因为 LED 水下灯是用在水下，需要承受一定的压力，所以一般是采用不锈钢材料、8 ~ 10 mm 钢化玻璃、优质防水接头、硅胶橡胶密封圈，弧形多角度折射强化玻璃等材料，具有防水、防尘、防漏电、耐腐蚀等优点。

LED 水下灯是一种以 LED 为光源，由红、绿、蓝组成变化的混合颜色的水下照明灯具，是喷水池、主题公园、展会、商业以及艺术照明场所的完美选择。

LED 水下灯防水效果达到 IP65，因为具有很好的防水效果，灯具能放在离水面 5 m 以下处。最佳的投光角度是 25°。控制器控制达到同步效果，并可接入 DMX 控台，每个单元单独设立地址，红、绿、蓝光分别由相应的 3 个 DMX 通路组成。有外控和内控两种控制方式，内控无须外接控制器就可以内置多种变化模式（最多可达六种），而外控则要配置外控控制器方可实现颜色变化，目前市面上的应用以外控居多。

LED 水下灯是使用最好的超高亮 LED 作为光源，灯泡能发光 100 000 h。每个水底灯由 360 个光源组成（120 红光、120 蓝光、120 绿光）。良好的光源材料使灯具寿命更长，并获得最满意的照明效果。

LED 水下灯使用一条五芯线与控制系统相连接，整个系统包括一个 DMX 控制器，一个配电箱以及能放在水中的灯具和配件。

LED 水下灯有一个活动的固定夹，可调节投光角度，位置。整个灯具设计完美，有效防止溴和氯的侵蚀。水下灯一般为 LED 光源，LED 被称为第四代照明光源或绿色光源，具有节能、环保、寿命长、体积小等特点。它通电的时候，可以发出多种颜色，绚丽多彩，一般是装在公园或者喷泉水池里，如图 3—35 所示。

水下灯具功率一般为 3 W、5 W、8 W、15 W、18 W 等。发光颜色以红、绿、蓝、白居多，高档水下灯具发光的颜色，可以由计算机控制系统将四种基本颜色混合成其他多种颜色。以便得到其他颜色。一般 LED 水下灯具光束角度为 12°、30°、40°等规格。灯体采用黄铜或铝铸造后电镀处理，支架为不锈钢材料，前置玻璃采用热处理钢化玻璃。水下灯具一般采用特殊驱动器作为电源，安装时注意电源电压类型和控制接口，如图 3—36 所示。

图 3—35 常见的水下灯

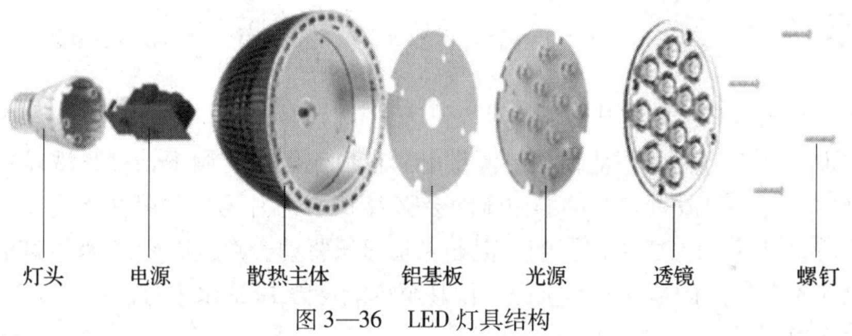

图 3—36 LED 灯具结构

想一想

1. LED 水下灯具为什么采用低电压供电?
2. 查 LED 水下灯具说明书，说明电源线和控制线接线方法。

施工工艺:

LED 水下灯具的安装，一般与水下建筑物（如管道、支架）安装同时进行。灯具一般固定在管道和专用支架类建筑物上。灯具线路敷设采用水下管道敷设和水底混凝土中管道敷设的方式。

（1）灯具定位。按照设计图样的要求确定灯具的位置。在一般工程中，需要多种 LED 水下灯具，所以要对灯具位置进行编号，确定编号对应的灯具型号。

（2）安装固定支架。水下灯具的固定方法有管道固定和支架固定。

管道固定是借助于水中其他管道或电缆管道固定水下灯具，这需要在管道上焊接自制的 LED 灯具支架安装灯具。

支架固定就是在没有水下建筑物的地方，利用专用 LED 固定支架安装灯具。

不论采用什么灯具固定方式，支架上的灯具安装孔必须与安装灯具的安装孔一致。

（3）安装电缆管道和防水接线盒。电缆管道分为金属管道和塑料管道。防水接线盒如图3—37所示，由于防水接线盒和管道浸泡在水下，其连接处需要进行处理。

（4）线路敷设。在管道中敷设电源线和控制线。防水接线盒中的线路安装完成后，要对接线盒进行密封处理。电源线的横截面积大于4 mm^2。

防水盒密封圈和上盖的螺丝都是专用的，不能采用其他材料代替。

（5）灯具安装。按照灯具编号安装灯具。LED水下灯是直流供电，要考虑每个电源控制器的电流负载的合理分配。灯具照射角度要符合图样要求。

图3—37　防水接线盒

（6）通电调试。检验灯具是否安装错误，照射角度是否正确。

特别提示

LED水下灯安装中应特别注意的事项：

（1）LED水下灯应采用直流恒流电源供电。在恒流电源控制下，LED洗墙灯、LED投光灯、LED水下灯、LED埋地灯的顺向压降会随着LED芯片温度的升高而变小，这样的情况对于LED水下灯并没有太大的影响。但如果是恒压驱动会则造成LED水下灯的芯片随着温度升高电流不断加大的情况，严重的时候甚至可能烧毁LED水下灯。所以LED水下灯应采用直流恒流电源供电。

（2）需做好防静电措施。LED水下灯产品在加工生产安装的过程中要采用一定的防静电措施，如工作台要接地，工人要穿防静电服装，带防静电环，以及戴防静电手套等，有条件的可以安装防静电离子风机，同时也要保证安装时空气湿度在65%左右，以免空气过于干燥产生静电。另外，不同质量档次的LED抗静电能力也不一样，质量档次高的LED水下灯抗静电能力要强一些。

（3）要注意LED产品的密封。不管是什么样的LED灯具产品，只要应用于室外，都面临着防潮、密封的问题，对LED水下灯来说情况更是如此。密封问题处理不好会直接影响LED水下灯产品的使用寿命。

思考与练习

1. 道路照明标准是什么？
2. 如何选择灯具？
3. 简述钠灯工作原理。
4. 城市道路路灯安装的一般规定及灯具要求。

5. 水下灯具施工工艺是什么？

技能训练

1. 观摩已经完成的道路照明设备：观察项目的照明方式、控制方法、灯具类型、安装工艺、施工质量。

2. 高压钠灯、金属卤化灯、低压钠灯、高压荧光汞灯控制线路安装方法。

3. 阅读如图 3—38 所示的 10 m 单臂灯杆，说明灯杆结构。

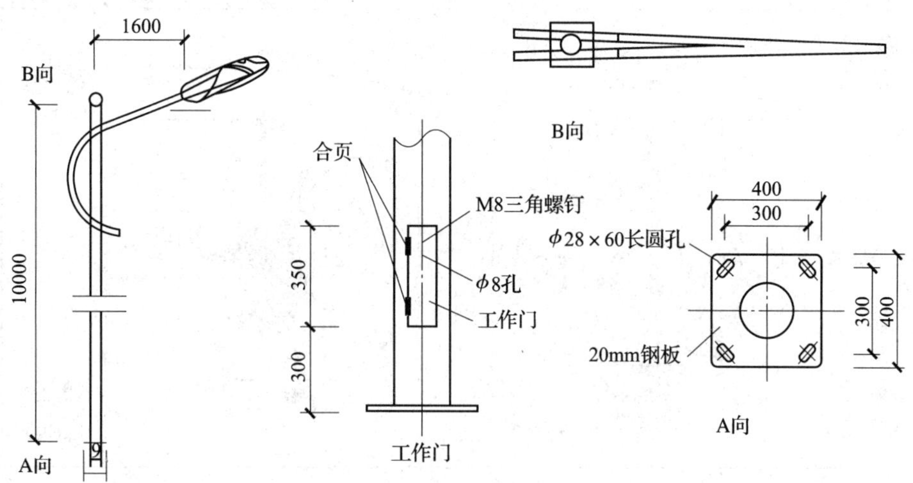

图 3—38　10 m 单臂灯杆

4. 阅读如图 3—39 所示灯杆基础图，说明灯杆基础结构。

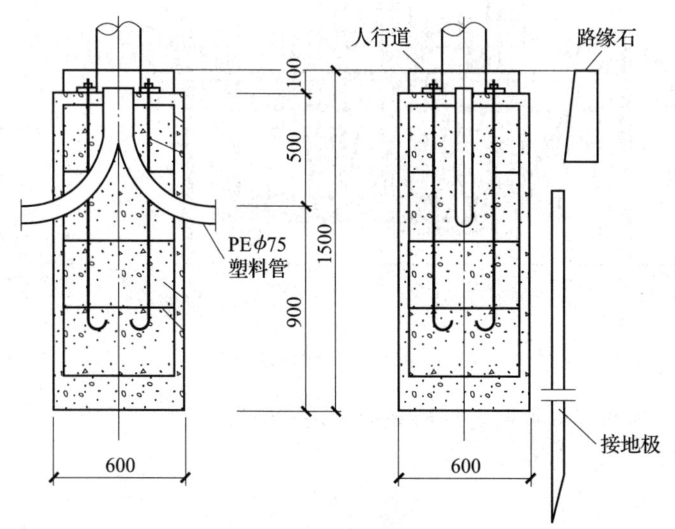

图 3—39　灯杆基础图

5. 为学校校园设计太阳能路灯照明系统：画出接线图、提出材料单、编写施工工艺和施工方案。

6. 在模拟板上安装 LED 水下灯具及控制线路。

7. 阅读如图 3—40 所示的水下灯具安装图：

(1) 指出安装图设计不恰当的地方并加以改正

(2) 说明安装流程和操作工艺。

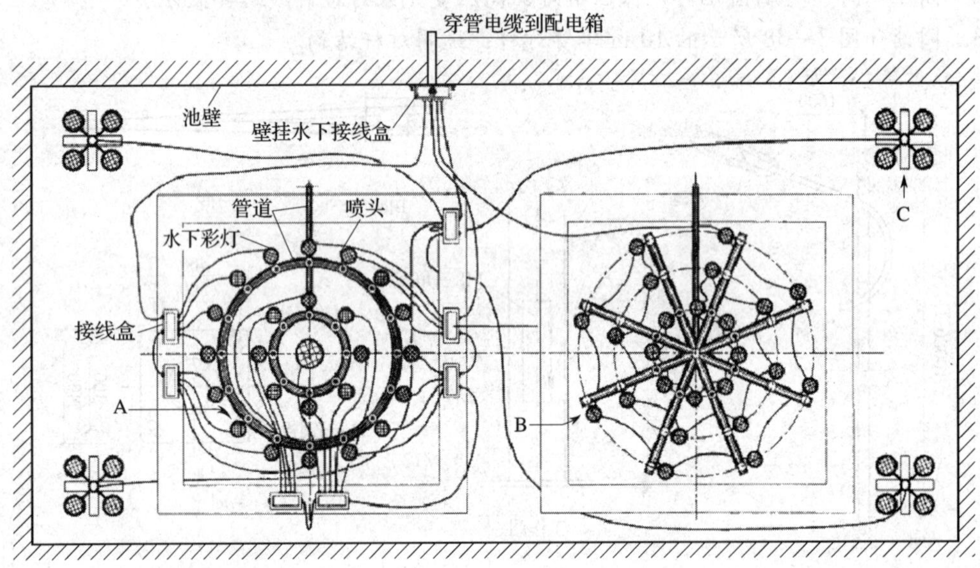

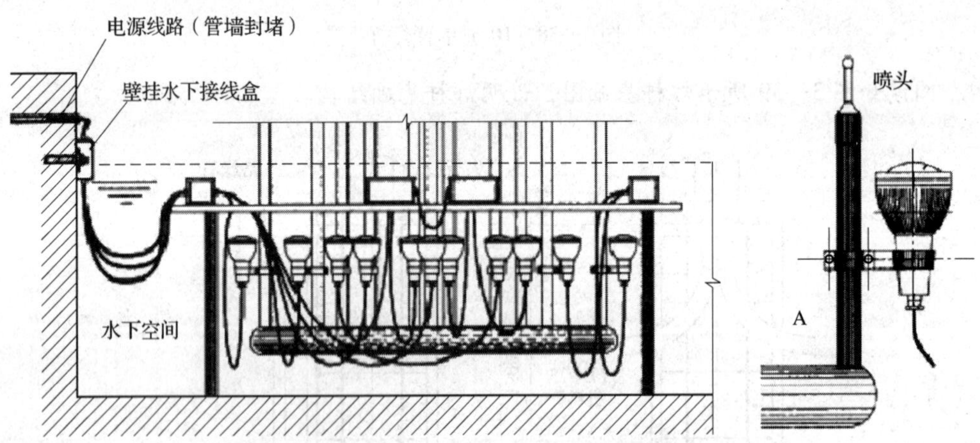

图 3—40 水下灯具安装图

8. 到喷泉水池观摩水中控制电缆的敷设方法。

第四单元　室内照明装置安装

学习目标

1. 熟练掌握基本照明装置的电气安装工艺
2. 了解特殊场所灯具的安装工艺和注意事项
3. 了解宾馆套房照明电路的基本构成和安装工艺，识读施工平面图
4. 了解并掌握照明配电箱的制作方法和安装工艺，识读相关图样

电气照明在工农业生产和日常生活中占有重要地位，照明装置由电光源、灯具、开关和控制电路等部分组成。用于照明的电光源，按其发光原理，可分为热辐射光源和气体放电光源两大类。如白炽灯、碘钨灯等，是利用灯丝受热温度升高时辐射发光的原理而制造的光源，称为热辐射光源；如荧光灯、高压汞灯、金属卤化物灯等，是利用灯泡（灯管）内气体放电时发光的原理而制造的光源，称为气体放电光源。本单元着重介绍建筑楼宇内的照明装置的安装。

课题一　基本照明装置安装

一、基本照明电路及单相电能表安装

基本照明装置包括简单照明电路、两地控制一盏灯电路、单相电度表、开关、插座和常见灯具等设备，图示及说明见表 4—1。

表 4—1　　**常见的基本照明电路**

名称	图示	说明
一只单联开关控制一盏灯	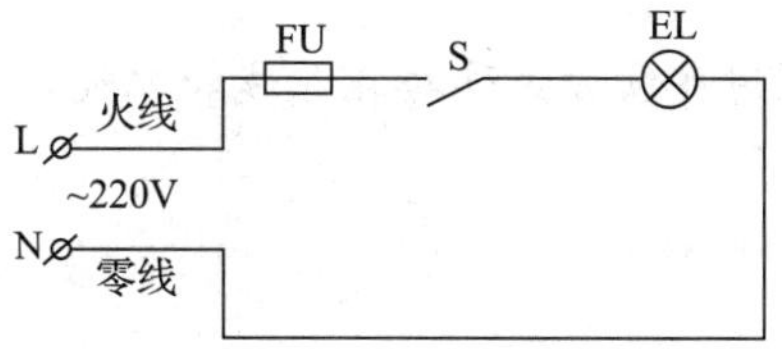 FU　S　EL L　火线 ~220V N　零线	开关 S 应安装在相线上，开关以及熔断器的额定值不能小于所安装灯泡的额定值。螺口灯头的金属螺纹壳接零线，灯头中心的金属舌片应接火线

续表

名称	图示	说明
一只单联开关控制一盏灯并连接一只插座	N ~220V L FU S EL 插座	这种安装方法外部连线可做到无接头，接线安装时，插座所连接的用电器额定值小于插座的额定值，选用连接插座的线所能通过的正常额定电流，应大于用电器的最大工作电流
一只单联开关控制三盏灯（或多盏灯）	L FU S ~220V N EL1 EL2 EL3	安装接线时，要注意所连接的所有灯的总电流，应小于开关允许通过的额定电流值
两只单联开关控制两盏灯	N ~220V L FU S1 EL1 S2 EL2 S3 EL3	多只单联开关控制多盏灯时，可按左图虚线部分接线
两只双联开关在两处控制一盏灯	FU S1 S2 L ~220V N EL	这种方式用于两地需同时控制的场合，如楼梯、走廊电灯等。安装时，需要使用两只双联开关
三只开关在三处控制一盏灯	S2 FU S1 S3 L ~220V N EL	开关S1和S3用单刀双掷开关，而S2用双刀双掷开关。S1、S2、S3这3个开关中的任何一个都可以独立地控制电路通断

想一想

1. 为什么照明电路中灯和插座都是采用并联方式连接在相线和零线之间？
2. 开关为什么都接在相线上？

1. 开关、灯头、单相电度表、插座、插头的安装（见表4—2）

表4—2　　开关、灯头、单相电度表、插座、插头的安装

项目	图示	工艺要求
开关的安装位置	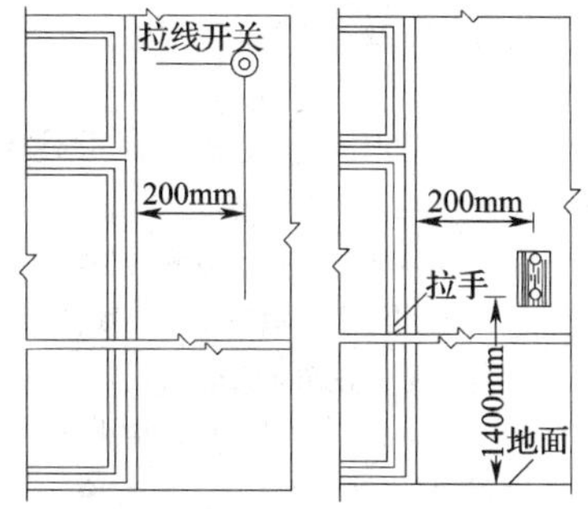 拉线开关、200mm、拉手、1400mm、地面 拉线开关位置　跷板式开关位置	开关通常装在门旁边或其他便于操作的地方。拉线开关距地面高度为2～3 m，若室内净高低于3 m时，拉线开关可安装在距天花板0.2～0.3 m处。跷板式开关离地面高度应不小于1.3 m，拉线开关和跷板式开关与门框的距离以150～200 mm为宜
拉线开关的安装	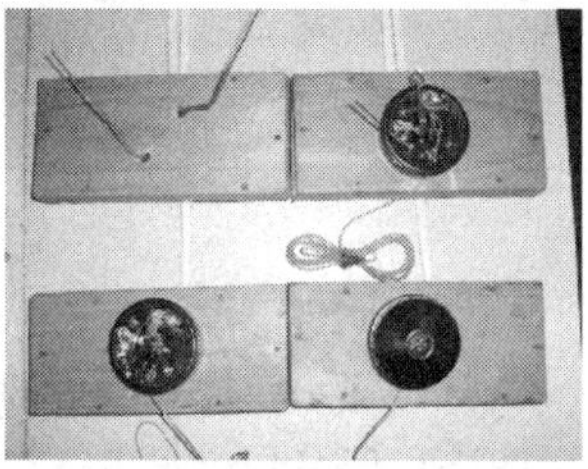	先在绝缘方（或圆）木台上钻两个孔，穿进导线后，用一只木螺钉固定在支撑点上。然后拧下拉线开关盖，把两根导线头分别穿入开关底座的两个穿线孔内，用两根长度不大于20 mm的木螺钉，将开关底座固定在绝缘木台（或塑料台）上，把导线分别接到接线桩上，然后拧上开关盖。明装拉线开关拉线口应垂直向下，不使拉线和开关底座发生摩擦，防止拉线磨损断裂
跷板式开关的安装	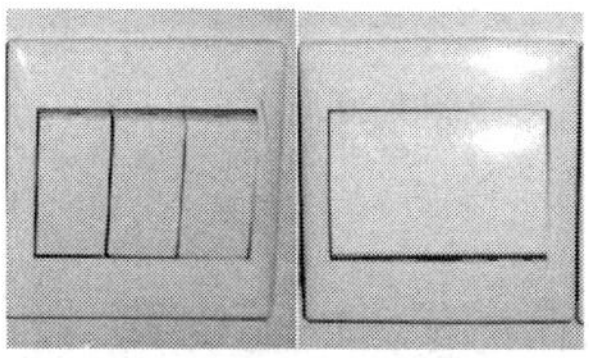	跷板式开关应与配套的开关盒一起安装。常用的跷板式塑料开关如左图所示。开关接线时，应使开关切断相线。并根据跷板开关的跷板或面板上的标志确定面板的装置方向，即装成跷板下部按下时，开关在合闸的位置，跷板上部按下时，开关应在断开位置
双联开关两地控制一盏灯的安装	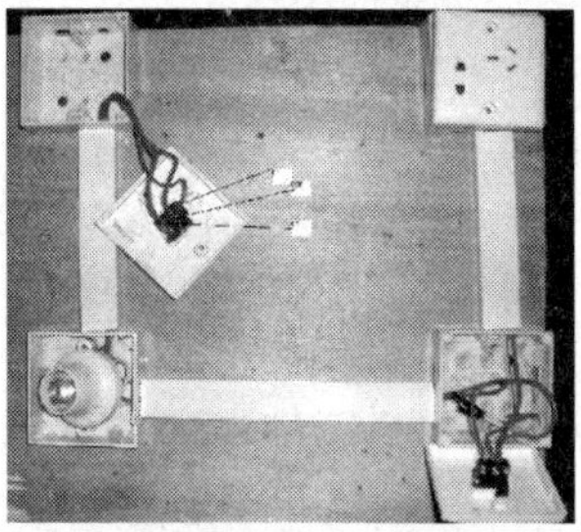	双联开关应有三个接线桩，其中两个分别与两个静触点接通，另一个与动触点连通（称为共用桩）。一个开关的共用桩与电源的相线连接，另一个开关的共用桩与灯座的一个接线桩连接。采用螺口灯座时，应与灯座的中心触点接线桩相连接，灯座的另一个接线桩应与电源的中性线相连接。两个开关的静触点接线桩分别用两根导线进行连接
灯头的安装	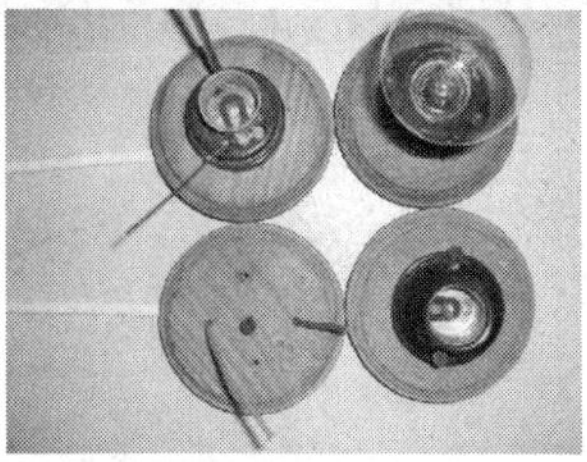	如左图所示，将导线穿出圆木线孔，用木螺钉紧固圆木；去除线头绝缘，并将相线接在灯座中心弹簧舌片对应螺钉上，零线接在螺纹壳对应的螺钉上；再用两个小螺钉将灯座固定在圆木上；最后拧上灯泡

续表

项目	图示	工艺要求
单相电度表的安装	 a） 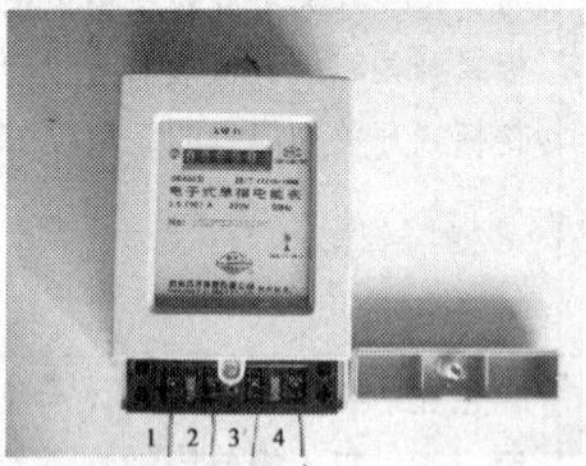 1 2 3 4 b）	电度表的安装场所要干燥、整洁，无振动、无腐蚀、无灰尘、无杂乱线路，表板的下沿离地面至少1.8 m。 安装电度表时，表身必须与地面垂直，否则会影响电度表的准确度。 在接线前必须查看附表说明书，根据说明书的接线图和要求，把进线和出线依次对号接在电度表的线柱上。左图a为电磁式单相电度表，左图b为电子式单相电度表。打开接线端盖后，从左往右四个接线柱编号为“1、2、3、4”，一般规律是“1、3进；2、4出”，且“1”接线柱为火线接线柱，“3”是零线接线柱，所用电能可直接通过电度表读出
插座插孔的极性连接	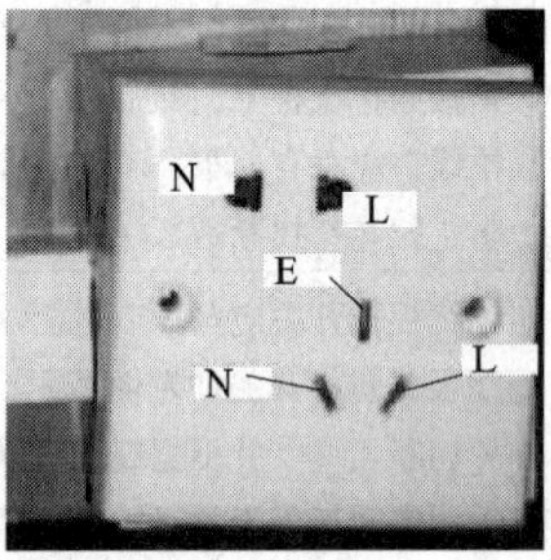 N L E N L	安装插座时，其插孔的极性连接应严格按左图中的要求进行（L—相线，N—零线，E—保护接地线），切勿错接。当交流、直流或不同电压等级的插座安装在同一场所时，应有明显区别，并且注意插头和插座均不能相互插入
三孔插座的暗装	 a）  b）	在已预埋墙中的导线端的安装位置处按暗盒的大小凿孔，并凿出埋入墙中的导线管走向位置。将管中导线穿过暗盒后，把暗盒及导线管同时放槽中，用水泥砂浆填充固定。暗盒应安放平整，不能偏斜。将已埋入墙中的导线剥去15 mm左右绝缘层后，按左图所示分别接入插座接线柱中，拧紧螺钉，如左图a所示。将插座用平头螺钉固定在开关暗盒上，压入装饰钮或装饰面板，如左图b所示

续表

项目	图示	工艺要求
二极插头的安装		将两根导线端部的绝缘层剥去。在导线端部附近打一个电工扣；拆开端头盖，注意螺钉、螺母不要丢失；将剥好的多股线芯拧成一股，固定在接线端子上。注意多余的线头要剪掉，不要露铜丝毛刺，以免短路。盖好插头盖，拧上螺钉即可
三极插头的安装		三极插头的安装与二极插头的安装类似，不同的是导线一般选用三芯护套软线。其中一根带有黄绿双色（或黑色）绝缘层的芯线接地线。其余两根一根接零线，另一根接相（火）线

2. 暗装开关、插座的安装

现代楼宇内的开关、插座多采用暗装的方式，操作流程及工艺要求见表4—3。

表4—3　　暗装开关、插座的操作流程及工艺要求

操作流程	工艺要求
校对盒的位置和标高	根据施工图，以500 mm线为基准复核盒的位置和标高。如果盒子较深，大于25 mm时，应加装套盒
清理预埋盒	清理盒内杂物，再用湿布将盒内灰尘擦拭干净
接线	压接端子接线时，导线应按顺时针方向盘圈压紧在开关插座的相应端子上，插接端子接线时，线芯直接插入接线孔内，孔径较大时，导线弯回头，再将顶丝旋紧。线芯不得外露，接线时导线要留有维修余量，剥线时不应伤到线芯
面板安装	将盒内甩出的导线与插座、开关的面板按相序连接压好，理顺后将开关或插座推入盒内，调整面板对正盒眼，用机螺钉固定牢固，固定时应使面板端正，并紧贴墙面

（1）开关接线

1）要求同一场所的开关切断方向一致，操控灵活，导线压接牢固。

2）灯具电源的相线必须经开关控制。

3）开关连接的导线宜在圆孔接线端子内折回头压接（孔径允许折回头压接）。

4）多联开关不允许拱头连接，应采用缠绕或接线帽压接总头后，再进行分支连接。

（2）插座接线

1）单相两孔插座有横装和竖装两种。横装时，面对插座的右极接相线（L），左极接

（N）中性线；竖装时，面对插座的上极接相线（L），下极接（N）中性线。

2）单相三孔、三相四孔及单相五孔插座（PE）线均应接在上孔，插座保护接地端子不应与工作零线端子连接。

（3）开关安装一般规定

1）安装在同一建（构）筑物的开关，应采用一系列的产品，开关的通断方向也应一致，操作灵活，接触可靠。

2）跷板式开关距地面高度设计无要求时，一般应为13 m，距门口150～200 mm。开关不得置于单扇门后。

3）开关位置应与灯位相对应，并列安装的开关高度应一致。

4）在易燃、易爆和特别潮湿的场所，开关应分别采用防爆型、密闭型或安装在其他场所进行控制。

（4）插座安装一般规定

1）车间及实验室等工业用插座，除特殊场所设计另有要求外，距地面不应低于0.3 m。

2）在托儿所、幼儿园及小学学校等儿童活动场所应采用安全插座，采用普通插座时，其安装高度不应低于1.8 m。

3）同一室内安装的插座高度应一致，成排安装的插座高度应一致。

4）地面安装插座应有保护盖板，专用盒的进出导管及导线的孔洞，应用防水密闭胶严密封堵。

5）在特别潮湿和有易燃、易爆气体及粉尘等有特殊要求的场所，应安装防火型或防爆型的插座，且有明显的防火、防爆标志。

特别提示

1. 开关、插座安装在木结构上，并应做好防火处理。

2. 多联开关不能拱头连接，应缠绕或接线帽压接总头后，再进行分支连接。

3. 不同电源种类或不同电压等级的插座安装在同一场所时，外观与结构应有明显区别，不能互相代用，使用的插头与插座应配套。同一场所的三相插座相序一致。

4. 插座箱内安装多个插座时，导线不允许拱头连接，宜采用接线帽或缠绕形式接线。

二、常见灯具安装

常见照明灯具主要有白炽灯和荧光灯。灯具安装按配线方式、建筑结构、环境条件及对照明的要求，可分为吸顶式、壁装式、嵌入式和悬吊式等。

1. 典型电光源的分类

典型电光源的种类名称、图示及说明见表4—4。

表 4—4　　典型电光源的种类名称、图示及说明

种类名称		图示	说明
热辐射光源	白炽灯		白炽灯是第一代电光源，属于热辐射光源。主要由灯头、灯丝、玻璃泡组成。灯丝由高熔点的钨丝制成，电流通过时产生电流热效应，使灯丝升温至白炽状态而发光
	卤钨灯		卤钨灯也是一种热辐射光源，灯管（泡）多采用石英玻璃，灯头一般为陶瓷制，灯丝通常做成螺旋式直线状，管（泡）内充入适量氩气和微量卤素碘或溴。其发光原理与白炽灯相同，但它利用了卤钨循环的特点
气体放电光源	日光灯		日光灯又称荧光灯，是第二代光源的代表，属气体放电光源。灯管内壁涂有一层荧光粉，当灯管内壁两个电极加上电压后，由于气体放电产生紫外线，紫外线激发荧光粉发出可见光，其光效比白炽灯高得多。近年来，相继生产出配有快速启动镇流器、高频电子镇流器的日光灯，使日光灯在启动、功率因数、光效、节能等方面获得较好的性能指标
	汞灯		汞灯又称高压水银灯，其发光原理和日光灯一样，只是构造上增加了一个内管。它是一种功率大、发光效率高的光源，常用于空间高大的建筑物中，悬挂高度一般在 5 m 以上。由于它的光色差，在室内照明中可与白炽灯、卤钨灯等光源混合使用

续表

种类名称		图示	说明
气体放电光源	钠灯		高压钠灯是利用高压钠蒸气放电而工作的，它的优点是光效高、寿命长、紫外线辐射少，光色为金白色，透雾性好，但显色性差。多用于室外需要高照度的场所，也常与汞灯混用于体育场、大型车间的照明
气体放电光源	金属卤化物灯		金属卤化物灯是在高压汞灯基础上发展起来的电光源，它是在石英放电管内添加某些金属卤化物。与汞灯相比，不但提高了光效，显色性也有很大改进。多用于繁华的街道及要求照度高、显色性好的大面积照明场所
	氙灯		氙灯利用高压氙气放电产生很强的白光，和太阳十分相似，俗称小太阳，显色性好、功率大、光效高。适用于广场、机场、港口等照明

想一想

1. 什么是热辐射光源？什么是气体放电光源？
2. 除上表中所列的电光源外，还有哪些电光源？

2. 常见灯具的安装方式

常见灯具的种类、图示及说明见表4—5。

表4—5　　常见灯具的种类、图示及说明

名称	图示	说明
吸顶式		吸顶式就是将灯具用吸贴的方式装在顶棚上。吸顶式灯具应用广泛，为防止眩光，常采用乳白色玻璃吸顶灯，适用于各种室内场合

续表

名称	图示	说明
壁装式		壁装式就是用托架将灯具直接装在墙壁上，称为壁灯。主要用于室内装饰，也可加强照明，是一种辅助性照明装置
嵌入式		嵌入式就是在有吊顶的房间内，将灯具嵌入吊顶内安装，这种安装方式可以消除眩光，与吊顶相结合能产生较好的装饰效果
悬吊式		悬吊式就是用软线、链子、管子等将灯具从顶棚上吊下来的方式。是在一般照明中应用较多的一种安装方式
柱式		柱式就是用钢管支撑灯具固定于预埋的底座上的一种安装方式。这种安装方式常用于庭院、公园、马路的照明

3. 施工准备

（1）材料要求

灯具：灯具的型号、规格必须符合设计要求和国家标准的规定。灯内配线严禁外露，灯具配件齐全，无机械损伤、变形、油漆剥落，灯罩破裂，灯箱歪翘等现象。所有灯具应有产品合格证。

吊管：采用钢管作为灯具的吊管时，钢管内径一般不小于10 mm。

吊钩：花灯的吊钩其圆钢直径不小于吊挂销钉的直径，且不得小于6 mm。

瓷接头：应完好无损，所有配件齐全。

支架：必须根据灯具的重量选用相应规格的镀锌材料做成支架。

灯卡具（爪子）：塑料灯卡具（爪子）不得有裂纹和缺损现象。

其他材料：胀管、木螺钉、螺栓、螺母、垫圈、弹簧、灯头铁件、铅丝、灯架、灯口、日光灯脚、灯泡、灯管、镇流器、电容器、启辉器、启辉器座、熔断器、吊盒（法兰盘）、软塑料管，自在器、吊链、线卡子、灯罩、尼龙丝网、焊锡、焊剂（松香、酒精）、橡胶绝缘带、粘塑料带、黑胶布、砂布、抹布、石棉布等。

（2）主要机具。红铅笔、卷尺、小线、线坠、水平尺、手套、安全带、扎锥、手锤、錾子、钢锯、锯条、压力案子、扁锉、圆锉、剥线钳、扁口钳、尖嘴钳、丝锥、一字改锥、十字改锥、活扳子、套丝板、电炉、电烙铁、锡锅、锡勺、台钳、台钻、电钻、电锤、射钉枪、兆欧表、万用表、工具袋、工具箱、高凳等。

（3）作业条件。在结构施工中做好预埋工作，混凝土楼板应预埋螺栓，吊顶内应预下吊杆。盒子口修好，木台、木板油漆完。对灯具安装有影响的模板、脚手架已拆除。顶棚、墙面的抹灰工作、室内装饰浆活及地面清理工作均已结束。

4. 工艺流程

（1）灯具检查

1）根据灯具的安装场所灯具应符合以下要求：

在易燃和易爆场所应采用防爆式灯具；有腐蚀性气体及特别潮湿的场所应采用封闭式灯具，灯具的各部件应做好防腐处理；潮湿的厂房内和户外的灯具应采用有泄水孔的封闭式灯具；多尘的场所应根据粉尘的浓度及性质，采用封闭式或密闭式灯具。

灼热多尘场所应采用投光灯；可能受机械损伤的厂房内，应采用有保护网的灯具；震动场所灯具应有防震措施（如采用吊链软性连接）；除开敞式外，其他各类灯具的灯泡容量在100 W及以上者均应采用瓷灯口。

2）检查灯内配线是否符合以下要求：

灯内配线应符合设计要求及有关规定；穿入灯箱的导线在分支连接处不得承受额外应力和磨损，多股软线的端头需盘圈；灯箱内的导线不应过于靠近热光源，并应采取隔热措施；使用螺灯口时，相线必须接在灯芯柱上。

特征灯具检查：各种标志灯的指示方向正确无误；应急灯必须灵敏可靠；事故照明灯具应有特殊标志；供局部照明的变压器必须是双圈的，初次级均应装有熔断器；携带式局部照明灯具用的导线，宜采用橡套导线，接地或接零线应在同一护套内。

（2）灯具组装

组合式吸顶花灯的组装：首先将灯具的托板放平，如果托板为多块拼装而成，就要将所有的边框对齐，并用螺钉固定，将其连成一体，然后按照说明书及示意图把各个灯口装好。确定出线和走线的位置，将端子板（瓷接头）用机螺钉固定在托板上。根据已固定好的端子板（瓷接头）至各灯口的距离掐线，把导线削出线芯，盘好圈后，压入各个灯口，理顺各灯头的相线和零线，用线卡子分别固定，并且按供电要求分别压入端子板。

吊顶花灯组装：首先将导线从各个灯口穿到灯具本身的接线盒里。一端盘圈压入各个灯口。理顺各个灯头的相线和零线，根据相序分别连接，包扎并甩出电源引入线。将电源引入线从吊杆中穿出。

（3）灯具安装

1）普通灯具安装。塑料台的安装。将灯头盒内的电源线从塑料台的穿线孔中穿出，留出接线长度，削出线芯，将塑料台紧贴建筑物表面，对正位置，用木螺钉将塑料台固定在灯头盒上。

将电源线由吊线盒底座出线孔内穿出，并压牢在其接线端子上，余线送回至灯头盒，然后将吊线盒底座或平灯座固定在塑料台上。

如果是软线吊灯，首先将灯头线穿过吊线盒盖，打好保险扣，接头盘圈固定在吊线盒内与电源线连通的端子上。如图 4—1 所示。

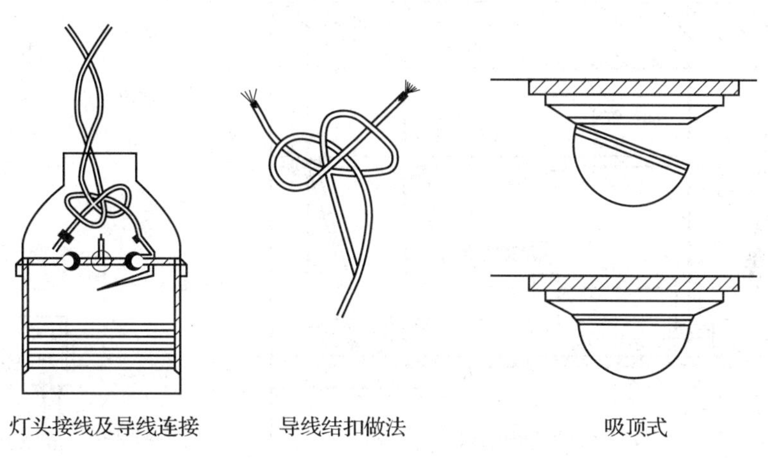

图 4—1 灯、吸顶灯灯具的安装

灯具吊线如需穿塑料软管，必须将软管两端剪成两半，分别压在吊线盒与灯头内的保险扣上，软管不能脱出。

链吊或管吊的灯具安装时应使用法兰式吊线盒，将吊链或吊管固定在法兰盘上。

将电源线线芯按顺时针方向盘圈，平压在灯座螺钉上。如果灯具留有软线接头，则用软线在削出的电源线芯上缠绕 5 ~ 7 圈后，将线芯折回压紧并刷锡。用塑料带和黑胶布分层包扎紧密。将包扎好的接头调顺放回灯头盒，并用长度不小于 20 mm 的木螺钉固定。

2）荧光灯安装。吸顶荧光灯安装。首先确定灯具位置，然后将电源线穿入灯箱，将灯箱贴紧建筑物表面，用胀管螺栓固定。如图 4—2 所示。

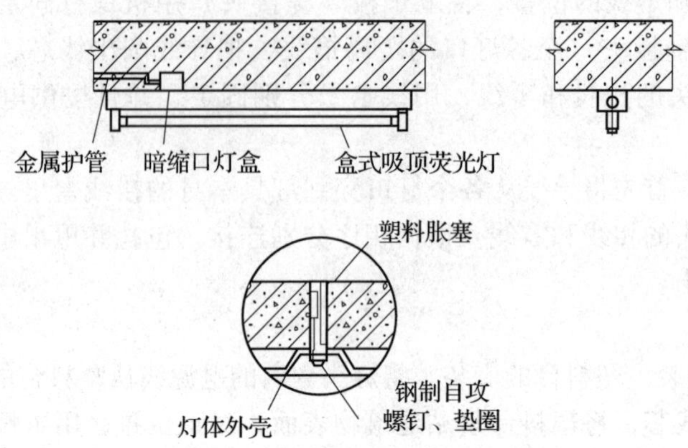

图 4—2　吸顶荧光灯安装

灯头盒不外露的盒式荧光灯的安装。若荧光灯是安装在吊顶板上的，应采用自攻螺钉将灯箱固定在专用吊架上。将电源线从接线盒穿金属软管引至灯箱接线盒内，盖上灯箱盖，装上灯管。盒式荧光灯在吊顶板下的安装具体做法如图 4—3 所示。

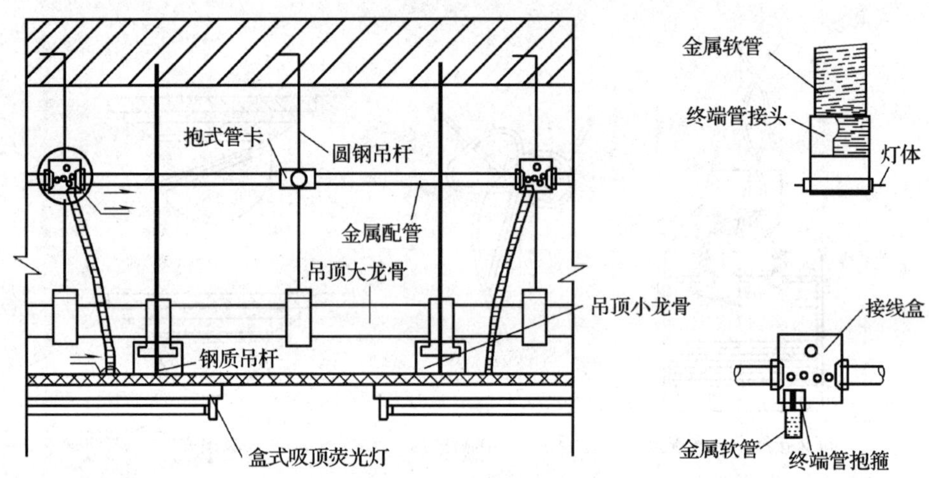

图 4—3　盒式荧光灯安装

吊链日光灯安装。首先根据灯具至顶板的距离，截好吊链，把吊链一端挂在灯箱挂钩上，另一端固定在吊线盒内，将导线依顺序编叉在吊链内，并引入灯箱，在灯箱的进线孔处应套上橡胶绝缘胶圈或套上阻燃黄蜡管以保护导线，在灯箱内的端子板（瓷接头）上压牢。导线连接应刷锡，并用绝缘套管进行保护。最后将灯具的反光板用镀锌机制螺钉固定在灯箱上，调整好灯脚，装好灯管。

嵌入式荧光灯安装。根据灯具与吊顶内接线盒之间的距离，进行断线及配制金属软管，但金属软管必须与盒、灯具可靠接地，其长度不得大于 1.2 m，如果采用阻燃喷塑金属软管可不做跨接地线。金属软管连接必须采用配套的软管接头与接线盒及灯箱可靠连接，吊顶内严禁有导线明露。

3）嵌入式筒灯的安装。按施工图确定灯口位置及直径大小，交由土建在吊顶板上开孔。

选择灯具时，普通筒灯或节能筒灯上方应有接线盒，并与灯具固定在一起。

土建封板时，将电源线由开好的板洞引出，封好板后将金属软管引入灯具接线盒，压牢电源线。然后将筒灯从洞口向上推入，用灯具本身的卡具与吊顶板紧密固定。

顶板或吊顶内的接线盒与灯具灯头盒电气连接时，采用金属软管，金属软管与接线盒固定时，应采用专用接头，并做跨接地线。采用带有阻燃喷塑层的金属软管可用做跨接地线。

调整灯具与顶板使其平整牢固，上好灯管或灯泡。

4）各型花灯安装。组合式吸顶花灯安装。根据预埋的螺栓和灯头盒的位置，在灯具的托板上开好安装孔和出线孔，且出线孔应加绝缘胶圈，安装时将托板托起，将电源线和灯具各支路导线连接并包扎严密。放回灯头盒内，将托板用螺栓固定，调整各个灯口，使托板四周和顶棚贴紧，安装灯具附件，上好灯管或灯泡。

链吊式花灯在顶板下安装。将组装好的灯具托起，把吊链穿过扣碗挂在预埋好的吊钩上，从扣碗底座引出的电源线与灯线用压线帽连接，理顺后将接头放入扣碗内，将扣碗拧紧。调整吊链，安装灯泡和灯罩。安装方法如图 4—4 所示。

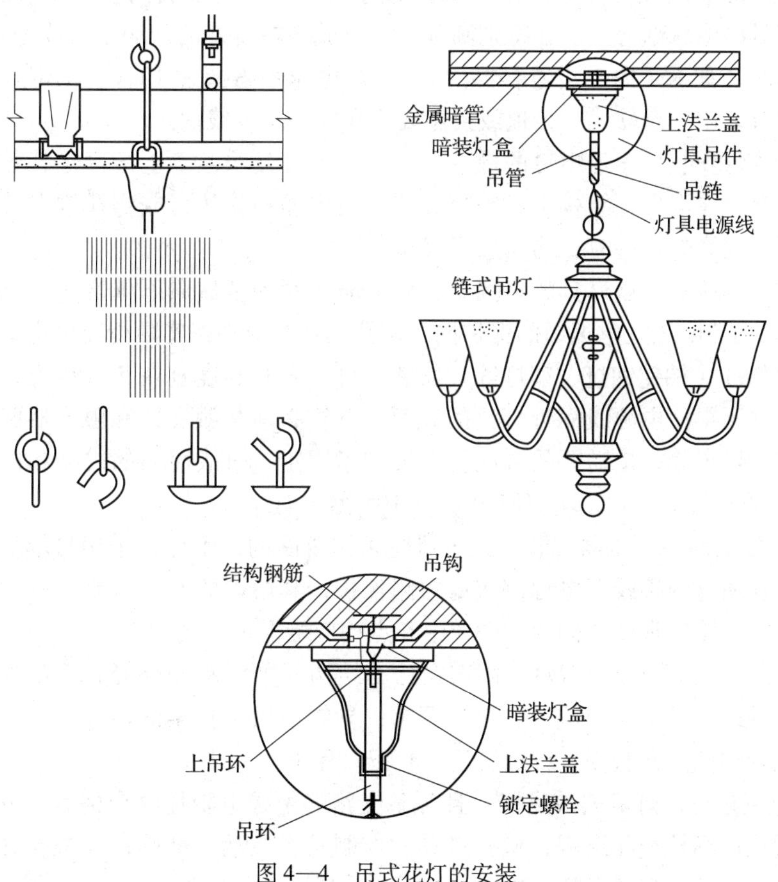

图 4—4　吊式花灯的安装

5）光带的安装。根据灯具的外形尺寸及质量制作吊架，再根据灯具的安装位置，把吊架固定在预埋件或胀管螺栓上。光带的吊架必须单独安装；大型光带必须先做好预埋件。吊架固定好后将光带的灯箱用机螺钉固定在吊架上，再将接线盒内电源线穿入阻燃金属软管引入灯箱，电源线与灯具的导线连接并包扎紧密。调整各灯脚，装上灯管和灯罩，最后根据吊顶平面调整灯具的直线度和水平度。如果灯具对称安装，其纵横轴线应在灯具的中心线上。

6）壁灯的安装。先根据灯具的外形选择合适的木台（板）或灯具底托把灯具摆放在上面，四周留出的余量要对称，然后用电钻在木板上开好出线孔和安装孔，在灯具的底板上也开好安装孔，将灯具的灯头线从木台（板）的出线孔中甩出，在墙壁上的灯头盒内接头，并包扎严密，将接头塞入盒内。把木台或木板对正灯头盒，贴紧墙面，可用机螺钉将木台直接固定在盒子耳朵上，如为木板就应用胀管固定。调整木台（板）或灯具底托使其平正，再用螺钉将灯具拧在木台（板）或灯具底托上，最后配好灯泡、灯伞或灯罩。安装在室外的壁灯，其台板或灯具底托与墙面之间应加防水胶垫，并应打好泄水孔。

7）特殊灯具的安装应符合下列规定：

行灯安装：电压不得超过 36 V。灯体及手柄应绝缘良好，坚固耐热，耐潮湿。灯头与灯体结合紧固，灯头应无开关。灯泡外部应有金属保护网。金属网、反光罩及悬吊挂钩，均应固定在灯具的绝缘部分上。在特别潮湿的场所或导电良好的地面上，或工作地点狭窄，行动不便的场所（如锅炉内、金属容器内），行灯电压不得超过 12 V。携带式局部照明灯具所用的导线宜采用橡套软线，接地或接零线应在同一护套线内。

手术台无影灯安装：固定螺钉的数量，不得少于灯具法兰盘上的固定孔数，且螺栓直径应与孔径配套；在混凝土结构上，预埋螺栓应与主筋相焊接，或将挂钩末端弯曲与主筋绑扎锚固；固定无影灯底座时，均须采用双螺母。

安装在重要场所的大型灯具的玻璃罩，应有防止其碎裂后向下溅落的措施（除设计要求外），一般可用透明尼龙丝编织的保护网，网孔的规格应根据实际情况决定。

金属卤化物灯（钠铊铟灯、镝灯等）安装：灯具安装高度宜在 5 m 以上，电源线应经接线柱连接，并不得使电源线靠近灯具的表面。灯管必须与触发器和限流器配套使用。投光灯的底座应固定牢固，按需要的方向将驱轴拧紧固定。事故照明的线路和白炽灯泡容量在 100 W 以上的密封安装时，均应使用 BV—105 型耐温线。

36 V 及其以上照明变压器安装：变压器应采用双圈的，不允许采用自耦变压器。初级与次级应分别在两盒内接线；电源侧应有短路保护，其熔丝的额定电流不应大于变压器的额定电流；外壳、铁芯和低压侧的一端或中心点均应接保护地线。

公共场所的安全灯应装有双灯。固定在移动结构（如活动托架等）上的局部照明灯具的敷线要求：导线的最小截面应符合设计要求；导线应敷于托架的内部；导线不应在托架的活动连接处受到拉力和磨损，应加套塑料套予以保护。

（4）通电试运行。灯具安装完毕，且各条支路的绝缘电阻摇测合格后，方允许通电试运行。通电后应仔细检查和巡视，检查灯具的控制是否灵活、准确；开关与灯具控制顺序是否相对应，如果发现问题必须先断电，然后查找原因进行修复。

5. 质量标准

（1）主要项目。灯具的规格、型号及使用场所必须符合设计要求和施工规范的规定。3 kg以上的灯具，必须预埋吊钩或螺栓，预埋件必须牢固可靠。低于2.4 m以下的灯具的金属外壳部分应做好接地或接零保护。

检验方法：观察检查和检查安装记录。

（2）一般项目

1）灯具安装牢固端正，位置正确，灯具安装在木台的中心。器具清洁干净，吊杆垂直，吊链日光灯的双链平行，平灯口、马路弯灯、防爆弯管灯固定可靠，排列整齐。

2）导线进入灯具处的绝缘保护良好，留有适当余量。连接牢固紧密，不伤线芯。压板连接时压紧无松动，螺栓连接时，在同一端子上导线不超过两根，吊链灯的引下线整齐美观。

检验方法一般为观察、通电检查。

6. 成品保护

灯具进入现场后应码放整齐、稳固。并要注意防潮，搬运时应轻拿轻放，以免碰坏表面的镀锌层、油漆及玻璃罩。

安装灯具时不要碰坏建筑物的门窗及墙面。灯具安装完毕后不得再次喷浆，以防止器具污染。

思考与练习

1. 在安装灯具线路时，为什么要采用“火（相）线进开关、地（零）线进灯头”的做法？

2. 常见灯具安装的操作工艺分为哪几步？

技 能 训 练

1. 在训练板或训练墙上进行开关、灯头、单相电能表、插座、插头的安装训练。

2. 在训练板或训练墙上安装一组复合照明电路（含管线安装，建议用PVC管或PVC线槽布线）。

课题二　特殊场所灯具安装

爆炸性危险场所除存在于煤矿场所外，还存在于很多工业部门，例如石油开采，包括钻井、石油提取、炼制和管道输送，氢气、乙炔、溶剂、食盐电解、医药、化肥、塑料、化学纤维、造纸生产、粮食、木材加工、香料、染料生产、公路运输，甚至社会公共事业单位，如医院、学校等，而在这些危险场所中，防爆灯具是必不可少的照明电气产品。本课题介绍防爆灯具的安装。

防爆灯具是属于爆炸性环境用电气产品的一种，按其防爆型式的不同，主要分为隔爆型“d”、增安型“e”、无火花型（也称“n”型）、粉尘防爆型“DIP”，以及由两种或两种以上防爆型式组成的复合型防爆型式等。它的生产、安装、使用及检修和其他防爆电气产品一样，必须遵守 GB 3836—2000 系列防爆标准的相关规定。防爆灯具如何正确选型、安装、使用和维护是使灯具长期正常运行，获得满意照度，达到安全可靠的重要环节。图4—5 所示为部分特殊场所灯具外形。

防尘灯

防水防尘灯

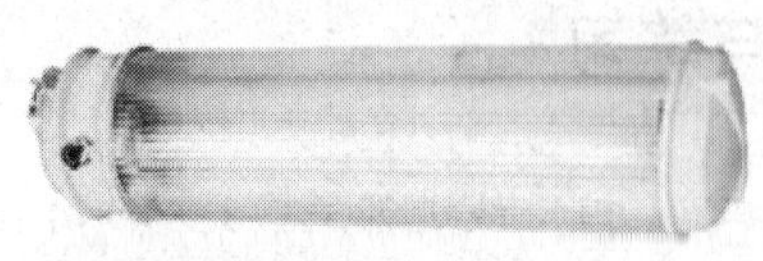
防爆日光灯

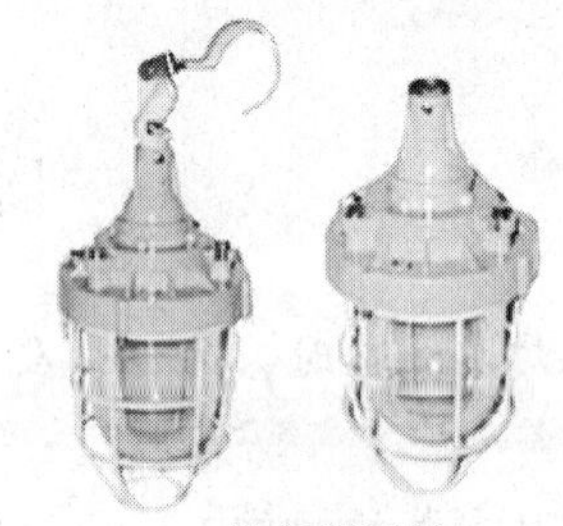
增安型防爆灯

防爆安全疏散指示灯

防爆应急灯

图 4—5　特殊场所灯具外形

防爆灯具常见的安装方式有吸顶式、壁装式、管吊式等，而使用最多的是管吊式。而防爆灯具的线路一般采用镀锌钢管穿管布线，或塑料护套电缆、铠装电缆布线。如图 4—6 所示为采用镀锌钢管穿管布线的防爆日光灯和接线盒安装实物图。

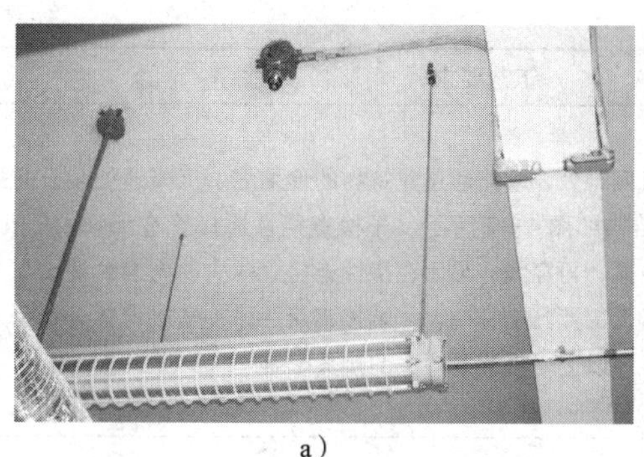
a)

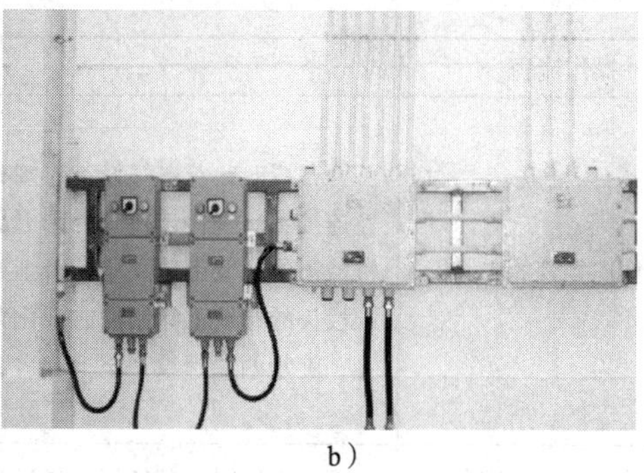
b)

图 4—6 防爆灯具线路安装图
a) 防爆日光灯安装实物图 b) 防爆接线盒与防爆开关盒连接实物图

下面就以采用镀锌钢管布线的防爆灯具的安装为例介绍其安装方法。安装的主要工作是钢管布线、引入装置的安装和防爆灯具的接线。

1. 采用镀锌钢管布线的防爆灯具的安装（见表 4—6）

表 4—6　采用镀锌钢管布线的防爆灯具的安装

操作流程	工艺要求
准备工作	1. 准备工具、仪表、电工工具、电锤（包括电锤专用硬质合金钻头）、万用表、兆欧表等 2. 准备材料。耐热压敏胶带、铝胶带、电缆、钢管、接线盒、隔爆型防爆灯等 3. 熟悉灯具的防爆原理。详细阅读产品使用说明书，熟悉灯头结构和安装方式等
钢管布线的安装	1. 在爆炸性危险场所不允许采用绝缘导线或塑料管明敷设，应穿钢管敷设，宜采用镀锌水煤气管 2. 布线时，先用膨胀螺栓安装好防爆电气设备、防爆接线盒、分支盒。对接线盒、分支盒及挠性连接管应有特殊要求，在安装过程中注意保护好隔爆电器的隔爆面，不得损伤 3. 在安装过程中，钢管间、钢管与设备、接线盒、灯位盒、隔离密封盒、防爆挠性连接管间的连接处，采用钢管螺纹连接 4. 现场量取镀锌水煤气钢管长度后，通过钢管螺纹连接，两头套螺纹 6 ~ 8 牙（不能过长），连接时，先在螺纹上涂上铅油或磷化膏及工业凡士林油，然后拧紧，螺纹应无乱牙，啮合应紧密，且拧入有效牙数不少于 5 牙，其外露螺纹也不宜过长。除设计特殊说明外，一般不必焊跨接线 5. 穿入导线时，注意零线也要和相线一起穿在同一管内，导线在管子中不允许有接头
隔离密封盒的安装	按设计要求，钢管穿线时，在电气设备的进线口（无密封装置），管路通过隔墙、楼板或地面引入其他场所时，离楼板、墙面或地面 300 mm 左右处以及管径为 50 mm 以上的管路每隔 15 m 处，要安装隔离密封盒；易积冷凝水处，管路垂直段的下方，还要加装排水式隔离密封盒。隔离密封盒的具体安装步骤见操作工艺 2

续表

操作流程	工艺要求
挠性连接管的安装	管布线时，与电气设备连接有困难处，管路通过建筑物的伸缩缝、沉降缝处装设防爆挠性连接管。挠性连接管外形及结构如图4—7所示。先检查挠性连接管有无裂纹、孔洞、机械损伤、变形等缺陷，否则更换；再穿线；最后在挠性连接管两头的内螺纹接头与外螺纹接头的螺纹上涂铅油或磷化膏及工业凡士林油，一端接钢管，另一端接设备进线引入装置，旋紧两端螺纹，至少旋进5牙以上，再旋紧两头的接头螺母
钢管引入装置安装	钢管布线时，其防爆电气设备的进线口设有钢管布线引入装置
接线与绝缘检测	1. 对爆炸危险场所内接线的要求比普通场合要求高。连接要牢靠，不能因振动、发热、导体与绝缘体的热胀冷缩等原因而松动 2. 接线时，要适当采取措施，用钳子或扳手固定接线柱，以防止因转动使接线时将接线柱根部的导线拧断 3. 用螺母压紧时，螺母下面应有弹簧垫圈或采用双螺母。防爆电气设备上采用弓形垫圈或碗形垫圈，用以压紧多股导线，或用专用的接线头连接导线。只用压紧螺母或螺栓直接压在导线上是不允许的。图4—9所示为正确接线 4. 绝对不允许有电线及接头外露在爆炸危险区域内（接地接零线及其接头除外） 5. 用500 V兆欧表测量各处（包括绕组、用电器、导线、电缆等）的绝缘电阻，不小于0.5 MΩ为合格
密封与修补	1. 接线与绝缘检测完毕，盖上密接线盒盖，并用密封胶泥密封。密封胶泥只有与相应的隔离密封套正确使用时，才能达到隔离密封效果。隔离密封方法如图4—10所示。 2. 爆炸性危险场所电气装置安装完毕，通知土建部门对安装电气设备时造成建筑物个别损伤处进行修补或粉刷

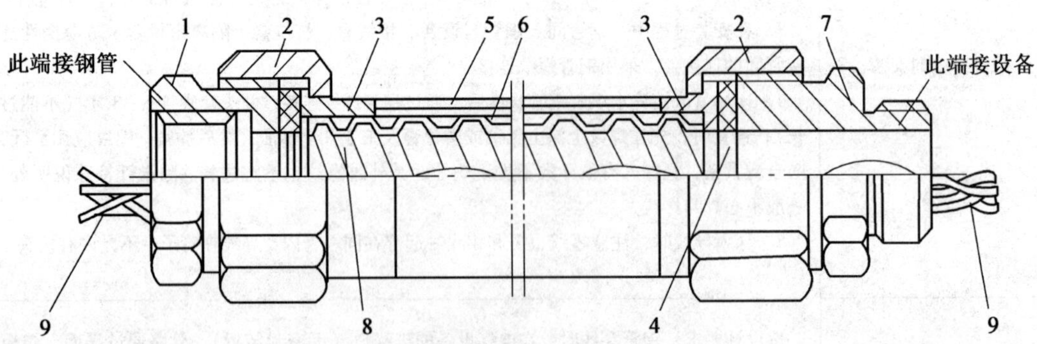

图4—7　挠性连接管外形及结构图

1—内螺纹接头　2—接头螺母　3—内接头　4—密封圈　5—帘织布
6—橡胶套管　7—外螺纹接头　8—镀锌金属软管　9—绝缘导线

2. 隔离密封盒的安装步骤

（1）去除盒内锈斑、灰尘、油渍。

（2）按要求穿好穿线管，放好导线，导线在盒内不准有接头。

（3）将盒内导线分开安放，使导线之间、导线与盒壁之间分开至最大距离。

（4）将可能使密封填料流出去的地方用石棉等纤维堵塞填充，防止密封填料流出。

（5）严格按产品说明书配方和搅拌速度要求配制密封填料（发现密封填料原包装已破损的，不能使用），并灌入密封盒，要控制速度，浇灌时间不得超过其初凝时间。

（6）填充密封胶泥或密封填料，应将盖内充实，填满至浇灌口的下端为止，凝固后其表面应无龟裂。

（7）排水式密封盒充填后的表面要光滑。充填时密封盒一头应填高一些，使填料表面有自行排水的坡度。

3. 钢管布线引入装置的安装步骤

钢管布线引入装置如图 4—8 所示，其安装步骤为：

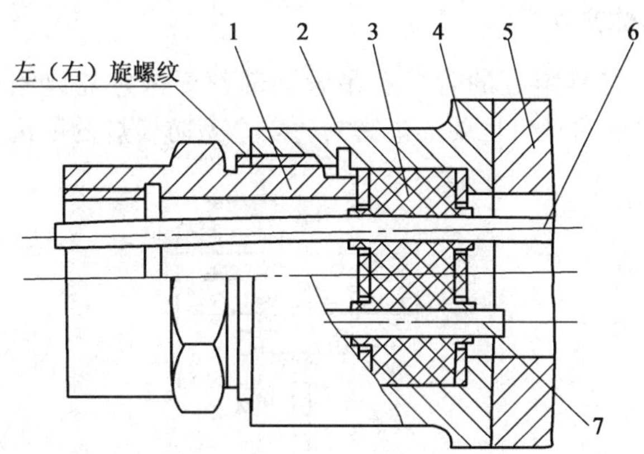

图 4—8　钢管布线引入装置

1—压紧螺母　2—金属垫圈　3—弹性密封圈　4—连通节
5—接线盒　6—绝缘导线　7—弹性密封圈多余线孔堵塞导线

（1）拆开连通节与接线盒之间的连接，然后依次旋开压紧螺母、金属垫圈、弹性密封圈和另一个金属垫圈。

（2）钻穿弹性密封圈的穿线孔，准备穿线用，如果穿线孔太大可切割，使其大小与导线线径相仿（D = 导线外径 ±0.5 mm）。

（3）依次将导线穿过压紧螺母、金属垫圈、弹性密封圈的穿线孔，有多余的穿孔用外径稍大于其孔径的导线堵塞，再将导线穿过另一个金属垫圈及连通节。

（4）打开电气设备接线盒密封接线盖，粗略量一下接线长度，作少量调整。

（5）按拆开过程相反的顺序，将各零部件装进连通节中，旋紧压紧螺母，使进线口密封，用手拉动导线，相对于连通节无法拉动，则为合格。

（6）将连通节装上接线盒壳体。

（7）在接线盒内接线。

（8）在另一端（压紧螺母端）旋紧防爆挠性连接管，如图 4—9 所示。

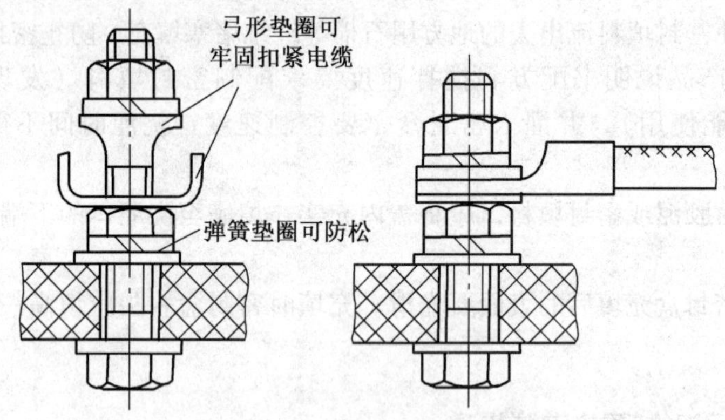

图 4—9　端子正确接线方法图

4. 隔离密封的具体方法

安装防爆灯具时，灯具附近的管口和吊管上部都要做好隔离密封处理。对于 B3 C-200 型防爆灯，灯头附近的管口也要隔离密封，安全型防爆灯的隔离密封方法如图 4—10 所示。

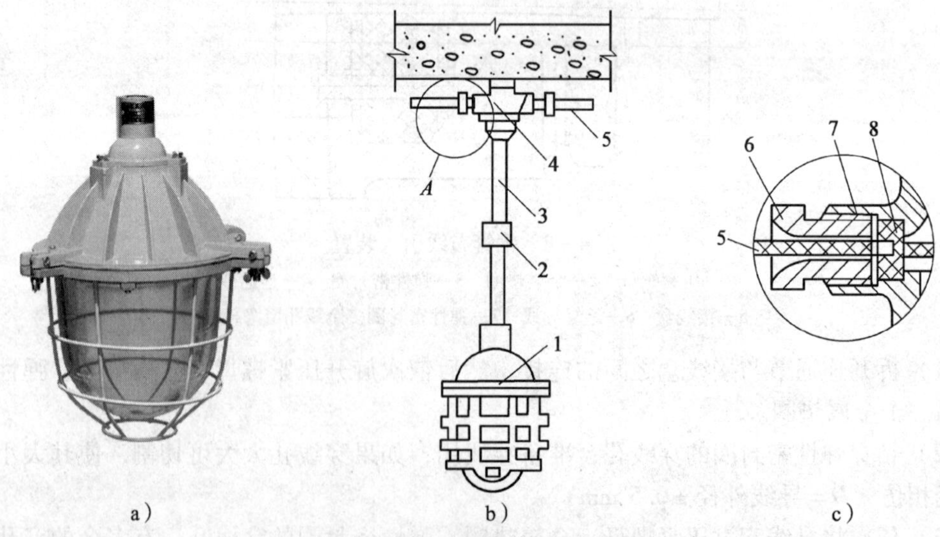

图 4—10　安全型防爆灯的隔离密封方法

a）防爆灯外形图　b）安装　c）导入装置

1—防爆灯具　2—密封漏斗　3—钢管　4—接线盒　5—电缆　6—压紧螺母　7—垫圈　8—橡胶封垫

5. 对防爆灯具安装人员的要求

（1）安装人员必须经过专业培训。

（2）详细阅读产品使用说明书，明确产品所有标志内容的含义。

（3）严格按照产品使用说明书规定的要求准确安装防爆灯具。例如，有些灯具有指定的安装位置，安装人员必须严格遵守。有些灯具在电缆引出口处有温度，安装人员必须选用耐高温电缆、导线。

查一查

防爆电气设备铭牌上应包括哪些主要内容？铭牌上方要有什么明显的标志？

特别提示

1. 灯具有下列情况时应停止使用：外壳发现变形、裂痕、盖及外壳上的螺纹有严重划伤或损伤，玻璃有裂纹。

2. 灯具外罩应齐全，螺栓要坚固，不准随意对防爆灯进行改装或更换防爆灯零件。

3. 螺旋式灯泡应旋紧，要接触良好，不得有松动。

4. 无电镀或磷化层的隔爆面，经清洗后应涂磷化膏、工业凡士林油，严禁涂刷其他油漆。紧固件不得随意更换，弹簧垫圈应齐全。

5. 防爆电气设备的所有螺纹连接处不得缠麻、生料带或涂其他油漆。

思考与练习

1. 防爆灯具常见的安装方式有哪几种？使用最多的是哪种？

2. 采用镀锌钢管布线的防爆灯具的安装步骤有哪些？

技能训练

模拟安装一盏防爆灯具（含管线安装、接线，用镀锌钢管与防爆开关连接）。

课题三　宾馆套房照明电路安装

宾馆套房照明电路安装的主要工作是线管暗敷设、床头控制柜安装、灯具安装及调试。

线管暗敷设参阅第二单元课题一导管敷设部分的相关内容，灯具安装参阅本单元课题一的相关内容。本课题着重介绍床头控制柜安装及控制电路的接线。

一、床头控制柜

床头控制柜是宾馆、饭店、公寓等建筑物室内主要设施之一，主要作用是控制客房内的各种照明灯、接收广播电视节目，与节能器配合使用。

1. 床头控制柜的主要功能

（1）控制客房内的灯光及调节系统。

（2）接收多种广播节目。

（3）调节控制空调机。

（4）控制电视机的电源开关。

（5）呼叫服务。

（6）其他电子控制系统。

2. 床头控制柜的结构形式

床头控制柜的外形结构尺寸和色调应根据使用要求和室内装修统一考虑，床头控制柜面板上的功能开关和设备要结合使用功能来配置。如图 4—11 所示为床头控制柜面板常见布置形式。

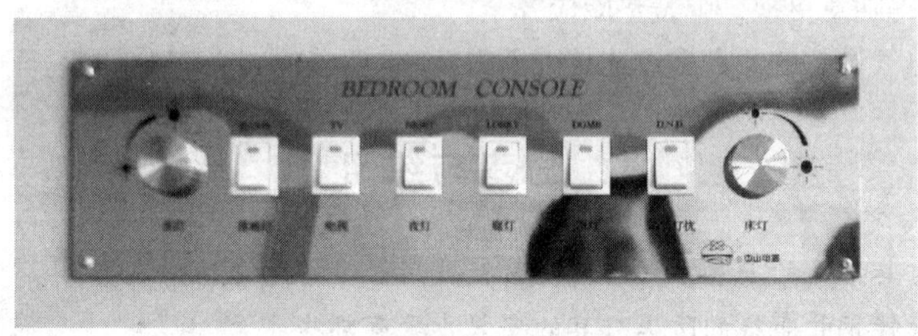

a）

电子钟
10:28
蜂鸣器
定时
警报定时按钮
扬声器
1 2 3 4 5
选台开关
音量调节
夜灯
室内灯脚灯电源
114
450

b）

图 4—11　床头控制柜面板常见布置形式图

a）普通控制面板　b）带广播、电子钟控制面板

二、宾馆房间电气设备布置

常见的宾馆房间电气设备布置示意图，如图 4—12 所示。

宾馆照明电路安装见表 4—7。

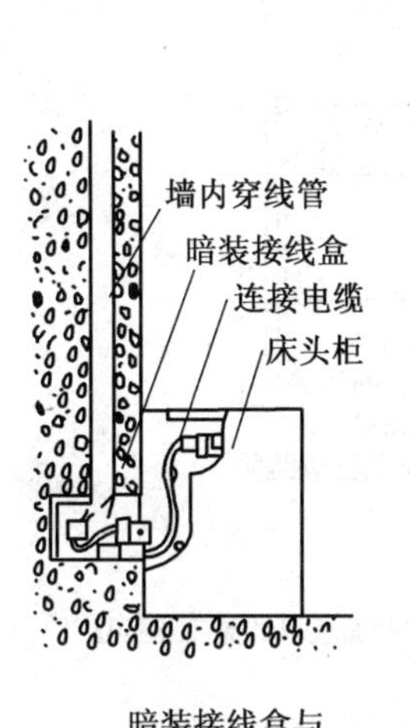

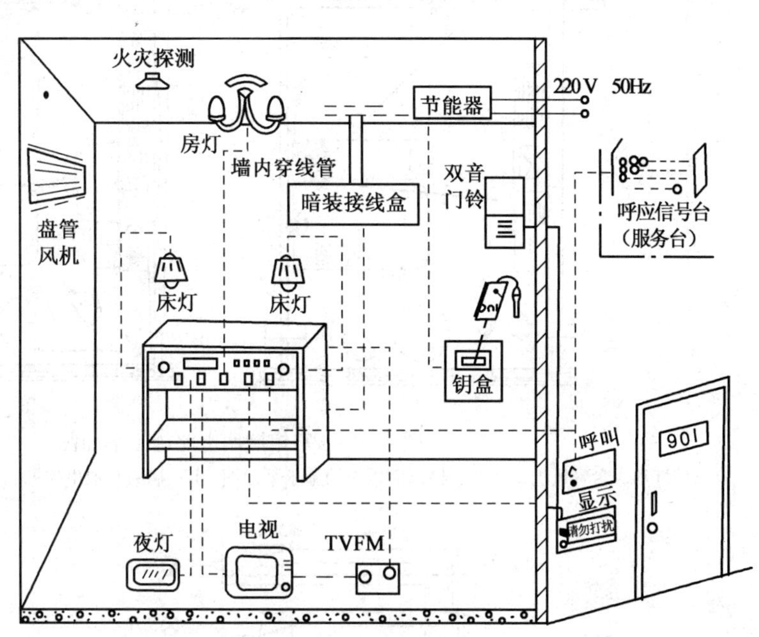

图 4—12 常见宾馆房间电气设备布置

表 4—7 **宾馆照明电路安装**

操作流程	工艺要求
施工平面图识读	根据施工平面图，确定开关、插座、灯具、床头控制柜等设备的接线盒的规格及安装位置；确定管线的规格型号及敷设路径。如图 4—13a 所示为灯具、盘管风机、开关、控制面板等的施工平面图，如图 4—13b 所示为插座、取电钥匙、控制面板等的施工平面图
管、线、盒安装	预埋管、盒与管内穿线工作参照第二单元中管线暗敷安装的工艺要求进行
电气设备的安装	宾馆房间电气设备的安装包括灯具、各种开关、控制面板等的安装接线。灯具、各种开关的安装参照本单元课题一中的方法要求进行。控制面板及各灯具、开关等的接线按图 4—14 所示或图 4—15 所示进行
绝缘测试与通电	用绝缘摇表测绝缘电阻。测量时所有灯泡、灯管均应卸下，使每个回路均处在开路状态，测得的绝缘电阻值不小于 0.5 MΩ，接线无误，方可装上灯泡、灯管等负载进行通电

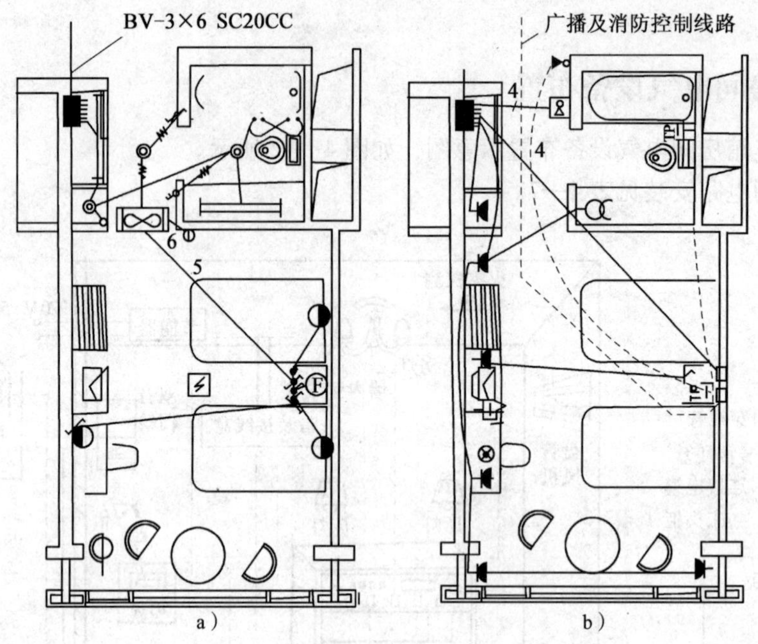

图 4—13 宾馆照明电路施工平面图

a）灯具、盘管风机、开关、控制面板等的施工平面图 b）插座、取电钥匙、控制面板等的施工平面图

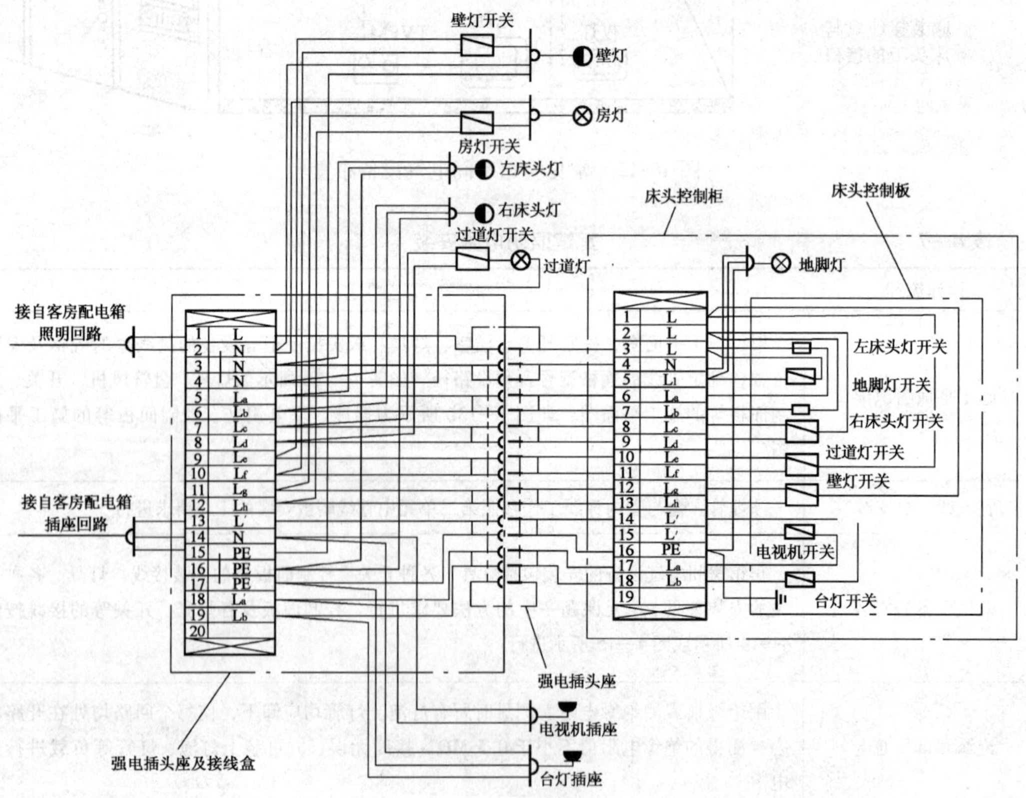

图 4—14 普通控制面板

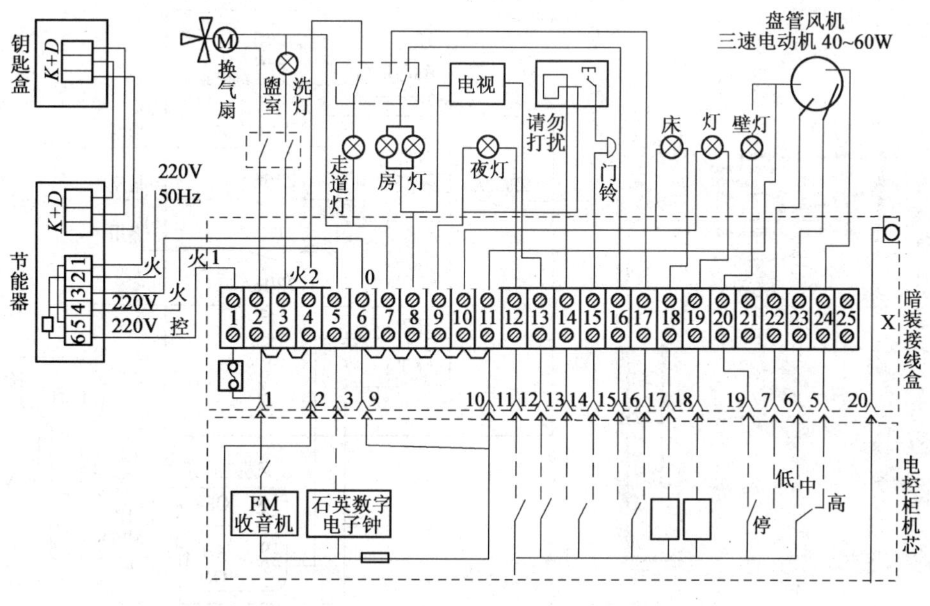

图 4—15　带广播、电子钟控制面板

特别提示

1. 如不采用钥匙盒节能器时，则将接线端子板 JX 的 1 和 5 接到 220 V 火线，X 的 6 接到 220 V 零线。

2. 用户根据使用的电器、开关、设备，其导线按接线端子板 JX 的编号接入。

3. 暗装接线盒内熔断器的熔丝，应根据使用电器、灯泡瓦数来决定，一般在 3 A 左右。

4. 空调开关用来控制盘管风机的三速电动机，而不是控制空调机。

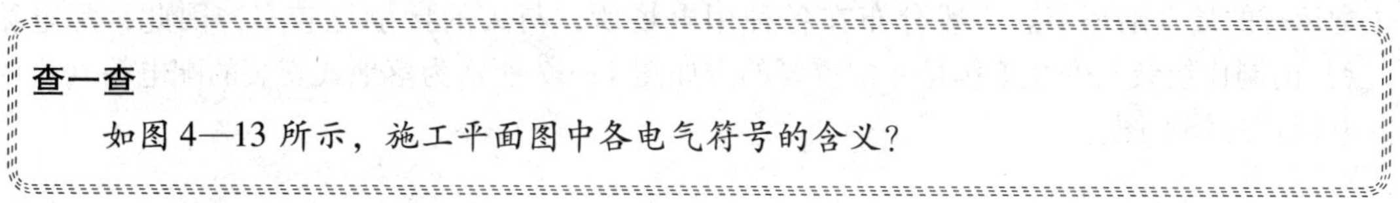

查一查

如图 4—13 所示，施工平面图中各电气符号的含义?

思考与练习

1. 宾馆房间的电气设备通常都有哪些?

2. 如图 4—15 所示施工平面图，说明控制过程。

技 能 训 练

模拟安装如图 4—16 所示的宾馆房间电源控制箱电路。

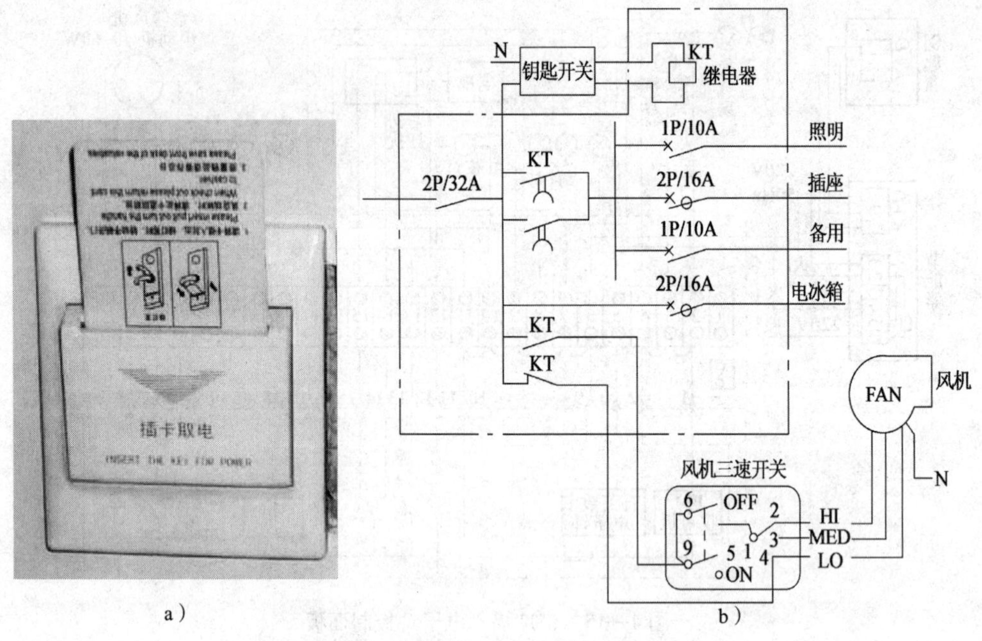

a） b）

图 4—16 节能钥匙开关外形和电路原理图

a）节能钥匙开关 b）与控制箱连接的电路原理图

课题四 照明配电箱安装

配电箱（盘）是用来控制、监视动力和照明的电气设备，箱（盘）内安装有电工仪表、刀开关、低压断路器、交流接触器、电流互感器等电气元件，是配电系统中保障安全正常运行的最基础环节。一般分布在各种用电场所，与人的接触比较多，因此，配电箱（盘）的制作组装与安装工作是非常重要的。如图 4—17 所示为落地式安装的配电箱（也叫配电柜）的外形图。

一、弹线定位与固定配电箱（盘）

1. 配电箱的类型

配电箱（盘）分为动力配电箱（盘）和照明配电箱（盘）两种类型。按其安装方式有明装和暗装两种，如图 4—18 所示，图 4—18a 所示为可移动的明装式动力配电箱，图 4—18b 所示为暗装式照明配电箱。按配电箱（盘）制作方法分，有厂家定制和现场加工制作两种。厂家定制的配电箱（盘）的安装工作内容包括开箱、检查、安装、接线、接地。本课题介绍配电箱的定位与固定工艺。

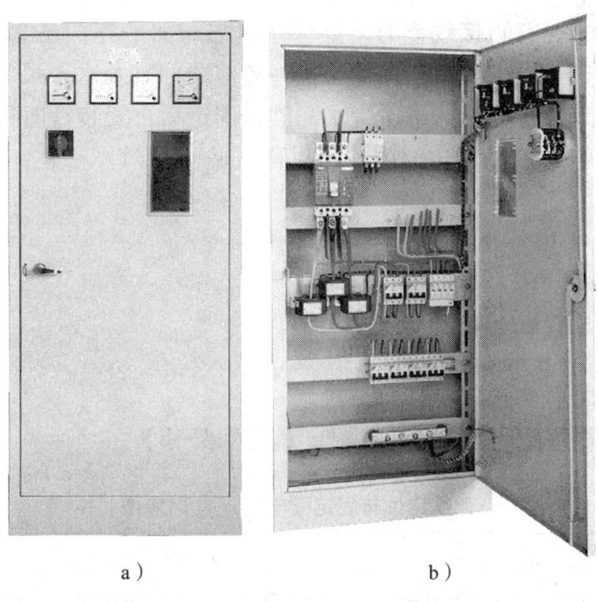

a）　　　　　　　　　b）

图 4—17　落地式安装的配电箱的外形图

a）箱门已上锁后的配电箱的正面　b）箱门开启后的情形

a）

b）

图 4—18　配电箱

a）可移动的明装式动力配电箱　b）暗装式照明配电箱

2. 配电箱安装的基本要求

（1）弹线定位是配电箱安装的一项主要工作，其目的是针对有预埋木砖或铁件的情况，可以更准确地找出预埋件，或者可以画出金属膨胀螺栓或射钉的位置。

（2）在混凝土墙或砖墙上固定明装配电箱（盘）时，采用暗配管及暗分线盒和明配管两种方式。如有分线盒，先将盒内杂物清理干净，然后将导线理顺，分清支路和相序，按支路绑扎成束。待找准箱（盘）位置后，将导线端头引至箱内或盘上，逐个剥削导线端头，再逐个压接在器具上，同时将保护地线压接在明显的地方，并将箱（盘）调整平直后进行固定。

（3）在木结构或轻钢龙骨扩板墙上进行固定配电箱（盘）时，应采用加固措施。如配管在护板墙内暗敷设，并有暗接线盒时，要求盒口与墙面平齐，在木制护墙处应做防火处理。暗装配电箱固定，可根据预留孔尺寸先找好箱体的标高及水平尺寸，并将箱体固定好，然后用水泥砂浆填实，并将周边抹平，待水泥砂浆固定后再安装盘面和贴面。

(4) 安装盘面要求平整，周边间隙均匀对称，贴面（门）平整，不歪斜，螺钉垂直受力均匀。

想一想

哪些场所不能装设配电箱?

3. 弹线定位与固定配电箱（盘）操作（见表4—8）

表4—8　弹线定位与固定配电箱（盘）操作

操作流程	工艺要求
熟悉配电箱（盘）安装图	熟读电气照明安装平面图，结合系统图和主要设备及材料表，明确配电箱（盘）是明装还是暗装，配电箱（盘）是否是加工定制的，核对实物与图样要求是否相符
弹线定位	根据图样要求找出配电箱（盘）位置（一般安装在电源进口处，并尽量接近负载中心），并按照箱（盘）的外形尺寸进行弹线定位 当设计图样无明确要求时，一般应按以下原则确定： (1) 配电箱（盘）应装在清洁、干燥、明亮、不易受振、不易受损、无腐蚀性气体及便于抄表、维护和操作的地方 (2) 配电箱（盘）一般设在室内，但对于公共建筑场所，应设在管理区域内。多层建筑各层配电箱（盘）应尽量设在同一垂直位置上，以便干线立管敷设和供电。不宜设在建筑物的纵横交接处，建筑物的外墙，楼梯踏步侧墙上，散热器的上方和水池上、下侧 (3) 配电箱（盘）明装时为1.5 m，暗装时为1.2 m，如果装有电能表应为1.8 m。在同一建筑物内，同类箱（盘）的高度应一致，允许偏差为10 mm
箱（盘）固定	配电箱（盘）的固定必须平整、牢固，箱体应垂直于地面，垂直度允许偏差为3 mm。常用固定方法有以下三种： (1) 铁架固定明装配电箱（盘） (2) 金属膨胀螺栓固定明装配电箱（盘） (3) 暗装配电箱埋设固定 三种固定方法的具体工艺要求见下文
绝缘测试	配电箱（盘）全部电器安装完毕后，用500 V绝缘电阻表对线路进行绝缘摇测 (1) 摇测相线与相线之间的绝缘电阻，并做好记录 (2) 摇测相线与零线之间的绝缘电阻，并做好记录 (3) 摇测相线与地线之间的绝缘电阻，并做好记录 (4) 摇测零线与地线之间的绝缘电阻，并做好记录 以上摇测的绝缘电阻值均应符合图样要求，认真填写记录，作为技术资料存档
通电试运行	配电箱（盘）安装及导线压接后，无差错后试送电，检查元器件及仪表指示是否正常，并标注好各回路编号及用途

4. 箱（盘）固定的具体方法

（1）铁架固定明装配电箱（盘）

1）依据配电箱（盘）底座尺寸，将角钢调直，量好尺寸，划好锯口线，锯断煨弯，钻孔位煨弯时用角尺找正。

2）用电（气）焊时，将对口缝焊牢，并将埋入端做成燕尾，然后除锈，刷防锈漆。

3）按需要标高用水泥砂浆将铁燕尾端埋注墙孔，埋入时要注意铁架的平直度和空间距离，应用线坠和水平尺测量准确后再稳住铁架。

4）待水泥砂浆凝固后方可进行配电箱（盘）与铁架的连接紧固，同时要对箱（盘）体进行找正。

（2）金属膨胀螺栓固定明装配电箱（盘）

1）根据弹线定位的要求找到准确的固定位置。

2）用电锤或冲击钻在固定点位置钻孔，孔洞应平直，不得歪斜。钻头的选用要与膨胀螺栓的规格相配，使所钻的孔径应刚好可将金属膨胀的膨胀管部分轻打埋入墙内，在轻打金属膨胀螺栓时，要用螺母套在螺栓上，以防止将螺栓上的螺纹损坏。

3）固定配电箱，同时要对箱（盘）体进行找正。

（3）暗装配电箱埋设固定

1）箱（盘）体的埋设固定。首先根据施工图要求的标高和预留洞位置，将卸下箱门（盘面）、箱（盘）芯后的箱（盘）体放入洞内，找好标高和水平位置，并将箱（盘）体与管路连接固定好。如图4—19所示，用水泥砂浆填实周边，并抹平。待土建粉刷装饰好墙面后，再进行箱（盘）芯安装接线、箱门（盘面）的安装。

2）箱（盘）芯安装接线。首先将箱壳内杂物清理干净，并将导线理顺，分清支路和相序，箱（盘）芯对准固定螺栓位置推进，然后调平、调直、拧紧固定螺栓。再将理顺的导线绑扎成束后分别与各端子连接。如图4—20所示。

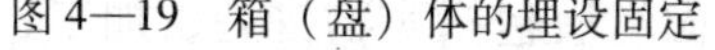

图4—19　箱（盘）体的埋设固定

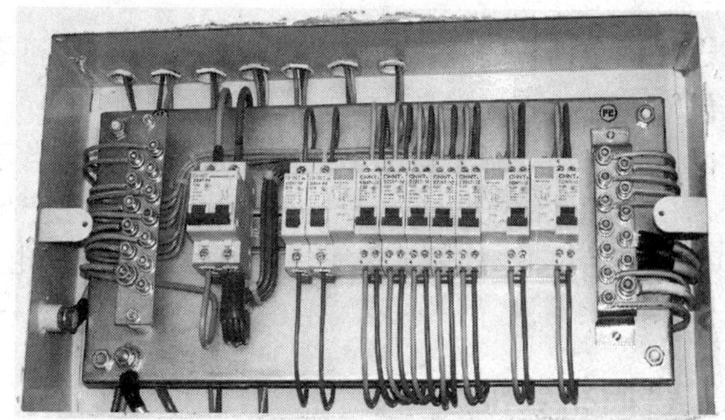

图4—20　箱（盘）芯安装接线

3）箱门（盘面）的安装。要求箱门（盘面）要平整、垂直，周边间隙均匀对称，固定螺钉垂直受力均匀。

（4）管路进配电箱（盘）。管路进明、暗装配电箱（盘）的做法如图4—21所示。

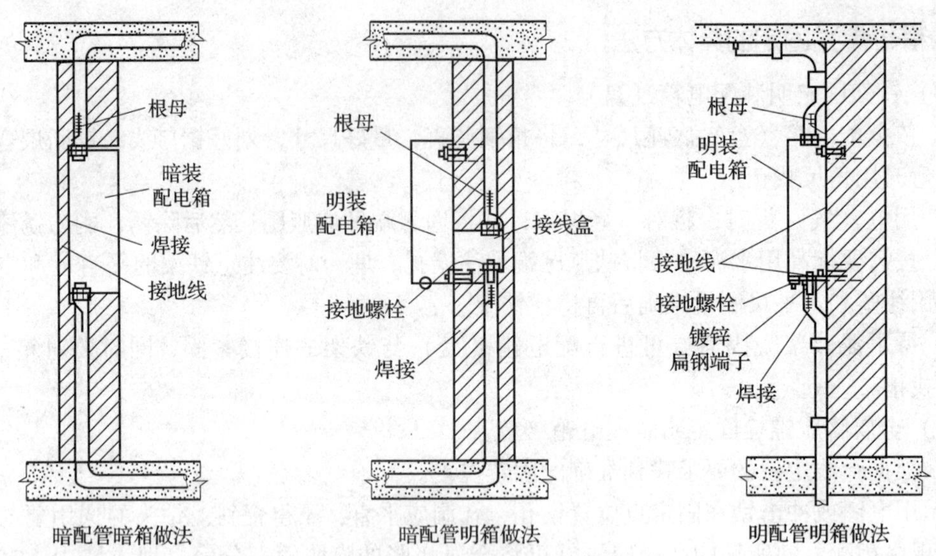

图4—21　管路进明、暗装配电箱（盘）的做法

特别提示

1. 在弹线定位时要认真注意土建的地坪位置，用水平导管测出同一水平位置，确保配电箱（盘）的标高垂直度不超过允许偏差。

2. 安装铁架之前，铁架应进行调直找正。

3. 配电箱（盘）安装应牢固、平整，其垂直度允许偏差为3 mm。

4. 在进行铁架埋注或安装配电箱（盘）开凿混凝土墙面或砖墙面时，要根据弹线定位的明确位置进行开凿，不可采取野蛮施工，开凿的位置与埋注的物件配备，防止过多地破坏墙面。

5. 固定面板的螺钉，应采用镀锌螺钉，其间距不得大于250 mm，并应均匀地对称于四角。

6. 配电箱（盘）面板较大时，应加衬铁，当宽度超过500 mm时，箱门应做双开门。

7. 采用铁制配电箱（盘）的进出线孔，除产品设计制造时可开凿外，要用专用的开孔机具进行开孔。严禁用电焊或气割的方式进行开孔，以免造成不必要的质量事故。

二、盘面组装配线

现场制作的配电箱（盘）的安装还有盘面组装，盘面组装包括实物排列、加工、固定元器件、电盘配线等工作内容。本课题介绍配电箱（盘）盘面组装配线工艺。

1. 盘面组装配线工艺

配电箱通常由盘面和箱体两大部分组成。盘面的制作要求以整齐、美观、安全及便于检修为原则。配电箱的盘面可采用厚塑料或钢板为材料。制作盘面时，先将板材按尺寸量好，划好切线后进行切割，切割后，再将边、棱角修饰干净。配电箱（盘）上元器件、仪表应牢固、平整、整洁。配线必须排列整齐，并绑扎成束，在活动部位应利用长螺钉加以固定。盘面引出线及进线应留有适当的余量，以便于检查和维修。

盘面组装配线的操作流程及工艺要求见表4—9。

表4—9　　盘面组装配线的操作流程及工艺要求

操作流程	工艺要求
实物排列	将盘面板放平，再将全部元器件、仪表置于其上，进行实物排列。对照图样及元器件、仪表的规格和数量，选择最佳位置使之符合间距要求，并保证操作维修方便及外形美观
加工	用90°角尺找正，划出水平线，分均孔距，然后撤去电器、仪表，进行钻孔（孔径应与绝缘嘴吻合）。如是钢板则钻孔后要除锈，应刷防锈漆及灰油漆
固定元器件	油漆干后装上绝缘嘴，并将全部元器件、仪表摆平、找正，用螺钉固定。配电箱（盘）上元器件、仪表应牢固、平整、整洁、间距均匀、铜端子无松动、启闭灵活，零部件齐全
配线	根据元器件、仪表的规格、容量和位置，选好导线的截面和长度，加以剪断，进行组配。盘面导线应排列整齐、绑扎成束。压头时，将导线留出适当的余量，削出线芯，逐个压牢。但是多股线需要用压线端子。如为立式盘，开孔后应首先固定盘面板，然后再进行配线
安装地线	按要求正确安装接地线 配电箱（盘）带有器具的铁制盘面和装有器具的门及电器的金属外壳均应有明显可靠的PE线接地，PE线不允许利用盒、箱体串接 接零系统中的零线应在箱体（盘）面上引入线处或末端做好重复接地线（又称PEN线）。重复接地的接地体与电气设施之间的距离不应小于3 m；接地体与建筑物的距离一般不小于1.5 m；接地电阻值应符合图样要求

元器件、仪表的排列间距要求见表4—10。

表4—10　　元器件、仪表排列间距要求

间距	最小尺寸（mm）		
仪表侧面之间或侧面与盘边	60 以上		
仪表顶面或出线孔与盘边	50 以上		
闸具侧面之间或侧面与盘边	30 以上		
上下出线孔之间	40 以上（隔有卡片框）20 以上（未隔卡片框）		
插入式熔断器顶面或底面与出线孔	插入式熔断器规格（A）	10～15	20 以上
		20～30	30 以上
		60	50 以上
仪表、胶盖闸顶面或底面与出线孔	导线截面（mm^2）	10 及以下	80
		16～25	100

2.PE 线截面规格要求

(1) PE 线所用材质与相线相同时，按热稳定要求选择截面，当相线线芯截面积小于 16 mm^2时，PE 线最小截面与相线线芯截面相同；当相线线芯截面积在 16 ~ 35 mm^2之间时，PE 线最小截面积为 16 mm^2；当相线线芯截面积大于 35 mm^2时，PE 线最小截面积应为相线线芯截面积的 1/2。

(2) PE 线若不是供电电缆或电缆外护层的组成部分时，按不同机械强度要求：有机械保护时截面积应不小于 2. 5 mm^2；无机械保护时，截面积应不小于 4 mm^2。

3. 盘面组装配线的要求

(1) 配电箱（盘）上的母线涂有黄（U 相）、绿（V 相）、红（W 相）3 种颜色。垂直排列方式为 U 上、V 中、W 下；水平排列为 U 后、V 中、W 前；引下排列为 U 左、V 中、W 右。黑色（N）为零线，黄绿双色线为保护地线（又称为 PE 线），如图 4—22 所示。

图 4—22　配电箱（盘）上的母线

(2) 零母线在配电箱（盘）上应用零线端子板分支路，且排列位置应与熔断器相对应。

(3) 配电箱（盘）应装短路、过载和漏电保护装置。

(4) 配电箱（盘）上配线必须排列整齐，并绑扎成束，在活动部位应利用长螺钉加以固定。盘面引出及进入的导线应留有适当的余量，以便于检查和维修。

(5) 导线剥削处不应损伤线芯或线芯过长，导线压头应牢固可靠，多股导线不应盘圈压接，应加装压线端子。如必须穿孔，且用螺钉压接时，多股线上应搪锡后再压接，不得减少导线股数。

(6) 配电箱（盘）的盘面上安装的各种刀开关及断路器等，当处于断路状态时，刀开关可动部分不应带电（特殊情况除外）。

(7) 垂直装高的刀开关及熔断器，其上端接电源，下端接负载；横装时，左侧（面对盘面）接电源，右侧接负载。

(8) 配电箱（盘）上的电源指示灯，其电源应接至总开关的外侧，并应在电源侧单独装熔断器。盘面闸具位置应与支路相对应，其下面应装设卡片框，标明路别及容量。

(9) 使用电流互感器时，电流互感器的二次绕组和铁芯应可靠接地，并且在电流互感器二次绕组的电路中不得加装熔断器，要严禁开路运行。

特别提示

1. 对盘面元器件、仪表不牢固、不平整或间距不均、压头不牢，压头伤线芯，多股导线压头未装压线端子，开关下方未装标志框等问题，应采取以下做法：螺钉松的应拧紧，间距应按要求调整均匀，平整，伤线芯的部分应剪掉重接，多股线应装上压线端子，标志框应补装。

2. 盘后配线排列不整齐的应按支路绑扎成束，并固定在盘内。

3. 配电箱（盘）缺零部件，如合页、锁、螺钉等，应配齐各种安装所需零部件。

4. 接地导线截面不够或保护地线截面不够、保护地线串接，对这些不符合要求的应按有关规定进行纠正。

三、住宅户配电箱接线

民用住宅通常分三种类型：平房；住宅楼；高层建筑。其中住宅楼指 2 ~ 7 层的住宅楼房，但是它最具有代表性，掌握了住宅楼的电气线路，对于平房和高层建筑住宅的电气线路也就基本掌握了。民用住宅楼的电气线路较为简单，一般包括照明、电话、有线电视，较高级的住宅还有空调、火灾自动报警及自动消防系统、防盗保安系统、电子监控系统及其附属的动力装置等。

下面以 6 层住宅为例简要说明住宅户照明配电箱的配线。配电系统如图 4—23 所示。

照明配电箱分两种，首层采用 XRB03 - G1（A）型改制，其他层采用 XRB03 - G2（B）型改制，其主要区别是前者有单元的总计量电度表，并增加了地下室照明和楼梯间照明回路。

(1) XRB03 - G1（A）型配电箱配备三相四线总电能表一块，型号 DT862 - 10（40）A，额定电流 10 A，最大电流 40 A；配备总控三极空气开关一块，型号 C45 N/3（40 A），整定电流 40 A。该箱有三个回路，其中两个配备电能表的回路分别是供首层两个住户使用的，另一个没有配备电能表的回路是供该单元各层楼梯间及地下室公用照明使用的。其中供住户使用的回路，配备单相电能表一块，型号 DD862 - 5（20）A，额定电流 5 A，最大电流 20 A，不设总开关。

每个回路又分三个支路。①WL1：照明；②WL2：客厅及卧室插座；③WL3：厨房及卫生间插座。支路标号为 WL1 WL2 WL3 WL4 WL5 WL6。照明支路设双极空气开关作为控制和保护用，型号 C45 N - 60/2，整定电流 6 A；另外两个插座支路均设单极空气漏电开关作为控制和保护用，型号 C45 NL - 60/1，整定电流 10 A。

公用照明回路分两个支路，分别供地下室和楼梯间照明用，支路标号为 WL7 和 WL8。每个支路均设双极空气开关作为控制和保护用，型号为 CN45 - 60/2，整定电流 6 A。

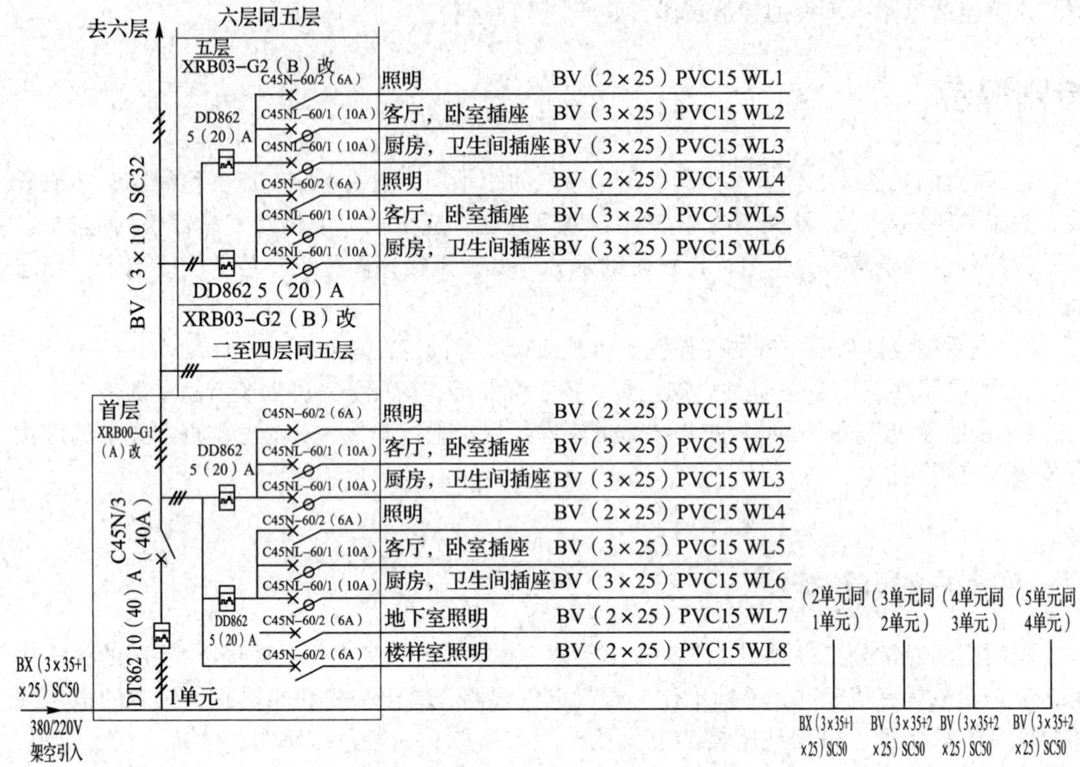

图4—23　住宅户配电箱配电系统图

从配电箱引自各个支路的导线均采用塑料绝缘铜线穿阻燃塑料管（PVC），管径15 mm，其中照明支路均为两根 2.5 mm^{2}的导线，即一零一火，插座支路均为三根 2.5 mm^{2}的导线，即相线、工作零线、保护零线各一根。

（2）XRB03—G2（B）型配电箱不设总电能表，只分两个回路，供每层的两个住户使用，每个回路又分三个支路，其他内容与 XRB03—G1（A）型相同。

（3）该住宅为6层，相序分配上 A 相1 ~2 层，B 相3 ~4 层，C 相5 ~6 层，一至六层竖直管路内导线的分配：

1）进户四根线，三根相线一根工作零线；

2）1 ~2 层管内五根线，三根相线，一根工作零线，一根保护零线，1 ~2 层使用 A 相；

3）2 ~3 层管内四根线，二根相线（B、C），一根工作零线，一根保护零线；

4）3 ~4 层管内四根线，二根相线（B、C），一根工作零线，一根保护零线；

5）4 ~5 层管内三根线，一根相线（C），一根工作零线，一根保护零线；

6）5 ~6 层管内三根线，一根相线（C），一根工作零线，一根保护零线。

特别说明：如果支路采用金属保护管，管内的保护零线可以省掉，而利用金属管路作为保护零线。

思考与练习

1. 配电箱安装的操作流程。
2. 怎样用铁架固定明装配电箱（盘）。

技 能 训 练

1. 阅读如图 4—24 所示住宅楼梯间照明配电安装图，说明主要技术数据。

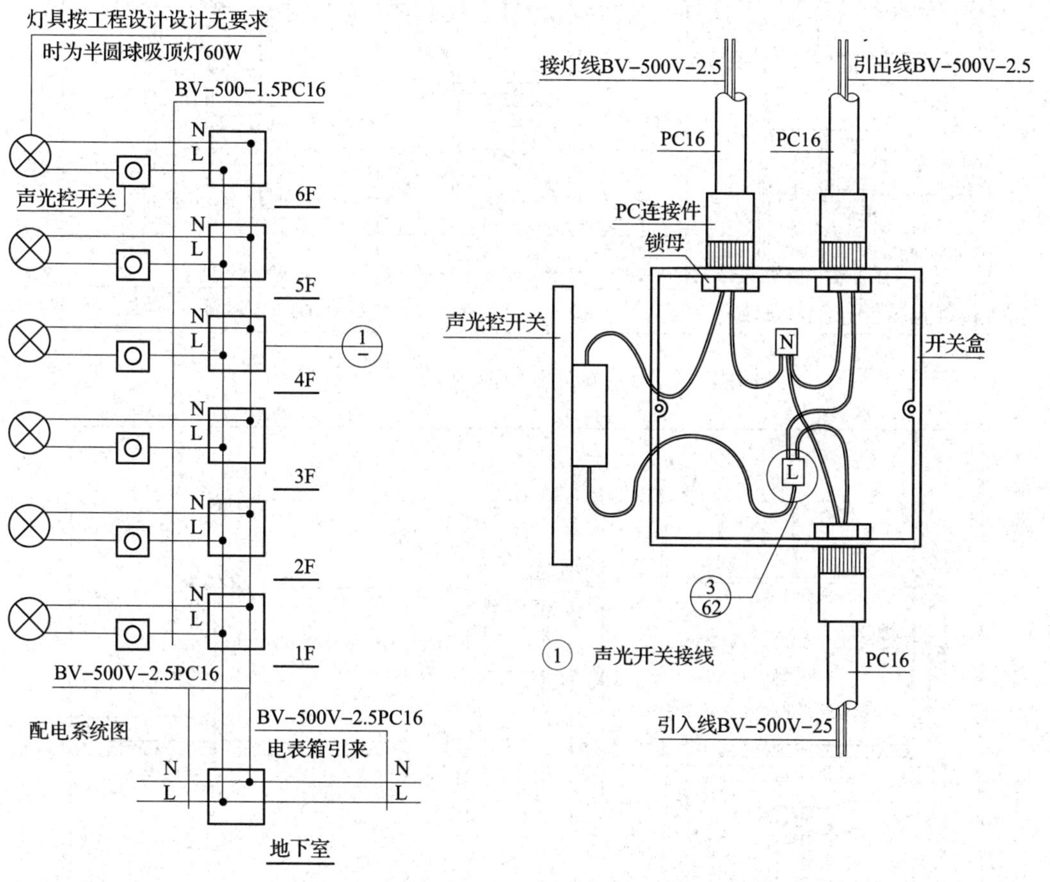

图 4—24 住宅楼梯间照明配电安装图

2. 阅读如图 4—25 所示住宅建筑单元电子对讲布置平面图和图 4—26 所示布置立面图，说明主要技术数据。

3. 阅读如图 4—27 和图 4—28 所示落地式电源箱安装图，说明主要技术数据。

4. 按图 4—18 所示，组装一台配电箱的芯体。

5. 阅读如图 4—29 所示用户配电箱系统图，说明主要技术数据，完成这个配电箱的组装与接线。

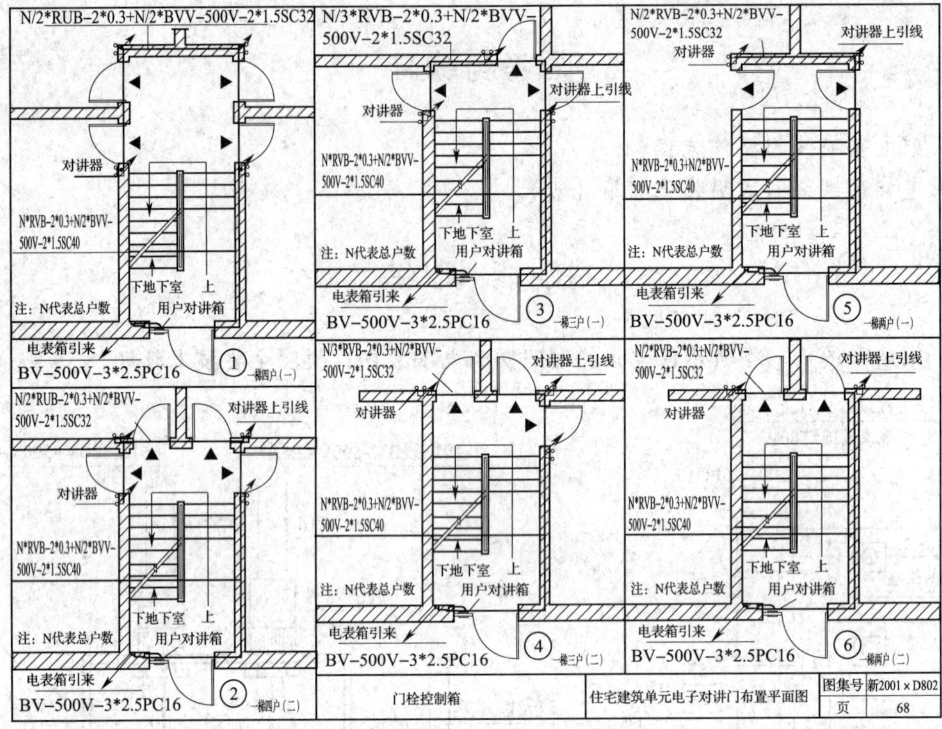

图4—25　住宅建筑单元电子对讲布置平面图

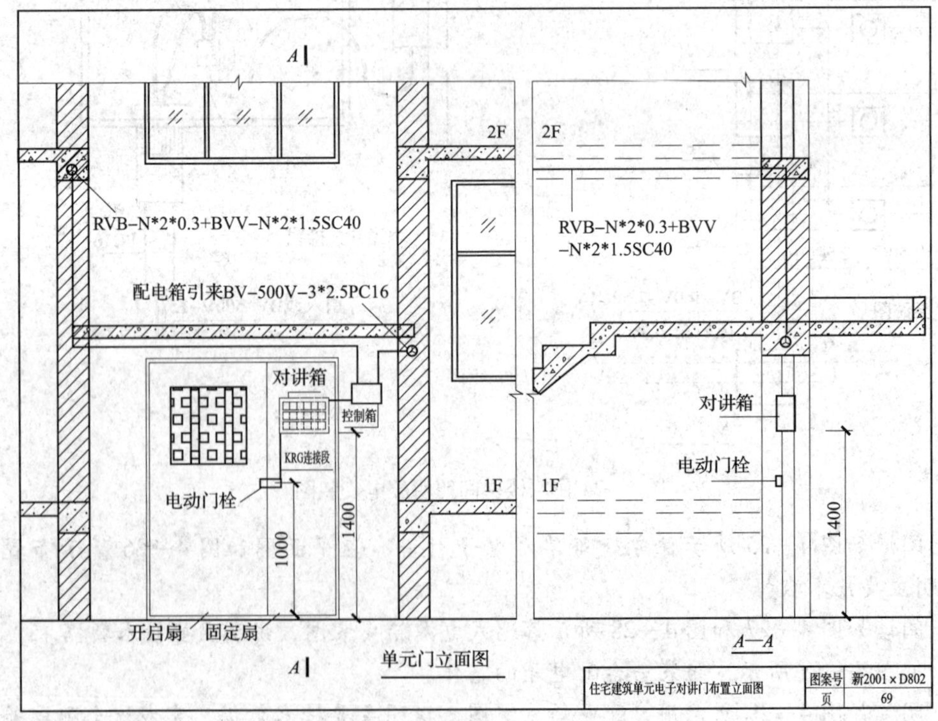

图4—26　住宅建筑单元电子对讲布置立面图

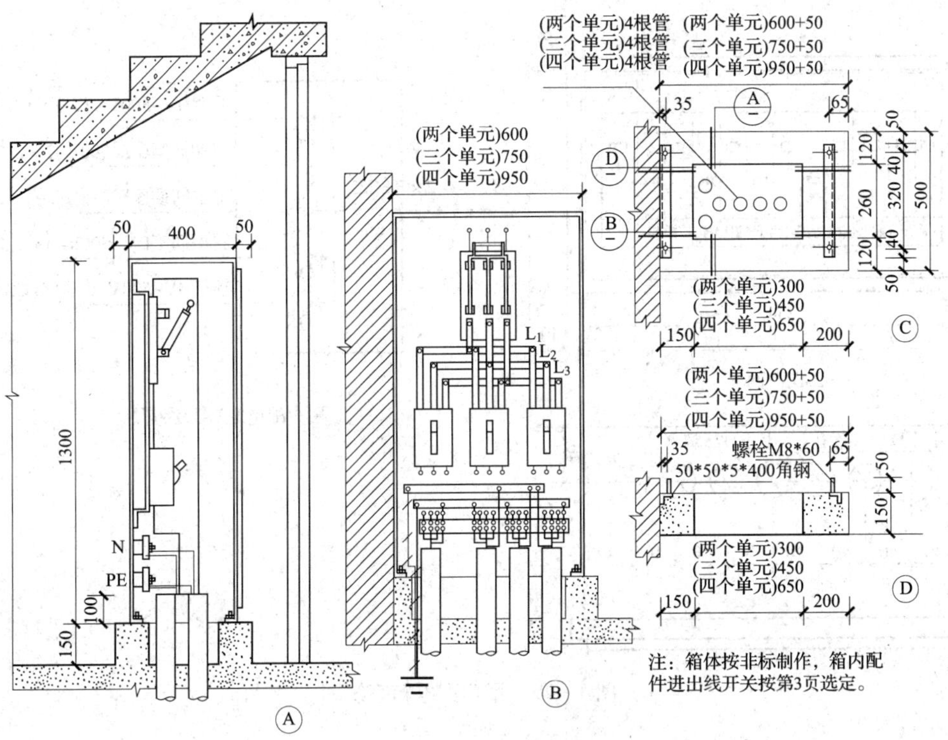

图 4—27　落地式电源箱安装图

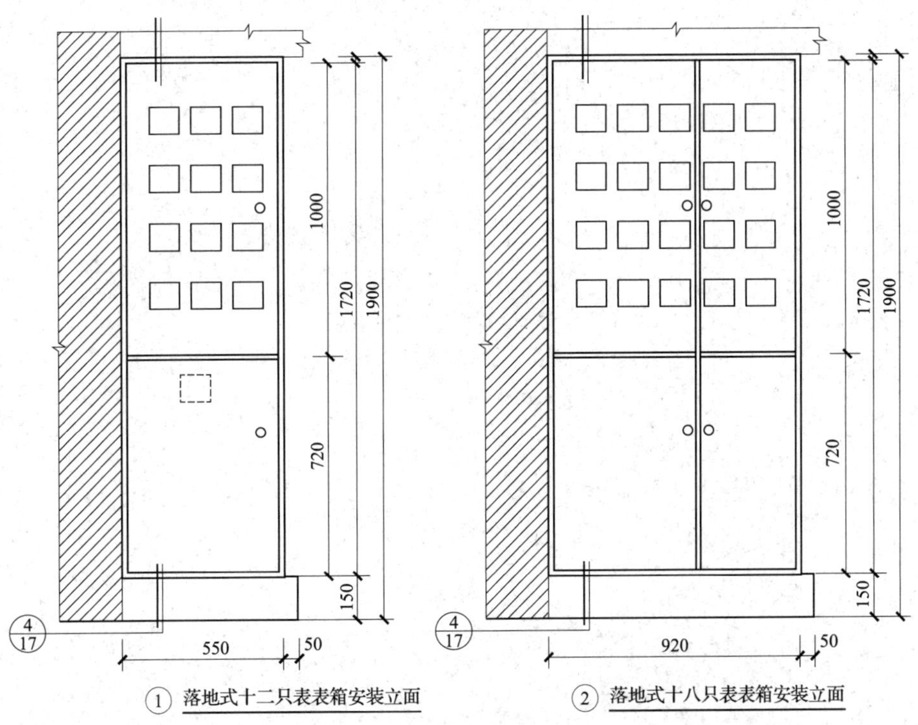

图 4—28　落地式电源箱安装图

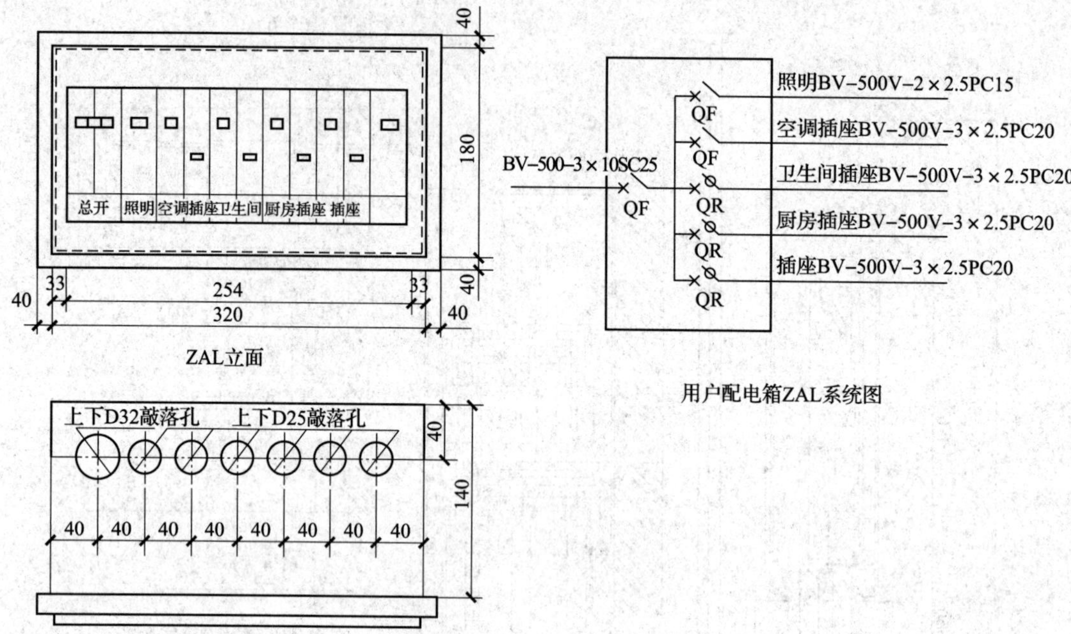

图 4—29　用户配电箱系统图

第五单元　电力拖动设备安装

学习目标

1. 掌握电动机的工作原理，安装及维护方法
2. 了解低压电器分类，常见低压电器结构、性能及选用方法
3. 熟练掌握电动机点动和单向运行电路、电动机正、反转运行电路，电动机的Y－△降压启动电路的工作原理和线路安装方法、工艺要求，识读电路图
4. 了解低压配电柜基础知识，低压动力配电柜安装工艺要求
5. 了解变频器及软启动器相关知识，掌握接线方法和参数调整方法

电动机是将电能转化为机械能的装置。由于电力在生产、传输、分配、使用和控制等方面的优越性，使电动机获得广泛应用。电动机安装是电气传动及其控制设备安装的一项重要工作。本单元重点介绍三相交流异步电动机结构和原理，即电动机控制、保护和启动装置安装、单向正转点动、自锁电路、正反转电路、时间继电器Y－△降压启动电路安装、自制动力配电箱结构、动力配电箱（柜）安装及调试、变频器工作原理、用途、软启动器工作原理、用途、引下线施工、接闪器施工、总等电位连接、局部等电位连接等基本操作内容。

课题一　低压异步电动机接线

一、电动机的工作原理

1. 电动机的分类

电动机按其供电电源种类可分直流电动机和交流电动机两大类。交流电动机按其工作原理的不同，可分为同步电动机和异步电动机两大类。同步电动机的旋转速度与交流电源的频率有严格的对应关系，在运行中转速保持恒定不变；异步电动机的转速随负载的变化稍有变化。按所需交流电源相数的不同，交流电动机可分为单相交流电动机和三相交流电

动机两大类。

目前较常用的交流电动机有两种：三相异步电动机多用在工业上，单相交流电动机多用在民用电器上。

2. 三相异步电动机的结构

三相异步电动机的结构分为定子和转子两大部分，定子和转子间留有很小的空气间隙。如图 5—1 所示为三相笼型异步电动机结构图。

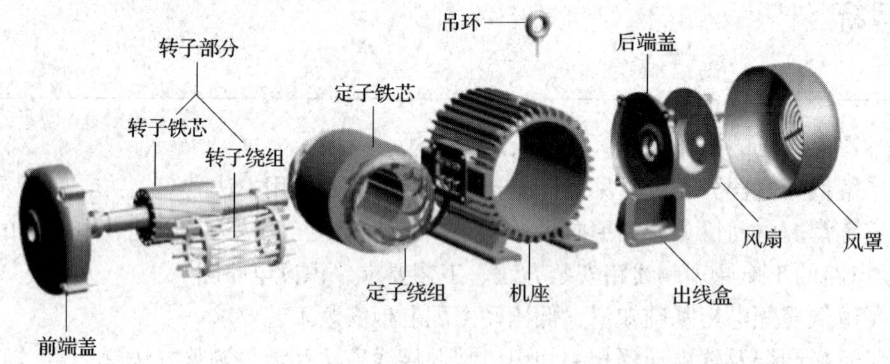

图 5—1　三相笼型异步电动机结构图

定子由机座、定子铁芯、定子绕组和端盖等部分组成。铁芯是电动机的磁路部分。定子铁芯一般用彼此绝缘的厚度为 0.5 mm 的环形硅钢片叠成。硅钢片呈圆筒形，整个铁芯被固定在铸铁机座内。在定子铁芯硅钢片的内圆侧表面冲有间隔均匀的线槽，如图 5—2 所示。

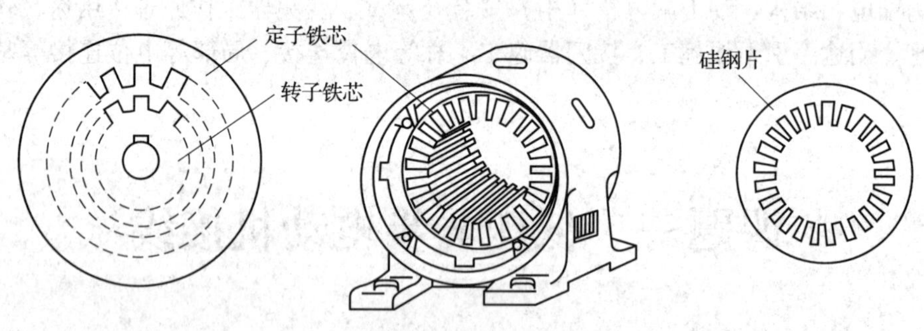

图 5—2　电动机铁芯

定子三相绕组对称嵌放在这些槽中，三组均匀分布，空间位置彼此相差 120°。首末端分别为 U1、V1、W1 和 U2、V2、W2，分别引出接到机座的接线盒上，定子绕组可分为三角形联结（又称为角形或△形）和星形联结，（又称为星形或Y形）如图 5—3 所示。

转子由转子铁芯、转子绕组和转轴组成。转子铁芯也是用硅钢片叠成，转子铁芯固定在转轴上，呈圆柱形，外圆侧表面冲有均匀分布的线槽，槽内嵌放转子绕组，因为绕组形状类似鼠笼，采用这种转子的电动机又称为笼型电动机。如图 5—4 所示。

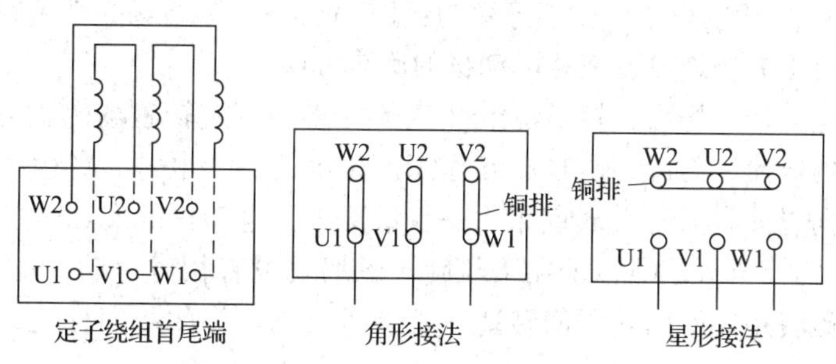

图 5—3　定子三相绕组连接方法

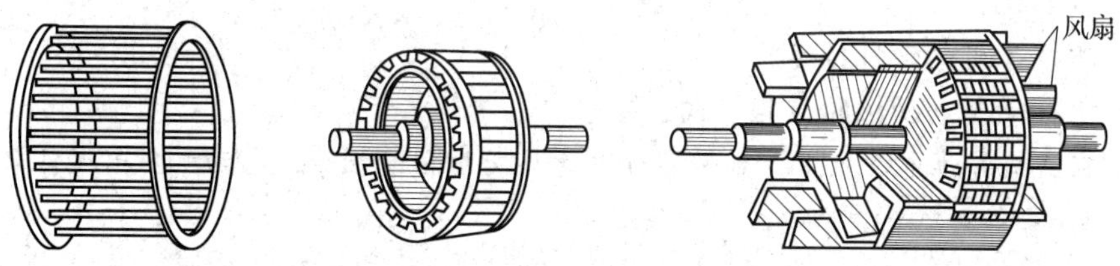

图 5—4　转子绕组

3. 三相异步电动机的旋转原理

三相异步电动机要旋转起来的先决条件是具有一个旋转磁场，三相异步电动机的定子绕组就是用来产生旋转磁场的。三相交流电源相与相之间的电压在相位上是相差 120°的，三相异步电动机定子中的三个绕组在空间方位上也互差 120°，这样，当三相交流电源加到定子绕组上时，定子绕组就会产生一个旋转磁场，电流每变化一个周期，旋转磁场在空间旋转一周，即旋转磁场的旋转速度与电流的变化是同步的。

旋转磁场的转速为：

$$n = 60 \times \frac{f}{p}$$

式中：f 为交流电源频率、p 是磁场的磁极对数、n 是每分钟转数。

这个公式的物理意义就是电动机的转速与磁极数和使用电源的频率有关，为此，控制交流电动机的转速有两种方法：改变磁极对数 p 和改变交流电源频率 f。改变磁极对数 p 的方法就是在电动机中嵌入多个磁极对数的绕组，这种电动机就是多级电动机，改变磁极对数的绕组接法，就能改变电动机转速，这就是变极调速技术。改变交流电源频率 f 的方法，就是利用变频调速器（改变电源频率的装置）产生可以改变频率的电源，接入普通交流电动机，改变电动机转速，这就是变频调速技术。

变频调速技术能实现电动机的无级变速控制，变极调速只能实现有级变速控制，例如 2 极电动机同步转速为 3 000 r/min、4 极电动机同步转速为 1 500 r/min，8 极电动机同步转速为 750 r/min。

定子绕组旋转磁场的旋转方向与绕组中电流的相序有关。相序 U、V、W 顺时针排列，磁场顺时针方向旋转，若把三相电源线中的任意两相对调，例如将 V 相电流通入 W 相绕组中，W 相电流通入 V 相绕组中，则相序变为：U、W、V，则磁场必然逆时针方向旋转。利用这一特性我们可很方便地改变三相电动机的旋转方向。

定子绕组产生旋转磁场后，转子绕组（笼条）将切割旋转磁场的磁力线而产生感应电流，转子导条中的电流又与旋转磁场相互作用产生电磁力，电磁力产生的电磁转矩驱动转子沿旋转磁场方向以 n_1 的转速旋转起来。一般情况下，电动机的实际转速 n_1 低于旋转磁场的转速 n。因为假设 $n = n_1$，则转子导条与旋转磁场就没有相对运动，就不会切割磁感线，也就不会产生电磁转矩，所以转子的转速 n_1 必然小于 n。为此我们称这种三相电动机为异步电动机。

想一想

1. 怎样改变电动机转速？
2. 怎样改变电动机的旋转方向？
3. 在交流异步电动机中，如果实际转速与同步转速相等，电动机会出现什么情况？

4. 单相交流电动机的旋转原理

单相交流电动机只有一个绕组，转子是鼠笼式的。当单相正弦电流通过定子绕组时，电动机就会产生一个交变磁场，这个磁场的强弱和方向随时间作正弦规律变化，但在空间方位上是固定的，所以又称这个磁场是交变脉动磁场。这个交变脉动磁场可分解为两个转速相同、旋转方向互为相反的旋转磁场，当转子静止时，这两个旋转磁场在转子中产生两个大小相等、方向相反的转矩，使得合成转矩为零，所以电动机无法旋转。当我们用外力使电动机向某一方向旋转时（如顺时针方向旋转），这时转子与顺时针旋转方向的旋转磁场间的切割磁感线运动变小；转子与逆时针旋转方向的旋转磁场间的切割磁感线运动变大。这样平衡就打破了，转子所产生的总的电磁转矩将不再是零，转子将顺着推动方向旋转起来。

产生这个外力的方法就是在单相交流电动机上再加一个绕组，称为启动绕组，这个绕组在定子空间上与原来的绕组（称为运行绕组）相差 90°，接入的交流电源与运行绕组的电源电角度相差 90°，这样转子绕组就能获得两个空间角度垂直的电磁转矩，推动转子运转。

实现启动绕组电源与运行绕组电源相差 90°的方法，就是在启动绕组中串联一个电容器（这个电容器称为启动电容器），然后与运行绕组并联，这样采用单相电源就能使单相交流电动机旋转起来。如图 5—5 所示。

想一想

分析如图 5—6 所示单相交流电动机控制电路图的工作原理。这个控制电路原理在哪些电气设备上能够使用？

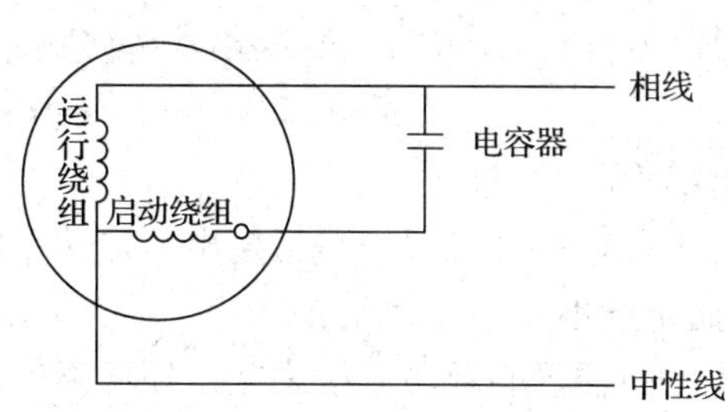

图 5—5　单相交流电动机绕组原理图

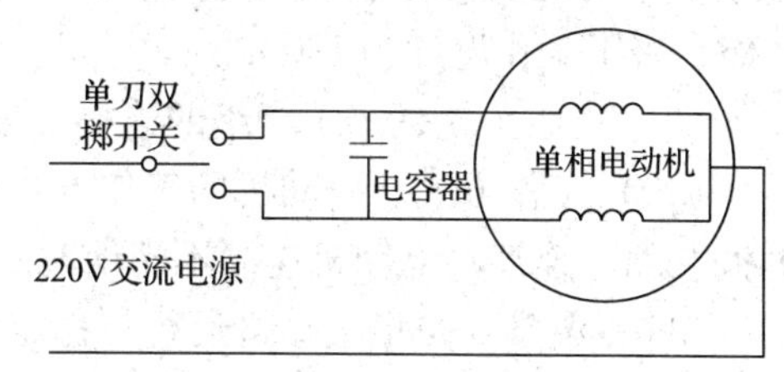

图 5—6　单相交流电动机控制电路图

5. 三相交流电动机铭牌

三相交流电动机的铭牌是说明交流电动机参数的标牌，如图 5—7 所示。

三相异步电动机					
型号	Y90L-4	电压	380V	接法	Y
容量	1.5kW	电流	3.7A	工作方式	连续
转速	1400r/min	功率因数	0.79	温升	90℃
频率	50Hz	绝缘等级	B	出厂年月	×年×月
×××电机厂	产品编号		重量	kg	

图 5—7　三相电动机铭牌

（1）型号。三相交流电动机的型号由以下几部分组成：

1）产品代号：Y——异步电动机；T——同步电动机；Z——直流电动机；TF——同步发电机。

2）产品规格代号：L——长机座；M——中机座；S——短机座。

3）电动机轴中心高度：单位是 mm。

4）电动机极对数。

铭牌型号表示：异步电动机、电动机轴中心高度是 90 mm、长机座、电动机极对数是 4 极。

（2）容量。就是电动机的额定功率，是指在满载运行时三相电动机轴上所输出的额定机械功率，用 kW 表示。铭牌容量表示：1.5 kW。

（3）转速。就是额定转速，表示三相电动机在额定工作情况下运行时每分钟的实际转速。铭牌转速表示：1 400 r/min 就是 1 400 转/分钟。

（4）频率。就是额定频率，表示电动机电源的工作频率。铭牌频率表示：50 Hz。

（5）电压。就是电动机额定工作电压。铭牌电压表示：380 V。

（6）电流。就是电动机额定工作电流。铭牌电流表示：3.7 A。

（7）功率因数。电动机从电网所吸收的有功功率与视在功率的比值。铭牌功率因数表示：0.79。

（8）绝缘等级。是指三相电动机所采用的绝缘材料的耐热能力，电动机在额定工作状态下运行时，绕组允许的温度升高值（即绕组的温度比周围空气温度高出的数值）的高低取决于电动机使用的绝缘材料。绝缘等级分为 A、E、B、F、H 五级。铭牌绝缘等级表示：B 级，极限工作温度为 130℃。

（9）接法。就是定子绕组的连接方法。铭牌接法表示：Y 接法。

（10）工作方式。电动机的工作方式分为连续、短时、间歇三种，是指输出额定功率的时间长短。连续：电动机连续不断地输出额定功率而温升不超过铭牌允许值。

（11）温升。是指电动机运行在稳定状态下，电动机温度与环境温度之差，环境温度规定为 40℃。铭牌温升表示：90℃。

想一想

1. Y 形接法的电动机按△形接法会出现什么后果？
2. △形接法的电动机按 Y 形接法会出现什么后果？

二、电动机的安装与维护方法

1. 收货检验

（1）收货后，立即检验电动机有无外部损伤，检验所有的铭牌数据，尤其是电压和绕组的连接方式（Y 或△）。用手旋转转轴，检验电动机空转情况，如果电动机装有锁定装置，注意将其打开。

（2）电动机初次使用之前，绕组有可能受潮，都要测量其绝缘电阻值。一般中小型电动机的绝缘电阻大于 0.5 MΩ。

电动机绝缘电阻测量步骤如下：将电动机接线盒内 6 个端头的铜排拆开。把兆欧表放平，先不接线，摇动兆欧表。表针应指向“∞”处，再将表上有“L”（线路）和“E”（接地）的两接线柱用带线的试夹短接，慢慢摇动手柄，表针应指向“0”处。测量电动机三相绕组之间的电阻。将两测试夹分别接到任意两相绕组的任一端头上，平放摇表，以 120 r/min 的速度匀速摇动兆欧表一分钟后，读取表针稳定的指示值。用同样方法，依次测量每相绕组与机壳的绝缘电阻值。但应注意，表上标有“E”或“接地”的接线柱，应接到机壳上无绝缘的地方。

特别提示

绝缘电阻测试完毕，必须将绕组放电，避免别人接触绕组后触电。

2. 电动机的管理

（1）储存。所有电动机都应保存在室内，要求干燥、防震、防尘的环境。无保护层的电动机表面（轴伸端和法兰）应该采取防锈措施。建议定期检查电动机，用手转动转轴，防止润滑脂流失或其他问题。

（2）运输。安装有圆柱及滚针轴承和球顶针轴承的电动机，在运输时需要安装缩紧装置。

3. 电动机的安装

（1）垫板。金属垫板应该涂防锈漆。垫板应该平稳，并且足够坚固以防止冲击负载造成的影响。选择尺寸时注意刚性避免共振。

（2）底脚螺栓安装。拧紧电动机底脚和垫板间的螺栓并留有 1～2 mm 的缝隙。采用合适的方式调整电动机对接同心度后，再均匀拧紧螺栓。如果电动机轴伸与负载刚性连接，则同心度调好后，两者的底脚都必须与底座间各安装两个定位钉，防止电动机运转时破坏连接同心度而损坏电动机。用混凝土固定螺栓，检查电动机的安装，并钻定位销。

4. 电气连接

标准单速电动机的接线盒一般有 6 个接线螺栓和至少 1 个接地螺栓。电动机通电之前，必须按规定要求可靠接地，不能接零代替接地。拆下接线板上所有的接线片，按Y/△启动装置接线，妥善连接到电动机六个接线柱上。双速电动机和其他特种电动机的电源接法，必须依照接线盒内的接线图说明进行连接。

如果电源相序 U，V，W 依次与接线柱 U1，V1，W1 连接，从电动机的驱动端观察转轴，其旋转方向为顺时针。改变任意两相就可以改变电动机的旋转方向。

特别提示

电动机不能用于加速和超载运行。正常运行时，电动机表面会发热，但不会超过极限工作温度的60%。

5. 维护

定期检修电动机。保持电动机清洁，空气流通。检查轴伸的密封圈（如 V—密封圈），如有必要应及时更换。检查安装连接状况和安装螺钉。通过监听异常噪声、振动测量、监控用油量来检查轴承运行情况。如有异常发生，应立即停机，检查原因并及时排除。

思考与练习

1. 电动机的分类。
2. 画出定子绕组两种接法的原理图。
3. 简述三相异步电动机的旋转原理。
4. 电动机的管理包括哪两部分？
5. 电动机如何安装及维护？

技能训练

1. 观察三相异步电动机接线盒，判断定子绕组的连接方法。
2. 测量三相异步电动机的绝缘电阻，看电动机绝缘电阻是否合格。
3. 观察建筑电气设备中电动机的固定方式。
4. 查阅电动机说明书，说明电动机的维护项目。
5. 用钳形电流表测量一台正常运行的三相异步电动机三相电流。

课题二　常用低压电器和电动机控制电路安装

一、低压电器

1. 低压电器的分类

按电器的动作性质分：手动电器和自动电器；按电器的性能和用途分：控制电器和保护电器；按有无触点分：有触点电器和无触点电器；按工作原理分：电磁式电器和非电量控制电器。

2. 电磁式电器

（1）电磁机构。电磁机构是将电磁能转换为机械能并带动触头动作的机构。电磁机构由铁芯、衔铁和线圈组成。当线圈通入电流时，产生磁场，经铁芯、衔铁和气隙形成回路，产生电磁力，将衔铁吸向铁芯。

用于交流电磁机构的铁芯由硅钢片叠加而成，用于直流电磁机构的铁芯由铸铁或铸钢制造。衔铁分为直线运动式和转动式，用于带动触头动作的部件。线圈分为电压线圈、电流线圈、交流线圈和直流线圈：电压线圈并联在电路中使用，匝数多、导线细；电流线圈串联在电路中使用，匝数少、导线粗；交流线圈短而粗，有骨架；直流线圈细而长没有骨架。

（2）短路环。短路环的作用是减小衔铁吸合时产生的振动和噪声。如图 5—8 所示。

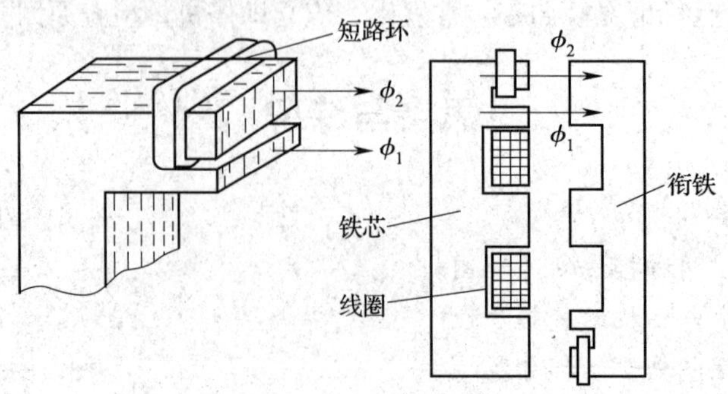

图 5—8　电磁机构

（3）触头系统。触头系统通过触头的开合实现控制电路的通、断。触头的类型有：桥式触头和指形触头，如图 5—9 所示。触头一般采用铜材料制成；对于小容量电器常用银质材料制成。

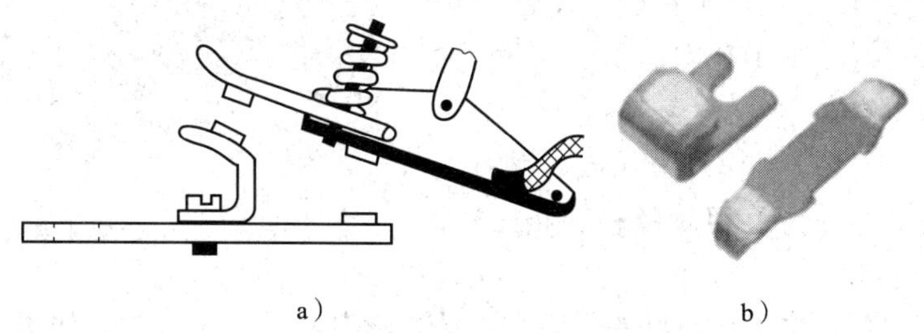

a）　　　　b）

图 5—9　触头形式

a）桥式触头　b）指形触头

（4）灭弧系统。开关电器切断电流电路时，触头间电压大于 10 V，电流超过 80 mA 时，触头间会产生蓝色的发光体就是电弧。电弧产生的危害有：延长了切断故障的时间；高温引起电弧附近电气绝缘材料烧坏；形成飞弧造成电源短路事故。为了消除电弧的危害，电磁式电器一般采取吹弧、拉弧、长弧割短弧、多断口灭弧、利用介质灭弧、改善触头表面材料等灭弧措施，如图 5—10 所示。

3. 开关电器

开关的作用是隔离电源，不频繁地通断电路。

（1）刀开关

1）开关板用刀开关（不带熔断器式刀开关）。刀开关的作用是不频繁地手动接通、断开电路和隔离电源。结构图和电气符号如图 5—11 所示。

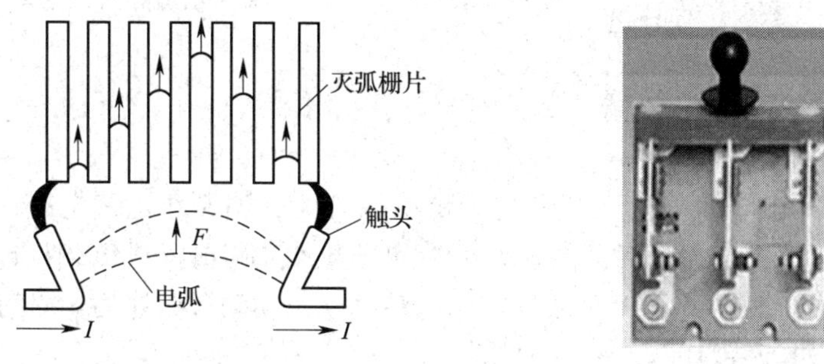

图 5—10　灭弧栅片　　　　图 5—11　刀开关

刀开关的型号。HD11－100 表示：H——刀开关；D——单投式；11——中央手柄式；100——额定电流。

想一想

在有用电负荷的状态下，能对刀开关进行操作吗？

2）带熔断器式刀开关。用作电源开关、隔离开关和应急开关，并作电路保护用，如图 5—12 所示。

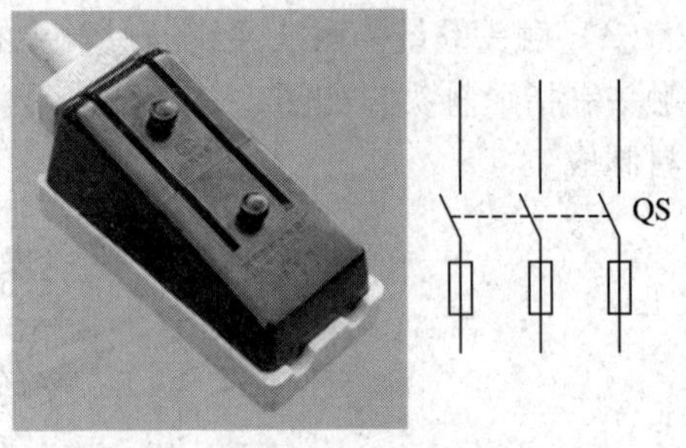

图 5—12　带熔断器式刀开关

3）负荷开关。开启式负荷开关的用途：作不频繁带负荷操作和短路保护用。由刀开关和熔断器组成。瓷底板上装有进线座、静触头、熔丝、出线座及刀片式动触头，工作部分用胶木盖罩住，以防电弧灼伤人手。分为单相双极和三相三极两种，如图 5—13 所示。

封闭式负荷开关（铁壳开关）的作用是手动通断电路及短路保护，如图 5—14 所示。

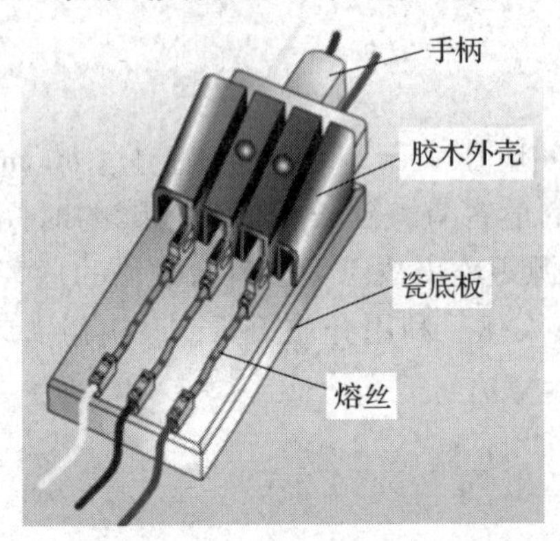

图 5—13　开启式负荷开关

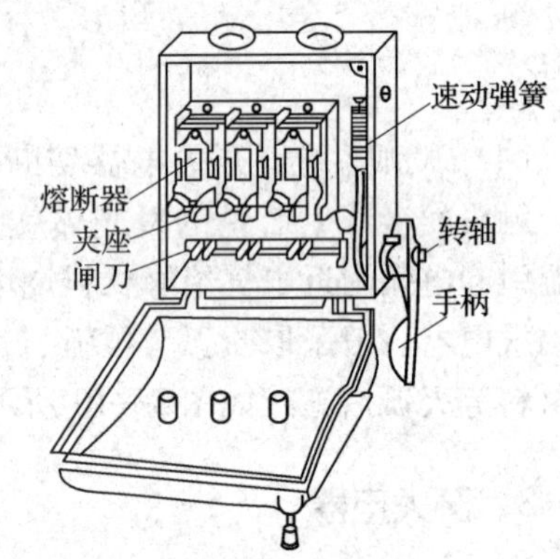

图 5—14　封闭式负荷开关

封闭式负荷开关的型号。HH3 - 100/3 表示：HH——封闭式负荷开关；3——设计代号；100——额定电流；3——极数。

想一想

开启式负荷开关和封闭式负荷开关有什么区别？

（2）组合开关（转换开关）。组合开关用于电源的引入开关；通断小电流电路；控制 5 kW 以下电动机。静触头一端固定在胶木盒内，另一端伸出盒外，与电源或负载相连。动触片套在绝缘方杆上，绝缘方轴每次作 90°正或反方向的转动，带动动触头连通。具有结构紧凑，安装面积小，操作方便等特点，如图 5—15 所示。

组合开关的型号。HZ10 - 10 表示：HZ——组合开关；10——设计代号；10——额定电流。

（3）刀开关的安装方法。刀开关安装时应做到垂直安装，闭合操作时手柄的操作方向应从下向上合。断开操作时手柄的操作方向应从上向下分。不允许采用平装或倒装，以防止产生误合闸。

接线时，电源进线应接在开关上面的进线端上，用电设备应接在开关下面熔体的出线端上。

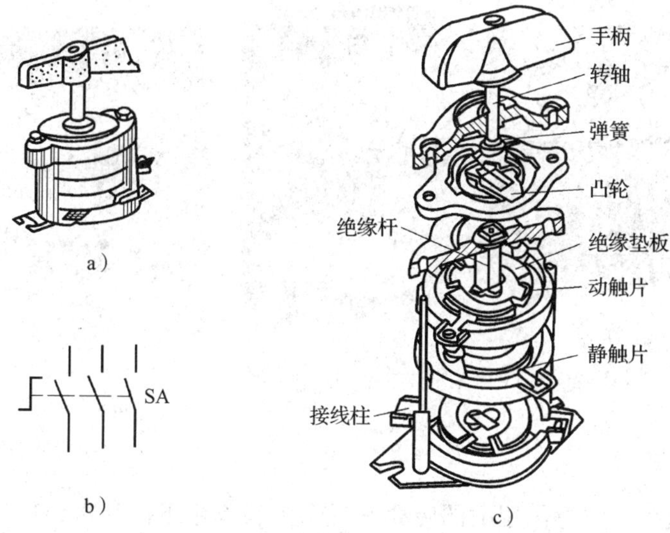

图 5—15　组合开关

a）外形　b）符号　c）结构

开关用做电动机的启动开关时，应将开关熔体部分用导线直接连接，并在出线端另外加装熔断器作短路保护。

安装后应检查刀开关和静插座的接触是否成直线或紧密。

更换熔体必须按原规格在刀开关断开的情况下进行。

（4）封闭式负荷开关的安装方法。封闭式负荷开关必须垂直安装，安装高度一般离地距离为 1.5 m，并以操作方便和安全为原则。接线时，应将电源进线接在刀开关静插座的接线端子上，用电设备应接在熔断器的出线端子上，开关外壳的接地螺钉必须可靠接地。

（5）组合开关的安装方法。组合开关应安装在控制箱（或壳体）内，其操作手柄最好伸出控制箱的前面或侧面，并使手柄在垂直位置时为断开状态。组合开关外壳必须可靠接地。若需在箱内操作，开关最好装在箱内右上方，其上方最好不安装其他电器，否则，应采用隔离或绝缘措施。

4. 低压断路器

低压断路器用于不频繁通断电路，并能在电路过载、短路及失压时自动分断电路。具有操作安全，分断能力较强的优点。有框架式（万能式）和塑壳式（装置式）两种类型。低压断路器由触点系统、灭弧装置、脱扣机构、传动机构组成。电气文字符号：QS，外形如图 5—16 所示。

低压断路器型号。DZ47 - 63/3 - 63 表示：DZ——塑料外壳式；47——设计代号；63——壳架等级额定电流；3——极数；63——额定电流。

低压断路器应垂直于配电板安装，电源引线应接到上端，负荷引线应接到下端。低压断路器用作电源总开关或电动机控制开关时，在电源进线侧必须加装刀开关或熔断器等，以形成一个明显的断开点。

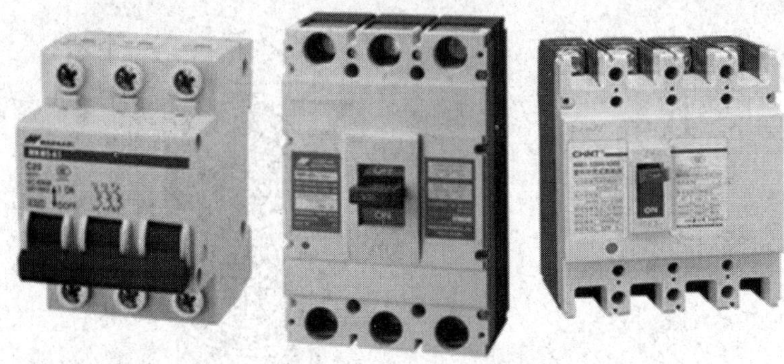

图 5—16　低压断路器

5. 交流接触器

接触器是利用在电磁力作用下的吸合和反向弹簧作用下的释放，使触点闭合和分断，从而控制电路的接通和断开。接触器主要由电磁系统、触点系统、灭弧装置及辅助部件构成。接触器有三对主触点和四对辅助触点，三对主触点用于接通和分断主电路，允许通过较大的电流；辅助触点用于控制电路，只允许小电流通过。触点有常开和常闭之分，当线圈通电时，所有的常闭触点首先分断，然后所有的常开触点闭合；当线圈断电时，在反向弹簧力作用下，所有触点都恢复平常状态。接触器的主触点均为常开触点，辅助触点有常开、常闭之分。接触器在分断大电流电路时，在动、静触点之间会生产较大的电弧，它不仅会烧坏触点，延长电路分断时间，严重时还会造成相间短路，所以在 20 A 以上的接触器上均装有陶瓷灭弧罩，以迅速切断触点分断时所产生的电弧。如图 5—17 所示。

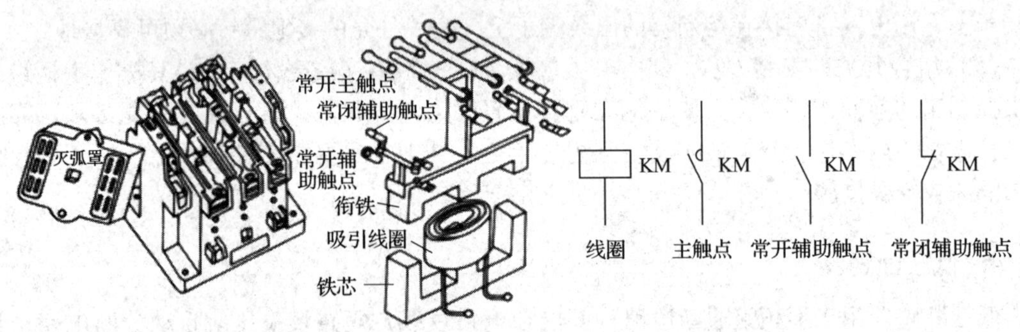

图 5—17　交流接触器结构

交流接触器型号。CJ10 Z－40 表示：CJ——交流接触器；10——设计序号；Z——重任务；40——额定电流。

交流接触器安装之前应进行如下检查：检查产品铭牌及线圈上的参数是否符合实际使用的要求。从外观检查接触器各部分是否有损伤、裂痕、松动等现象。用手分、合接触器的活动部分，要求产品动作灵活，无卡阻、歪扭等现象。用万用表测量各触点的工作情况。检查与调整触点的开距、压力等参数，并检查各极触点的同步情况。

安装一般用螺钉将接触器固定在支架上或底板上，不能有松动现象，固定时应注意不能用力过猛，更不能用锤子敲击，以防损坏接触器外壳。安装时应使接触器有孔的两面在上下位置，有利于散热，降低吸引线圈的温度。

对 CJ10 系列接触器均要求底面与地垂直，倾斜度不得超过 5°。

由于接触器的触点在分断电流时产生的电弧有可能飞出灭弧室，所以为了安全起见，灭弧室与其他导体或电器应有足够的距离。

在接触器接线时，应注意勿使各螺钉、垫圈、接线头等零件落入接触器内部，以免引起卡阻和短路现象，同时，应将螺钉拧紧，以防振动松脱，导线脱出。

想一想

1. 通过接触器触点的电流超过触点额定电流时，会发生什么现象？
2. 交流接触器工作发出“嗡嗡”响声时，怎样消除？

6. 继电器

继电器在控制电路中起控制、联锁、保护和调节作用。继电器的特点是触点额定电流不大于 5 A。文字符号：KA。

（1）中间继电器。中间继电器实质上是一种电压继电器，结构和工作原理与接触器相同。但它的触点数量较多，在电路中主要用来扩展触点的数量。另外其触点的额定电流较大。如图 5—18 所示。

图 5—18　中间继电器

中间继电器型号。JZ7－44 表示：J——继电器；Z——中间；7——设计序号；4——常开触点数量；4——常闭触点数量。

（2）热继电器。热继电器是利用电流的热效应对电动机或其他用电设备进行过载保护的控制的电器，热继电器主要用于电动机的过载保护、断相保护、电流不平衡运行的保护以及其他电气设备发热状态的控制。热继电器主要由热元件、动作机构、触头系统、电流整定装置、复位机构和温度补偿元件等部分组成。

使用时，将热继电器的三相热元件分别串接在电动机的三相主电路中，常闭触点串接在控制电路的接触器线圈回路中。当电动机过载时，热继电器动作，起到保护作用。热继电器可自动复位，也可采用手动方法复位。热继电器在电路中只能作过载保护，因为双金属片从升温到发生弯曲直到断开常闭触点需要一个时间过程，不可能在短路瞬间分断电路。

热继电器整定电流的大小通过旋转电流整定旋钮来调节，旋钮上刻有整定电流值标尺。所谓热继电器的整定电流，是指热继电器连续工作而不动作的最大电流，流过热继电器的电流超过整定电流时，热继电器将在负载未达到其允许的过载极限之前动作。

热继电器的外形与平面图形符号如图 5—19 所示。

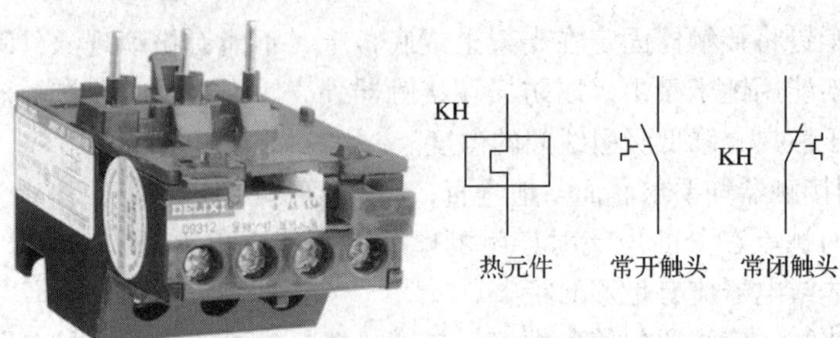

图 5—19　热继电器

热继电器型号。JR16－60/3D40－63A 表示：J——继电器；R——热继电器；16——设计序号；60——额定电流；4D——断相保护；40—63A——可调节保护范围。

热继电器的安装方法。热继电器的安装方向必须与产品证明书规定方向相同。当热继电器与其他发热电器一起使用时，要防止受其他电器发热的影响。正确选用导线截面，接线螺钉要拧紧，触点必须接触良好，盖子盖好。

检查热继电器元件的额定电流值或电流调整旋钮指示的刻度值，是否与被保护的电动机的额定电流值相当，如有不当要更换热继电器重新调整，或调整旋钮的刻度使之符合要求。

动作机构应正常可靠，可用手轻轻扳动 4～5 次进行观察。复位按钮应灵活，调整件不得松动，如已松动，则应紧固并重新调整，调整时不得用力推动，以防损坏零件。

想一想

热继电器为什么不能作为短路保护装置？

（3）时间继电器。时间继电器是作为辅助元件用于各种保护及自动装置中，使被控元件达到所需要的延时动作的继电器。常用的时间继电器主要有电磁式、电动式、空气阻尼式、晶体管式等。晶体管时间继电器按构成原理分为阻容式和数字式两类；按延时方式分为通电延时型、断电延时型及带瞬动触点的通电延时型，如图 5—20 所示。

图 5—20　晶体管时间继电器

图 5—20 中，（a）线圈一般符号；（b）通电延时线圈；（c）断电延时线圈；（d）通电延时闭合动合（常开）触点；（e）通电延时断开动断（常闭）触点；（f）断电延时断开动合（常开）触点；（g）断电延时闭合动断（常闭）触点；（h）瞬动触点。

时间继电器型号。JSS1－10D 表示：JS——时间继电器；S——数字；1——设计序号；10——延时范围；D——断电延时。

时间继电器的安装方法。必须按照说明书的要求方向安装。时间继电器接线时，用力不可过猛，以防止螺钉打滑和损坏触点。时间继电器的整定值，应预先在不通电时整定好，并在试运行时校正。时间继电器金属板上的接地螺钉必须与接地线可靠连接。

7. 熔断器

（1）作用及组成。熔断器的作用是在负载发生短路和严重过载时，迅速断开负载电路，保护熔断器之前的电路，防止电路电流过大而继续扩大故障范围。熔断器串联在负载电路的首端。熔断器有：瓷插式 RC 型、螺旋式 RL 型、有填料式 RT 型、填料密封式 RM 型、快速熔断器 RS 型、自恢复熔断器 RZ 型等多种类型，如图 5—21 所示。

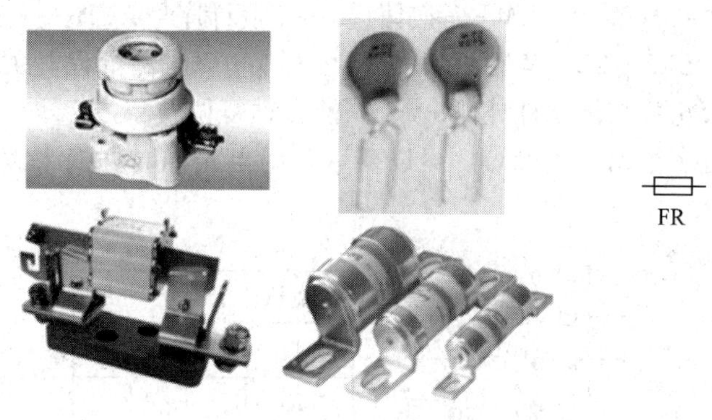

图 5—21　熔断器

（2）熔断器安装方法

1）熔断器应完整无损，接触紧密可靠，并应有额定电压、电流值标志。

2）螺旋式熔断器的电源进线应接在底座中心端的接线端子上，用电设备应接在螺旋壳的接线端子上。

3）熔断器应装用合格的熔体，不能用多根小规格的熔体代替一根大规格的熔体。安装熔断器时，各级熔体应相互配合，并做到下一级熔体应比上一级小。

4）熔断器应安装在各相线上，在三相四线或三相三线控制的中性线上严禁安装熔断器，而在单相二线制的中性线上应该安装熔断器。熔断器兼作隔离作用时，应安装在控制开关电源的进线端；若仅作短路保护，应安装在控制开关的出线端。

想一想

怎样选择电动机主电路熔断器的参数。

8. 主令电器

主令电器是发送控制命令或信号的电器，有控制按钮、万能转换开关、主令控制器、行程开关、接近开关几种类型，如图 5—22 所示。

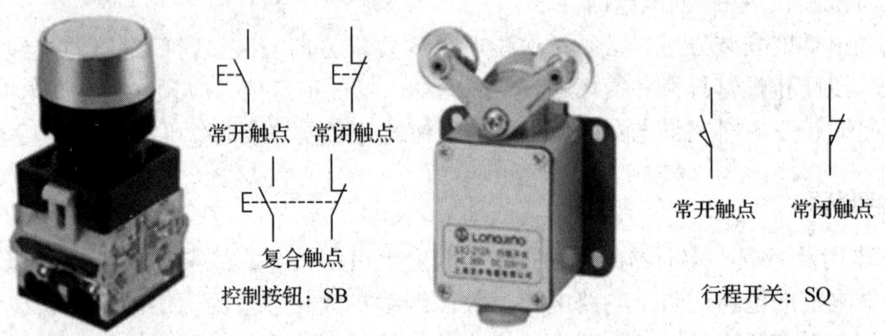

图 5—22　按钮和行程开关

按钮型号。LA2－3H 表示：LA——按钮；2——设计序号；3H——三钮保护式。

行程开关型号。LX2－221 表示：L——主令开关；X——行程开关；2——设计序号；2——双轮；2——滚轮装在传动杆外侧；1——能自动复位。

万能转换开关有多组动、静触点，可以实现多组电路同时切换来满足控制要求，如图 5—23 所示。

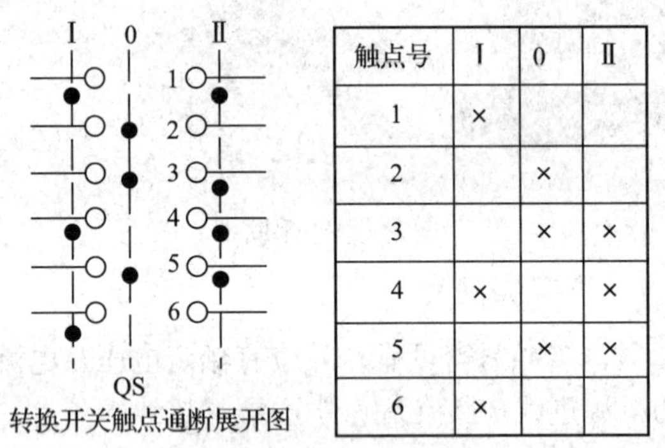

触点号	Ⅰ	0	Ⅱ
1	×		
2		×	
3		×	×
4	×		×
5		×	×
6	×		

图 5—23　万能转换开关

在图 5—23 的转换开关触点通断展开图中，纵向虚线表示手柄位置，图中有三个位置Ⅰ、0、Ⅱ。横向圆圈表示触点对数，图中有 6 对触点；纵横交叉处圆黑点为手柄在此位置对应的触点接通，Ⅰ位：1、4、6 触点通，0 位：2、3、5 触点通，Ⅱ位：3、4、5 触点通。

图 5—23 中的表格是转换开关触点通断表，是表示万能转换开关触点通断状态的另一种形式，纵向表示手柄位置，表中有三个位置Ⅰ、0、Ⅱ；横向为触点对数，图中有 6 对；×为手柄在此位置接通的触点，Ⅰ位：1、4、6 触点通，0 位：2、3、5 触点通，Ⅱ位：3、4、5 触点通。

万能转换开关型号。LW15－16D0723/3 表示：LW——万能转换开关；15——设计序号；16——额定电流；D——特征代号：0723——操作图号；3——系统节数。

按钮安装在面板上时，应布置整齐，排列合理，根据电动机启动的先后顺序，从上到下或从左到右排列。

同一设备运动部件有几种不同工作状态时（如上、下，前、后，松、紧等），应使每一对相反状态的按钮安装在一组。

按钮的触点间距较小，如有污垢等极易发生短路故障，应保持触点的洁净。

按钮安装应牢固，其金属外壳或安装金属板必须可靠接地。

9．漏电保护器

电气设备漏电时，将呈现异常的电流或电压信号，漏电保护器通过检测、处理这个异常电流或电压信号，促使执行机构动作。根据故障电流动作的漏电保护器叫作电流型漏电保护器。漏电保护器是用零序电流互感器检查出触电、漏电信号，自动切除故障电路的保护装置。安装不改变接地方式。适用于中性点接地的电网系统，如图 5—24 所示。漏电保护器安全电流临界值为 30 mA，安全电压临界值为 36 V，动作时间小于 0.1 s。

漏电保护器型号。DZL18 - 20/1 表示：DZL——漏电断路器；18——设计序号；20——壳架额定电流；1——剩余电流保护。

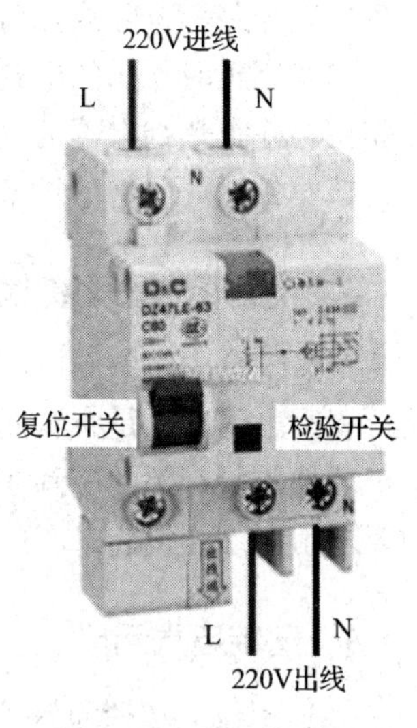

图 5—24　漏电保护器

> **想一想**
>
> 在住宅建筑中，哪些地方需要安装漏电保护器？

二、电动机启动、控制和保护装置

电动机需要具备完善启动电路、控制电路和保护电路，才能正常运行。

1．熟悉电气原理图

电动机控制线路是低压电器按一定的控制关系连接而成的，这种控制关系用电气原理图说明。为了能顺利地安装接线、检查调试和排除线路故障，必须认真阅读原理图。要看懂线路中各电气元件之间的控制关系及连接顺序；分析线路控制动作，以便确定检查线路的步骤方法；明确电气元件的数目、种类和规格；对于比较复杂的线路，还应看懂是由哪些基本环节组成的，并分析这些环节之间的逻辑关系。

2．检验电气元件的质量

检查电气元件外观是否清洁完整；外壳有无碎裂；零部件是否齐全有效；各接线端子

及紧固件有无缺失、生锈等现象。

检查电气元件的触点有无熔焊粘连、变形、严重氧化锈蚀等现象；触点的闭合、分断动作是否灵活；触点的开距、超程是否符合标准；接触压力弹簧是否有效。

检查电气元件的点动机构和传动机构部件的动作是否灵活；有无衔铁卡阻、吸合位置不正等现象。

用万用表检查所有元器件的电磁线圈的通断情况，测量它们的直流电阻值并做好记录，以备检查线路和排除故障时参考。

检查有延时作用的电气元件的功能，如时间继电器的延时动作、延时范围及整定机构的作用；检查热继电器的热元件和触点的动作情况。

核对各电气元件的规格与图样要求是否一致。

3. 绘制布置图和接线图

在接线图中，各低压电器都要按照在安装底板（或电气控制箱、控制柜）中的实际安装位置绘出，这就是布置图。低压电器所占据的面积按它的实际尺寸依照统一的比例绘制，一个元件的所有部件应画在一起，并用虚线再框起来，低压电器的电气连接关系按实际控制要求用直线连接起来，这就是接线图。

4. 安装电气元件

（1）定位。按照布置图将电气元件摆放在确定的位置上，且在安装孔中心做好记号。元件之间的距离要适当，排列要整齐，以保证连接导线做得横平竖直、整体美观，同时尽量减少弯折。

（2）打孔。用手电钻在做好的标记处打底孔，底孔直径略大于螺钉的直径。

（3）固定。板上所有的安装孔均打好后，用螺钉将电气元件固定在安装底板上。

（4）需要固定在导轨上的低压电器，应先将导轨固定在底板上，再在导轨上固定低压电器。

5. 布线接线

布线接线时，必须按照接线图规定的走线方位进行。一般从电源端按线号顺序布线、接线。一般先接主线路，再接控制线路。

6. 检查线路

（1）核对线路。按照原理图、接线图，从电源端开始逐段核对端子号，排除漏接、错接现象。

（2）检查端子接线是否牢固。检查所有端子上接线的接触情况，用手一一摇动，拉拔端子上的接线，不允许有松脱现象。

（3）用万用表的电阻法检查。在控制电路不通电情况下，用手动模拟电器的操作动作，用万用表测量电路通断情况。

7. 通电试运行

（1）空操作试验。先切除主电路（比如断开主电路的熔断器），装好控制电路的熔断器，接通三相电源，使电路不带负载通电操作，检查控制电路是否正常工作。操作各按钮检查它们对接触器、继电器的控制作用；检查接触器的自锁、联锁等控制作用；用绝缘棒操作行程开关，检查有无行程控制或限位控制作用等。还要观察各低压电器动作的灵活性，有无卡阻等不正常现象。

（2）带电动机进行空载试运行。控制电路经过数次空操作试验动作无误后，即可切断电源，接通主电路，带电动机空载试运行。电动机启动前应做好应急停车准备，启动后要注意它的运行状况。如果电动机出现启动困难、发出噪声及绕组过热等异常现象，应立即停车，切断电源进行检查。

（3）有些电路的控制作用需要调整。例如定时运转线路的运行和间隔时间，Y－△启动线路的转换时间等。应按照各电路的具体情况调试步骤。试运行正常后，可投入正常运行。

（4）带负荷试运行。

三、电动机点动和单向运行电路

1. 电动机点动运行电路

（1）工作原理。电动机的点动控制是指按下按钮，电动机就能运转；松开按钮，电动机就停转的控制方法。电动机的点动控制原理如图 5—25 所示。

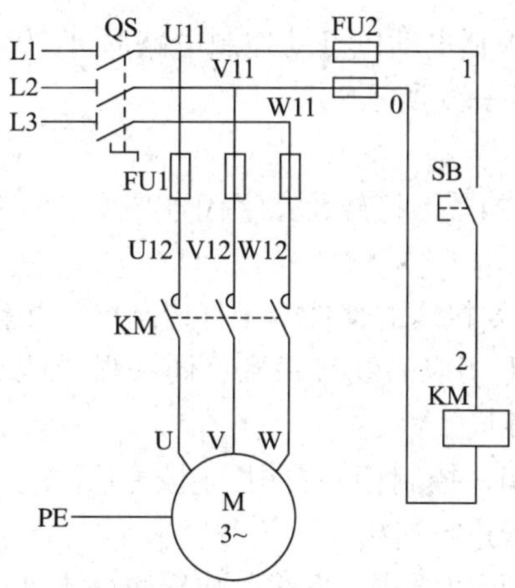

图 5—25 电动机点动控制原理图

组合开关 QS 作为电源的隔离开关；熔断器 FU1、FU2 作为主电路、控制电路的短路保护电器；启动按钮 SB 控制接触器 KM 线圈得电（线圈获得电源）、失电（线圈失去电源）；接触器 KM 的主触点控制电动机 M 的启动和停止。

组合开关 QS 合上后，按下启动按钮 SB，接触器线圈 KM 得电，接触器主触点 KM 吸合，三相交流电源 L1、L2、L3 与电动机 M 接通，电动机运行。

松开启动按钮 SB，接触器线圈 KM 失电，接触器主触点 KM 断开，三相交流电源 L1、L2、L3 与电动机 M 断开，电动机停止运行。

线号就是该导线的编号，处于相同节点的导线编号相同。图 5—25 中的线号有 0、1、2、L1、L2、L3、U11、V11、W11、U12、V12、W12、U、V、W 等。

想一想

1. PE 表示什么？
2. 阅读电动机点动控制原理图，分析一下：编写线号的规律是什么？

（2）准备材料和电气元件。电动机点动控制电路的元器件清单见表 5—1。

表 5—1　电动机点动控制电路的元器件清单

代号	名称	型号	规格	数量
M	三相异步电动机	Y112M—4	4 kW、380 V	1
QS	组合开关	HZ10—25/3	三极、25 A	1
FU1	螺旋式熔断器	RL1—60/25	500 V60 A、熔体额定电流 25 A	3
FU2	螺旋式熔断器	RL1—15/2	500 V15 A、熔体额定电流 2 A	2
KM	交流接触器	CJ10—20	20 A、线圈电压 380 V	1
SB	按钮	LA10—3H	保护式、按钮数 3（代用）	1
XT	端子板	JX2—1015	10 A15 节、380 V	1

（3）布置图和接线图。根据电动机点动控制电路原理图和选定的元器件以及安装底板的尺寸，画出布置图，如图 5—26 所示。

接线图的绘制方法。

1）接线图中各电气元件的图形符号及文字代号必须与原理图完全一致，并要符合国家标准。

2）各电气元件上凡是需要接线的部件端子都应画出，并且一定要标注端子编号；各接线端子的编号必须与原理图上相应的线号一致；同一根导线上连接的所有端子的编号应相同。

3）安装底板（或控制箱、控制柜）内外的电气元件之间的连线，应通过接线端子板进行连接。

4）走向相同的相邻导线可以绘成一根线，在导线分支处用线号区分。

5）绘制好的接线图应对照原理图仔细核对，防止错画、漏画，避免给安装线路和试运行过程造成麻烦。

按照这个方法，绘制的电动机点动控制电路接线图如图 5—27 所示。

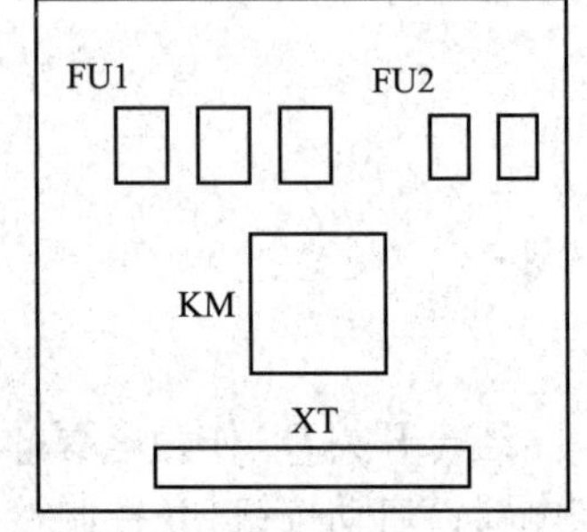

图 5—26　布置图

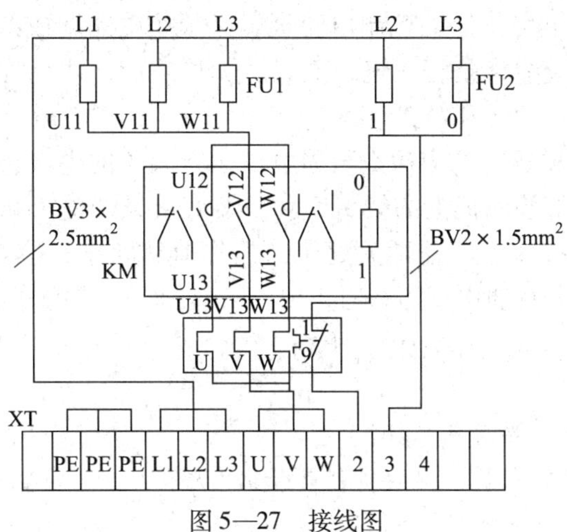

图 5—27　接线图

想一想

对照图 5—25 原理图和图 5—27 接线图，有什么不同？BV3 ×2.5 mm^{2}和 BV2 ×1.5 mm^{2}表示什么？端子 XT 中 2、3 应该接什么元件？

（4）固定元件。根据布置图固定电气元件，正确利用工具熟练地安装电气元件，安装要准确紧固，低压电器要贴上醒目的文字符号。

组合开关、熔断器的受电端子应安装在控制板的外侧，并使熔断器的受电端为底座的中心端。

各元件的安装位置应整齐、均匀、间距合理，便于元件的更换。紧固各元件时要用力均匀，紧固程度适当。按接线图的走线方法进行板前明线布线和套编码套管。

（5）线路安装。先进行主电路的配线，再安装控制电路。同一平面导线不能交叉，布线要求横平竖直，接线紧固美观。

接上按钮线。按钮接线要接到端子排上，要注明引出端子标号。

可靠连接电动机和各电气元件金属外壳的保护接地线。

布线通道尽可能少，同时并行导线按主、控电路分类集中，单层密排，紧贴安装面板布线。在同一平面的导线应高低一致或前后一致，不能交叉。布线时严禁损伤线芯和导线绝缘。

控制电路布线顺序一般以接触器为中心，由里向外，从低到高，先主电路，后控制电路进行，以不妨碍后续布线为原则。在每根剥去绝缘层导线的两端套上编码套管。导线与接线端子或接线柱连接时，不得压绝缘层、不反圈及不露铜过长。

同一元件、同一电路的不同接点的导线间距离应保持一致。一个电气元件接线端子上的连接导线不得多于两根，每节接线端子板上的连接导线一般只允许接一根。

想一想

用线槽配线应当如何安装线槽盒和连接导线？

（6）检查线路。安装完毕后的控制电路板，必须按电路图或接线图从电源端开始，逐段核对接线及接线端子处线号是否正确，经过认真检查后，才允许通电试运行，以防止因错接、漏接造成不能正常运转和短路事故。

（7）通电试运行。试运行前应检查与通电试运行有关的电气设备是否有不安全的因素存在；清点工具；清除安装底板上的线头杂物，装好接触器的灭弧罩；检查各组熔断器的熔体，分断各开关；使按钮、行程开关处于未操作前的状态；检查三相电源是否对称等，检查完毕后通电试运行。在通电试运行时，要一人监护，一人操作。

想一想

1. 试运行前为什么要清点工具？
2. 承担监护任务的人员，主要责任是什么？

2. 电动机单向运行电路

在要求电动机启动后能单向连续运转时，则采用接触器自锁控制线路。这种线路的主电路和点动控制电路的主电路相同，但在控制电路中串接一个停止按钮 SB2，在启动按钮 SB1 两端并接了接触器 KM 的一对常开辅助触点。所谓自锁电路控制是指按下启动按钮，电动机就运行，并且连续运转；按下停止按钮，电动机就停止运行，如图 5—28 所示。这种控制方法常用于需要连续工作的各种电动机控制。

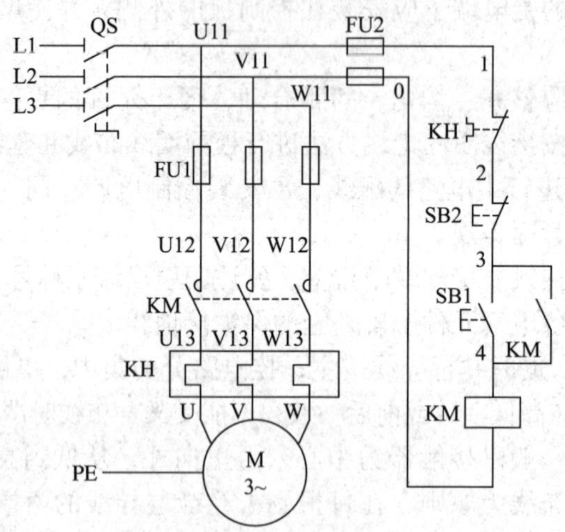

图 5—28　电动机单向运行电路

线路的工作原理如下：合上电源开关 QS，按下启动按钮 SB1，KM 线圈得电，KM 主触点闭合，电动机 M 启动，KM 常开辅助触点闭合自锁，电动机单向连续运转。这个电路还具有欠电压和失电压（或零电压）和过载保护作用。热继电器 KH 的热元件串接在主电路中，将常闭触点 KH 串接在控制电路中。只有过载时，热继电器才动作。

想一想

1. *启动按钮和停止按钮表面应当采用什么颜色？*
2. *当电动机单向运行电路用作电动机点动控制功能时，分析产生故障的原因。*

特别提示

1. 接触器 KM 有失压与欠压保护。当电压降低或电压为零时，则线圈无法吸合触点，会使常开辅助触点恢复到断开状态，可使电路断开，起到保护作用，同时也对电动机起到保护作用。

2. 启动按钮 SB1 接入电路的为常开触点，停止按钮 SB2 接入电路的为常闭触点。

四、电动机正、反转运行电路

在实际应用中的设备往往要求运动部件能向正反两个方向运动，这些机械都要求电动机能实现正、反转两个旋转方向的控制。当改变通入电动机定子绕组的三相电源相序，即接入电动机的三相电源进线中任意两相对调时，电动机就可以改变旋转方向。

工作原理。电动机正、反转运行控制，常采用双重联锁正反转控制电路。所谓双重联锁，就是同时采用接触器的动断辅助触点和复合按钮的动断触点，在一个电路工作时，把另一个电路“锁住”的控制。如图 5—29 所示。

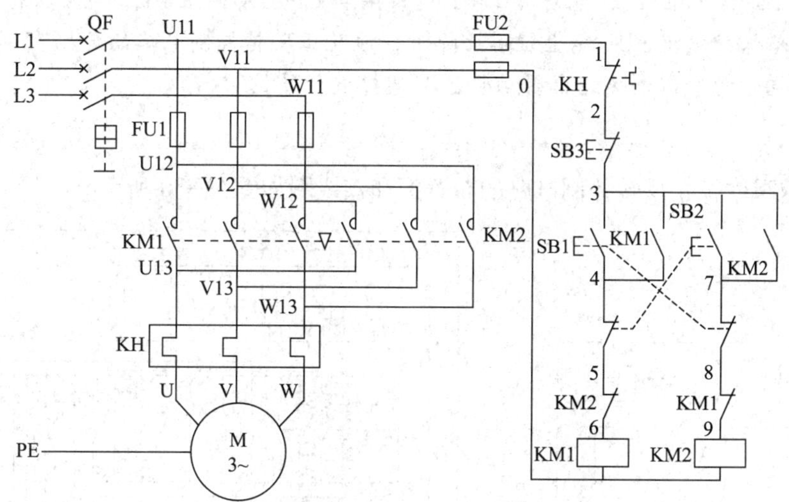

图 5—29　双重联锁可逆控制电路

1. 正转工作过程

合上隔离开关 QF，按下正转启动按钮 SB1，正转交流接触器 KM1 线圈得电，KM1 主触点闭合，并联在 SB1 两端的 KM1 辅助触点自锁，电动机正转运行。

联锁保护过程：正转启动按钮 SB1 按下时常开触点闭合，与此联锁串联在反转控制电路的常闭触点断开，这时按反转启动按钮 SB2，反转交流接触器 KM2 线圈不能得电。同时因为正转交流接触器 KM1 线圈得电，串联在反转控制电路的正转交流接触器 KM1 的常闭触点 KM1 断开，这时即使按钮联锁失效，反转交流接触器 KM2 线圈也不能得电。

按下停止按钮 SB3，正转交流接触器 KM1 线圈失电，电动机停止运行。

2. 反转工作过程

合上隔离开关 QF，按下反转启动按钮 SB2，反转交流接触器 KM2 线圈得电，KM2 主触头闭合，并联在 SB2 两端的 KM2 辅助触点自锁，电动机反转运行。

联锁保护过程：反转启动按钮 SB2 按下时常开触点闭合，与此联锁串联在正转控制电路的常闭触点断开，这时按正转启动按钮 SB1，正转交流接触器 KM1 线圈不能得电。同时因为反转交流接触器 KM2 线圈得电，串联在正转控制电路的反转交流接触器 KM2 的常闭触点 KM2 断开，这时即使按钮联锁失效，正转交流接触器 KM1 线圈也不能得电。

按下停止按钮 SB3，反转交流接触器 KM2 线圈失电，电动机停止运行。

想一想

1. 正反转主电路是如何实现三相电源换相的？
2. 如果没有联锁控制电路，同时按下正转按钮 SB1 和反转启动按钮 SB2 会发生什么故障？
3. 按下正转按钮 SB1，电动机正转，这时按下反转启动按钮 SB2，电动机将怎样运行？
4. 短路保护装置 FU1 发生短路故障时，涉及正反转控制电路的原因有哪些？
5. 怎样才能知道过热继电器动作了？怎样进行复位？

电动机双重联锁正反转控制电路的布置图和接线图如图 5—30 所示。

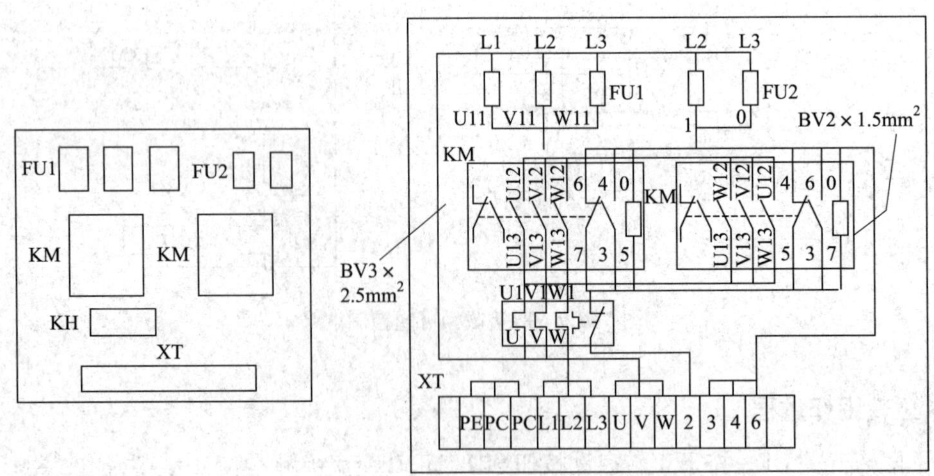

图 5—30　布置图和接线图

五、电动机的Y－△降压启动电路

有些电动机的定子绕组需要三角形接法运行。可是三角形接法的电动机启动时需要的启动电流很大，将影响电网中其他电气设备的运行，这时就需要电动机启动时按星形接法启动，启动后再转换成三角形接法运行。这种控制电路称为星－三角降压启动控制电路，简称Y－△降压启动。Y－△降压启动的控制电路图如图5—31所示。

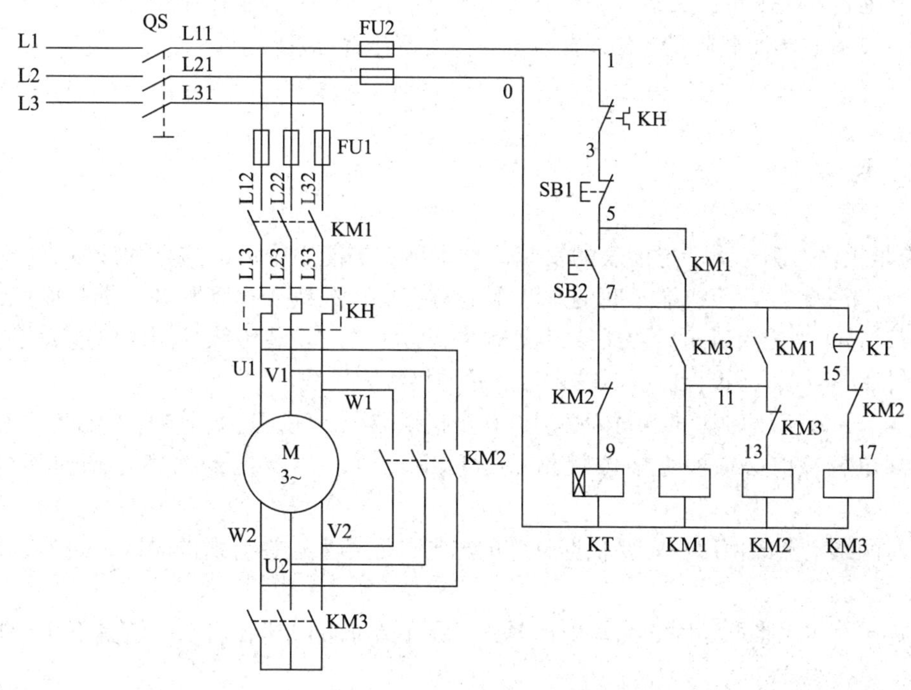

图5—31　Y－△降压启动控制电路图

Y－△转换电路。采用交流接触器KM3短路三相绕组的同名端，交流接触器KM1为三相绕组的另一端供电的方式称为星形接法。交流接触器KM3断开，通过交流接触器KM1和KM2共同作用形成三角形接法。两种接法的转换用时间继电器KT控制，保证电动机正常启动后正常转换。

星形启动过程：合上隔离开关QS，按下启动按钮SB2，交流接触器KM3线圈得电，主触点KM3吸合，串联在交流接触器KM2线圈电路中的常闭触点KM3断开，串联在交流接触器KM1线圈电路中的常开触点KM3吸合，KM1线圈得电，主触点KM1吸合，电动机进入星形启动状态，交流接触器KM1的常开触点闭合自锁。同时时间继电器KT线圈得电，通电延时常闭触点KT闭合。

三角形运行过程：当时间继电器KT达到延时时间时，通电延时常闭触点KT断开，交流接触器KM3线圈失电，主触头KM3断开星形接法的同名端。串联在交流接触器KM2线圈电路中的常闭触点 KM3 闭合，交流接触器 KM2 线圈得电，主触点 KM2 吸合，串联在交流接触器 KM1 线圈电路中的常开触点 KM3 断开，由于交流接触器 KM1 的常开触点的自锁作用，交流接触器 KM1 线圈保持得电状态，主触点 KM1 与主触点 KM2 组成三角形接法，电动机进入三角形运转状态。

停止过程：按下 SB1，交流接触器 KM1 和 KM2 线圈失电，主触点 KM1 和 KM2 断开，电动机停止运行。

想一想

1. 在图 5—31 中，三个交流接触器的主触点同时吸合会出现什么后果？
2. 如果电动机带负载进行三角形启动会发生什么后果？

特别提示

配电柜柜内有功、无功电能表的安装注意事项：电能表中心线与地面应垂直，不垂直度应小于等于 ±3°。两接线端子间的导线不能有接头。配线要排列整齐、绑扎成束，布线横平竖直，转角处应为直角。导线穿过盘柜铁盘面时，应安装绝缘护圈。电能表接线应按表的设计图样接线，无设计图样时按表盖所示的接线图接线。

1. 用Y－△降压启动的电动机必须有 6 个接线端子，注意这 6 个端子的极性。

2. 通电校验前必须检查熔体规格及时间继电器、热继电器的整定值是否符合要求。

3. 时间继电器的使用一定要根据具体的电动机型号来选择合适的时间整定值，使得电动机平稳启动。

4. 定子绕组星形联结时，启动电压是三角形联结时的 1/3，启动电流是三角形接法时的 1/3。

5. 电动机采用Y－△降压启动的转矩下降为三角形接法的 1/3，这种线路适用于轻载或空载启动的场合。另外应注意，Y－△连接时要注意其旋转方向的一致性。

思考与练习

1. 电磁式电器短路环的作用。
2. 简述刀开关的安装方法。
3. 简述熔断器安装方法。
4. 叙述电动机点动运行电路工作原理
5. 根据图 5—26 布置图，将图 5—27 接线图修改为电动机单向运行电路的接线图。
6. 叙述电动机正、反转运行电路工作原理。
7. 叙述电动机的Y－△降压启动电路的启动过程。

技 能 训 练

1. 观察空气开关的电磁机构，指出触点、线圈、衔铁和灭弧系统。

2. 装拆交流接触器，并通电检验装拆质量。

3. 查阅各类继电器说明书，对照电气符号说明各接线端子的作用。

4. 按照图 5—26 布置图安装电动机点动控制电路的电气元件。

5. 按照图 5—27 所示接线图用塑料线槽配线，在模拟板上安装电动机点动控制电路和主电路。

6. 检查电动机点动控制电路和主电路接线。

7. 单台排水泵手动控制箱制作。

阅读如图 5—32 所示单台排水泵手动控制电路图、控制箱规格表和主要设备材料表（见表 5—2 和表 5—3）。

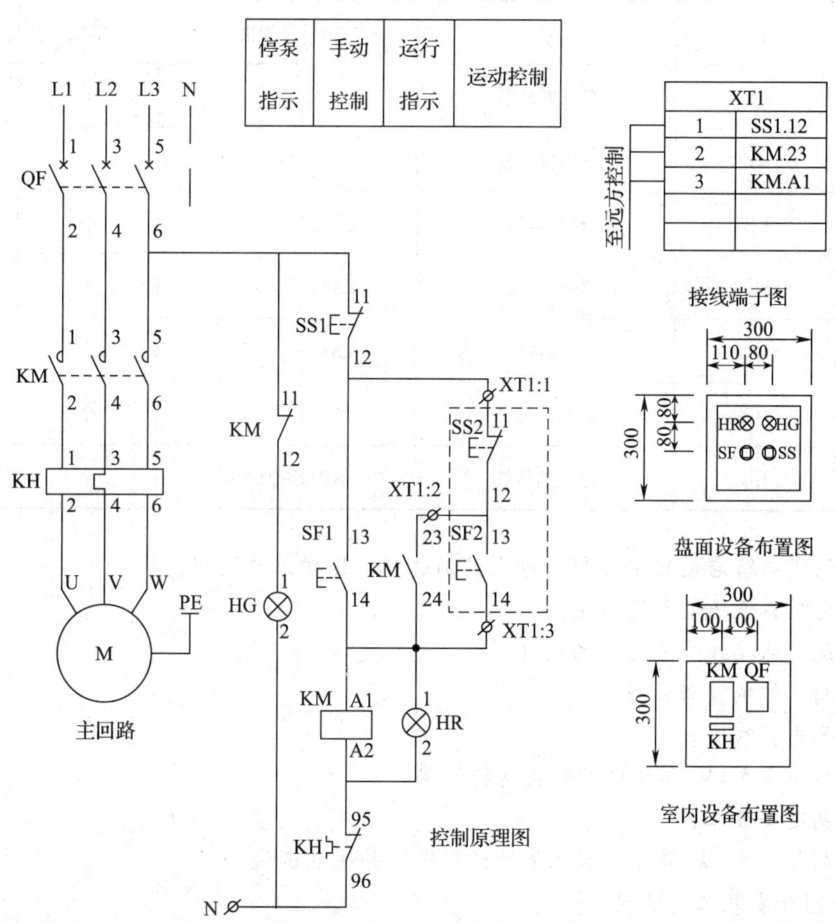

图 5—32　单台排水泵手动控制电路图

表 5—2　控制箱规格表

电动机功率（kW）	低压熔断器脱口电流（A）	交流接触器额定电流（A）	热继电器额定电流（A）	控制箱尺寸（mm）
1.1	10	6.3	3.5	300×300×250
1.5	10	6.3	5	300×300×250
2.2	10	10	7.2	300×300×250
3	10	10	7.2	300×300×250
5.5	16	16	15	300×300×250

表 5—3　主要设备材料表

序号	符号	名称	型号及规格	单位	数量
1	QF	低压断路器	NS 系列	个	1
2	KM	交流接触器	CJ20 -	个	1
3	KH	热继电器	JR20 -	个	1
4	SS1.2	停止按钮	LA38 - 11 - 301	个	1
5	SF1.2	启动按钮	LA38 - 11 - 301	个	1
6	HR	红色信号灯	AD11 - 25/21	个	1
7	HG	绿色信号灯	AD11 - 25/21	个	1

（1）叙述电路启动控制过程、停止控制过程、保护工作过程。

（2）说明各低压电器的作用。

（3）说明连接线线号连接的元件。

（4）阅读控制箱布置图。

（5）画出接线图。

（6）列出 5.5 kW 电动机控制箱材料清单。

（7）制定安装工艺。

（8）制作 5.5 kW 单台排水泵手动控制箱，并通电调试。

8. 识图和安装工艺编制

阅读如图 5—33 所示单台热水循环泵控制电路图和表 5—4 主要设备材料表。

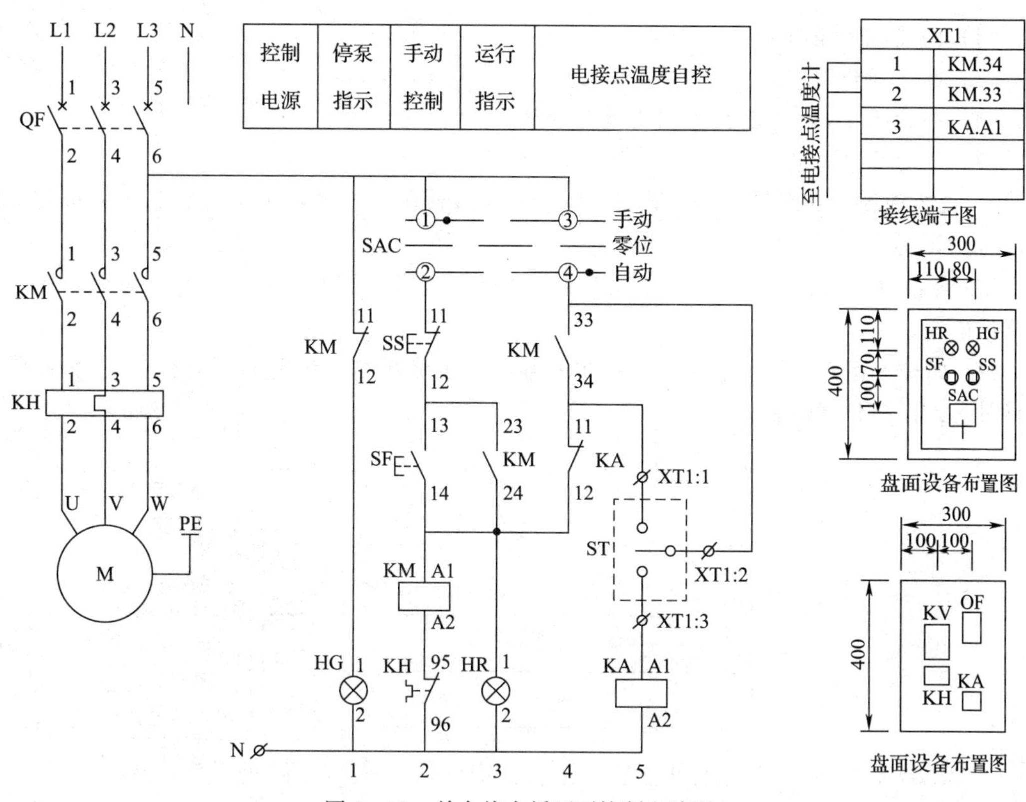

图 5—33　单台热水循环泵控制电路图

表 5—4　　**主要设备材料表**

序号	符号	名称	型号及规格	单位	数量
1	QF	低压断路器	NS 系列	个	1
2	KM	交流接触器	CJ20 -	个	1
3	KH	热继电器	JR20 -	个	1
4	KA	中间继电器	JZ7 -44，交流 220 V	个	1
5	SAC	选择开关	LW5 -15D00B1/1	个	1
6	SS	停止按钮	LA38 -11 -301	个	1
7	SF	启动按钮	LA38 -11 -301	个	1
8	HR	红色信号灯	AD11 -25/21	个	1
9	HG	绿色信号灯	AD11 -25/21	个	1
10	ST	电接点温度计		个	1

（1）叙述电路启动控制过程、停止控制过程、保护工作过程。

（2）说明各低压电器的作用。

（3）说明连接线线号连接的元件。

（4）阅读控制箱布置图。

（5）画出接线图。

（6）列出 5.5 kW 电动机控制箱材料清单。

（7）制定安装工艺。

9. 按照图 5—29 和图 5—30 的要求，列出材料清单，在模拟板上安装电动机双重联锁正反转控制电路。

10. 按照图 5—31 Y－△降压启动控制电路图，列出材料单，在模拟板上安装电路，并通电试运行。

11. 阅读如图 5—34 所示消防泵一用一备星三角降压启动控制电路图和表 5—5 主要设备材料表，说明控制过程。

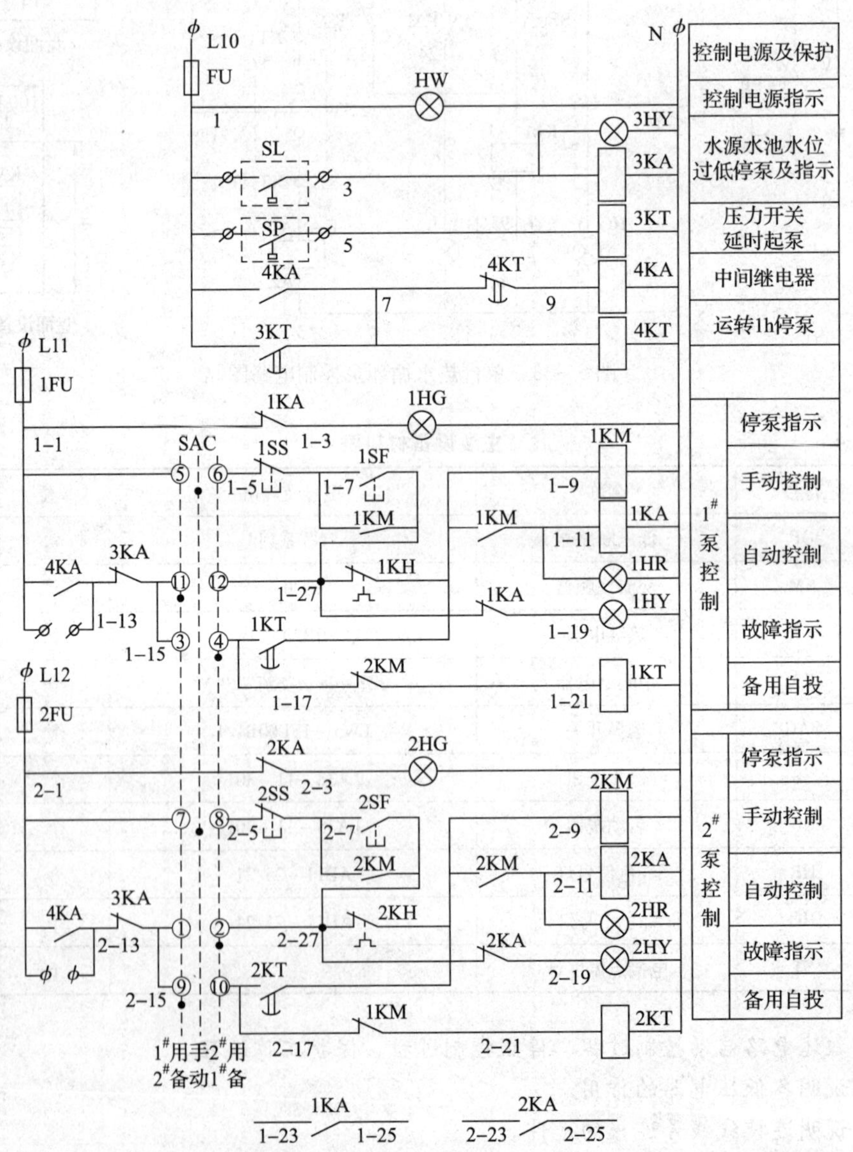

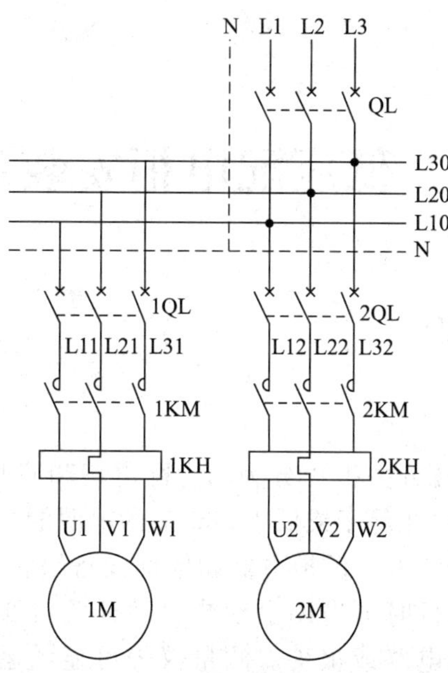

图 5—34　消防泵一用一备星三角降压启动控制电路图

表 5—5　　主要设备材料表

符号	名称	型号与规格	单位	数量
1QL、2QL	低压断路器	DZ22 或 C45N－4	个	3
1KM、2KM	交流接触器	CJ20	个	2
1KH、2KH	热继电器	JR20	个	2
1FU、2FU	熔断器	RL6－25/6	个	3
1KA、2KA、4KA	中间继电器	JZ7－44－220 V	个	3
3KA	中间继电器	JZ7－26－220 V	个	1
1KT、2KT、3KT	时间继电器	JS7－2A－220 V60 S	个	3
4KT	时间继电器	JS714P－5/220	个	1
SAC	选择开关	LW5－16D724/3	个	1
1SS、2SS	停止按钮	LA38－11/209	个	2
1SF、2SF	启动按钮	LA38－11/209	个	2
HW	白色信号灯	AD11－25/41－1GZ	个	1
1HR、2HR	红色信号灯	AD11－25/41－1GZ	个	2
1HG、2HG	绿色信号灯	AD11－25/41－1GZ	个	2
1HY、2HY、3HY	黄色信号灯	AD11－25/41－1GZ	个	3
SL	液位器		个	1
SP	压力开关		个	1

课题三　低压配电柜安装及调试

一、低压配电柜基础知识

1. 低压配电柜

低压配电柜（又称为低压开关柜）分为动力配电箱和照明配电箱，是配电系统的末级设备，一般是指管理额定电压等于或低于380 V的电源的控制设备。配电柜是按电气接线要求将开关设备、测量仪表、保护电器和辅助设备组装在封闭或半封闭金属柜中，构成低压配电装置。正常运行时可借助手动或自动开关接通或分断电路。故障或不正常运行时借助保护电器切断电路或报警。测量仪表可显示运行中的各种参数，还可对某些电气参数进行调整，当偏离正常工作状态时进行提示或发出信号，如图5—35所示。

图5—35　配电柜

2. 动力配电柜的用途

便于用电管理、电能分配转换、动力设备控制、无功功率补偿、保护人身防止触电（直接和间接接触）、保护设备防止免受外界环境影响。

3. 动力配电柜的分类

（1）按结构分类。分为固定式和抽出式，如图5—36所示。

（2）按用途分类。配电用：馈电柜（PC）；控制用：电动机控制柜（MCC）；补偿用：无功功率补偿柜。

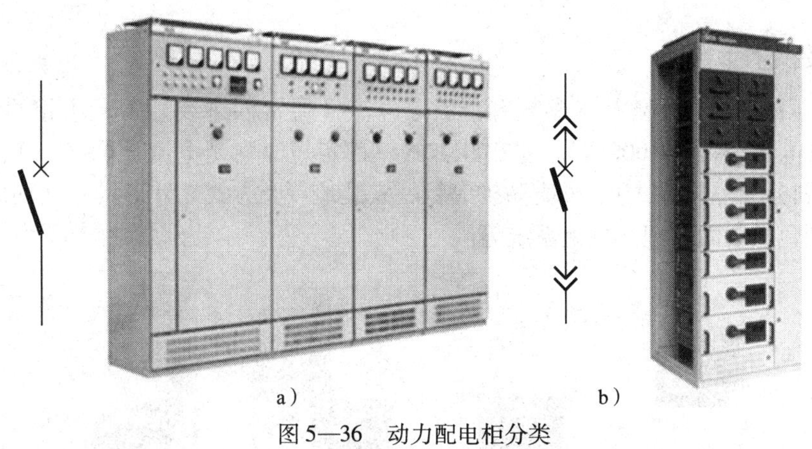

图 5—36　动力配电柜分类
a）固定式　b）抽出式

4. 动力配电柜的结构

为保护人身和设备安全，将配电柜独立划分成几个隔室，隔室有：母线室（包括水平母线室与垂直母线室）；功能单元室（开关隔室）；电缆出线室（电缆室）；二次设备室。如图 5—37 所示。

5. 低压配电柜的组成部分

低压配电柜的主要组成部分如图 5—38 所示。

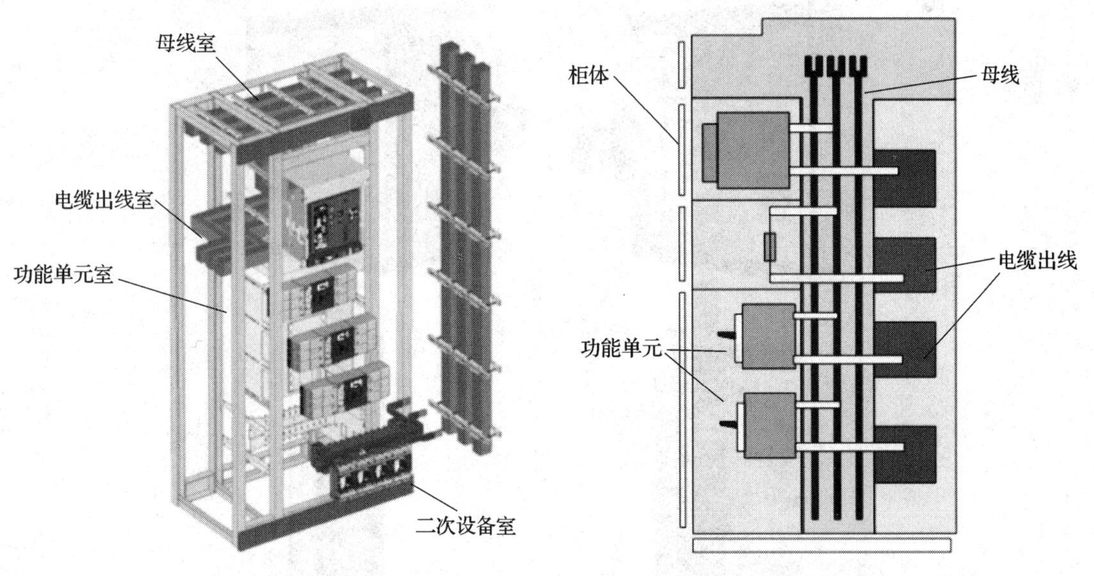

图 5—37　低压配电柜结构　　图 5—38　低压配电柜

柜体：开关柜的外壳骨架及内部的安装、支撑件。

母线：一种可与几条电路分别连接的低阻抗导体。

功能单元：完成同一功能的所有电气设备和机械部件的总称。

6. 主要技术参数

(1) 低压配电柜的主要技术参数有：额定电流（通常同进线开关大小相同）、额定电压/额定绝缘电压（400/1 000 V）、进出线方式、额定短时耐受电流（Icw/1 s）、柜体内部功能区域的划分（隔离方式）、外壳防护等级、安装地点及方式、外形尺寸（同用户现场面积有关）、颜色及表面处理、接地系统等。

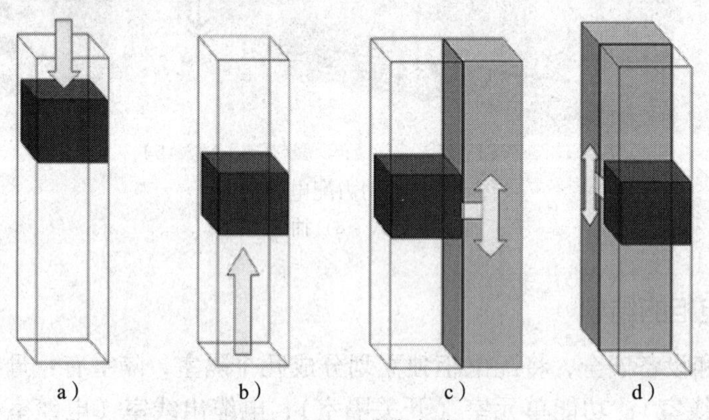

图 5—39 进线方式

a）上进线 b）下进线 c）侧进线 d）后进线

(2) 出线（插接式母线或电缆）方式。有前出线（顶部或底部）可以进行靠墙安装、后出线（顶部或底部）不可以进行靠墙安装。如图 5—40 所示。

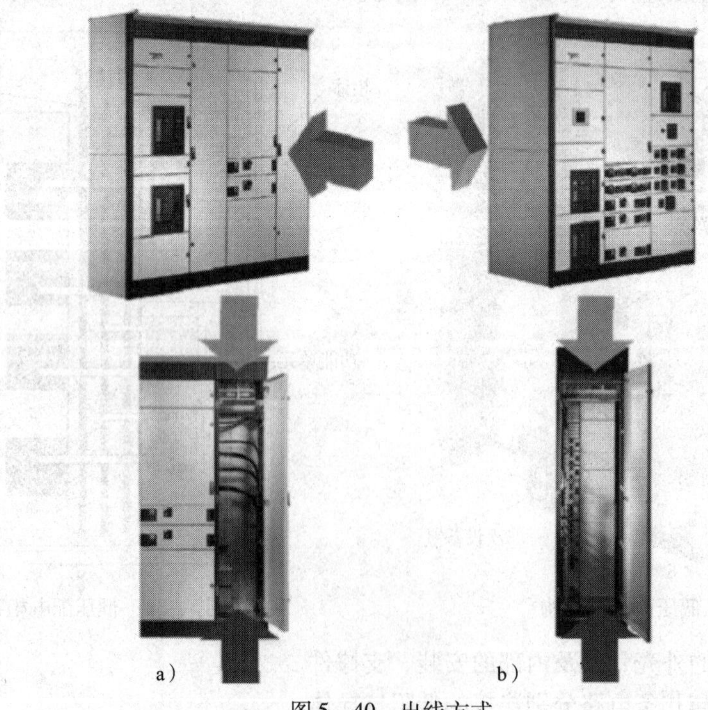

图 5—40 出线方式

a）前出线 b）后出线

（3）母线的分类。母线分为主母线和配电母线两种，如图 5—41 所示。主母线（水平母线）是连接一条或几条配电母线或进线和出线单元的母线。配电母线（垂直母线）是框架单元内的一条母线，它连接在主母线上，并由它向出线单元供电。

母线的基本要素有：

1）母线的额定电流及规格（母线的载流量及横截面）。

2）母线的额定短时耐受电流及额定峰值耐受电流。

额定短时耐受电流定义为：能安全承载的短时电流的方均根值（通常为 1 s）。额定峰值耐受电流定义为：能安全承载的峰值电流是额定短时耐受电流的 2.2 倍。

3）母线的表面处理。为达到某种要求，而对母线表面进行一定的处理，如镀银、镀锡、镀镍等。

（4）功能单元分类

固定式：主电路的连接只能在开关柜断电的情况下进行接线和断开。

可移式（固定分隔式）：主电路带电的情况下亦可安全地从主电路上断开或接通，具有连接和移出位置。

抽出式：主电路带电的情况下也可安全地从主电路上断开或接通，具有连接、试验、分离、移出位置。

（5）安装地点和安装方式。安装地点分类：有室内安装和室外安装；安装方式分类：有靠墙安装和离墙安装；固定方式分类：有螺栓固定和电焊固定。

（6）颜色及表面处理。每种柜型均有自己的标准推荐颜色，表面处理有喷漆和环氧树脂静电粉末喷涂。

二、低压动力配电柜安装

安装如图 5—42 所示的低压配电柜：配电柜内回路的安装布线；安装后的检查；电压表、电流表的校验及验收准备的资料和文件。

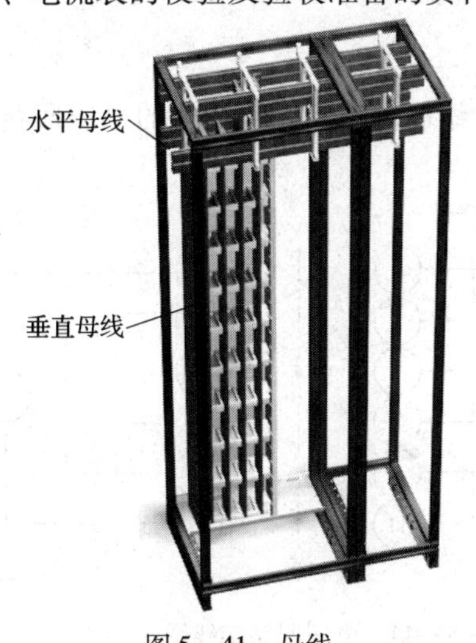

图 5—41　母线

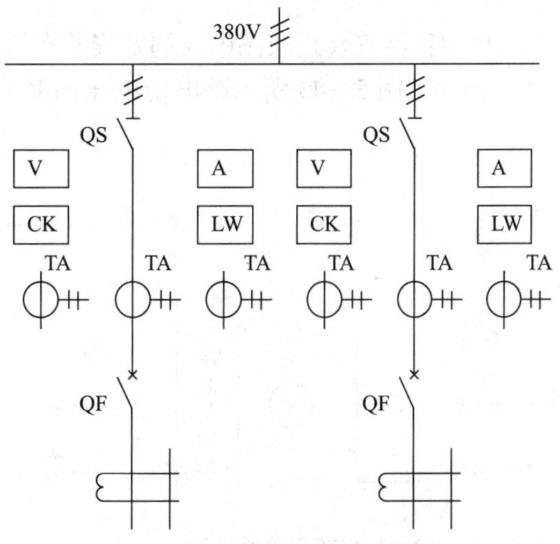

图 5—42　低压配电柜系统图

想一想

说明如图 5—42 所示低压配电柜系统图的工作原理，说明这个配电柜的用途。

1. 使用设备和工具

柜体：标准低压配电柜。

工具：螺钉旋具、冲击电钻、电工用梯、圆头锤、电工刀、钢手锯、扳手、手电钻、丝锥、圆板牙、电焊机及绝缘导线等。

2. 材料清单

低压配电柜的材料清单见表 5—6。

表 5—6 低压配电柜的材料清单

序号	符号	设备名称	规格型号	数量
1	FU	熔断器	RL10/10	6
2	PV	电压表	44L0 - 450	2
3	CK	电压转换开关	LW5 - 15 - YH/3	2
4	A	电流表	44L - 100/5	2
5	LW	电流转换开关	LW5 - 15 - YH/3	2
6	QS	隔离开关	HDB - 100/3	2
7	GF	漏电保护断路器	DZ14L - 63 A	2
8	TA	电流互感器	LM8 - 0. 5 - 100/5	6

3. 工艺要求

配电柜内回路安装接线图的绘制及安装布线

（1）根据如图 5—43 所示配电柜电压回路原理图，绘制如图 5—44 所示的电压回路接线图。

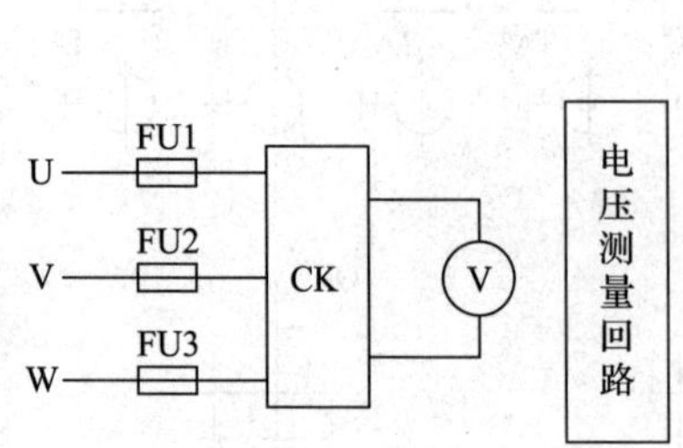

图 5—43 配电柜电压回路原理图

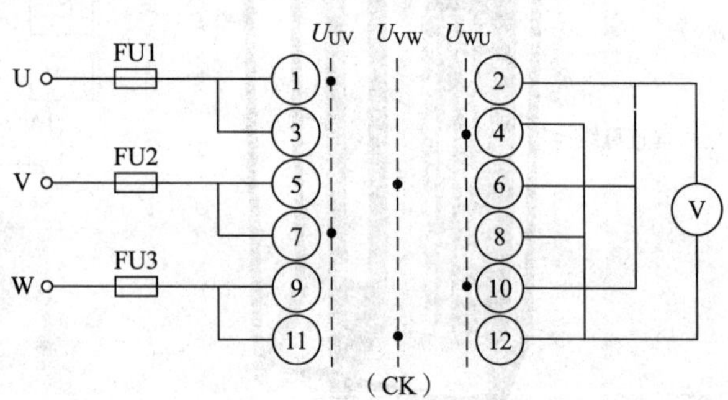

图 5—44 电压回路接线图

（2）根据如图 5—45 所示配电柜电流回路原理图，绘制如图 5—46 所示的电流回路接线图。

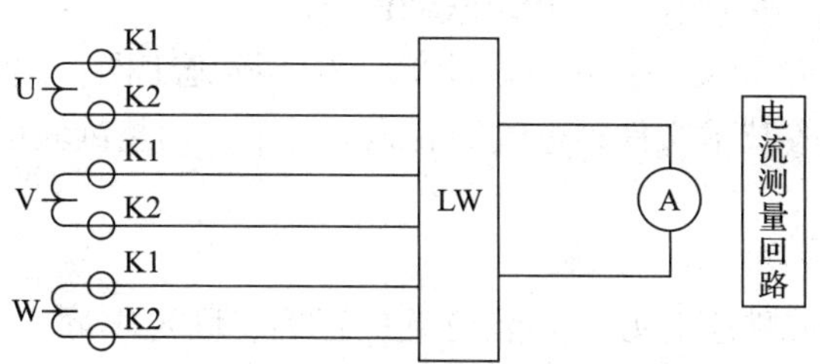

图 5—45　电流回路原理图

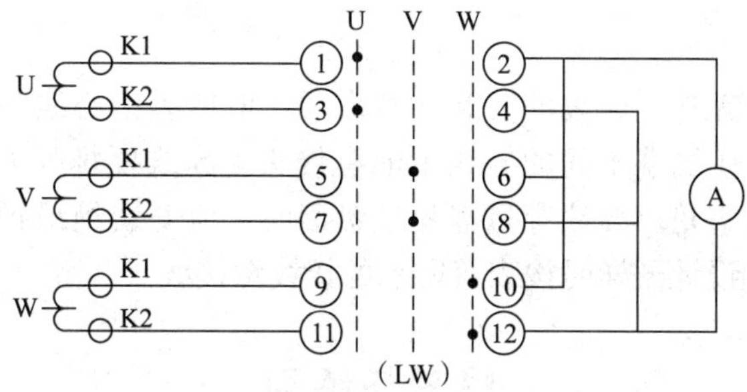

图 5—46　电流回路接线图

（3）按如图 5—44 所示电压回路接线图和如图 5—46 所示电流回路接线图进行安装接线。

特别提示

线路安装注意事项：相序：U——黄、V——绿、W——红。柜内敷设的导线符合安装规范的要求，即同方向导线汇成一束捆扎，沿柜框布置导线；导线敷设应横平、竖直，转弯处应成圆弧过渡的直角。

安装电压表、电流表时注意，安装前校验；同类表的接线要一致；安装时不要剧烈振动，不要使表受潮或暴晒；不要随意拆装调试，以免影响准确度和灵敏度；安装电流互感器注意二次接线端子 K1 为正极，K2 为负极，注意铁芯和二次侧要良好接地。

想一想

如果电流互感器在使用过程中二次接线开路，会出现什么故障？

4. 安装与检查

线路安装后，进行安装质量检查。

5. 调试、验收准备的资料和文件

（1）电压表、电流表的校验，操动及联动试验。

（2）验收准备的资料和文件：变更设计部分的实际施工图；编制产品说明书、试验记录、合格证及安装图样等技术文件；电气安装施工记录；调整试验记录。

6. 检验标准

配电柜内所装电气元件应完好，安装位置应正确、固定牢固。所有接线应正确，连接可靠，标志齐全、清晰。安装质量符合验收标准。操动及联动试验符合设计要求。

特别提示

配电柜柜内有功、无功电能表的安装注意事项：电能表中心线与地面应垂直，不垂直度应小于等于±3°。两接线端子间的导线不能有接头。配线要排列整齐、绑扎成束，布线横平竖直，转角处应为直角。导线穿过盘柜铁盘面时，应安装绝缘护圈。电能表接线应按表的设计图样接线，无设计图样时按表盖所示的接线图接线。

思考与练习

1. 低压配电柜的主要组成。
2. 叙述动力配电柜的用途及结构。
3. 低压配电柜母线的基本要素。

技 能 训 练

按表 5—7 中的材料，安装如图 5—47、图 5—48、图 5—49、图 5—50、图 5—51 所示的低压计量柜。

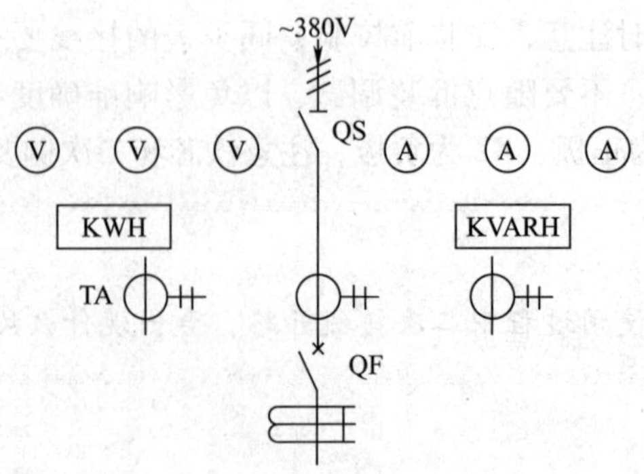

图 5—47　低压计量柜

表 5—7　　低压计量柜的材料清单

序号	符号	设备名称	规格型号	数量
1	FU	熔断器	R110 A	3
2	PV	电压表	44L0 - 450	3
3	PA	电流表	44L - 200/5	2
4	KWH	有功电能表	DT18	1
5	KVARH	无功电能表	DX62	1
6	QS	隔离开关	HDB - 200/3	2
7	GF	漏电保护断路器	DZ15L - 200/3	2
8	TA	电流互感器	LM8 - 0.5 - 200/5	6

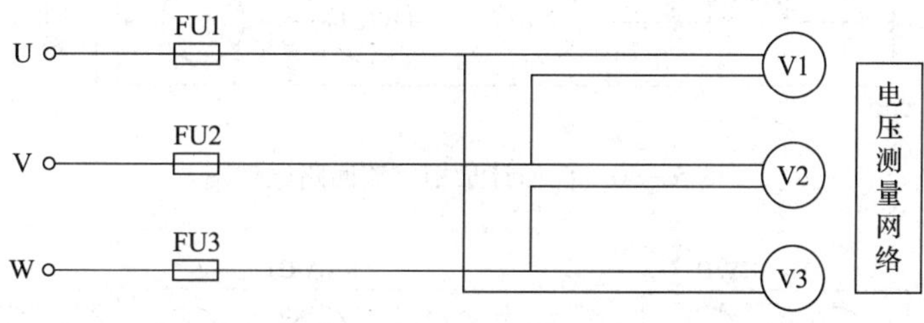

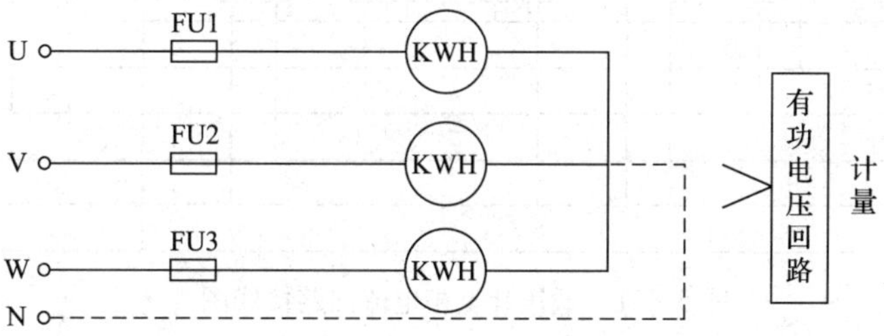

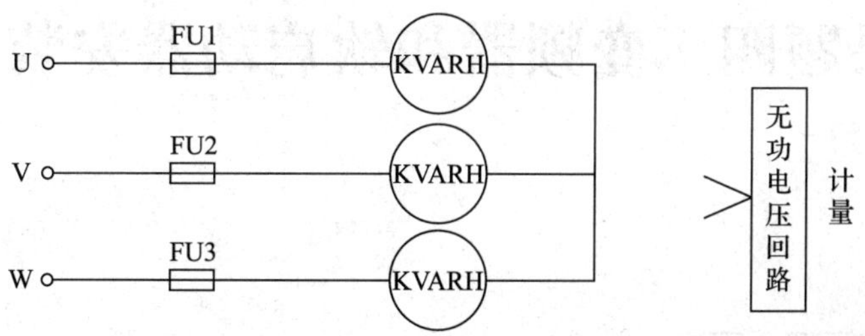

图 5—48　低压计量柜电压回路原理图

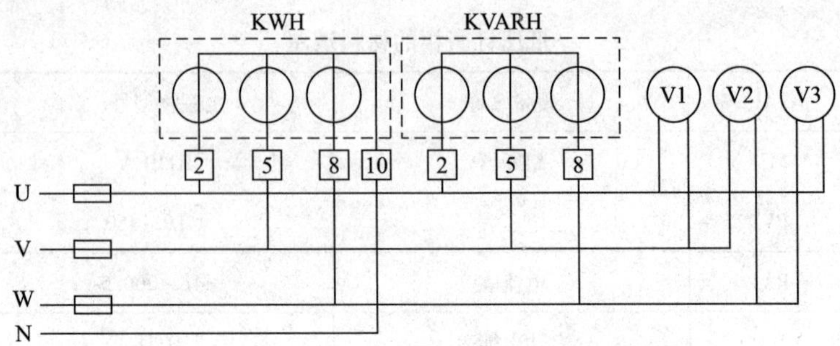

图 5—49　低压计量柜电压回路接线图

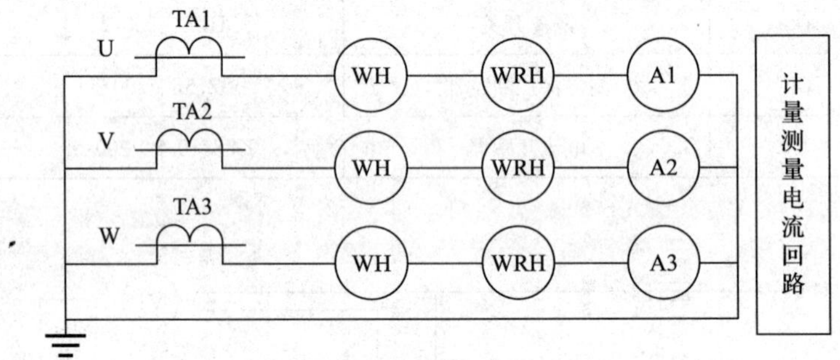

图 5—50　低压计量柜电流回路原理图

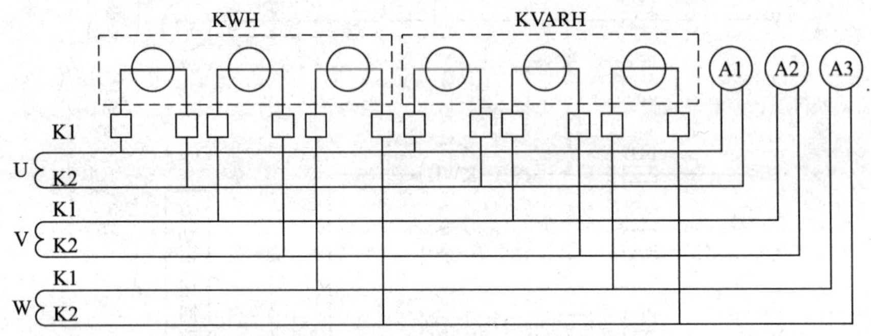

图 5—51　低压计量柜电流回路接线图

课题四　变频器和软启动器安装

一、变频器

1. 变频器工作原理、用途

变频器是利用电力半导体器件的通断作用将工频电源变换为另一频率的电能控制装置，

能实现对交流异步电动机的软启动、变频调速、提高运转精度、改变功率因数、过流、过压、过载保护等功能。

变频器节能主要表现在风机、水泵的应用上。为了保证生产的可靠性，各种生产机械在设计配用动力驱动时，都留有一定的余量。当电动机不能在满负荷下运行时，多余的力矩增加了有功功率的消耗，造成电能的浪费。风机、泵类等设备传统的调速方法是通过调节入口或出口的挡板、阀门开度来调节给风量和给水量，其输入功率大，且大量的能源消耗在挡板、阀门的截流过程中。当使用变频调速时，如果流量要求减小，通过降低泵或风机的转速即可满足要求。

变频器主要由主电路（包括整流器、中间直流环节、逆变器）和控制电路组成。整流器是将交流电变换成直流电的电力电子装置，其输入电压为正弦波，输入电流非正弦，带有丰富的谐波。中间直流环节是中间直流储能环节，在它和电动机之间进行无功功率的交换。逆变器是将直流电转换成交流电的电力电子装置，其输出电压为非正弦波，输出电流近似正弦波。控制电路常由运算电路、检测电路、控制信号输入/输出电路和驱动电路组成。主要任务是完成对逆变器的开关控制、对整流器的电压控制以及完成各种保护功能等，其控制方法可以采用模拟控制或数字控制。目前许多变频器已经采用微机来进行全数字控制，采用尽可能简单的硬件电路，靠软件来完成各种功能。

变频器通过改变电源的频率来达到改变电源电压的目的，根据电动机的实际需要来提供其所需要的电源电压，进而达到节能、调速的目的。

通用变频器能与普通的交流电动机配套使用，能适应各种不同性质的负载并具有多种可供选择功能。高性能专用变频器对控制要求较高的系统（电梯等），大多采用矢量控制方式。

2. 变频器的选择

考虑变频器运行的经济性和安全性，变频器选型保留适当的余量是必要的。要准确选型，必须要把握以下几个原则：

（1）充分了解控制对象性能要求。一般来讲如对启动转矩、调速精度、调速范围要求较高的场合则需考虑选用矢量变频器，否则选用通用变频器即可。

（2）了解所用电动机主要铭牌参数：额定电压、额定电流。确定负载可能出现的最大电流，以此电流作为待选变频器的额定电流。

变频器的应用范围见表5—8。

表5—8　　变频器的应用范围

使用通用变频器的行业和设备	使用矢量变频器的行业和设备
绝大多数纺织设备	纺织领域有张力控制需求的场合
冶金辅助风机水泵、辊道、高炉卷扬机	冶金各种主轧线、飞剪
石化用风机、泵、空压机	—
电梯门机、起重行走	电梯、起重提升

续表

使用通用变频器的行业和设备	使用矢量变频器的行业和设备
供水	—
油田用风机、水泵、抽油机、空压机	—
电厂风机水泵、传送带	—
市政锅炉、污水处理	—
水泥、陶瓷、玻璃生产线全线	—
矿山风机、泵、传送带	矿山提升机
部分拉丝机牵引	拉丝机的收放卷
低速造纸及配套风机水泵、制浆	高速造纸、切纸机、复卷机

3. 变频器安装方法

以三菱 FR－E540 系列变频器为例介绍变频器的使用方法。

（1）变频器的结构。变频器的外观结构如图 5—52 所示。

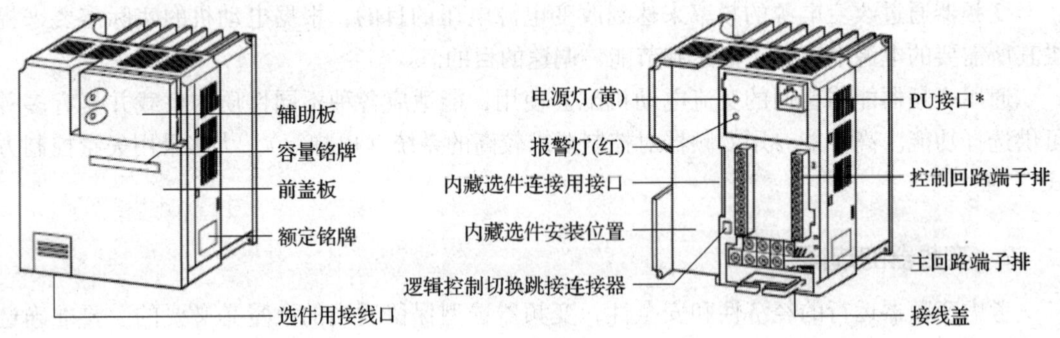

图 5—52　变频器的外观结构

（2）变频器安装的周围要留有空间。如图 5—53 所示。

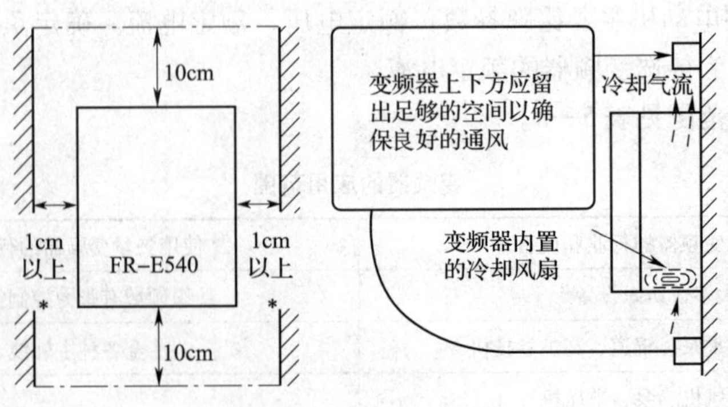

图 5—53　变频器周围空间

（3）接线端子。变频器的接线如图5—54所示。

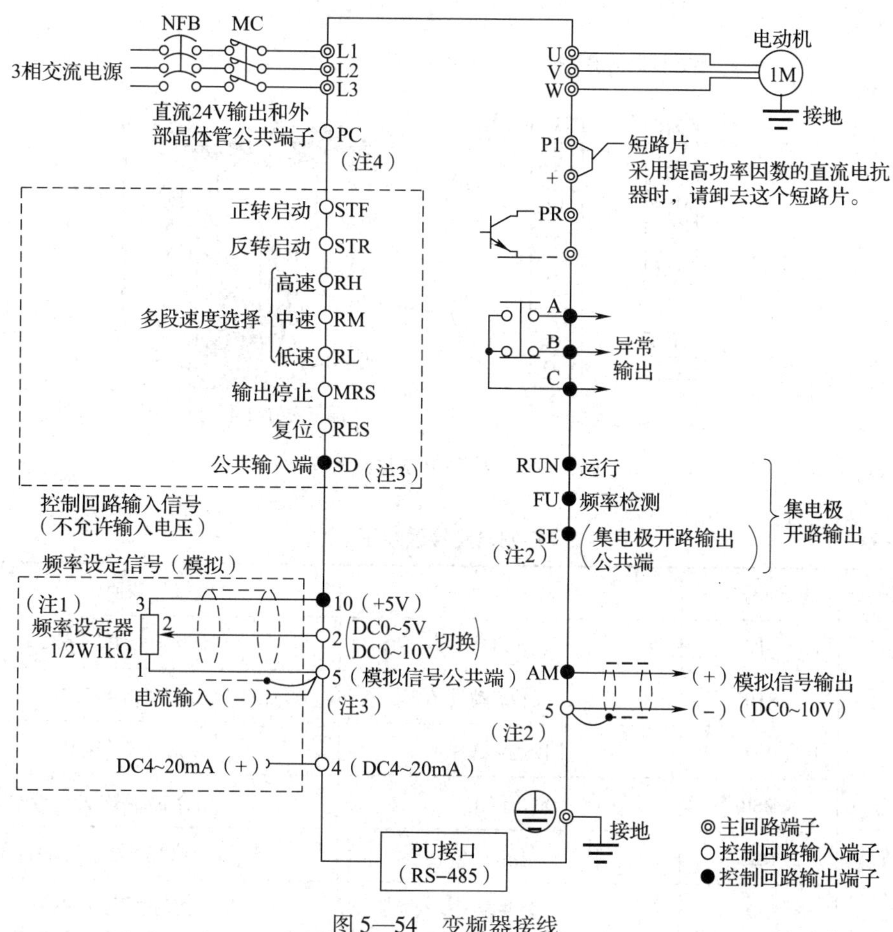

图5—54　变频器接线

1）主电路接线。主电路接线图如图5—55所示。L1、L2、L3接工频电源，U、V、W接三相交流电动机。接地符号处为接地线。

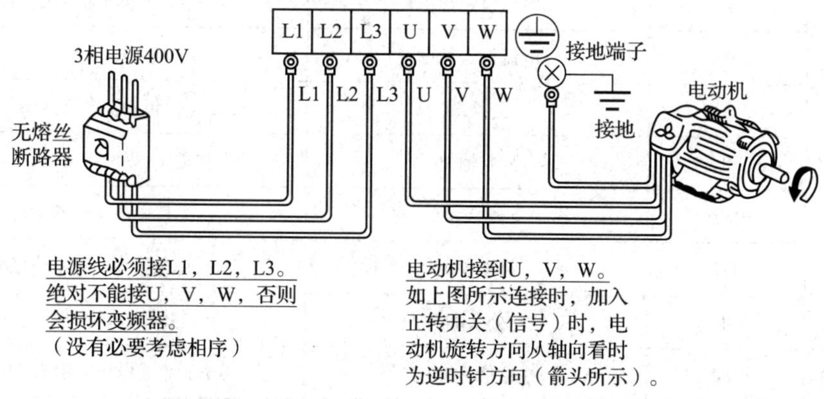

图5—55　主电路接线图

2）控制电路接线。控制电路接线图如图5—56所示。各接线端子的名称和说明见表5—9。

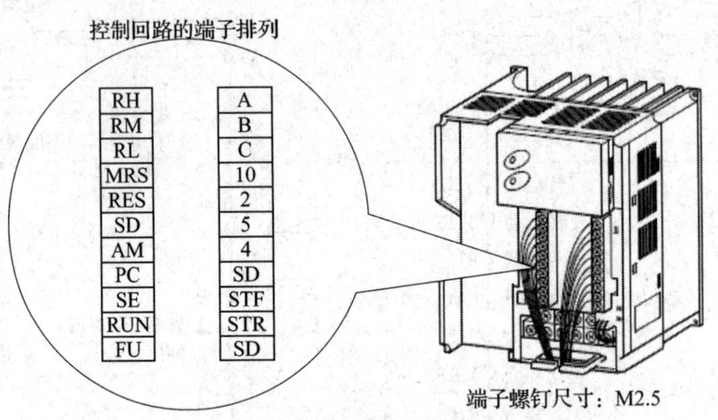

图5—56　控制电路接线端子

表5—9　　控制电路接线端子

端子类型	符号	端子名称	说明
输入信号	STF	正转启动	闭合电动机正转
	STR	反转启动	闭合电动机反转
	RH、RM、RL	多段速度选择	选择多段速度
	MSR	输出停止	闭合电动机停止运行
	RES	复位	闭合0.1 s以上再断开，解除保护
	SD	公共端	控制电源公共端
	PC	控制用直流电源正极	直流24 V，0.1 A电源输出
模拟输入	10	频率设定电源	直流5 V，0.01 A
	2	电压设定频率	0~5 V电压对应工作频率
	4	电流设定频率	4~20 mA对应工作频率
	5	公共端	频率设定公共端
输出信号	A、B、C	异常输出	保护输出：A-C常开，BC常闭
	RUN	正常运行	低电平为正常运行
	FU	频率检测	低电平为达到工作频率
	SE	公共端	RUN、FU的公共端
模拟输出	AM	模拟信号输出	输出频率或电压表示为：0~10 V

（4）变频器的交流接触器控制

1）变频器输入电源控制。变频器可以通过控制交流接触器控制电源的输入。如图5—57所示。

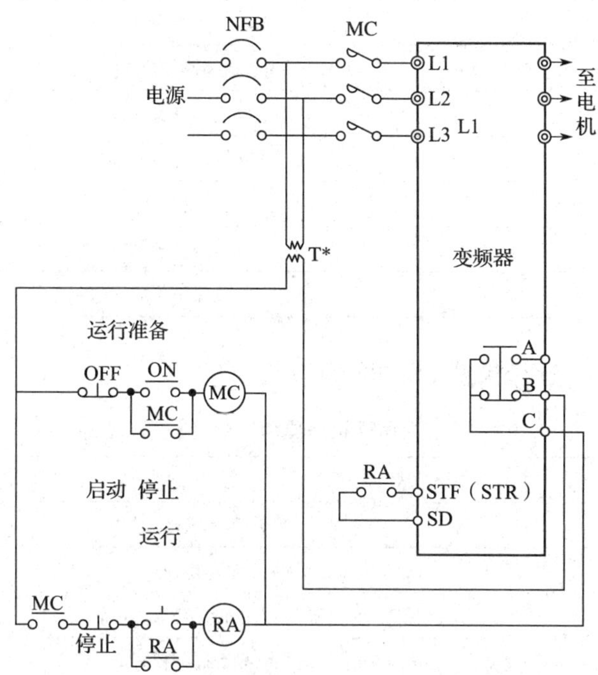

图5—57　交流接触器控制输入电源

2）如果在变频器和电动机之间采用交流接触器控制，变频器运行中不能由切断状态变为导通状态，以免冲击电流损坏变频器。

4．变频器的操作方法

（1）操作面板。变频器操作面板如图5—58所示。

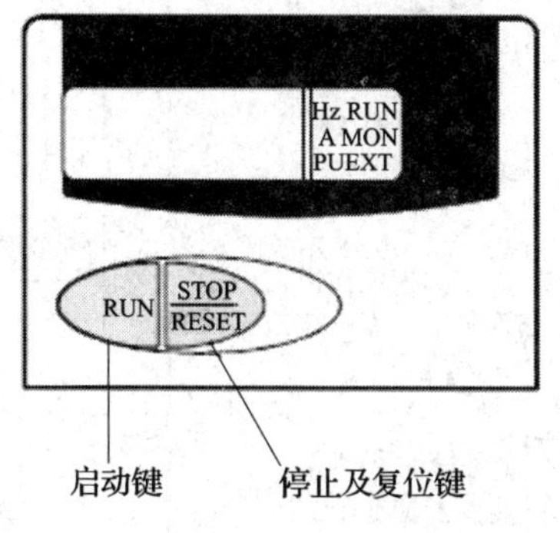

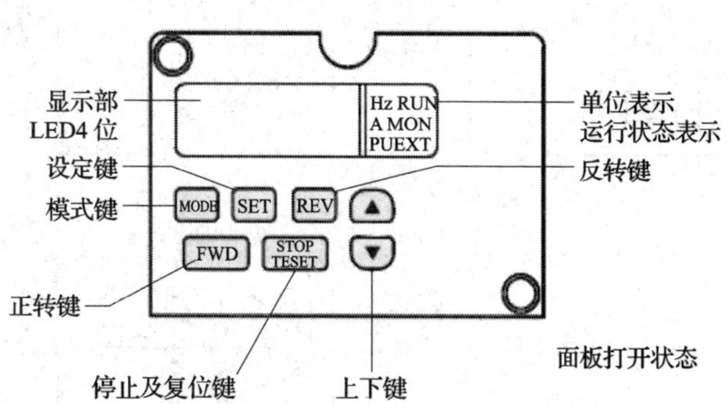

图5—58　操作面板

1）按键功能。按键功能见表 5—10。

表 5—10　按键功能

按键	说　明
启动键	正转运行指令键
模式键	用于选择操作模式
设定键	用于确定频率和参数
上下键	数字增加与降低
正转键	正转指令
反转键	反转指令
停止及复位键	停止运行或保护状态解除

2）状态显示功能。运行状态显示功能见表 5—11。

表 5—11　运行状态显示功能

显示	说　明
Hz	显示频率
A	显示电流
RUN	灯亮为正转，灯灭为反转
MON	灯亮为监视模式
PU	灯亮为 RS485 通讯
EXT	灯亮为外部操作模式

3）设定键操作。变频器在监视模式时，按设定键改变显示模式及工作状态，如图 3—59 所示。

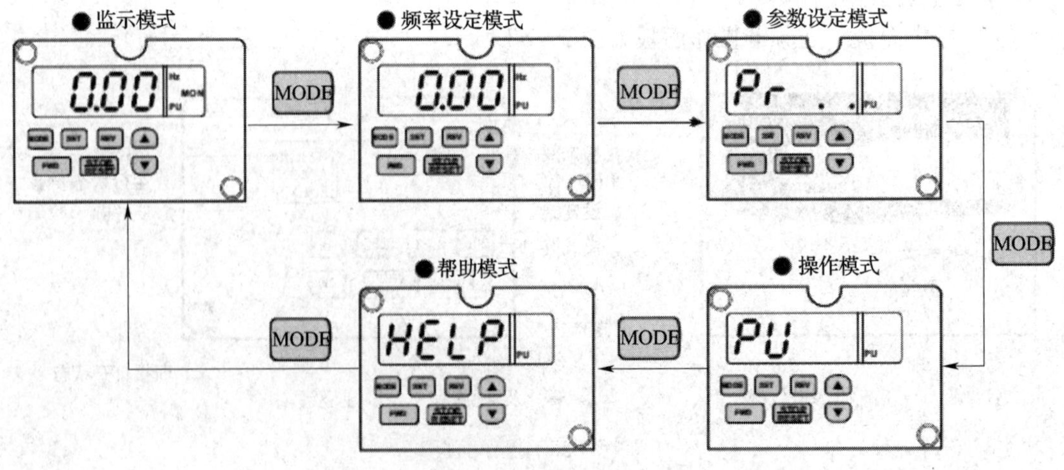

图 3—59　设定键操作

4）频率设定。在频率设定模式时，用“启动键”（正转键或反转键）设定运行频率。如图 3—60 所示。

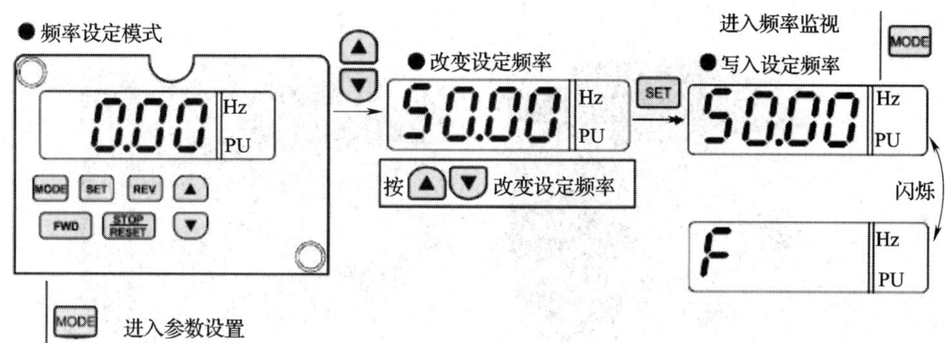

图 3—60　频率设定

二、软启动器

1. 软启动器

在工程中最常用的动力设备就是三相异步电动机，由于其电动机启动特性，这些电动机直接连接供电系统（硬启动），将会产生高达电动机额定电流 5 ~ 7 倍的浪涌（冲击）电流，使得供电系统和串联的开关设备过载。另一方面，直接启动，也会产生较高的峰值转矩，这种冲击不但会对驱动电动机产生冲击，而且也会使机械装置受损，还会影响接在同一电网上其他电气设备正常工作。

交流电动机启动性能主要有两个指标：启动电流倍数和启动转矩倍数，软启动器就是在启动过程中通过改变加在电动机上的电源电压，以减小启动电流、启动转矩的。

软启动的限流特性可有效限制浪涌电流，避免不必要的冲击力矩以及对配电网络的电流冲击，有效地减少线路刀闸和接触器的误触发动作；对频繁启停的电动机，可有效控制电动机的温升，大大延长电动机的寿命。目前工程中应用较为广泛的软启动器是晶闸管（SCR）软启动器。如图 5—61 所示。

2. 软启动器工作原理

在三相电源与电动机间串入三相反并联晶闸管，利用晶闸管移相控制原理，改变晶闸管的触发角，启动时电动机端电压随晶闸管的导通角从零逐渐上升，就可调节晶闸管调压电路的输出电压使其逐渐上升，电动机转速逐渐增大，直至达到满足启动转矩的要求而结束启动过程。软启动器的输出是一个平滑的升压过程（且具有限流功能），直到晶闸管全导通，电动机在额定电压下工作。启动完成后，旁路接触器接通，电动机进入运行状态。停车时先切断旁路接触器，然后由软启动器内晶闸管导通角由大逐渐减小，使软启动器输出电压逐渐减小，电动机转速逐渐减小到零，停车过程完成。控制过程如图 5—62 所示。

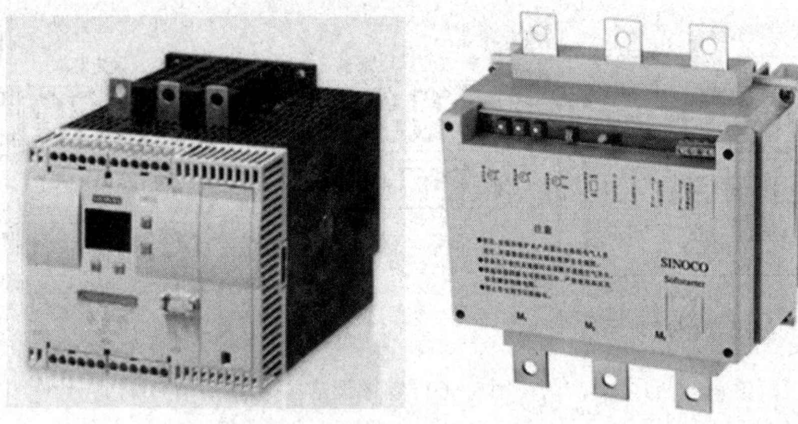

图 5—61　软启动器

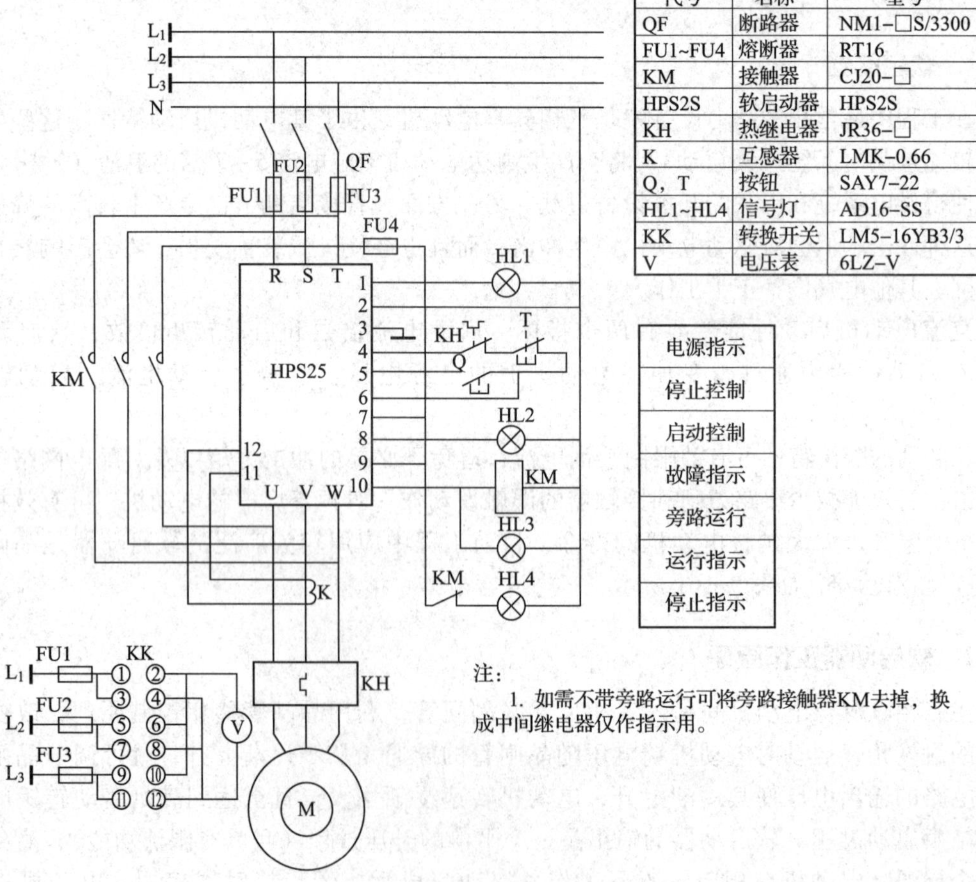

代号	名称	型号
QF	断路器	NM1-□S/3300
FU1~FU4	熔断器	RT16
KM	接触器	CJ20-□
HPS2S	软启动器	HPS2S
KH	热继电器	JR36-□
K	互感器	LMK-0.66
Q，T	按钮	SAY7-22
HL1~HL4	信号灯	AD16-SS
KK	转换开关	LM5-16YB3/3
V	电压表	6LZ-V

图 5—62　软启动器控制原理图

想一想

1. 说明图 5—62 软启动器的工作过程。
2. 能用变频器代替软启动器吗?
3. 软启动器的选择。

(1) 选择类型。目前市场上常见的软启动器有旁路型、无旁路型、节能型等。根据负载性质选择不同类型的软启动器。

旁路型：在电动机达到额定转数时，用旁路接触器取代已完成任务的软启动器，降低晶闸管的热损耗，提高其工作效率。也可以用一台软启动器去启动多台电动机。

无旁路型：晶闸管处于全导通状态，电动机工作于全压方式，忽略电压谐波分量，经常用于短时重复工作的电动机。

节能型：当电动机负荷较轻时，软启动器自动降低施加于电动机定子上的电压，减少电动机电流励磁分量，提高电动机功率因数。

(2) 规格。根据电动机的标称功率，电流负载性质选择启动器，一般软启动器容量稍大于电动机工作电流，还应考虑保护功能是否完备，例如：缺相保护、短路保护、过载保护、逆序保护、过压保护、欠压保护等。

3. 软启动器的启动方式

(1) 斜坡恒流软启动。这种启动方式是在电动机启动的初始阶段启动电流逐渐增加，当电流达到预先所设定的值后保持恒定，直至启动完毕。启动过程中，电流上升变化的速率可以根据电动机负载调整设定。电流上升速率大，则启动转矩大，启动时间短。该启动方式是应用最多的启动方式，尤其适用于风机、泵类负载的启动。

(2) 阶跃启动。开机，即以最短时间，使启动电流迅速达到设定值，即为阶跃启动。通过调节启动电流设定值，可以达到快速启动效果。

想一想

软启动器与传统星三角降压启动方式的不同之处在哪里?

4. 软启动器的保护功能

(1) 过载保护。软启动器引进了电流控制环，可随时跟踪检测电动机电流的变化状况。通过增加过载电流的设定和反时限控制模式，实现了过载保护功能，使电动机过载时，关断晶闸管并发出报警信号。

(2) 缺相保护。工作时，软启动器随时检测三相线电流的变化，一旦发生缺相情况，即可进行缺相保护。

（3）过热保护。通过软启动器内部热继电器检测晶闸管散热器的温度，一旦散热器温度超过允许值后自动关断晶闸管，并发出报警信号。

5. 软启动器使用方法

下边以 PST 系列软启动器为例，说明软启动器的使用方法。

PST 软启动器用于三相异步电动机的软启动和软停止。具有先进的电动机保护功能。可以通过端子输入、键盘、现场总线控制软启动器。软启动器外观结构如图 5—63 所示。

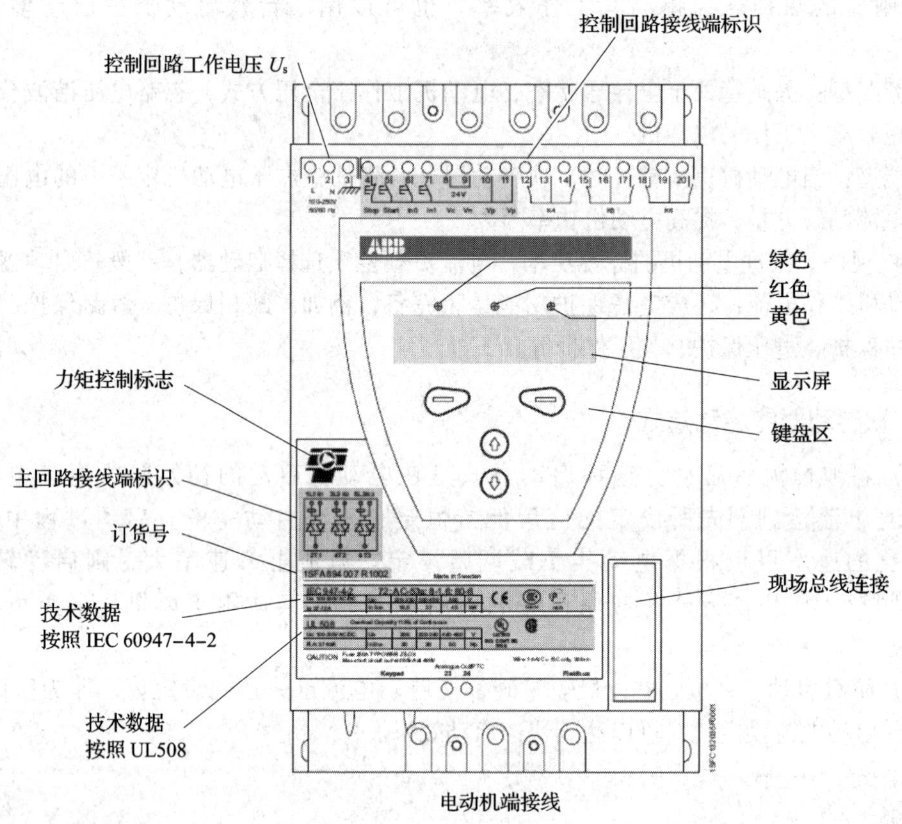

图 5—63　软启动器外观结构

（1）主电路接线。主电路电源接线端子：1L1、3L2、5L3。电动机接线端子：2T1、4T2、6T3。如图 5—64 所示。

外置旁路接触器接线端子：B1、B2、B3。

（2）控制电路接线

1）控制电路电源接线端子：1 和 2。如图 5—65 所示。

2）启动和停止。启动和停止端子：4、5、8、9、10、11。如图 5—66 所示。

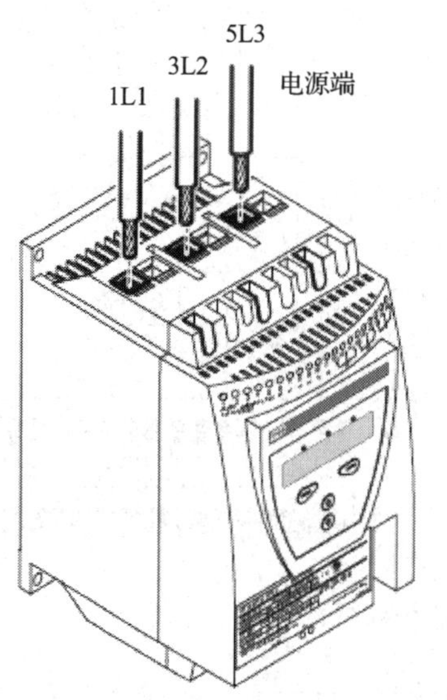

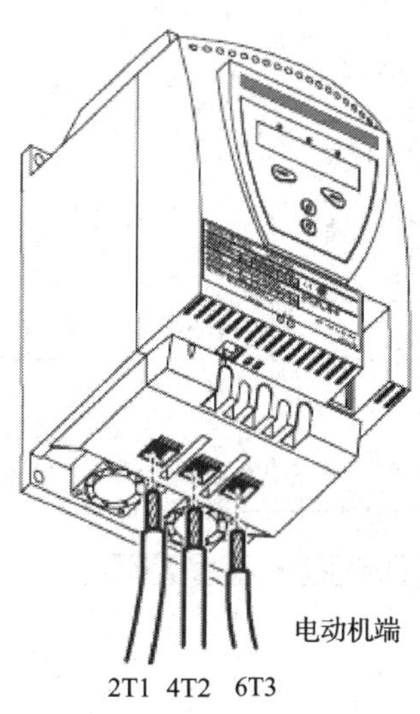

图 5—64　主电路接线

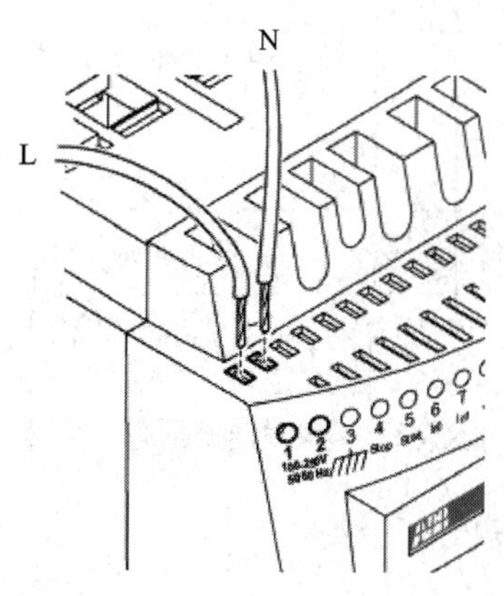

图 5—65　控制电路电源

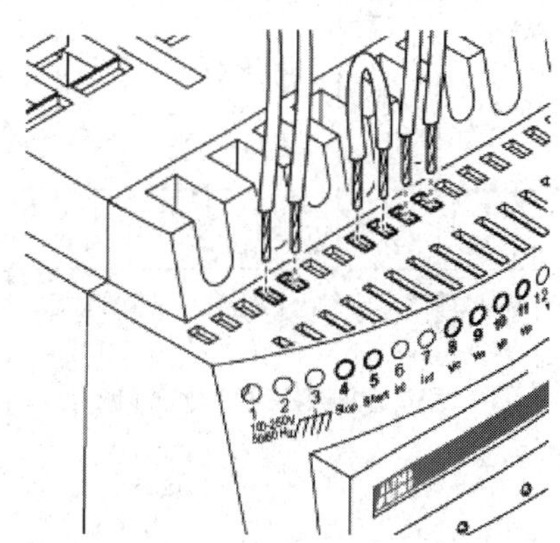

图 5—66　启动和停止端子

软启动器有一个内置自锁电路，不需要外加电源。用内置辅助中间继电器也可以实现启动和停止。如图 5—67 所示。

采用外接 24 V 直流电源控制电路如图 5—68 所示。

（3）人机界面。人机界面有：LED 状态指示、LCD 状态指示、选择键和菜单操作键。如图 5—69 所示。

LED 指示灯：绿色表示电源接通；红色表示有故障；黄色表示有保护功能生效，结合 LCD 显示屏内容判断保护内容。

LCD 显示屏：第一行显示状态信息；第二行显示当前选择键的功能；翻页箭头显示当前状态下可以修改的参数和设定值，如图 5—70 所示。

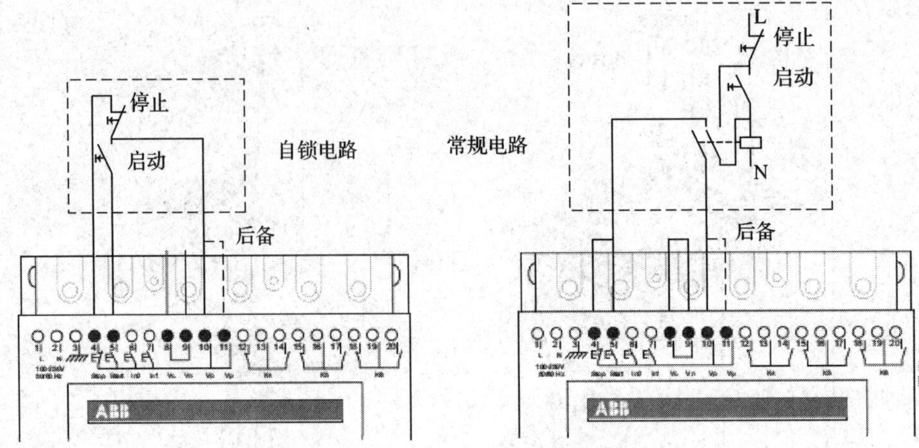

图 5—67　内置自锁和常规电路

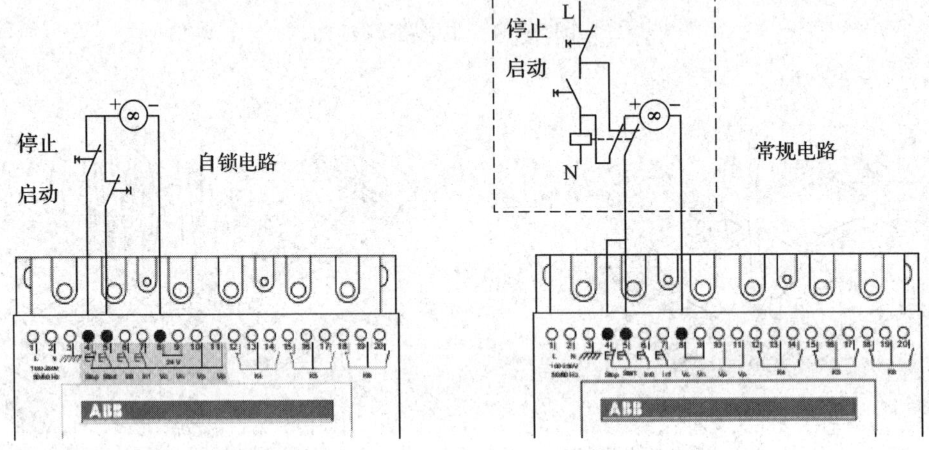

图 5—68　外接电源的自锁和常规电路

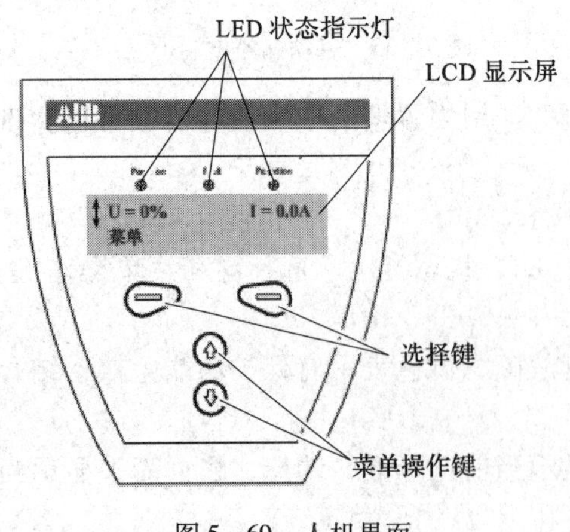

图 5—69　人机界面

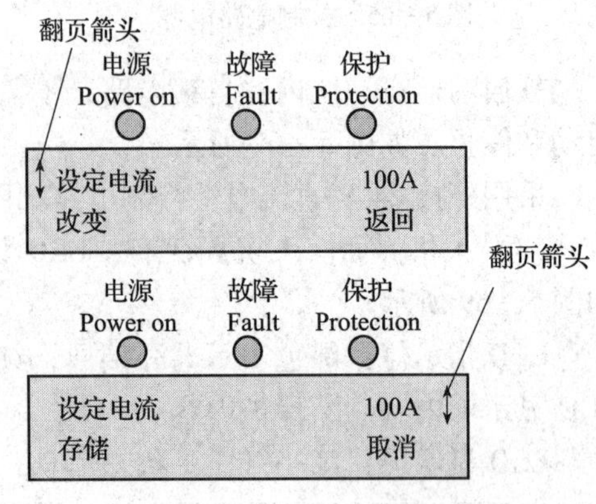

图 5—70　LCD 显示屏

改变电动机额定电流的步骤：菜单、设置、功能设置、启动/停止、设定电流，见表5—12。

表 5—12　　改变电动机额定电流的步骤

图示	说明
↕ U=0%　I=0.0A 菜单	软启动器“菜单”
↕ 设置 选择　返回	按“左选择键”进入菜单
↕ 应用设置 选择　返回	按“左选择键”选择“应用设置”
↕ 功能设置 选择　返回	按“下操作键”进入“功能设置”
↕ 启动/停止 选择　返回	按“左选择键”选择“功能设置”，再按“左选择键”选择“启动/停止”
↕ 设定电流　100A 选择　返回	按“左选择键”进入“设定电流”
设定电流　100A ↕ 存储　取消	显示“设定电流”
↕ 设定电流　99.5A 改变　返回	用“操作键”设置额定电流，再按“左选择键”选择“存储”，保存设定值。连续按四次“右选择键”返回主菜单

思考与练习

1. 说明变频器的用途。
2. 变频器的选择有几个原则？
3. 叙述软启动器的启动方式。
4. 简述软启动器的保护功能。

技 能 训 练

1. 安装变频器和电动机电路，控制电动机调速运行，记录不同频率及电压的对应关系，寻找控制规律。

2. 如果改变交流电动机的电压，不改变工作频率，电动机会出现什么情况？

3. 阅读如图 5—71 所示变频给水控制器原理图，说明工作过程。

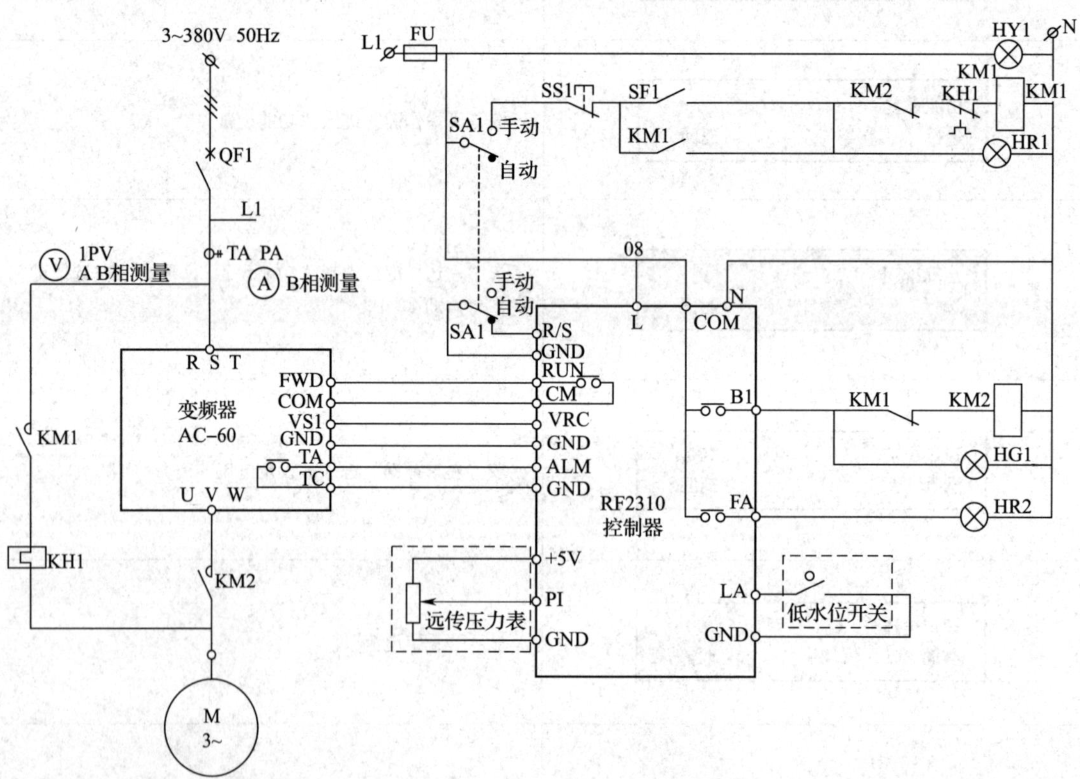

图 5—71　变频给水控制器原理图

4. 阅读如图 5—72 所示软启动器控制电动机的示意图，画出电气原理图和接线图，提出材料清单，编制安装工艺，在模拟板上安装调试。

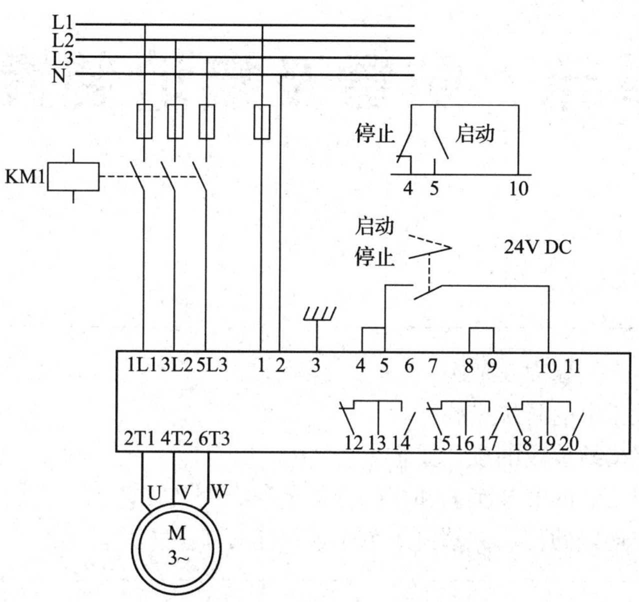

图 5—72　软启动器控制电动机的示意图

第六单元　防雷及接地装置安装

学习目标

1. 了解雷电的产生原因及危害
2. 了解并掌握雷电的防护措施
3. 了解并掌握接地装置的工艺要求
4. 掌握避雷引下线的安装工艺和接闪器的制作、安装工艺
5. 了解等电位连接的作用，掌握等电位连接施工工艺

课题一　雷电基本知识

雷电发生时，伴随着电闪和雷鸣，雷霆万钧、令人生畏。在全球范围内，雷电发生的频率是很高的，每秒钟就有上百次雷电；每天约有800多万次雷电；一年中平均发生30多亿次雷电。实际上，对于我们每个人来讲遭受雷击的概率极小，但碰到雷电这种天气现象的情况是很多的，因雷击而死亡的人数全球每年可达上万人。在雷鸣电闪的时候，它所产生的冲击波和火光以及雷电电流，常会导致建筑物倒塌、引发火灾以及造成电力、通信和计算机系统的瘫痪事故，给国民经济和人民生命财产带来巨大的损失。

一、雷电的基本知识

1. 雷电的产生

雷电是伴有闪电和雷鸣的放电现象。雷电一般产生于对流发展旺盛的积雨云中，因此常伴有强烈的阵风和暴雨，有时还伴有冰雹和龙卷风。积雨云顶部一般较高，可达20公里，云的上部常有冰晶。冰晶的凇附、水滴的破碎以及空气对流等过程，使云中产生电荷。

云中电荷的分布较复杂，云的上部以正电荷为主，下部以负电荷为主。因此，云的上、下部之间形成一个电位差。当电位差达到一定程度后，就会产生放电现象，这就是我们常见的闪电现象，如图6—1所示。

图 6—1　闪电的类型

闪电的平均电流是 3 万安培，最大电流可达 30 万安培。闪电的电压很高，约为 1 亿至 10 亿伏特。一个中等强度雷暴的功率可达一千万瓦，相当于一座小型核电站的输出功率。放电过程中，由于闪道中温度骤增，使空气体积急剧膨胀，从而产生冲击波，导致强烈的雷鸣。带有电荷的雷云与地面的突起物接近时，它们之间就会发生激烈的放电现象。在雷电放电地点会出现强烈的闪光和爆炸的轰鸣声。这就是人们见到和听到的闪电雷鸣。

2. 雷电的危害

雷击造成的危害主要有四种：

（1）直接雷击。带电的云层对大地上的某一点发生猛烈的放电现象，称为直接雷击。它的破坏力十分巨大，若不能迅速将其泻放入大地，将导致放电通道内的物体、建筑物、设施、人畜遭受严重的破坏或损害——火灾、建筑物损坏、电子电气系统摧毁，甚至危及人畜的生命安全。如图 6—2 所示。

（2）雷电波侵入。雷电不直接在建筑和设备本身放电，而是对布放在建筑物外部的线缆放电。线缆上的雷电波或过电压几乎以光速沿着电缆线路扩散，侵入并危及室内电子设备和自动化控制等各个系统。因此，往往在听到雷声之前，我们的电子设备、控制系统等可能已经损坏。如图 6—3 所示。

（3）感应过电压。雷击在设备设施或线路的附近发生，闪电不直接对地放电，只在云层与云层之间发生放电现象。闪电释放电荷，并在电源和数据传输线路及金属管道金属支架上感应生成过电压，如图 6—4 所示。

图 6—2　直接雷击

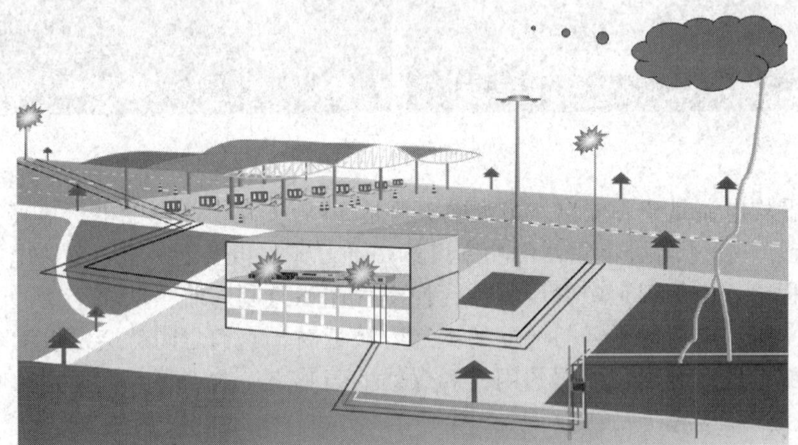

图 6—3　雷电波侵入

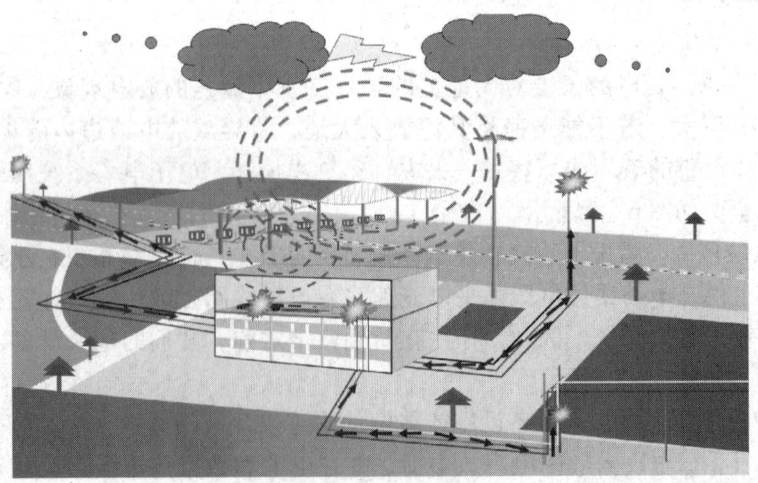

图 6—4　感应雷击

雷击放电于具有避雷设施的建筑物时，雷电波沿着建筑物顶部接闪器（避雷带、避雷线、避雷网或接闪杆）、引下线泄放到大地的过程中，会在引下线周围形成强大的瞬变磁场，轻则造成电子设备受到干扰，数据丢失，产生误动作或暂时瘫痪；严重时可引起元器件击穿及电路板烧毁，使整个系统陷于瘫痪。

（4）地电位反击。如果雷电直接击中具有避雷装置的建筑物或设施，接地网的地电位会在数微秒之内被抬高数万或数十万伏。使引下线与附近设备之间产生放电现象，造成电击事故。同时，在未实行等电位连接的导线回路中，可能诱发高电位而产生火花放电的危险。如图 6—5 所示。

图 6—5　地电位反击

二、雷电的防护措施

雷电防护的对象主要是建（构）筑物、设备和人员。对雷电的防护措施主要是安装防雷装置。防雷装置由接闪器、引下线、接地装置、电涌保护器及其他连接导体组成。

1. 防直接雷击措施

防直接雷击的主要措施是安装接闪杆、避雷带（线）和避雷网。防直接雷击装置主要由接闪器、引下线、接地装置组成。接闪器是直接接收雷击的接闪杆、避雷带（线）、避雷网，以及用作接闪的金属屋面和金属构件等。引下线是连接接闪器与接地装置的金属导体。接地装置是接地体与接地线的总和。接闪器、引下线及接地装置之间必须形成电气通路。

2. 雷电感应的防护措施

雷电感应的主要防护措施是进行等电位连接。应将建筑物内的金属设备、管道、构架、电缆金属外皮、钢屋架、钢门窗等较大金属物体和突出屋面的放散管、风管等金属物体，接到防雷接地装置上。金属屋面周边每隔 18 ~24 m 应采用一次引下线接地。

3. 防雷电波侵入措施

防雷电波侵入的主要措施是安装电涌保护器（SPD），电涌保护器又叫作过电压保护器，俗称避雷器。电涌保护器的基本原理是在瞬态过电压（雷电波）发生的瞬间（微秒或纳秒级），将被保护区域内的所有被保护对象（设备、线路等）接入等电位系统中，从而将回路中的瞬态过电压幅值限制在设备能够承受的范围内。应将建筑物架空和埋地金属管道，在进出建筑物处与防雷接地装置连接。

4. 放置雷电反击措施

在防雷装置与其他设施和建筑物内人员无法隔离的情况下，应采取电位连接。

5. 防侧击雷措施

防雷建筑物第一类高于 30 m、第二类高于 45 m、第三类高于 60 m 时应采取防侧击雷措施，应将第一类防雷建筑物 30 m 及以上、第二类防雷建筑物 45 m 及以上、第三类防雷建筑物 60 m 及以上外墙上的栏杆、门窗等较大的金属物与防雷装置相连。第一类从 30 m 起每隔不大于 6 m 的距离沿建筑物四周设置水平避雷带并与引下线相连。重要信息系统中心机房的门窗等较大的金属物与防雷装置相连。

6. 对球形雷的防护措施

球形雷大都伴随直击雷出现，并随气流移动，经常从窗户、门缝、烟囱等侵入室内。所以预防球形雷时，在雷雨天不要敞开门窗；门、窗户、烟囱等气流流动的地方用金属网格封住，并将其接地。如果遇到球形雷，最好屏息不动，以免破坏周围的气流平衡，导致被球形雷追逐，更不要随意拍打或泼水。

7. 防雷装置

防雷装置由接闪器（接闪杆、避雷带、避雷线和避雷网）、引下线、接地装置、电涌保护器及其他连接导体组成。接地装置是避雷技术最重要的环节，不管是直击雷、感应雷或其他形式的雷，最终都是把雷电流送入大地，如图 6—6 所示。

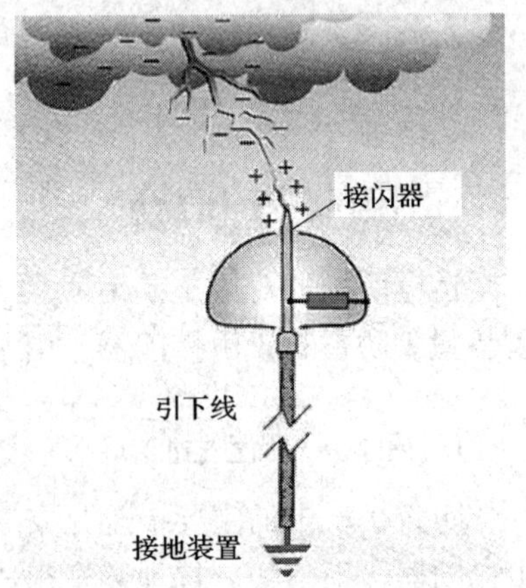

图 6—6　防雷装置

思考与练习

1. 雷击造成的危害主要有哪些？
2. 防直接雷击的主要措施是什么？
3. 雷电感应的主要防护措施是什么？

4. 叙述防侧击雷措施。

技 能 训 练

观摩学校教学楼的防雷系统，识别接闪器、引下线和接地装置。

课题二　接地装置施工

一、接地装置安装工艺

接地装置施工内容为：室外网沟施工、接地体制作安装、室外地网安装、室内地网安装、电气设备接地、检查验收。

1. 作业准备

（1）机具准备：电焊机、榔头、冲击钻、铁锤、铁锹。

（2）材料准备：钢管、扁钢（规格见设计图，户外地下用镀锌材料，户内用普通材料）、油漆、软铜线、膨胀螺栓。

2. 作业程序

室外网沟施工、接地体制作安装、室外地网安装、室内地网安装、电气设备接地、检查验收。

3. 工艺要求

（1）室外网沟施工。接地网沟尽量利用建筑工程土方开挖时的自然沟，这样可减少挖沟工程量，但应注意配合。接地网沟按设计要求开挖，也可以按以下规定施工：距建筑物的距离不小于1.5 m；挖沟深度1.35 m，沟上口宽0.6 m，下口宽0.8 m；挖沟后应尽快安装接地极，以免土方倒塌，造成返工。

（2）接地极制作安装。接地极安装应符合下列要求：

接地极的规格应符合设计要求，选用直径50 mm，管壁不小于2.5 mm的镀锌钢管，长度为2.5 m。为了易于打入土中，接地极的下端应锯成斜口或加热后打尖。角钢接地极安装方法如图6—7所示，钢管接地极安装方法如图6—8所示。

根据设计图样，用大锤将接地极打入预定位置，为了防止接地极上端打裂，应在管端套上护管帽。接地极顶面埋设深度应符合设计规定，为1.35 m，钢管接地体应垂直配置，接地极相互间距不小于其长度的2倍，水平接地体间距不宜小于5 m。焊接部位应作防腐处理（刷防腐漆），作防腐处理前表面必须除锈并去掉残留的焊渣。

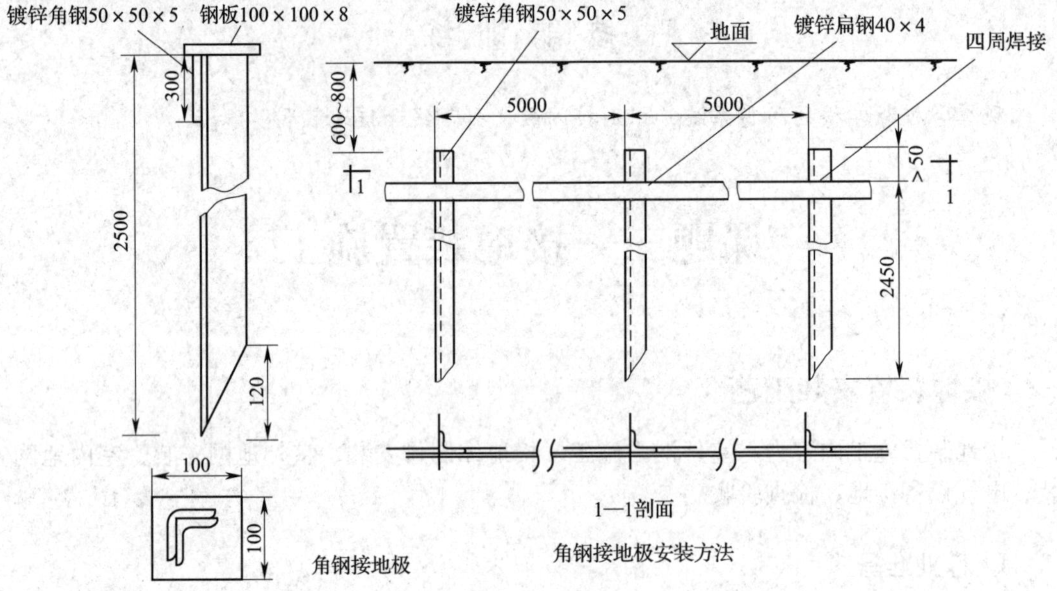

图 6—7　角钢接地极安装方法

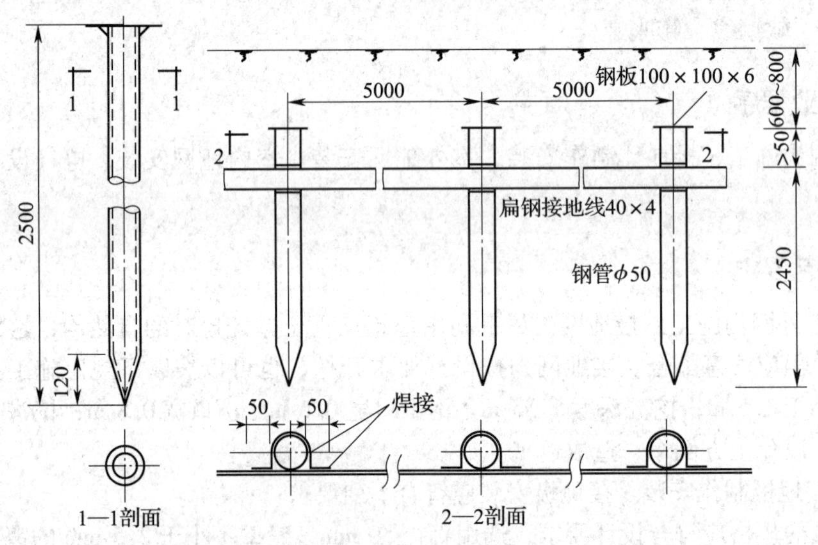

图 6—8　钢管接地极安装方法

用接地电阻测试仪测量接地极的接地电阻，接地电阻不大于 4 Ω。

接地电阻测量方法。

从接地体流入地下的电流是自接地体向四周流散的。这个自接地体向四周流散的电流叫流散电流。流散电流在土壤中遇到的全部电阻叫流散电阻。接地体或自然接地体的对地电阻和接地线电阻的总和，称为接地装置的接地电阻。接地电阻的数值等于接地装置对地电压与通过接地体流入地中电流的比值。接地电阻包括接地线电阻、接地体电阻、接地体与土壤间的接触电阻，以及土壤中的流散电阻。由于其中接地线电阻、接地体电阻、接触电阻相对较小，故通常近似以流散电阻作为接地电阻。

用接地电阻测试仪测量接地电阻时，仪器的 E 端接 5 m 导线，P 端接 20 m 导线，C 端接 40 m 导线，导线的另一端分别接被测物接地极 E′，电位探棒 P′和电流探棒 C′，且 E′、P′、C′应保持直线，其间距为 20 m。测量大于等于 1 Ω 接地电阻时仪器的连接方式如图 6—9所示，需将仪表上 2 个 E 端钮连接在一起。

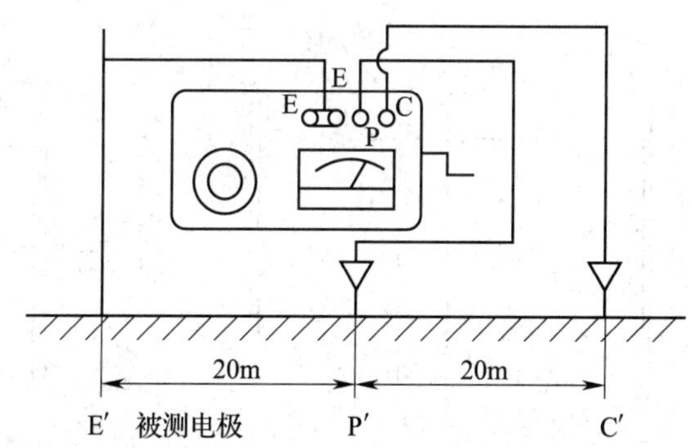

图 6—9　测量接地电阻的连接方法

测量步骤：

1）确认仪器端接线正确无误。

2）将仪器水平放置，调整检流器。

3）将仪器的“倍率开关”置于最大倍率挡，逐渐加快摇柄转速，使其达到 150 r/min。当检流计指针向一个方向偏转时，旋动刻度盘，使检流计指针指在“0”上。此时刻度盘上读数乘上倍率挡即为被测电阻值。

4）如刻度盘读数小于 1 时，仍未取得平衡，可将倍率开关置于小一挡的位置。直到调节到完全平衡为止。

（3）室外接地网安装。室外接地网按以下要求安装：

接地线用 50 ×6 镀锌扁钢进行连接。扁钢应先矫正和平直，然后沿沟敷设，其焊接应采用搭接焊。焊接长度为其宽度的 2 倍，并且至少三个棱边焊接，焊接应牢固无虚焊，如图 6—10 所示。

镀锌扁钢与镀锌钢管焊接时，除应在其接触部位两侧进行焊接外，应焊以由钢带弯成的弧形卡子。

接地网安装完毕后，应由各验收单位进行验收并填写隐蔽工程记录单。验收后应及时回填，回填土内不应夹有石块和建筑垃圾等，外取的土壤不得有较强的腐蚀性。回填土时应分层夯实。

（4）室内接地网安装。室内接地网按以下要求安装：

接地干线应采用 40 ×6 的扁钢，有两点以上与室外主接地网相连接。室内接地网形状如图 6—11 所示，$L = 5$ m。

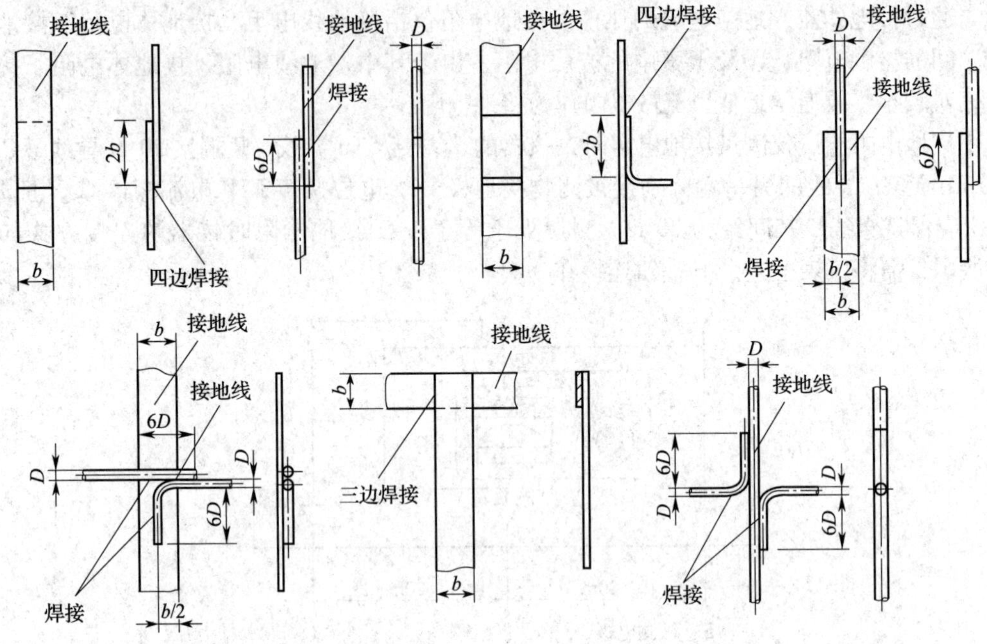

图 6—10　接地线的安装方法

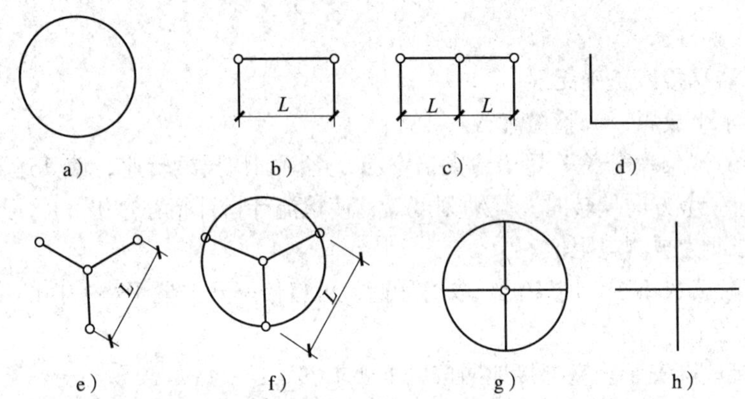

图 6—11　室内接地网形状

a）方式一　b）方式二　c）方式三　d）方式四　e）方式五　f）方式六　g）方式七　h）方式八

接地线的敷设位置不应妨碍设备的拆卸与检修。接地线应按水平或垂直敷设，亦可与建筑物倾斜结构平行敷设。在直线段上不应有高低起伏及弯曲等情况。沿墙水平敷设时，离地面距离宜为 200 mm，地线与墙壁间的间隙宜为 10 mm。在接地线跨越建筑物伸缩缝、沉降缝时，应设置补偿器，补偿器可用接地线本身弯成弧形代替，如图 6—12 所示。

接地线一般用螺栓固定在支持件上。支持件用膨胀螺栓制作。先把扁钢校直，按膨胀螺栓的规格在扁钢上钻孔，然后用粉线在墙上弹出水平或垂直的线，水平线高度为200 mm。用冲击钻在线的位置上按扁钢孔距钻孔，相邻两孔间隔水平部分为 1. 5 m，垂直部分为2 m，转弯部分为 0. 5 m。最后用膨胀螺栓把扁钢固定在墙上，加垫调整扁钢到距墙壁距离为 10 mm，如图 6—13 所示。

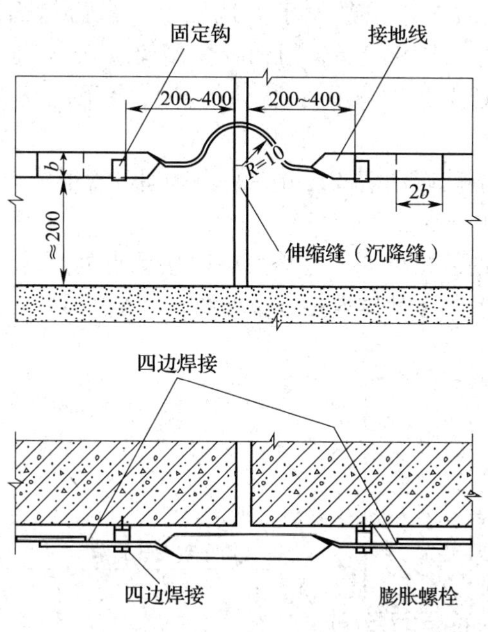

图 6—12　补偿器的安装方法

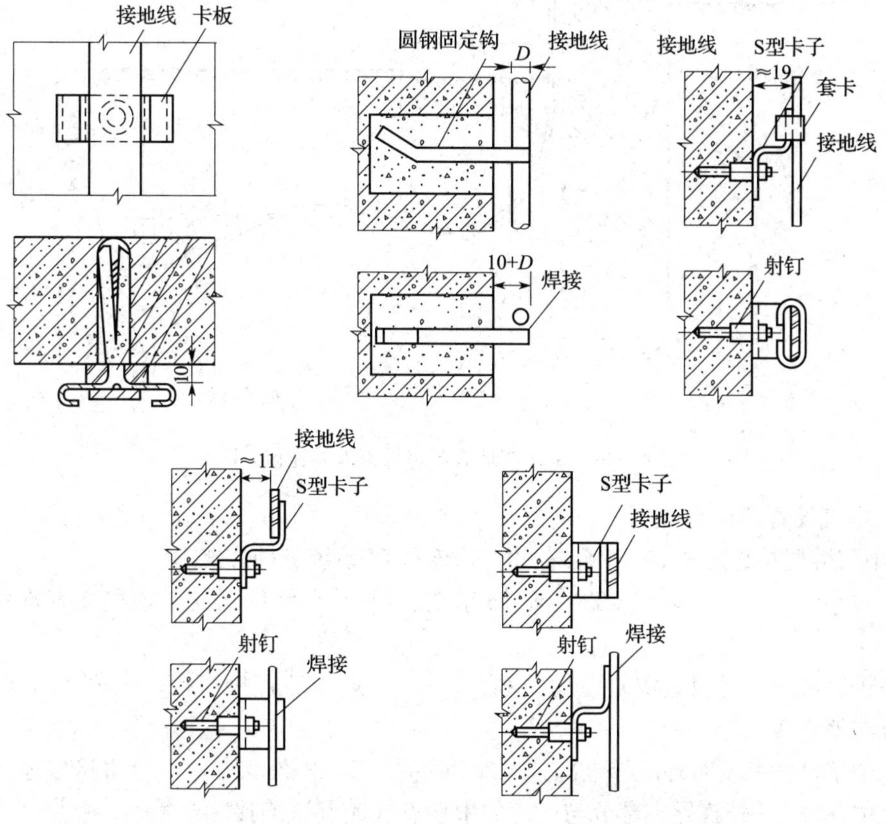

图 6—13　接地线在钢筋混凝土上的安装方法

接地线通过门或通道时应水平敷设于毛地面上，最后抹面时埋在下面。接地线应防止机械损伤和化学腐蚀，在可能受到损伤处应用钢管或角钢加以保护。在穿过墙壁、楼板和地坪处应加装钢管保护。有化学腐蚀的部位应采取防腐措施（刷防腐漆或镀锌）。

明敷接地线表面全部刷防腐沥清漆，并在每个区间可视部位上涂以宽度为 20 mm 的黄、绿相间的条纹，长度为 200 mm。

在接地线引向建筑物的入口处和在检修用临时接地点处，均应刷白色底漆，标以黑色接地记号。室内接地线与室外接地体连接方法如图 6—14 所示。

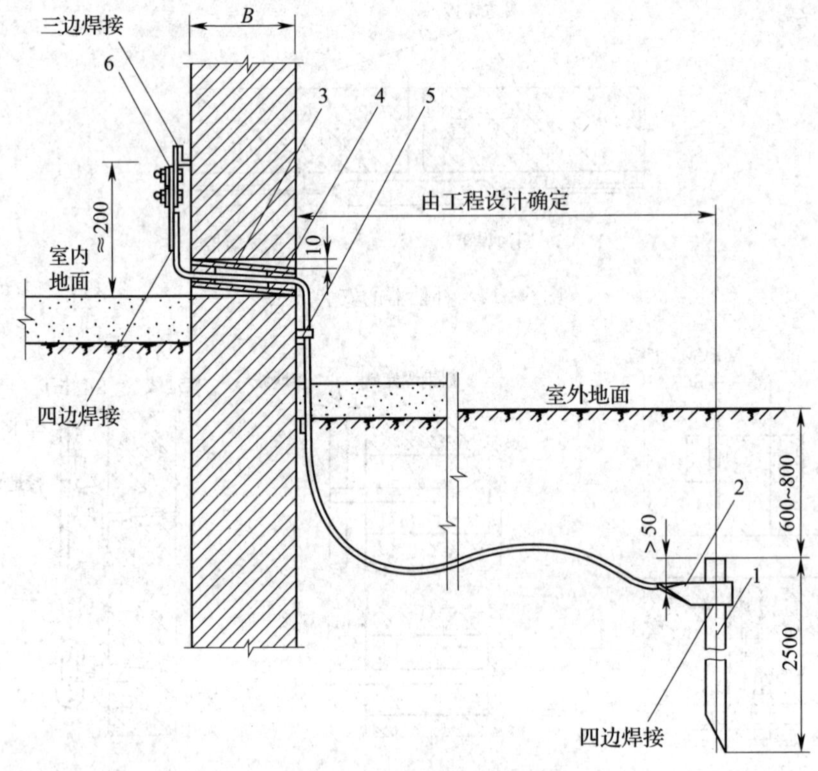

图 6—14　室内接地线与室外接地体连接方法

（5）电气设备的接地

1）电气装置接地形式有 TN 系统、TT 系统和 IT 系统三种形式。

TN－C 系统、TN－S 系统、TN－C－S 系统、TT 系统和 IT 系统。这些文字符号的含义是：

第一个字母——说明电源对地的关系：T——一点与地直接连接；I——与地隔离或一点经阻抗与地连接。

第二个字母——说明外露导电部分对地的关系：T——外露导电部分直接接地，与电源的接地无关；N——外露导电部分与电源的中性点（N 点）连接。

2）TN 系统按 N 线和 PE 线的组合方式分为三种形式：

TN－S 系统：在全系统内，N 线和 PE 线是分开的，如图 6—15 所示。

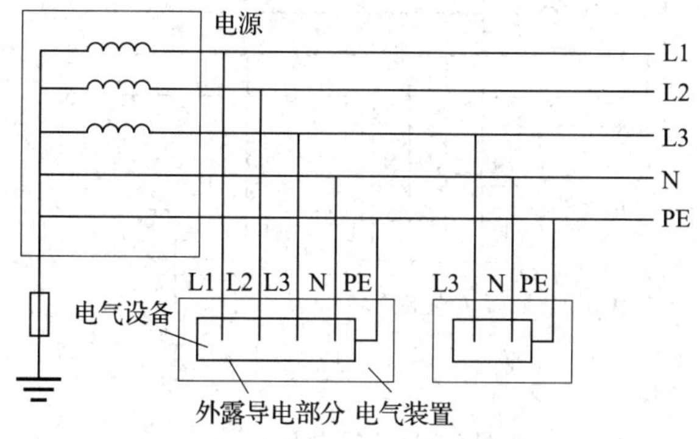

图 6—15 TN－S 接地系统

TN－C 系统：在全系统内，N 线和 PE 线合为一根线（PEN 线），如图 6—16 所示。

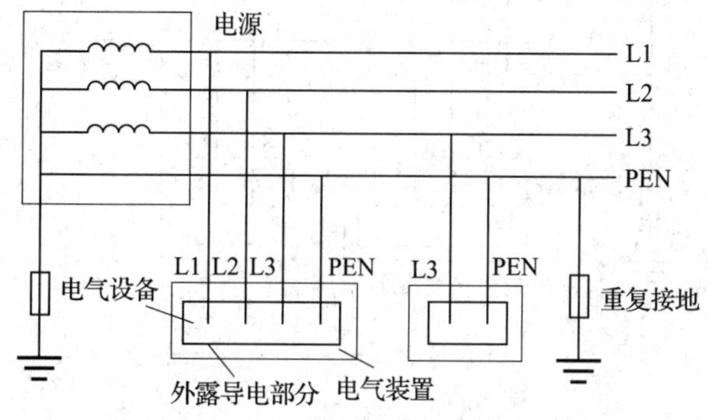

图 6—16 TN－C 接地系统

TN－C－S 系统：在全系统内，仅在前一部分 N 线和 PE 线合为一根线，如图 6—17 所示。

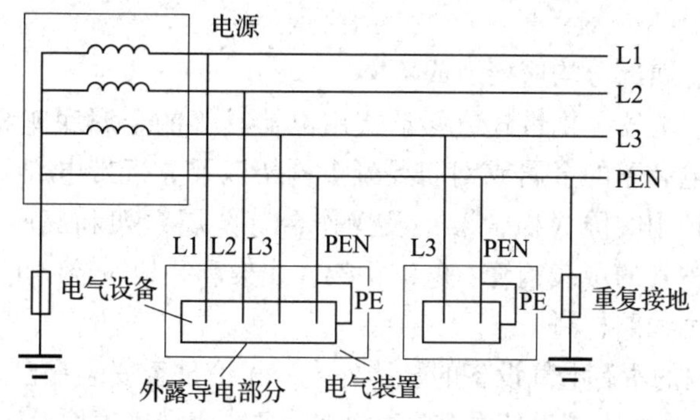

图 6—17 TN－C－S 接地系统

TT 系统：如图 6—18 所示。

IT 系统：如图 6—19 所示。

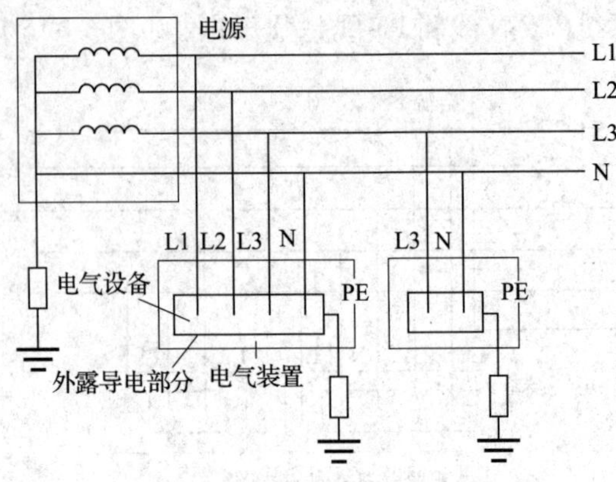

图 6—18　TT 接地系统

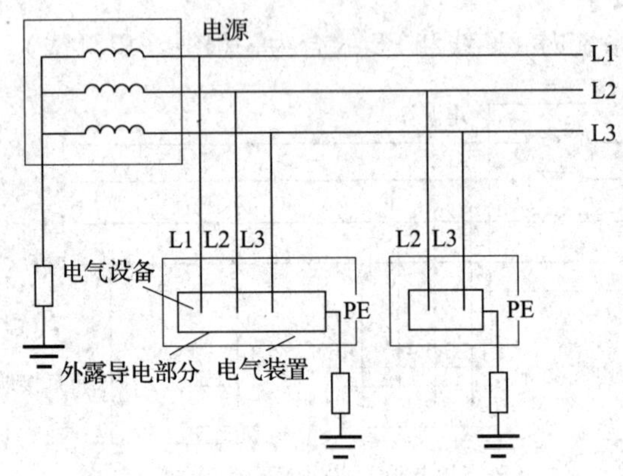

图 6—19　IT 接地系统

想一想

各种接地系统适用于哪些范围？

电气设备的下列金属部分均应接地或接零：

电动机、变压器、电器、携带式或移动式用电器具等的金属底座和外壳。电气设备的传动装置。屋内外配电装置的金属或钢筋混凝土构架以及靠近带电部分的金属遮栏和金属门。配电、控制、保护用的屏（柜、箱）及操作台等金属框架和底座。电缆的金属护层，可能触及电缆金属保护管的穿线钢管、电缆桥架、支架和井架、控制电缆的金属护层。

装有避雷线的电力线路杆塔。

在爆炸危险环境内的所有电气设备的金属外壳，无论是否安装在已接地的金属结构上都应接地。在爆炸危险环境内，当设计中有防静电接地要求时，必须按设计规定进行可靠接地。

交流电气设备的接地可利用下列自然接地体：埋设在地下的金属管道（不包括有可燃性或有爆炸性物质的管道）、金属井管、与大地有可靠连接的建筑物的金属结构、水工构筑物和与其类似的构筑物的金属管桩。利用以上接地体时应保证其全长为完整的电气通路，利用串联的金属构件、金属管道作接地线时应在其串接部位焊接金属跨接线。

接地支线均采用25×4扁钢引接。接地支线与电气设备的连接应用镀锌螺栓连接，所用扁钢端头应打磨光滑平整，并用电钻钻孔，不得用电、火焊割孔。电器外壳接地一律用扁钢引至接地螺栓的高度，用截面积不小于4 mm^2的软铜线与电器外壳连接，扁钢与设备连接的一端须打磨光滑，用电钻钻孔。打磨部位挂锡。各个设备都应单独引接地线，不应把几个设备串联后接地，禁止用蛇皮管保温层的金属网作接地线。屋外电气设备的接地一般均由接地网引出支线从土层内引至设备附近，出土后直接与设备连接。

（6）检查验收。接地装置安装完毕填写施工自检记录，然后按验收标准要求逐级进行验收。

思考与练习

1. 接地装置施工内容是什么？
2. 接地装置施工时的机具准备和材料准备有哪些？
3. 接地极安装应符合哪些要求？
4. 简述接地电阻测量方法。

技能训练

1. 阅读如图6—20所示电气设备接地，说明施工工艺。

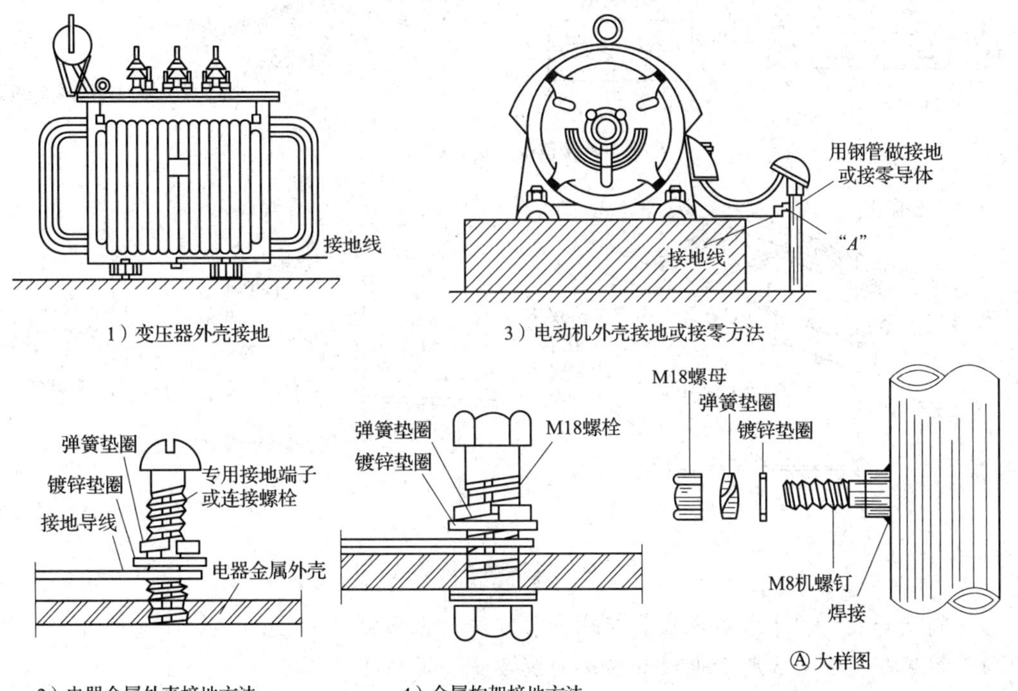

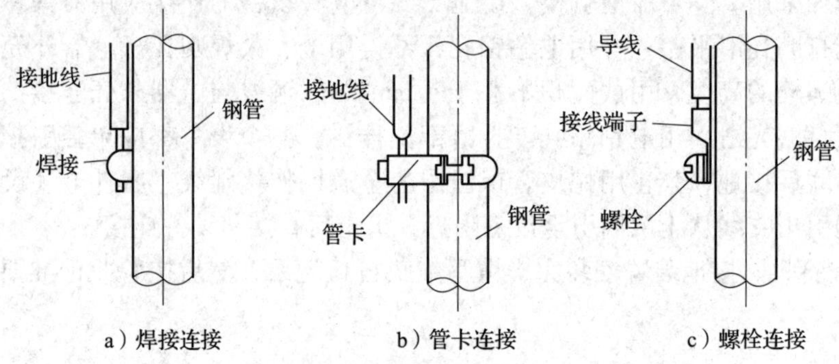

5）钢管接地连接的三种方法

图 6—20　电气设备接地（一）

2. 阅读如图 6—21 所示电气设备接地，说明施工工艺。

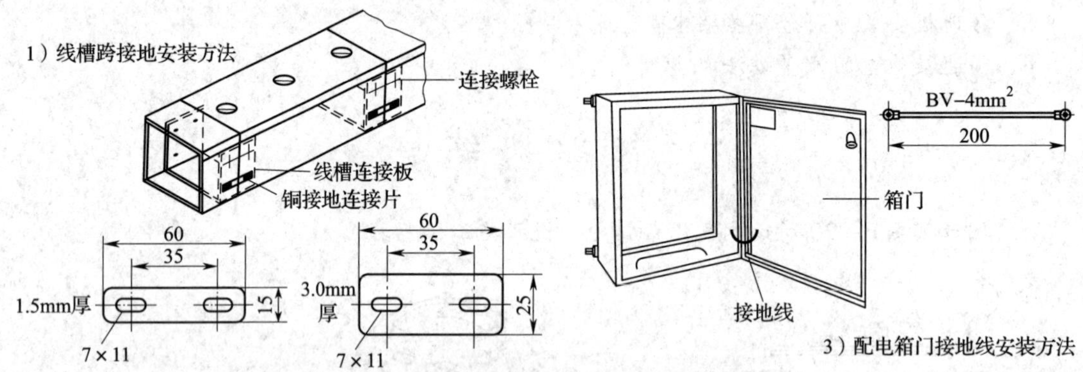

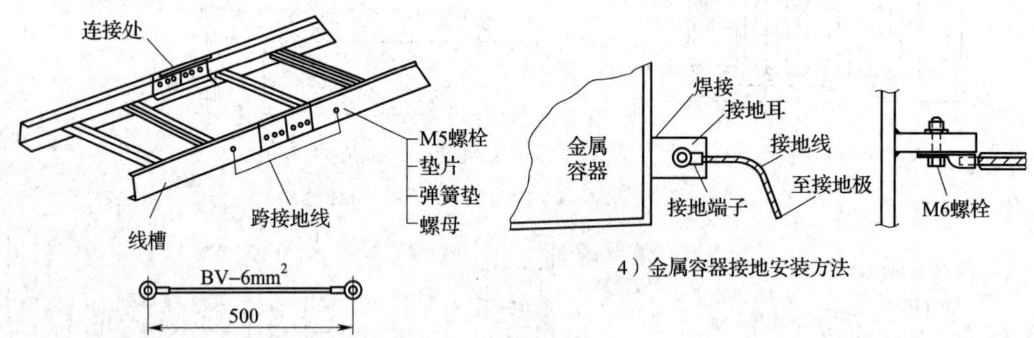

图 6—21　电气设备接地（二）

3. 阅读如图 6—22 所示电线管接地安装方法。说明施工工艺。

4. 阅读如图 6—23 所示电线管接地安装方法。说明施工工艺。

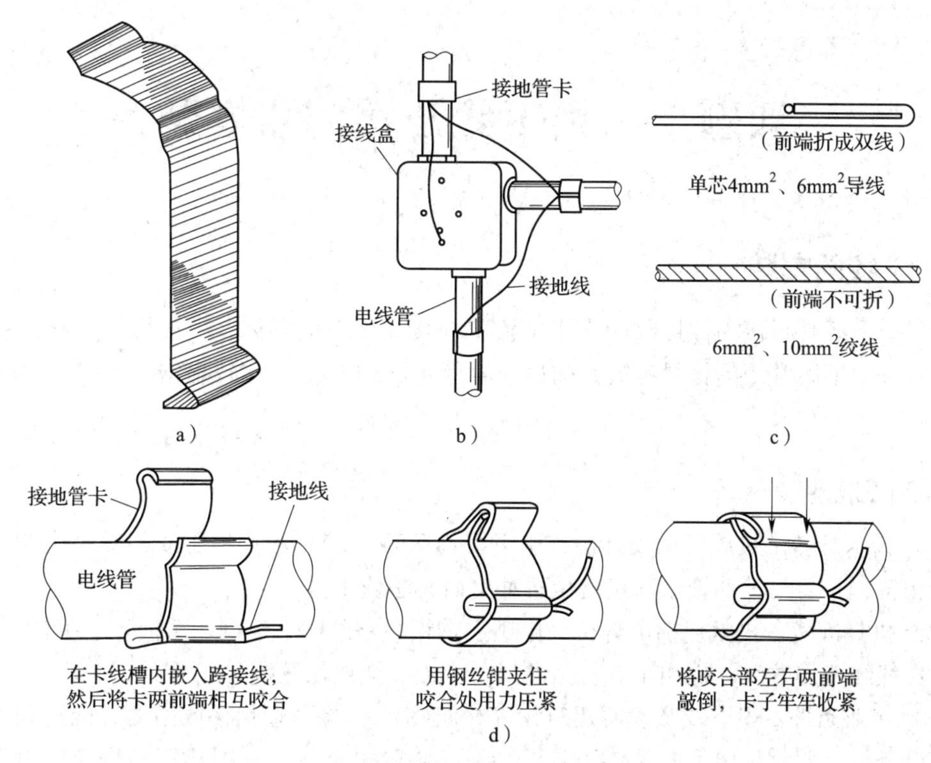

图6—22　电线管接地安装方法

a）接地管卡外形图　b）安装　c）跨接地线　d）接地管卡安装方法

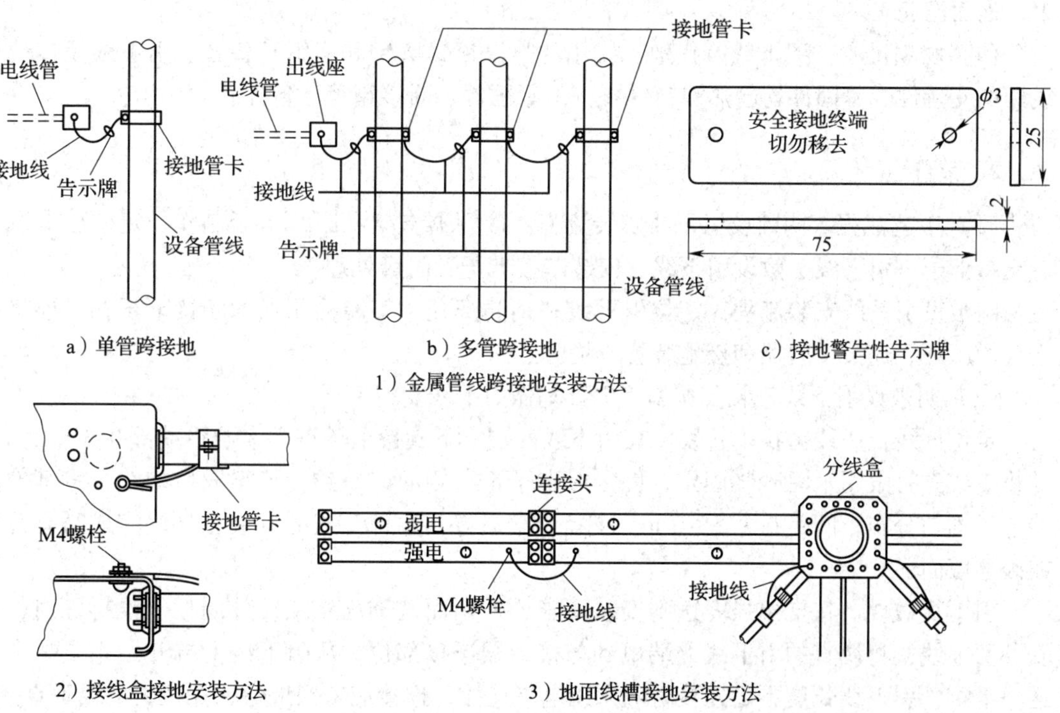

图6—23　电线管接地安装方法

课题三　引下线及接闪器安装

一、引下线的安装

避雷引下线是将接闪杆接收的雷击电流引向接地装置的导体，一般用镀锌接地引下线制作。镀锌引下线常用的材料有镀锌圆钢（直径 8 mm 以上）、镀锌扁钢（3 × 30 mm 或 4 × 40 mm）。

1. 施工准备

（1）技术准备。按施工图设计检查引下线均压环（带）和接地干线的敷设位置是否和建筑物相符，是否与其他管道和设备位置冲突而无法施工。

（2）机具准备。机具包括电焊机、电锤、钢锯、钢丝刷、毛刷、活扳手、手锤、手钳、线锤、白线绳或尼龙线。检测工具包括卷尺、小白线绳或尼龙线、线锤。

（3）作业条件。引下线敷设时建筑物（构筑物）有脚手架爬梯或吊笼，能达到上人安全操作的条件。明敷设引下线主体工程已结束。暗敷引下线，利用建筑物钢筋作引下线部分钢筋绑扎已结束，在墙面暗敷设引下线主体工程结束。接地干线敷设，土建工程主体结束，地面已完工。

（4）材料准备。引下线及接地干线用的热浸镀锌圆钢和扁钢已备齐。引下线及接地干线用的支持件、紧固件均已热浸镀锌备齐。紧固件、断接箱等已备齐。

2. 施工工艺

（1）工艺流程。明敷设引下线安装流程：接闪器支架和断线卡子制作、定位放线、安装支持卡子、引下线、敷设引下线、安装断接卡子、防腐处理。

暗敷设引下线安装流程：定位引下线和钢筋绑扎、安装检测点和断接卡子箱、连接引下线均压环、连接接闪器和接地装置、检验。

（2）明敷设引下线安装。按施工图计划做引下线支持卡子。

定位放线：用线锤找垂直线，在引下线两端定下支持卡子点，卡子距端部 0. 3 m 为宜，并将支架先打眼用水泥砂浆固定，固定时卡子正、侧面应一致，待牢固后挂线，将其他支持卡子均匀分布，间距在 1. 5 ~ 2 m。支持卡子最好在主体完成时安装，外墙完成时宜污染或破坏墙面。

引下线敷设。在支架强度达到安装要求，外墙面装饰已结束，外墙架子没拆除时，应安装引下线，将调直的引下线上端甩到与接闪器连接部位，从引下线上端开始用支持卡子逐一卡牢，引下线长度不足连接时应采用电焊连接，连接应来回煨弯，保持引下线垂直。

断接卡子安装。断接卡子一般距地 1. 5 ~ 1. 8 m。

防腐处理。在有焊接接头的位置和镀锌层破坏的位置应作防腐处理：刷防锈漆和银粉漆。

（3）暗敷设引下线安装

1）沿外墙敷设引下线。在主体工程结束后，按图样要求定位放线，在主体施工时将暗装断接卡子箱按施工图位置留置洞口或将箱体安装在墙内。在装修前，将引下线用 U 形卡钉或钩钉固定在墙面上，也可采用膨胀螺栓或射钉枪射钉固钉，固定应平整牢固。

接头处应采用电焊连接，焊后应刷二度防锈漆。引下线采用的圆钢直径不小于 10 mm，采用扁钢不小于 20 mm ×4 mm。

固定引下线上端应连接到接闪器，与接闪器连接应采用电焊焊接，也可采用 U 形卡子螺栓（钢丝绳元宝卡子）连接但不小于 2 个，下端入断接卡子箱。

引下线也可随土建进行敷设，下端与接地装置连接好或与断接卡子箱连接好，将引下线随主体工程进度埋设于建筑物内至屋顶甩足与接闪器连接的引下线导线。

2）引下线均压环（带）敷设和连接。沿结构层做引下线：利用混凝土结构的板、梁、柱钢筋做引下线和均压环（带），在板、梁、柱钢筋绑扎后，按施工图要求，对钢筋绑扎或焊接情况进行定位确认，将做引下线均压环（带）的钢筋，可靠连接，做好记录检查，应满足设计要求。

根据设计要求高层建筑为防侧击雷，需作均压环（带）的，应与作引下线的钢筋可靠连接，一般 30 m 以上均应每层设均压带，按设计要求，金属物与金属门窗应与均压环（带）或引下线可靠连接，应从均压环（带）或引下线，梁、柱的钢筋焊接圆钢或扁钢接至金属门窗，预留连接板与金属门窗相连。如图 6—24 所示。

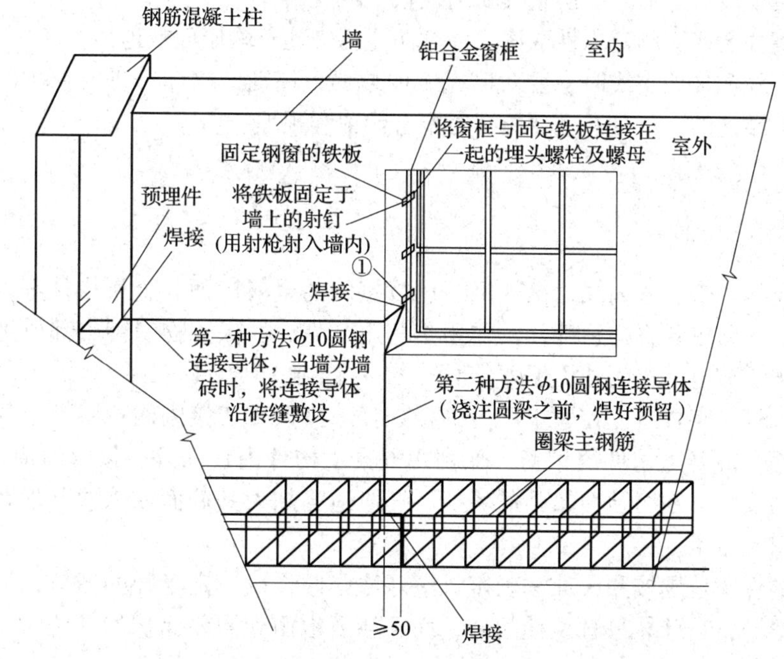

图 6—24　连接板与金属门窗的连接方法

也可以在避雷导体窗侧的一面焊接一扁钢连接板（25×4×500），在一端钻一 $\phi 6$ 圆眼用 6 mm^2 多股软铜导线，两头用端子压接并挂锡，一头接在接线板上，一头可接在金属门窗上。大于 3 m^2 的金属门窗，避雷导体连接不得小于两处。

幕墙金属框架，应就近与避雷引下线连接，并应符合设计要求，但连接处不得小于两处。

3. 质量标准

（1）主控项目。暗敷设在建筑物抹灰层内的引下线应分段固定；明敷设的引下线应平直，无急弯，与支架焊接处用油漆防腐处理，且无遗漏。检验方法：观察检查。

当利用金属构件，金属管道做接地线时，应在构件或管道与接地干线间焊接或连接金属跨接线。检验方法：观察检查。

（2）一般项目。明敷接地引下线及室内接地干线的支持件间距应均匀，水平直线部分 0.5～1.5 m；垂直直线部分 1.5～3 m，弯曲部分 0.3～0.5 m。检验方法：实测和检查安装记录。

接地线在穿越墙壁、楼板和地坪处应加套钢管或其他坚固的保护管，钢套管应与接地线做电气连通。检验方法：检查接地装置安装记录。

4. 成品保护

室内接地干线敷设完毕后，要保持顺直，应避免各种碰撞和外力，防止弯曲变形和脱落。

引下线明敷设完毕后，要避免外力碰撞，保持顺直。支持件除受引下线的重力外，不得受其他外力作用。

电缆头接地线做好后，要防止其受力面松弛或脱落。

进行防腐油漆或涂刷标志性油漆应注意防止污染建筑物墙面或地面。

安装引下线和接地干线时，要对已完工的地面、墙面、墙体等进行保护，不得随意剔凿，能预留、预埋的，尽量在土建施工时配合预留和预埋。

二、接闪器的安装

接闪杆与接闪带、接闪线、接闪网、用以接闪的金属屋面、金属构件等，统称为接闪器。接闪器位于防雷装置的顶部，其作用是利用其高出被保护物的突出部位把雷电引向自身，承接直击雷放电。接闪器由下列各形式之一或组合而成：

独立接闪杆；直接装设在建筑物上的接闪杆、接闪带或接闪网；屋顶上的永久性金属物及金属屋面；混凝土构件内钢筋。除利用混凝土构件内钢筋外，接闪器应镀（浸）锌，焊接处应涂防腐漆。在腐蚀性较强的场所，还应适当加大其截面或采取其他防腐措施。接闪杆如图 6—25 所示。

接闪器的保护范围按照滚球法确定。滚球法是假设以一定半径的球体，沿需要防止直击雷的部位滚动，当球体只触及接闪器，而不触及地面和需要保护的部位时，则该部分就受到接闪器的保护。

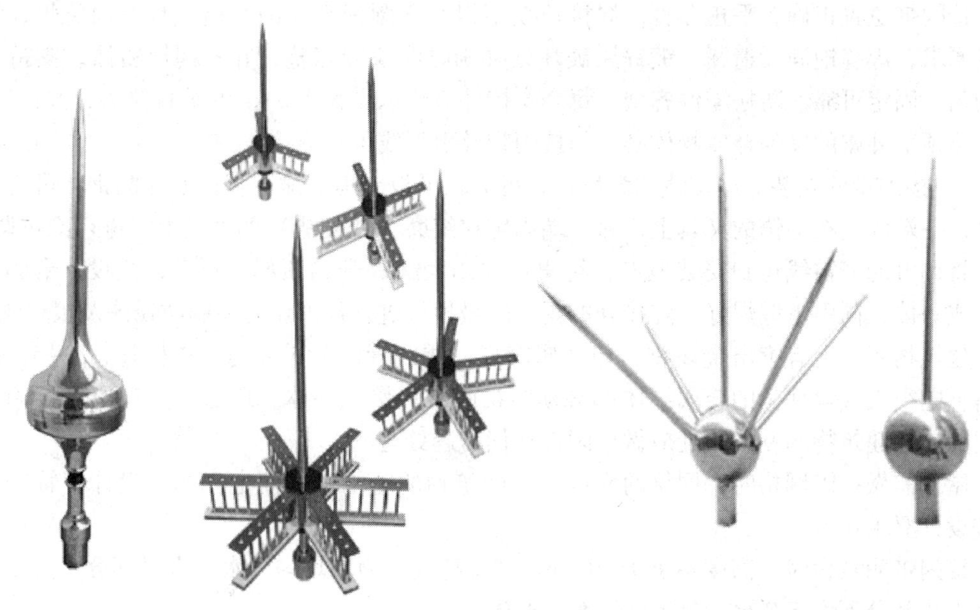

图 6—25 接闪杆

1. 施工准备

（1）材料要求。镀锌制品应采用热镀锌材料，规格应符合设计规定。产品应有材质检验证明及产品出厂合格证。

（2）作业条件。接闪带安装作业条件：土建横梁钢筋正在绑扎时，配合做此项工作。

接闪带与均压环安装作业条件：接地体与引下线必须做完。支架安装完毕。具备调直场地和垂直运输条件。

接闪杆安装作业条件：接地体及引下线必须做完。需要脚手架处，脚手架搭设完毕。土建结构工程已完毕，并随结构施工做完预埋件。

（3）主要机具：常用电工工具、线坠、卷尺、大绳、粉线袋、绞磨（或倒链）、紧线器、电锤、冲击钻、电焊机、电焊工具、钢锯、锯条等。

2. 操作工艺

（1）接闪带安装

1）工艺流程。避雷带预制加工、测量弹线定位、支架埋设、安装固定连接接闪带（网）、防腐处理、检测验收。

2）接闪带安装的工艺要求：

避雷线应平直、牢固，不应有高低起伏和弯曲现象，距离建筑物距离应一致；平直度每 2 m 检查段允许偏差 3/1 000，但全长不得超过 10 mm。避雷线弯曲处不得小于 90°，弯曲半径不得小于圆钢直径的 10 倍。避雷线如用扁钢，截面不得小于 100 mm^2 且厚度不小于 4 mm；如为圆钢直径不得小于 8 mm。遇变形缝处应作“Ω”形煨弯补偿。

接闪带位置正确，平正顺直，焊接长度不得小于圆钢直径的6倍，且双面施焊，符合规范要求，焊缝饱满无遗漏，镀锌层破坏处补刷防腐漆应完整，并补刷银粉漆，支持件间距均匀、固定可靠、防松零件齐全，每个支持件应能承受大于5 kg的垂直拉力，并作记录。建筑物顶部外露的其他金属物体必须与接闪带及引下线可靠连接。

3）接闪带的安装。避雷线如为扁钢，可放在平板上用手锤调直；如为圆钢，可将圆钢放开，一端固定在地锚的夹具上，另一端固定在绞磨（或倒链）的夹具上，进行冷拉调直。

将调直的避雷线运到安装地点，将避雷线用大绳提升到顶部，顺直，敷设，卡固，焊接连成一体，同引下线焊好。焊接处的焊渣应敲掉，进行局部调直后刷防锈漆及银粉漆。

建筑物屋顶上有突出金属物，如金属旗杆，透气管，金属天沟，铁栏杆，爬梯，冷却水塔，电视天线等部位的金属导体都必须与接闪带焊接成一体。顶层的烟囱应做接闪带或接闪杆。在建筑物的变形缝处应做接闪带补偿跨越处理。

屋顶需做接闪网格时，网格的密度应视建筑物的防雷等级而定，如果设计有特殊要求应按设计要求执行。

接闪带明敷设时，高度不小于10 cm，其支持件间距应均匀，水平直线部分不大于1 m，垂直直线部分不大于2 m，弯曲部分不大于0.3 m。

建筑物高于30 m以上的部位，每隔3层沿建筑物四周（一般在圈梁部位）敷设一道均压环并与各根引下线相焊接，均压环可暗敷设在建筑物表面的抹灰层内，或直接利用结构圈梁里的主筋或腰筋焊接成封闭环形，并与柱筋中引下线焊成一个整体，或按设计要求施工。

外檐金属门窗、金属栏杆等金属部件需与避雷装置连接时，在结构施工阶段应就近自避雷引下线或均压环引来镀锌扁钢（或镀锌圆钢），并在加工订货金属门窗、栏杆时要求供应商按指定位置在窗框上甩出两处30 cm的铝带或扁钢，如门窗宽度超过3 m时，需甩出3处，以便进行压接或焊接。

利用屋面金属扶手栏杆做接闪带时，管材壁厚不小于2.5 mm，拐弯处应弯成圆弧活弯，栏杆应与接地引下线可靠焊接。

节日彩灯沿接闪带平行敷设时，接闪带的高度应高于彩灯顶部，当彩灯垂直敷设时，吊挂彩灯的金属线应可靠接地，同时应考虑彩灯控制电源箱处安装低压避雷器或采取其他防雷击措施。

（2）接闪杆制作安装

1）工艺流程。接闪杆制作、接闪杆安装、验收。

2）接闪杆制作与安装应符合规定：所有金属部件必须镀锌，操作时注意保护镀锌层。采用镀锌管制作针尖，管壁厚度不得小于3 mm，针尖刷锡长度不得小于70 mm。接闪杆应垂直安装牢固，垂直度允许偏差为3/1 000。

3）接闪杆采用圆钢或钢管制成，其直径不应小于下列数值：独立接闪杆一般采用直径为19 mm镀锌圆钢。屋面上的接闪杆一般宜采用直径25 mm镀锌钢管。水塔顶部接闪杆采用直径25 mm的镀锌圆钢或40 mm的镀锌钢管。烟囱顶上接闪杆采用直径不小于20 mm镀锌圆钢或直径不小于40 mm镀锌钢管。烟囱顶上避雷环用直径不小于12 mm镀锌圆钢或截面不小于 100 mm^2镀锌扁钢，其厚度应不小于 4 mm。

4）接闪杆制作：按设计要求材料所需的长度分上、中、下三节进行下料。如针尖采用钢管制作，可先将上节钢管一端锯成锯齿形，用手锤收尖后，进行焊缝磨尖刷锡，然后将另一端与中、下两节钢管找直焊好。

5）接闪杆安装：先将支座钢板的底板固定在预埋的地脚螺栓上，焊上一块肋板，再将接闪杆立起、找正后，进行点焊，然后加以校正，焊上其他三块肋板。最后将引下线焊在底板上，清除焊渣刷防锈漆。

3．质量控制

焊接面不够，焊口有夹渣、咬肉、裂纹、气孔及焊渣处理不干净等现象。应按规范要求修补更改。防锈漆不均匀或有漏刷处，应刷均匀，漏刷处补好。避雷带不平直，调整后应横平竖直。卡子螺钉松动，应及时将螺钉拧紧。变形缝处未做补偿处理，应补做。金属门窗、铁栏杆接地引线遗漏，圈梁的接头未焊，应及时补上。接闪杆针体弯曲，安装的垂直度超差过大，应将针体重新调直，符合要求后再安装。

4．质量标准

（1）主控项目。接闪器的材质、规格、位置、标高、安装方式，必须符合设计要求及施工质量验收规范要求。接闪器与建筑物顶部其他外露金属物体及避雷引下线连接必须可靠，焊接质量良好。

（2）一般项目。接闪器位置正确，避雷带平正顺直，支持件间距均匀，牢固可靠，每个支持件应能承受大于49 N（5 kg）的拉力；明敷接地引下线及室内接地干线的支持件间距应均匀，水平直线部分0.5～1.5 m；垂直直线部分1.5～3 m；弯曲部分0.3～0.5 m。接闪器焊接固定的焊缝饱满无遗漏，焊接部分的防腐油漆完整，螺栓固定的防松零件应齐全。

5．成品保护

遇坡顶瓦屋面，在操作时应采取措施，以免踩坏屋面瓦。不得损坏外檐装修。接闪网敷设后，避免砸碰。拆除脚手架时，注意不要碰坏接闪杆。焊接时避免破坏屋面瓷砖、防水及其他专业设备。

思考与练习

1．简述明敷避雷引下线安装流程及暗敷避雷引下线安装流程。

2．叙述接闪杆安装作业条件。

3．简述接闪杆制作安装。

技能训练

1．阅读如图6—26所示暗接地线与暗监测点安装，说明安装工艺。

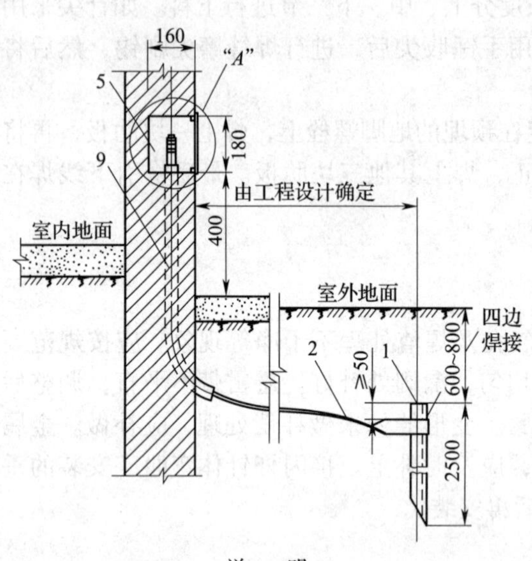

四边焊接
2 3 4
80 40 20 40 20
250
6 7 8
3
四边焊接
2—2剖面

Ⓐ大样图

说　明

1. 本图适用于利用钢筋混凝土柱内的钢筋作引下线，同时接地电阻检测点不允许在柱上留洞时，移在附近墙上安装。

2. 本图是按有接线盒设计的，如取消接线盒，应在洞壁上预埋洞盖的固定件，内壁用水泥砂浆抹光。

编号	名称	型号及规格
1	接地体	见工程设计
2	接地线	见工程设计
3	断接卡子	−25×4　L=200镀锌
4	垫板	−25×4　L=80镀锌
5	接线盒	钢板250×180×160δ=1.5
6	螺栓	M10×30镀锌
7	螺母	M10镀锌
8	垫圈	ϕ10镀锌
9	硬塑料管	见工程设计

图 6—26　暗接地线与暗监测点安装

2. 阅读如图 6—27 所示有桩基础内接地钢筋安装，说明安装工艺。

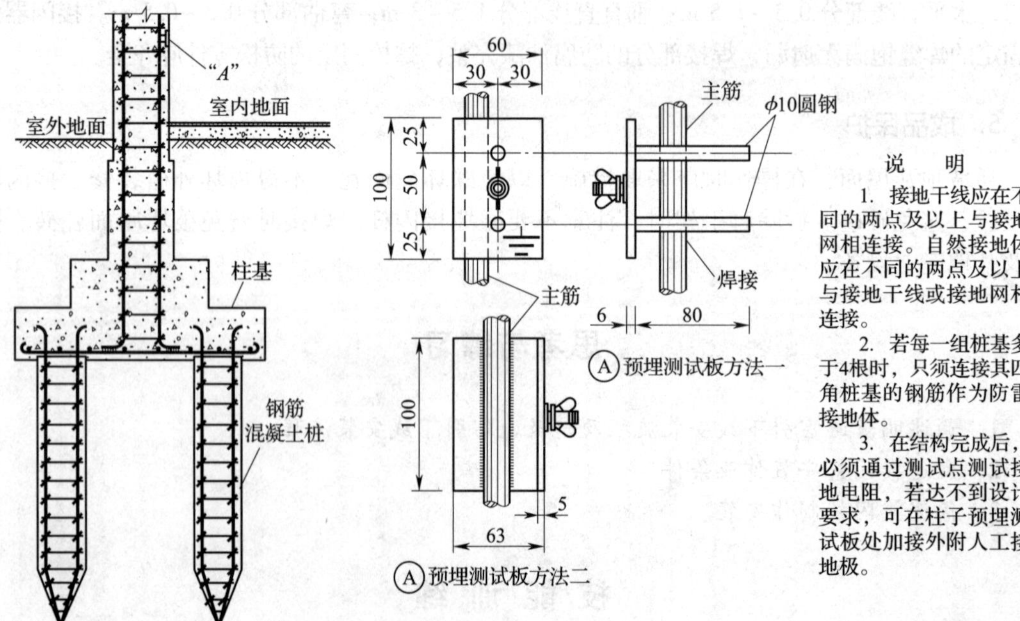

说　明

1. 接地干线应在不同的两点及以上与接地网相连接。自然接地体应在不同的两点及以上与接地干线或接地网相连接。

2. 若每一组桩基多于4根时，只须连接其四角桩基的钢筋作为防雷接地体。

3. 在结构完成后，必须通过测试点测试接地电阻，若达不到设计要求，可在柱子预埋测试板处加接外附人工接地极。

图 6—27　有桩基础内接地钢筋安装

3. 阅读如图 6—28 所示钢桩及杯口型混凝土基础内接地钢筋安装示意图，说明安装工艺。

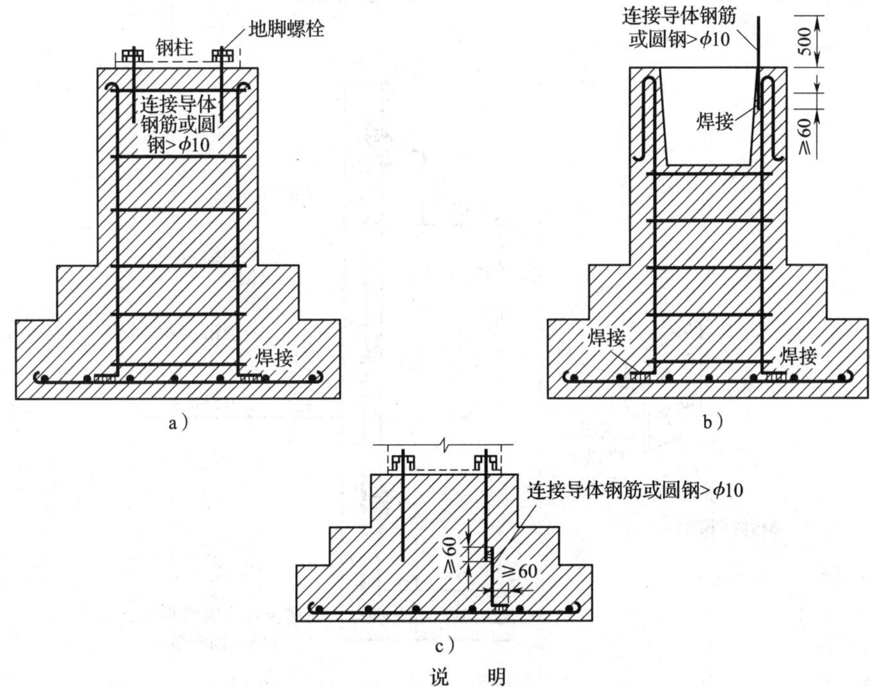

说　明

1. 在被利用的每个基础中，仅需一个地脚螺栓通过连接导体与钢筋体连接。
2. 连接导体与地脚螺栓和钢筋体的连接应采用焊接。
3. 当基础底有桩基时，将每一桩基的一根主筋同承台钢筋焊接。
4. 当不能利用地脚螺栓时，则钢柱基础中的连接导体引出基础的地方，应在钢柱就位边线的外面，并在钢柱就位后立即焊到钢柱底板上。

图 6—28　钢桩及杯口型混凝土基础内接地钢筋安装

a）钢柱（有垂直和水平钢筋体的）基础　b）杯口型（有垂直和水平钢筋体的）基础　c）钢柱（仅有水平钢筋体的）基础

4. 阅读如图 6—29 所示引下线及接地端子板安装示意图。说明安装工艺。

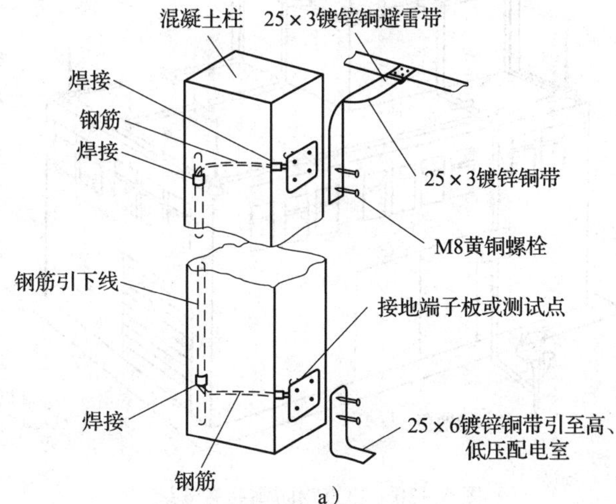

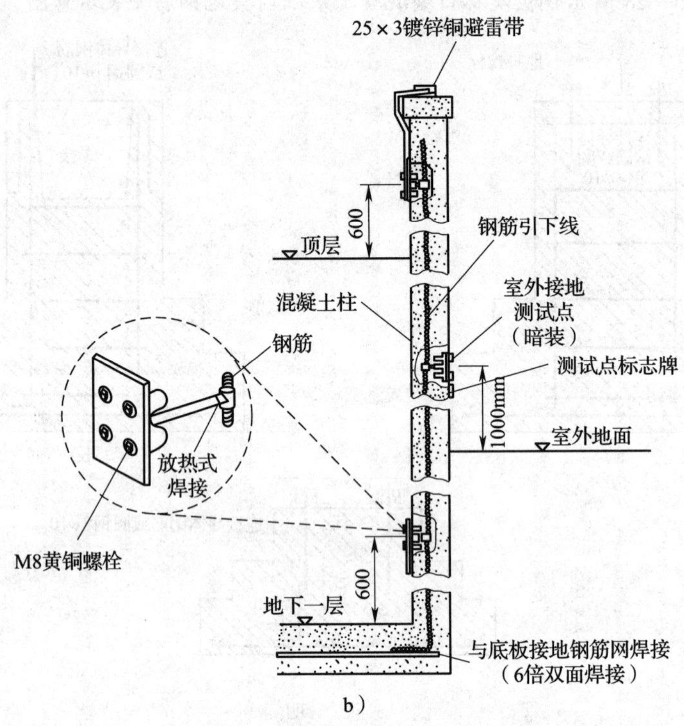

b）

图6—29　引下线及接地端子板安装

a）防雷引下线及接地端子板安装　b）防雷引下线及接地端子板安装方法

5. 阅读如图6—30所示建筑物防雷装置安装，说明防雷装置的构成。

6. 阅读如图6—31所示接闪器安装，说明安装工艺。

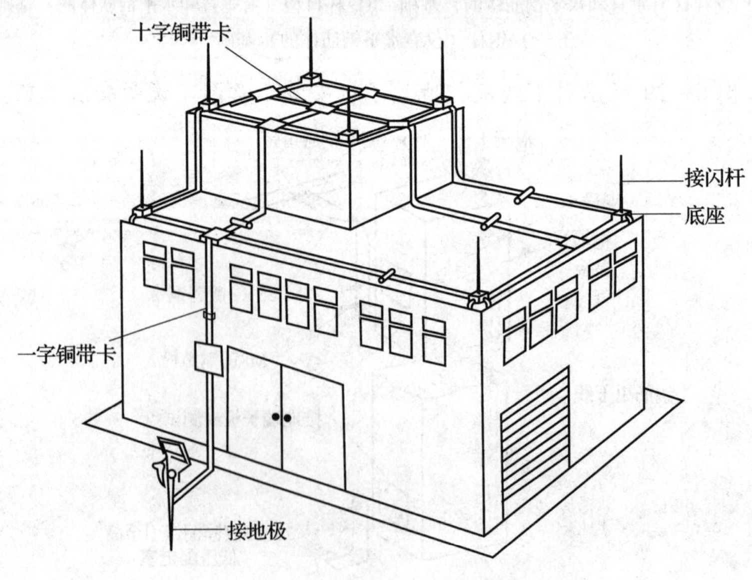

图6—30　建筑物防雷装置安装

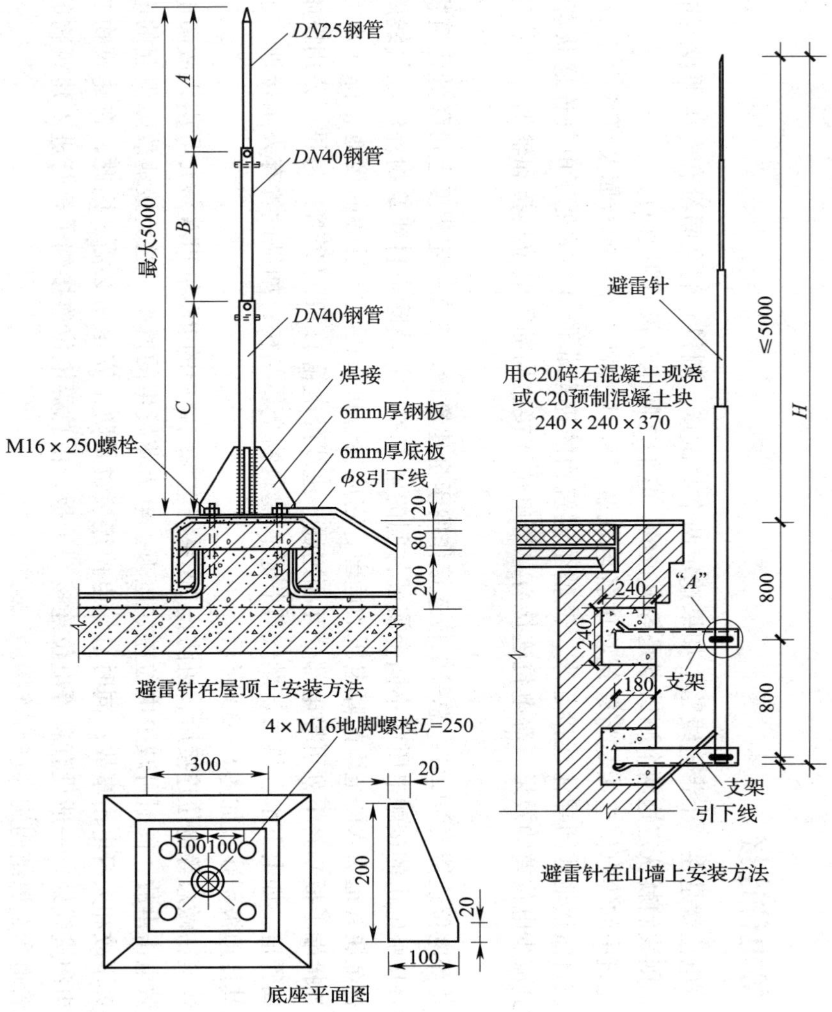

避雷针在屋顶上安装方法

底座平面图

避雷针在山墙上安装方法

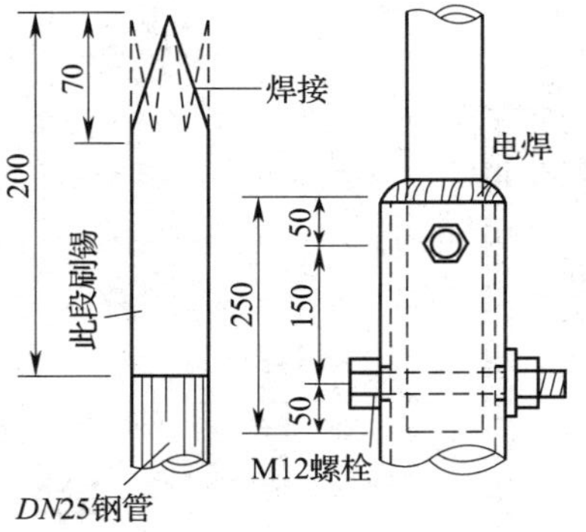

针尖连接方法

说　明

1. 避雷针体及螺栓要求镀锌。
2. 地脚螺栓要求安装双螺母。
3. 钢管壁厚不小于3mm。
4. DN为钢管公称直径。

3）避雷针规格表（m）

针全高		1.0	2.0	3.0	4.0	5.0
各节尺寸	A	1.0	2.0	1.5	1.0	1.5
	B	—	—	1.5	1.5	1.5
	C	—	—	—	1.5	2.0

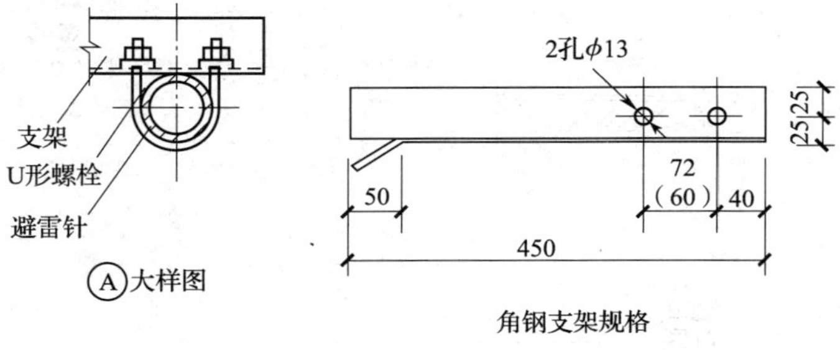

Ⓐ大样图

角钢支架规格

图 6—31　接闪器安装

7. 阅读如图 6—32 所示建筑物屋顶防雷装置安装方法，说明施工工艺。

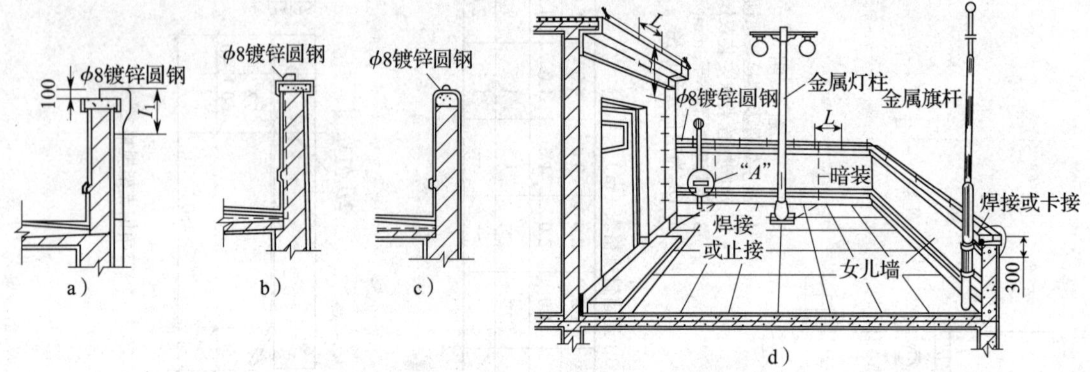

图 6—32　建筑物屋顶防雷装置安装方法

a）有支架防雷线明装引下线方法　b）有支架防雷线暗装引下线方法
c）无支架防雷线暗装引下线方法　d）平屋顶有女儿墙防雷装置

课题四　等电位连接

一、等电位连接

等电位就是在一个带电线路中如果选定两个测试点，测得它们之间没有电压即没有电位差，则我们就认定这两个测试点是等电位的，它们之间也是没有阻值的。

建筑中的等电位连接是将建筑物中各电气装置和其他装置外露的金属及可导电部分、人工或自然接地体同导体连接起来，使整个建筑物的正常非带电导体处于电气连通状态，以达到减少电位差的效果。等电位连接有总等电位连接、局部等电位连接和辅助等电位连接。

总等电位连接（MEB）：总等电位连接作用于全建筑物，它在一定程度上可降低建筑物内间接接触电击的接触电压和不同金属部件间的电位差，并消除来自建筑物外经电气线路和各种金属管道引入的危险故障电压的危害。它应通过进线配电箱近旁的接地母排（总等电位连接端子板）将下列可导电部分互相连通：进线配电箱的 PE（PEN）母排；公用设施的金属管道，如上下水、热力、燃气等管道；建筑物金属结构；如果设置有人工接地，也包括其接地极引线，如图 6—33 所示。

建筑物做总等电位连接后，可防止 TN 系统电源线路中的 PE 和 PEN 线传导引入故障电压导致电击事故，同时可减少电位差、电弧、电火花发生的概率，避免接地故障引起的电气火灾事故和人身电击事故；同时总等电位连接也是防雷安全所必需。因此，在建筑物的每一电源进线处，一般设有总等电位连接端子板，由总等电位连接端子板与进入建筑物的金属管道和金属结构构件进行连接。

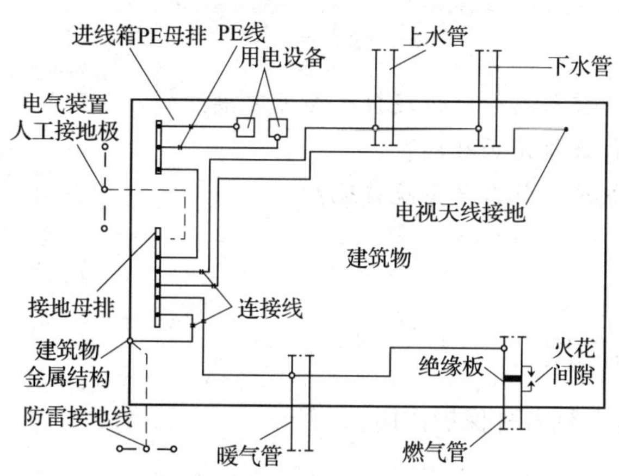

图 6—33　总等电位连接

局部等电位连接（LEB）：是将局部范围内通过局部等电位连接端子板将金属管道、金属构件等连接起来，使局部的电位处在同一电位上，即使此电位高于地电位，在该范围内是不会产生电位差的，从而避免发生电击事故。在洗浴时人体皮肤完全湿透，人体阻抗大大下降，沿金属管道导入浴室的 10 ~ 20 V 电压即足以使人发生心室纤维性颤动而致死，引起电击伤亡事故，如图 6—34 所示。

这种电气事故是不能装漏电保护器、隔离变压器等保护电器来防范的，因为这种使人伤亡的电压是沿非电的金属管道、金属构件传导的，唯一的防范措施是在此作局部等电位连接。在导入了不正常的电压时，由于等电位连接的作用，该场所内所有导电部分的电位都同时升高到同一电位水平，不会产生电位差，电击事故自然就不会发生，如图 6—35 所示。

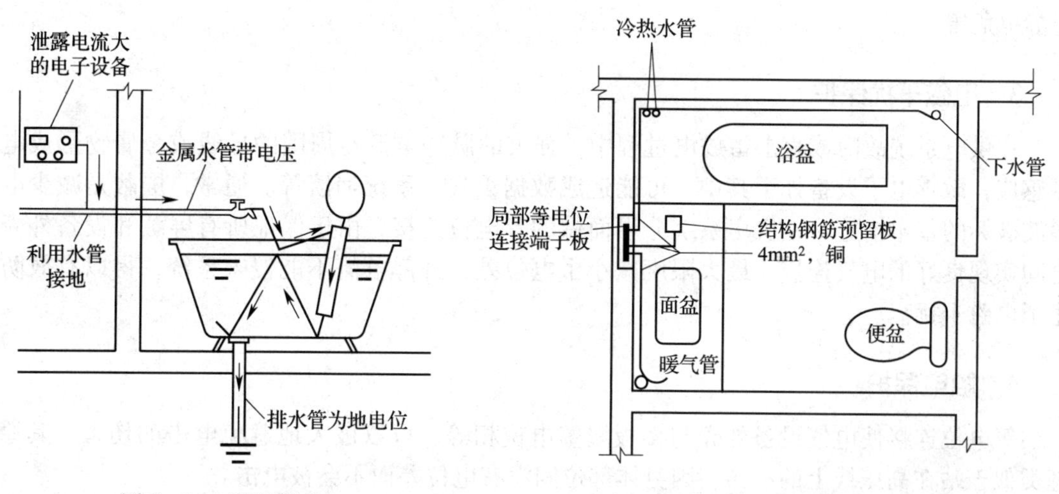

图 6—34　浴室触电

图 6—35　浴室等电位连接示意图

辅助等电位连接（SEB）：在导电部分间，用导线直接连通，使其电位相等或相近，称作辅助等电位连接。

想一想

1. 局部等电位连接与总等电位连接是否可连接？
2. 接地与等电位连接是否相同？
3. 什么是保护接地？什么是系统接地？

二、等电位连接的作用

等电位连接主要是起到各种保护作用：

1. 雷击保护

等电位连接是内部防雷措施的一部分。当雷击建筑物时，雷电传输有梯度，垂直相邻层金属构架节点上的电位差可能达到 10 kV 数量级，危险极大。但等电位连接将本层柱内主筋、建筑物的金属构架、金属装置、电气装置、电信装置等连接起来，形成一个等电位连接网络，可防止直击雷、感应雷或其他形式的雷，避免火灾、爆炸、生命危险和设备损坏。

2. 静电保护

静电是指分布在电介质表面或体积内，以及在绝缘导体表面处于静止状态的电荷。传送或分离固体绝缘物料、输送或搅拌粉体物料、流动或冲刷绝缘液体、高速喷射蒸气或气体，都会产生和积累危险的静电。静电电量虽然不大，但电压很高，容易产生火花放电，引起火灾、爆炸或电击。等电位连接可以将静电电荷收集并传送到接地网，从而消除和防止静电危害。

3. 电磁干扰保护

在供电系统故障或直击雷放电过程中，强大的脉冲电流对周围的导线或金属物形成电磁感应，敏感电子设备处于其中，可能造成数据丢失、系统崩溃等。通常，屏蔽是减少电磁波破坏的基本措施，在机房系统分界面做的等电位连接，由于保证所有屏蔽和设备外壳之间实现良好的电气连接，最大限度减小了电位差，外部电流不能侵入系统，得以有效防止了电磁干扰。

4. 触电保护

等电位连接使电气设备外壳与楼板墙壁电位相等，可以极大地避免电击的伤害，其原理类似于站在高压线上的小鸟，因身体部位间没有电位差而不会被电击。

5. 接地故障保护

若相线发生完全接地短路，PE 线上会产生故障电压。有等电位连接后，与 PE 线连接的设备外壳及周围环境的电位都处于这个故障电压，因而不会产生电位差引起的电击危险。

三、等电位连接的实现

等电位连接内各连接导体间的连接可采用焊接，焊接处不应有夹渣、咬边、气孔及未焊透情况；等电位连接线与金属管道采用抱箍连接，抱箍与管道接触处的接触表面应刮拭干净，应保证接触面的光洁、足够的接触压力和面积，安装完后要刷防护漆；等电位连接线与金属浴盆连接时，采用螺栓直接将等电位连接线固定在浴盆配置的接线端子上。等电位连接用螺栓、垫圈、螺母等应进行热镀锌处理。等电位连接端子板截面不得小于等电位连接线的截面。金属地漏、扶手、浴巾架、肥皂盒等可不作连接。

局部等电位连接端子板应设置在方便检测的位置，等电位连接端子板应采取螺栓连接，以便拆卸进行定期检测；等电位连接线采用 BVR－1×4 mm^2导线在地面内和墙内穿 PVC 塑料管暗敷，等电位连接线出地面和墙面时采用标准 86（86 mm×86 mm）盒，86 盒引出线为明敷。

另外应注意卫生间如没有引入 PE 线，卫生间内局部等电位连接不得与卫生间外的 PE 线相连，因 PE 线有可能因别处的故障而带电位，反而能引入别处的电位。如果卫生间装有插座，已经引入了 PE 线，局部等电位连接则必须与该 PE 线相连。

局部等电位连接安装完毕后，应进行导通性测试，测试用电源可采用空载电压为 4～24 V的直流或交流电源，测试电流不应小于0.2 A，若等电位连接端子板与等电位连接范围内的金属管道等金属体末端之间的电阻不大于3 Ω，可认为等电位连接是有效的，如发现导通不良的管道连接处，应作跨接线。在施工时，各工种间需密切配合，以保证等电位连接的始终导通。在投入使用后应定期作测试。

四、等电位连接施工工艺

建筑物每一电源进线都应做总等电位连接，各个总等电位连接端子板应互相连通。金属管道连接处不需加跨接线，给水系统的水表需加跨接线。

装有金属外壳排风机、空调器的金属门、窗框或靠近电源插座的金属门、窗框以及距外露可导电部分伸臂范围内的金属栏杆、顶棚龙骨等金属体需做等电位连接。

为避免用煤气管道作接地极，煤气管入户后应插入绝缘段，以与户外埋地煤气管隔离。为防止雷电流在煤气管道内产生电火花，在此绝缘段两端应跨接火花放电间隙（具体由煤气公司确定选型与安装）。

一般场所离人站立处不超过 10 m 的距离内如有地下金属管道或结构即可认为满足地面等电位的要求，否则应在地下加埋等电位带。

等电位连接内各连接导体间连接可采用焊接，也可采用螺栓连接或熔接。等电位连接端子板应采取螺栓连接，以便拆卸进行定期检测。

等电位连接线可采用 BV－4 mm^2塑料绝缘铜导线穿塑料管暗敷，也可采用 20 mm×4 mm

镀锌扁钢或 $\phi8$ 镀锌圆钢暗敷。等电位连接用螺栓、垫圈、螺母等应进行热镀锌处理。等电位连接端子板截面不得小于等电位连接线的截面。

等电位连接安装完毕后，应进行导通性测试，测试用电源可采用空载电压 4 ~ 24 V 直流或交流电源，测试电流不小于 0.2 A，可认为等电位连接是有效的，如发现导通不良的管道连接处，应作跨接线。

1. 施工准备

（1）技术准备。充分熟悉相关图样及设计要求；根据图样要求准备相应施工图集等技术资料。

（2）材料要求。铜质等电位连接线和等电位连接端子板、热镀锌钢材（圆钢、扁钢等）等。

（3）主要机具。

施工工具：钢卷尺、电焊机、电焊工具、电工常用工具等。

测量工具：ZC－8 型接地摇表。

（4）作业条件。等电位端子板（箱）施工前，土建墙面应刮白结束。进行厨卫间、手术室等房间的等电位连接施工时，金属管道、厨卫设备等应安装结束。进行金属门窗等电位连接应在门窗框定位后，墙面装饰层或抹灰层施工之前进行。

2. 施工工艺

工艺流程：总等电位端子箱、局部等电位端子箱、等电位连接线、连接工艺设备外壳等。

根据设计图样要求，确定各等电位端子箱位置，如设计无要求，则总等电位端子箱设置在电源进线或进线配电盘处。确定位置后，将等电位端子箱固定。

（1）总等电位端子箱、局部等电位端子箱施工操作工艺。根据设计图样要求，确定各等电位端子箱位置，如设计无要求，则总等电位端子箱宜设置在电源进线或进线配电盘处。确定位置后，将等电位端子箱固定。

（2）等电位连接线施工。

（3）厨、卫间等电位施工。在厨房、卫生间内便于检测位置设置局部等电位端子板，端子板与等电位连接干线连接。地面内钢筋网宜与等电位连接线连通，当墙为混凝土墙时，墙内钢筋网也宜与等电位连接线连通。厨房、卫生间内金属地漏、下水管等设备通过等电位连接线与局部等电位端子板连接。连接时抱箍与管道接触处的接触表面须刮拭干净，安装完毕后刷防护漆。抱箍内径等于管道外径，抱箍大小依管道大小而定。等电位连接线采用 BV－1×4 mm^2 铜导线穿塑料管于地面或墙内暗敷设。

厨房、卫生间地面或墙内暗敷不小于 25 mm×4 mm 镀锌扁钢构成环状。地面内钢筋网宜与等电位连接线连通，当墙为混凝土墙时，墙内钢筋网也宜与等电位连接线连通。厨房、卫生间内金属地漏、下水管等设备通过等电位连接线与扁钢环连通。连接时抱箍与管道接触处的接触表面须刮拭干净，安装完毕后刷防护漆。抱箍内径等于管道外径，抱箍大小依管道大小而定。等电位连接线采用截面不小于 25 mm×4 mm 的镀锌扁钢。

（4）金属门窗等电位施工。根据设计图样位置于柱内或圈梁内预留预埋件，预埋件设计无要求时应采用面积大于 100 mm×100 mm 的钢板，预埋件应预留于柱角或圈梁角，与柱内或圈梁内主钢筋焊接。

使用 ϕ10 镀锌圆钢或 25 mm×4 mm 镀锌扁钢做等电位连接线连接预埋件与钢窗框、固定铝合金窗框的铁板或固定金属门框的铁板，连接方式采用双面焊接。采用圆钢焊接时，搭接长度不小于 100 mm。

如金屑门窗框不能直接焊接时，则制作 100 mm×30 mm×30 mm 的连接件，一端采用不少于两套 M6 螺栓与金属门窗框连接，一端采用螺栓连接或直接焊接与等电位连接线连通。

所有连接导体宜暗敷，并应在门窗框定位后，墙面装饰层或抹灰层施工之前进行。若柱体采用钢柱，则将连接导体的一端直接焊于钢柱上。

3. 质量标准

（1）主控项目。建筑物等电位连接干线应从与接地装置有不少于两处直接连接的接地干线或总等电位箱引出，等电位连接干线或局部等电位箱间的连接线形成环形网络，环形网络应就近与等电位连接干线或局部等电位箱连接。支线间不应串联连接。

（2）一般项目。等电位连接的可接近裸露导体或其他金属部件、构件与支线连接应可靠，熔焊、钎焊或机械紧固应导通正常。需等电位连接的高级装修金属部件或零件，应有专用接线螺栓与等电位连接支线连接，且有标识；连接处螺帽紧固、放松零件齐全。

4. 成品保护

（1）电气施工时不得砸碰及弄脏墙面。

（2）喷浆前必须预先将等电位连接线及等电位端子箱用纸包扎。

（3）搬运物件时不得砸坏等电位连接线。

（4）焊接时注意采取保护墙面、金属门窗框等的措施。

（5）进行厨卫间等电位连接时，应注意保护厨卫器具。

思考与练习

1. 等电位连接主要有哪几种保护作用？
2. 说明等电位连接工艺流程。

技 能 训 练

1. 阅读如图 6—36 所示等电位连接示意图，说明属于哪种等电位连接方式。
2. 阅读如图 6—37 所示总等电位连接示意图。说明总等电位连接方法。

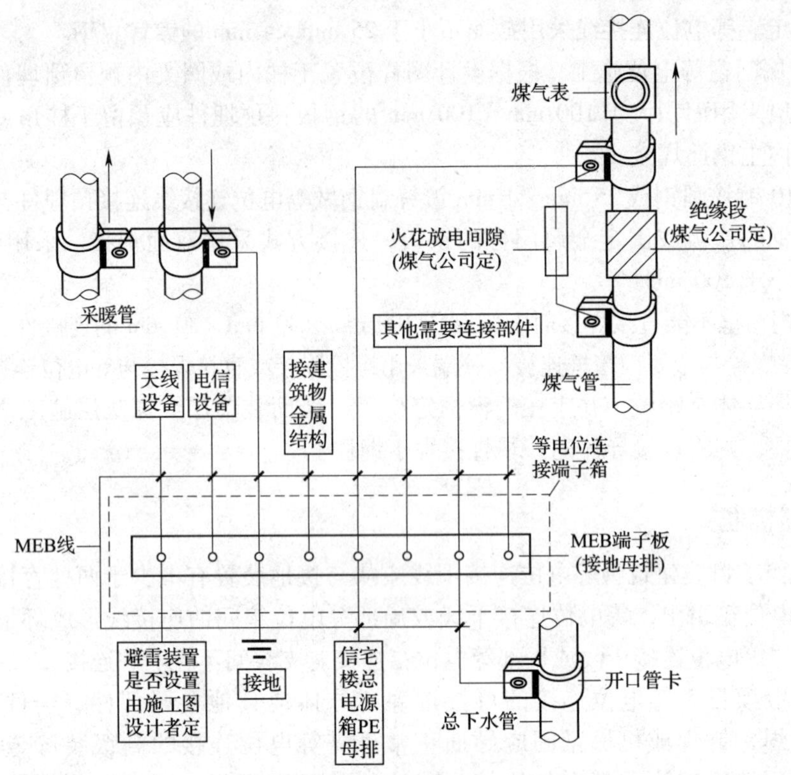

图 6—36　等电位连接

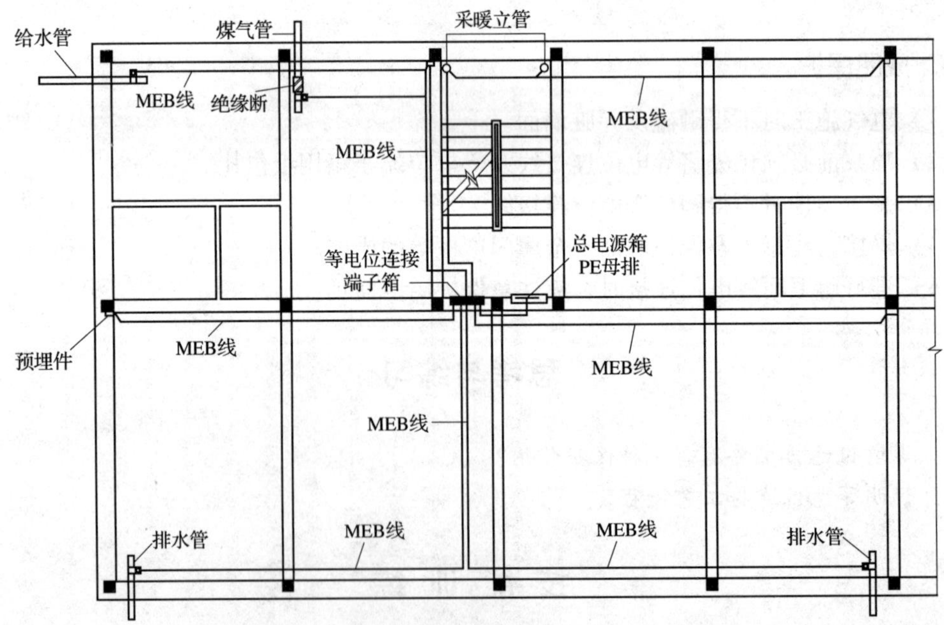

图 6—37　总等电位连接

3．阅读如图 6—38 所示卫生间局部等电位连接，说明等电位连接方法。

4．阅读如图 6—39 所示的卫生间局部等电位连接，说明施工工艺。

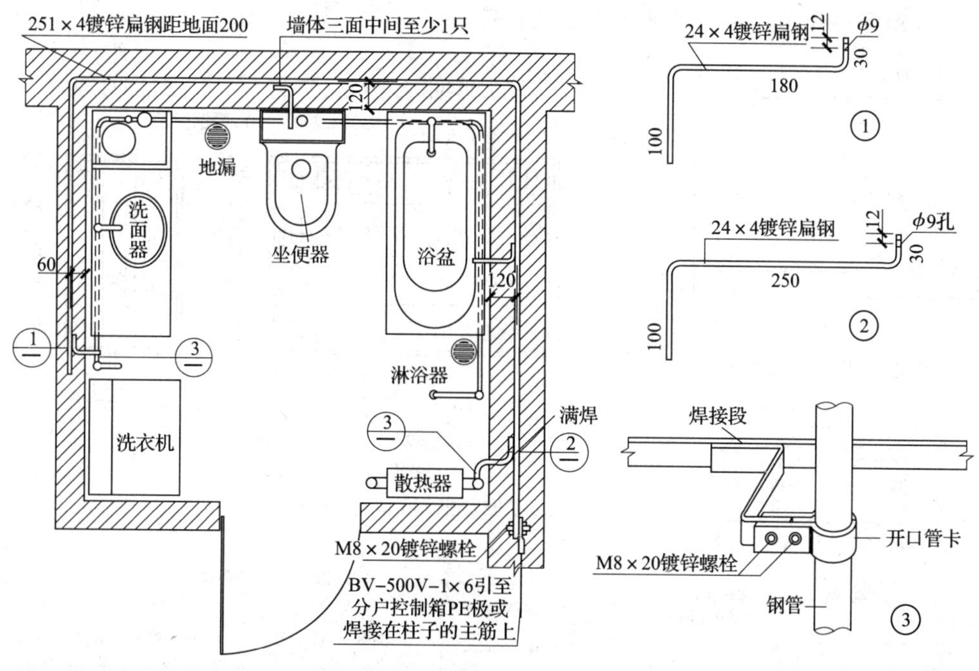

图 6—38 卫生间局部等电位连接

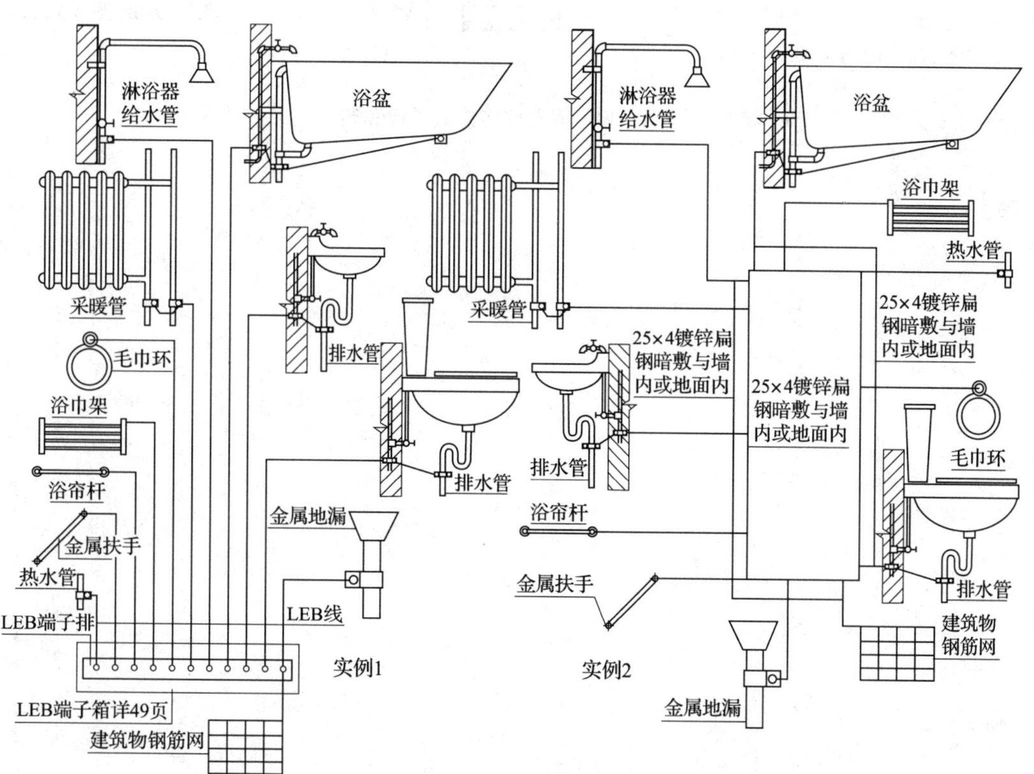

图 6—39 卫生间局部等电位连接

5．按图6—40制作等电位连接端子板和箱。

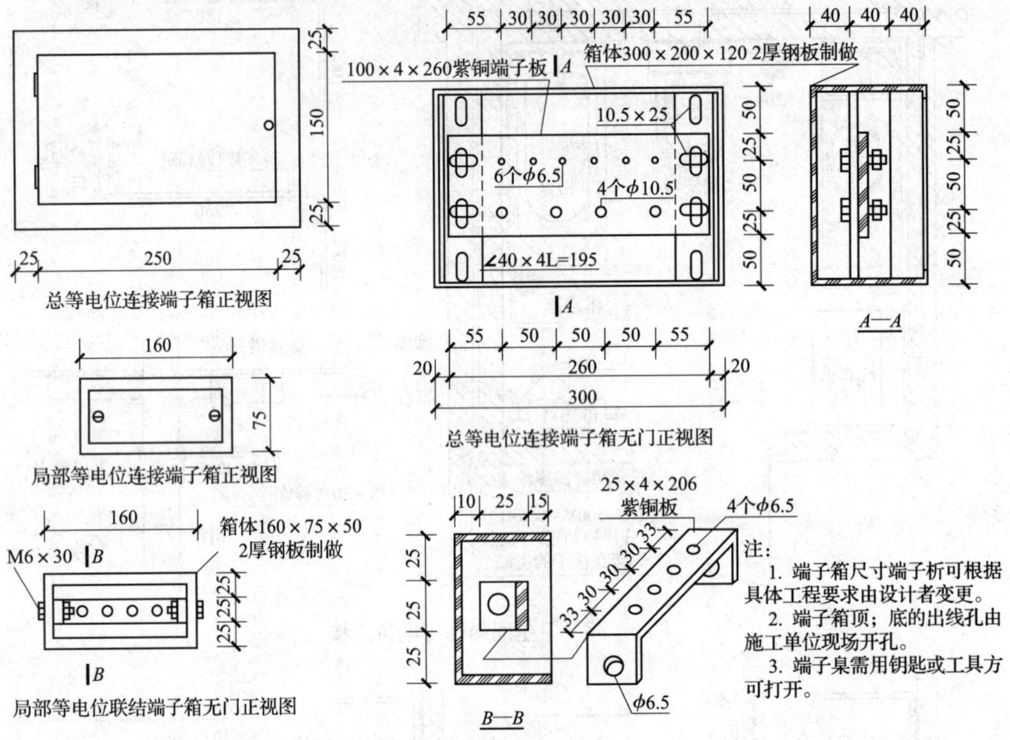

图6—40 等电位连接端子板和箱

第七单元　变配电设备安装

学习目标

1. 了解电力变压器的结构、安装及维护方法
2. 了解成套高低压配电柜的相关知识及基本安装工艺

课题一　变压器安装

一、三相电力变压器

在建筑工程的电气变配设备中，变压器是利用电磁感应原理传输电能的设备，具有变压和变流的作用，在电力系统中，用电力变压器把发电机发出的电压升高后进行远距离输电，到达目的地后再用变压器把电压降低以便用户使用，以此减少传输过程中电能的损耗。如图 7—1 所示。

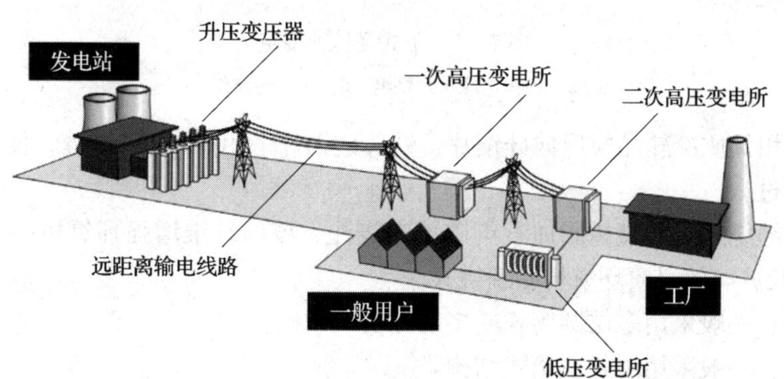

图 7—1　电压器在电力系统的作用

变压器虽然大小悬殊，用途各异，但其基本结构和工作原理却是相同的。如图 7—2 所示为三相电力变压器外形图。

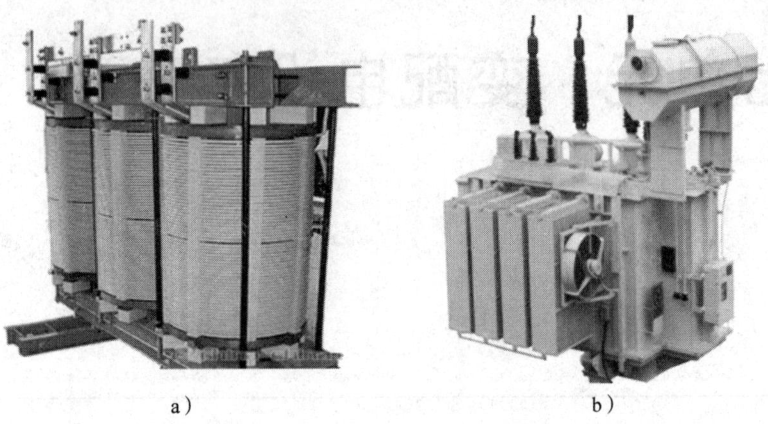

a）　　　　　　　　　　b）

图 7—2　三相电力变压器外形

a）干式变压器　b）油浸式变压器

干式变压器依靠空气对流进行冷却，在结构上可分为两种类型：固体绝缘包封绕组和不包封绕组，如图 7—3 所示。

a）　　　　　　　　　　b）

图 7—3　干式变压器绕组

a）固体绝缘包封绕组　b）不包封绕组

铁芯：采用优质冷轧晶粒取向硅钢片，铁芯硅钢片采用 45°全斜接缝，使磁通沿着硅钢片接缝方向通过。

绕组：有缠绕式、环氧树脂加石英砂填充浇注、玻璃纤维增强环氧树脂浇注（即薄绝缘结构）、多股玻璃丝浸渍环氧树脂缠绕式。

高压绕组：一般采用多层圆筒式或多层分段式结构。

低压绕组：一般采用层式或箔式结构。

1. 干式变压器形式

开启式：是一种常用的形式，其器身与大气直接接触，适用于比较干燥而洁净的室内（环境温度 20℃时，相对湿度不应超过 85%），一般有空气自冷和风冷两种冷却方式。

封闭式：器身处在封闭的外壳内，与大气不直接接触（由于密封、散热条件差，主要用于矿用，它是属于防爆型的）。

浇注式：用环氧树脂或其他树脂浇注作为主绝缘，它结构简单、体积小、适用于较小容量的变压器。

2. 干式变压器特点及结构

相对于油式变压器，干式变压器因没有油，也就没有火灾、爆炸、污染等问题，故电气规范、规程等均不要求干式变压器置于单独房间内。特别是新的系列，损耗和噪声降到了新的水平，更为变压器与低压屏置于同一配电室内创造了条件。干式变压器与低压配电装置的布置图如图 7—4 所示。干式变压器与高低压配电装置的布置图如图 7—5 所示。

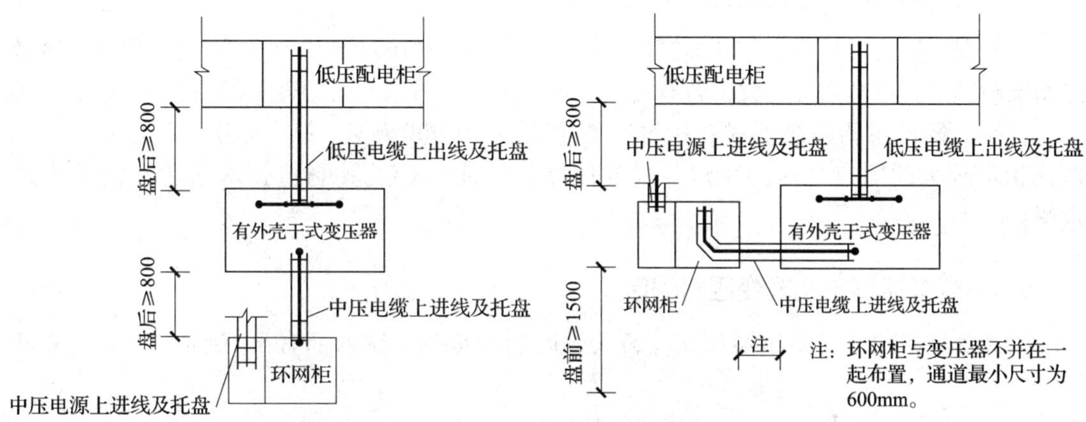

图 7—4 干式变压器与低压配电装置的布置图

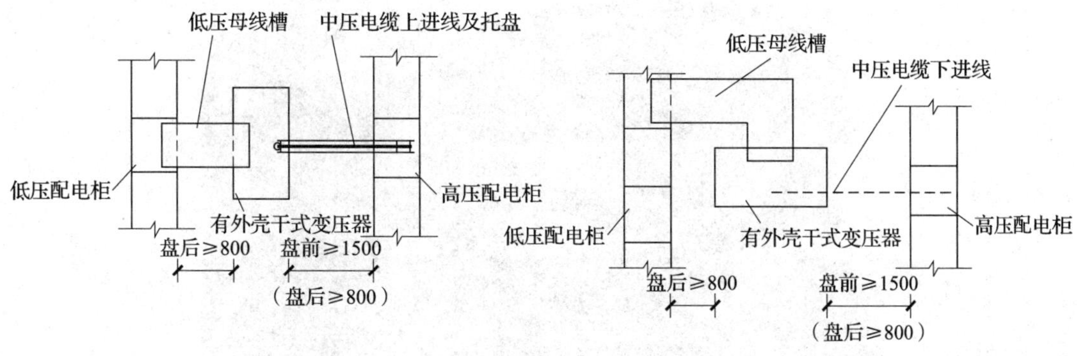

图 7—5 干式变压器与高低压配电装置的布置图

（1）干式变压器的温度控制系统。干式变压器的安全运行和使用寿命，很大程度上取决于变压器绕组绝缘的安全可靠。绕组温度超过绝缘耐受温度使绝缘破坏，是导致变压器不能正常工作的主要原因之一，因此对变压器的运行温度的监测及其报警控制是十分重要的。

（2）干式变压器的防护方式。根据使用环境特征及防护要求，干式变压器可选择不同的外壳。通常选用 IP20 防护外壳，可防止直径大于 12 mm 的固体异物及小动物进入，造成短路停电等恶性故障，为带电部分提供安全屏障。若须将变压器安装在户外，则可选用IP23 防护外壳，除上述 IP20 防护功能外，更可防止与垂直线成 60°角以内的水滴入。但IP23 外壳会使变压器冷却能力下降，选用时要注意其运行容量的降低。

3. 干式变压器的冷却方式

干式变压器冷却方式分为自然空气冷却（AN）和强迫空气冷却（AF）。自然空冷时，变压器可在额定容量下长期连续运行。强迫风冷时，变压器输出容量可提高 50%。适用于断续过负荷运行，或应急事故过负荷运行；由于过负荷时负载损耗和阻抗电压增幅较大，处于非经济运行状态，故不应使其处于长时间连续过负荷运行。

4. 干式变压器的过载能力

干式变压器的过载能力与环境温度、过载前的负载情况（起始负载）、变压器的绝缘散热情况和发热时间常数等有关，若有需要，可向生产厂索取干变的过负荷曲线。

目前，我国树脂绝缘干式变压器年产量已达 10 000 MV · A，成为世界上干式变压器产销量较大的国家之一。我国干式变压器的性能指标及其制造技术已达到世界先进水平。

5. 干式变压器与油式变压器的区别

干式变压器和油式变压器相比，最大的区别就是变压器内部有没有油，如图 7—6 所示。

图 7—6　干式变压器施工现场

（1）从外观上看，封装形式不同，干式变压器能直接看到铁芯和线圈，而油式变压器只能看到变压器的外壳。

（2）引线形式不一样，干式变压器大多使用硅橡胶套管，而油式变压器大部分使用瓷套管。

（3）容量及电压不同，干式变压器一般适用于配电用，容量一般在 2 000 kV·A 以下，电压在 35 kV 以下，也有个别做到 110 kV 电压等级的；而油式变压器却可以从小到大做到全部容量，电压等级也做到了所有电压。

（4）绝缘和散热不一样，干式变压器一般用树脂绝缘，靠自然风冷，大容量靠风机冷却，而油式变压器靠绝缘油进行绝缘，靠绝缘油在变压器内部的循环将线圈产生的热量带到变压器的散热器（片）上进行散热。

（5）从应用场所上说，干式变压器大多应用在需要“防火、防爆”的场所，一般大型建筑、高层建筑上也采用；而油式变压器由于“出事”后可能有油喷出或泄漏，造成火灾，大多应用在室外，且有场地挖设“事故油池”的场所。

（6）对负荷的承受能力不同，一般干式变压器应在额定容量下运行，而油式变压器过载能力比较好。

（7）造价不一样，对同容量变压器来说，干式变压器的采购价格比油式变压器价格要高许多。

6. 干式变压器型号

干式变压器型号：SCB10－1 000 kV·A/10 kV/0.4 kV

S：表示变压器为三相变压器；C 表示变压器的绕组为树脂浇注成形固体；B 箔式绕组；10：设计序号；1 000 kV·A：表示此台变压器的额定容量；10 kV 表示一次额定电压；0.4 kV 表示二次额定电压。

想一想

变压器的额定容量为什么不用 kW 表示？

二、干式变压器安装

1. 施工准备

（1）材料准备及要求。检查变压器外观应无损伤，油漆层完好。型号、规格、数量符合图样要求。用 2 500 V 兆欧表检查线圈绝缘应大于等于 6 MΩ。根据装箱清单逐一检查变压器附件应齐全完好。检查变压器出厂资料应齐全。

（2）工具。电焊机、倒链、滚杠、扳手、手锤、撬棍。量具：钢卷尺、兆欧表。

（3）施工条件。检查土建已具备安装条件并办理交接签证。配电室内门、窗应施工完毕，地面应抹平，预留设备吊装口等设备进入配电室后及时封墙。基础槽钢安装牢固，预留电缆进线孔符合设计要求。

2. 施工工艺

施工工艺流程：变压器运输、变压器就位、变压器箱体安装、母线安装、运行前的检查、运行前的试验、变压器投入运行。

（1）变压器运输。在起重工配合下，把变压器运输吊装至配电室。运输过程用棕绳可靠封车，严禁人货同车。吊装时应由起重工指挥，平稳操作，严禁大起大落。

（2）变压器就位。用滚杠将变压器移动至安装位置附近。用撬棍移动变压器至准确安装坐标位置。移动时人力应充足，统一指挥，用力均匀一致。

（3）变压器箱体安装。由厂家配合将变压器箱体组合安装好，箱底四角与基础槽钢焊接固定。变压器箱体与盘柜前面应平齐，与配电盘柜体靠紧，不应有缝隙。底四角焊接长 20 ~ 40 mm。把温控器安装固定好，并连好与变压器间连线。温控器应固定牢固、可靠。

（4）母线安装。检查厂家供货母线规格、数量符合图样设计要求。搭接面应光滑、平整。相序标识清晰。

从变压器低压侧出线排连接母线至配电柜主母线。母线接合面要均匀涂抹电力复合脂。紧固螺栓为镀锌件，平垫、弹簧垫齐全，规格、数量符合规范要求。露出螺钉扣长度一致，在 2 ~ 3 扣之间。母线固定金具及支柱绝缘子应紧固。

安装零序电流互感器，并用扁钢将变压器中性点接地。零序电流互感器应固定牢固。扁钢一端与基础槽钢焊接，一端与零母线用螺栓固定。扁钢与母线接合面要搪锡处理。

（5）运行前的检查。检查拆卸运输的零部件是否安装妥当，产品拆卸一览表所列各个零部件及紧固件是否安装到位，是否恢复产品外形图所示整体外形。

检查产品所有紧固件、连接件是否松动，并重新紧固一次，保证线圈垫块不发生松动及带电体之间连接牢固。

检查线圈和铁芯表面是否有污渍、水珠，若有应擦拭干净。如潮湿，应加以干燥处理。

检查变压器器身、风道是否有异物存在，清除过多灰尘，可使用干燥的压缩空气吹净通风气道中的灰尘。

检查风机、温控等附件能否正常运行，温控箱是否可靠接地。

有载调压干式变压器的检查。检查线圈的分接抽头与开关是否对应连接。检查线圈各分接位置与操纵机构、自动控制器的指示位置是否相符。

（6）运行前的试验。测量各分接位置的线圈直流电阻，并确定各个电气接触点是否接触良好。

拆除铁芯接地片，进行铁芯绝缘电阻的测试，一般情况下：铁芯——夹件及地大于等于 2 MΩ；穿心螺杆——铁芯及地大于等于 2 MΩ。在比较潮湿的环境下，此值会下降，只要其阻值大于等于 0.1 MΩ 即可运行。一般可通过干燥处理，使其达到要求。测量完毕重新接好接地片。

检查变压器外壳和铁芯是否永久性接地。进行线圈绝缘电阻的测试，一般情况下：高压——低压及地大于等于 300 MΩ；低压——地大于等于 100 MΩ。在比较潮湿的环境条件下，变压器线圈的绝缘电阻值会有所下降。一般情况，若每 1 000 V 额定电压，其绝缘电阻不小于 2 MΩ，就能满足运行要求。如变压器遭受异常潮湿发生凝露现象，则不论其绝缘电阻如何，在其进行耐压试验或投入运行前，必须擦拭干净进行干燥处理。对于有载调压变压器，按干式有载分接开关使用说明书要求及有关规程进行开关的各项试验。

（7）变压器投入运行。变压器投入运行前，应根据变压器铭牌和分接指示牌调节电压挡位到合适位置。无励磁调压时，应在断电状态下根据电网电压把调压分接头的分接片按铭牌和分接指示牌的标志接到相应的位置上。

有载调压干式变压器线圈的分接抽头与开关已对应连接，当电网电压波动时，可在负载的情况下，通过自动控制器或电动、手动操作机构来调节高压线圈挡位，从而稳定输出电压。在断电情况下，分接开关调试正常后方可投入运行。

变压器应在空载时合闸投运，合闸涌流峰值最高可达 10 倍额定电流，对变压器的电流速动保护设定值应大于涌流峰值。变压器投入运行后，所带负荷应由轻到重，且检查产品有无异响，切忌盲目一次性大负载投入。

带风机的干式变压器，在规定的使用条件下，应急负荷能力可以比额定容量提高 40%。

无特殊要求，带温控箱的干式变压器其温控箱开风机、报警、跳闸的温度在出厂时已设定，报警和跳闸的功能可与相应的设备有效连接使用。

带外壳的干式变压器，由于外壳保证了散热条件，允许全容量运行。

干式变压器按标准配置温度控制箱。未带外壳的变压器其温控箱需由用户安装在保护网或墙壁等安全的地方。带外壳的变压器其温控箱位于外壳低压侧右上方。风机电源线已经接入控制箱，用户只需给控制箱配备交流 220 V 的电源，如图 7—7 所示。参看温度控制箱使用说明书，温控箱调试正常后，先将变压器投入运行，后进行温控。

图 7—7　温度控制箱

外壳带有开门安全保护装置的变压器，开门断电微动信号端子排位于外壳内温控箱的下方，用户根据需要连接，下方有微动信号装置端子排功能示意图，以供用户参考。

外壳带电磁锁的变压器，电磁锁的电源线已接入温控箱电源接点，用户只需给温控箱配备交流 220 V 的电源，就可以使电磁锁带电，电磁锁的操作方法详见电磁锁安装使用说明书。

配有高压带电显示装置的变压器，带电显示器位于外壳低压侧铭牌的上方。

低压零线母排配有零序电流互感器的变压器，其互感器输出端子已引至温控箱空接点，用户只需自温控箱接点取信号即可。

变压器退出运行后，一般不需要采取其他措施即可重新投入运行。但是，如果是在高湿度下且变压器已发生凝露现象，那么必须擦拭干净，经干燥处理后，变压器才可重新投入运行。

3．成品保护

变压器门应加锁，未经安装单位许可，闲杂人员不得入内。

对就位的变压器高低压瓷套管及环氧树脂铸铁，应有防砸及防碰撞措施。要采取保护措施，防止铁件掉入线圈内。

在变压器上方作业时，操作人员不得蹬踩变压器，不带工具袋，以防工具材料掉下砸坏、砸伤变压器。

对安装完的电气管线及其支架应注意保护，不得碰撞损伤。

在变压器上方操作电气焊时，应对变压器进行全方位保护，防止焊渣掉下，损伤设备。

三、干式变压器维护

变压器必须进行定期检查和维护，以保证能正常运行：

定期断电，清除产品表面沉积的污秽及气道中的灰尘污垢。一般在干燥清洁的场所，每年或更长一点时间进行一次检查；在其他场合，如可能有灰尘或化学烟雾污染的空气进入时，每三至六个月进行一次检查。

检查时，如发现有过多的灰尘聚积，必须清除，以保证空气流通和防止绝缘击穿，特别要注意清洁变压器的绝缘子、线圈凸台端子、线圈垫块等处，并使用干燥的压缩空气吹净线圈表面及通风气道中的灰尘。

检查紧固件、连接件、线圈垫块是否松动，导电零件有无生锈、腐蚀的痕迹，还要观察绝缘表面有无爬电痕迹和碳化现象，必要时应采取相应的措施进行处理。

思考与练习

1．叙述干式变压器形式。
2．说明干式变压器的冷却方式。
3．简述干式变压器与油式变压器的区别。
4．简述干式变压器维护。

技能训练

1．阅读如图7—8所示电力变压器，说明中性线接地方式的差别。

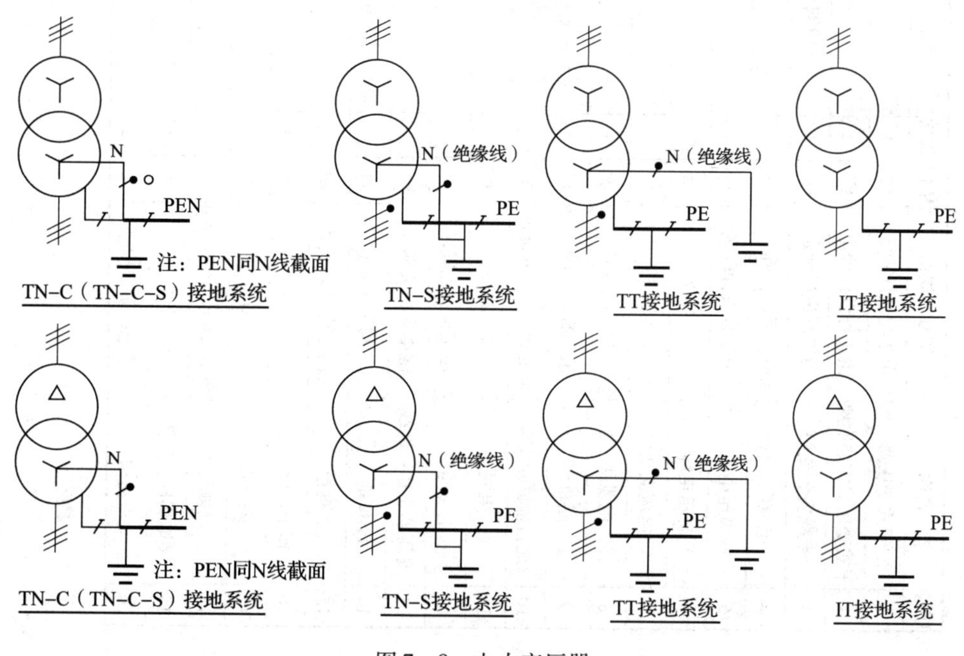

图 7—8　电力变压器

2. 如图 7—9 所示是一般电网变配电系统，调查一下学校所在的供电系统与这个示意图有哪些不同？

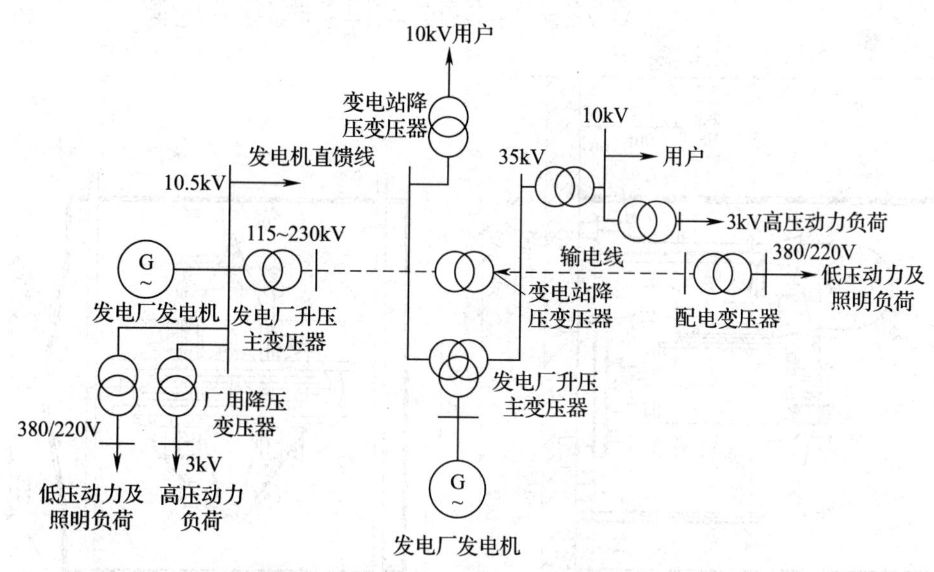

图 7—9　电网变配电系统

3. 阅读如图 7—10 所示干式变压器室布置图，制定安装工艺。

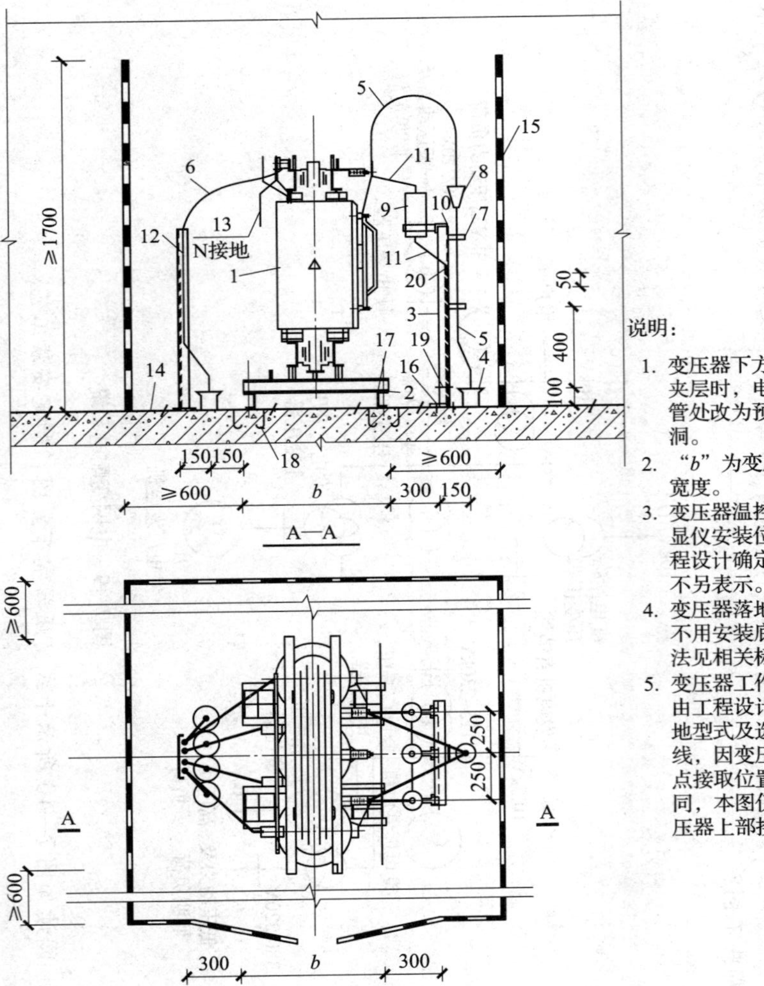

说明：

1. 变压器下方为电缆夹层时，电缆保护管处改为预留楼板洞。
2. “b”为变压器窄面宽度。
3. 变压器温控箱、温显仪安装位置由工程设计确定，本图不另表示。
4. 变压器落地安装，不用安装底座时作法见相关标准。
5. 变压器工作接地线由工程设计确定接地型式及选择接地线，因变压器中性点接取位置各厂不同，本图仅按在变压器上部接取示意。

序号	名称	型号及规格	单位	数量	备注
1	干式变压器	由工程设计确定	台	1	
2	干式变压器安装底座	由工程设计确定	组	2	
3	电缆安装支架	由工程设计确定	个	1	#10槽钢
4	电缆保护管	由工程设计确定	m		
5	高压电缆	由工程设计确定	m		
6	低压电缆		m		
7	电缆支架	型式3	个		
8	电缆头	10（6）kV	个	1	
9	避雷器	由工程设计确定	台	3	不设避雷器时则取消
10	避雷器固定支架	角钢50×4 L=900mm	个	1	
11	电线	1×25mm	m		
12	电缆托盘	由工程设计确定	m		
13	变压器工作接地线	规格见相关标准	m		
14	PE接地干线	扁钢40×4	m		暗敷时的规格
15	遮拦	由工程设计确定	组	1	
16	膨胀螺栓固定	M12	套	4	
17	螺栓固定	M12	套	4	
18	预埋钢板	钢板150mm×150mm	个	4	
19	接地螺栓、垫圈	M8	个	1	
20	电线卡	接电线确定规格	个	2	

图7—10　干式变压器室布置图

4. 阅读如图 7—11 所示干式变压器室布置图，制定安装工艺。

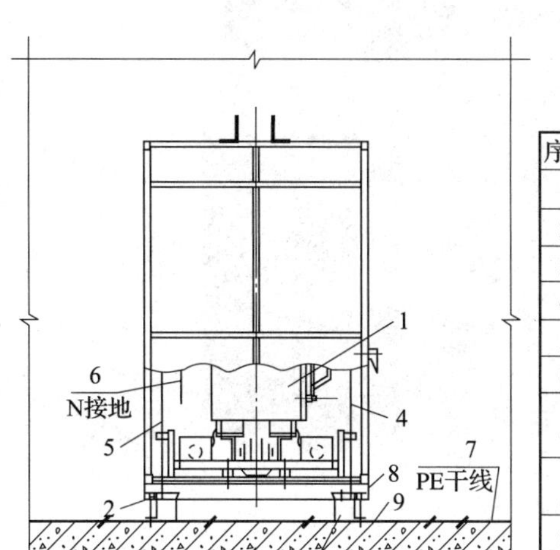

序号	名称	型号及规格	单位	数量	备注
1	干式变压器	由工程设计确定	台	1	
2	干式变压器安装底座	由工程设计确定	组	1	
3	电缆保护管	由工程设计确定	m		
4	高压电缆	由工程设计确定	m		
5	低压电缆		m		
6	变压器工作接地线	规格见图5.4.39	m		
7	PE接地干线	扁钢40×4	m		暗敷时的规格
8	螺栓固定	M12	套	4	
9	预埋钢板	钢板150mm×150mm	个	4	

图 7—11　干式变压器室布置图

课题二　成套高低压配电柜安装

高低压配电柜顾名思义就是接高压配电柜、低压开关柜以及连接线缆的配电设备，是输变电系统的末端分配和控制装置。

一、成套高低压配电柜

高压配电柜经变压器降压再到低压配电柜，低压开关柜再到各个用电的配电盘，控制箱，开关箱。

1. 成套高压配电柜

高压配电柜又可称为高压开关柜，如图 7—12 所示，是按一定的电路方案将有关电气设备组装在一个封闭的金属外壳内的成套配电装置，用于电力系统发电、输电、配电、电能转换和消耗中起通断、控制或保护等作用，电压等级在 3.6～550 kV 的电器产品。

高压开关柜广泛应用于配电系统，作接受与分配电能之用。既可根据电网运行需要将一部分电力设备或线路投入或退出运行，也可在电力设备或线路发生故障时将故障部分从电网中快速切除，从而保证电网中无故障部分的正常运行，以及设备和运行维修人员的安全。因此，高压开关柜是非常重要的配电设备，其安全、可靠运行对电力系统具有十分重要的意义。

图 7—12　成套高压配电柜

2. 高压配电柜结构

开关柜的外壳和隔板采用敷铝锌钢板，整个柜体不仅具有精度高、抗腐蚀与氧化作用，且机械强度高、外形美观，柜体采用组装结构，用拉铆螺母和高强度螺栓连接而成，因此装配好的开关柜能保持尺寸上的统一性。

开关柜被隔板分成母线室、开关室、电缆室和继电器仪表室，每一单元均良好接地，如图 7—13 所示。

母线室：母线室布置在柜的上部。在母线室中主母线连接在一起，贯穿整排开关柜。

开关室：开关室内装有一个三工位负荷开关，负荷开关的外壳为环氧树脂浇注而成，充六氟化硫（SF6）气体为绝缘介质，在壳体上设有观察孔。负荷开关上可根据客户要求装设带报警触点的 SF6 气体压力监视器。

电缆室：负荷开关柜有宽裕的电缆室，主要用于电缆连接，使单芯或三芯电缆可以采用最简单的非屏蔽电缆头进行连接，同时充裕的空间还可以容纳避雷器、电流互感器、下接地开关等元件。作为标准配置，柜门有观察窗和安全联锁装置。电缆底板配密封盖和带支撑架的大小相宜的电缆夹。电缆底板和门前框可以拆下，方便电缆安装。

继电器仪表室：继电器仪表室起到控制盘的作用。装有带位置指示器的弹簧操动机构和机械联锁装置，也可装设辅助触点、跳闸线圈、紧急跳闸机构、电容式带电显示器、钥匙锁和电动操动装置，同时低压室还可供装设控制回路、计量仪表和保护继电器，750 mm 宽柜设有两个相同的低压室，可装更多附件。

整个开关柜可分成上下两个部分，柜的上部包括母线室、负荷开关、操动机构，与下部电缆室分隔开来。因此，可以安全、方便地对装于上部单元内的设备进行检修及改造，并可更换整个上部单元，如图 7—14 所示。

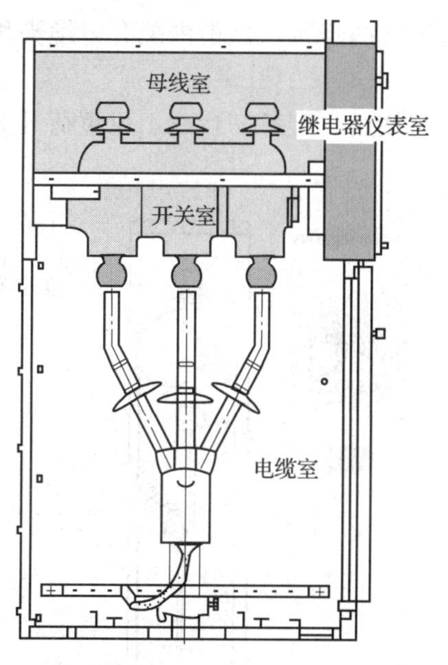

图 7—13　开关柜结构

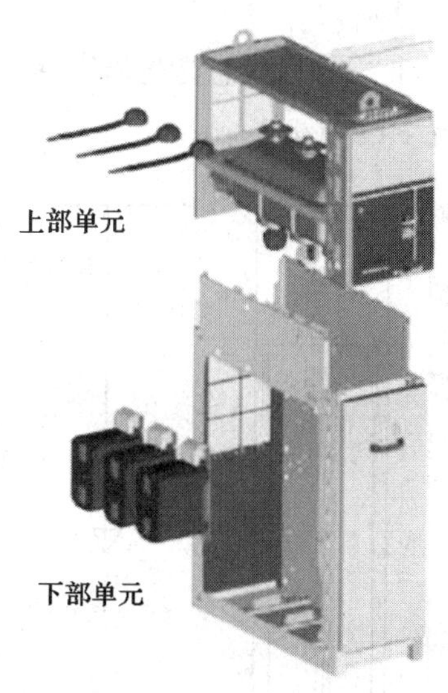

图 7—14　开关柜功能单元

3. 开关柜类型

（1）负荷开关柜。负荷开关柜主要用作环网接线和放射式接线中的进线柜。该柜一般配备一个三工位负荷开关及其操动机构。三工位负荷开关仅可置于合闸、分闸、接地这三个位置中的一个，可防止误操动。当负荷开关处于接地状态时才可进入电缆室，如图 7—15 所示。

（2）负荷开关柜——熔断器组合柜。负荷开关 - 熔断器组合柜主要用于变压器保护。柜配一个三工位负荷开关和一台独立的辅助接地开关。内置于负荷开关内的接地开关控制熔断器上触头接地，而独立的辅助接地开关关合可使熔断器下触头接地。操动机构为双弹簧式，具有熔断器熔断自动跳闸功能。只有负荷开关处于接地位置时，才可进入电缆室，如图 7—16 所示。

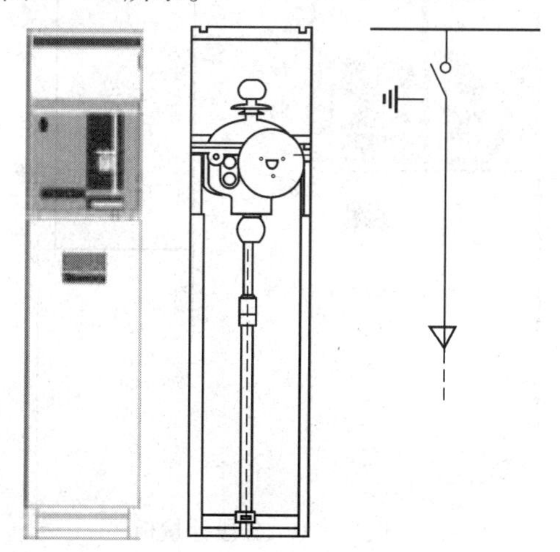

图 7—15　负荷开关柜

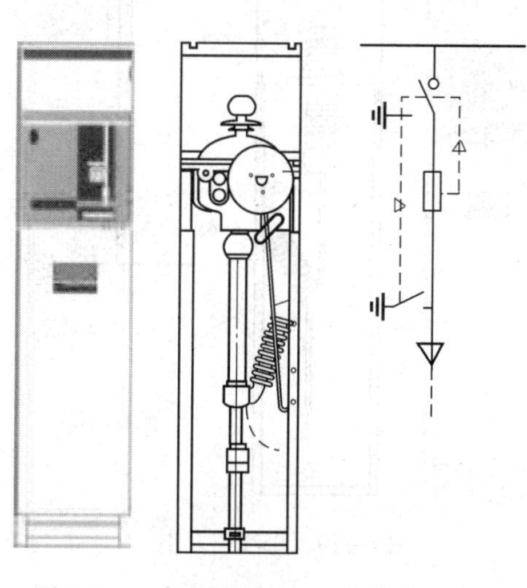

图 7—16　负荷开关柜——熔断器组合柜

（3）母线连接柜。母线连接柜用于电缆与母线的连接。该柜内配有电缆夹用于固定电缆，如图 7—17 所示。

（4）分段柜。分段柜总是与母线提升柜一起使用，配备一台三工位负荷开关用于母线分段，如图 7—18 所示。

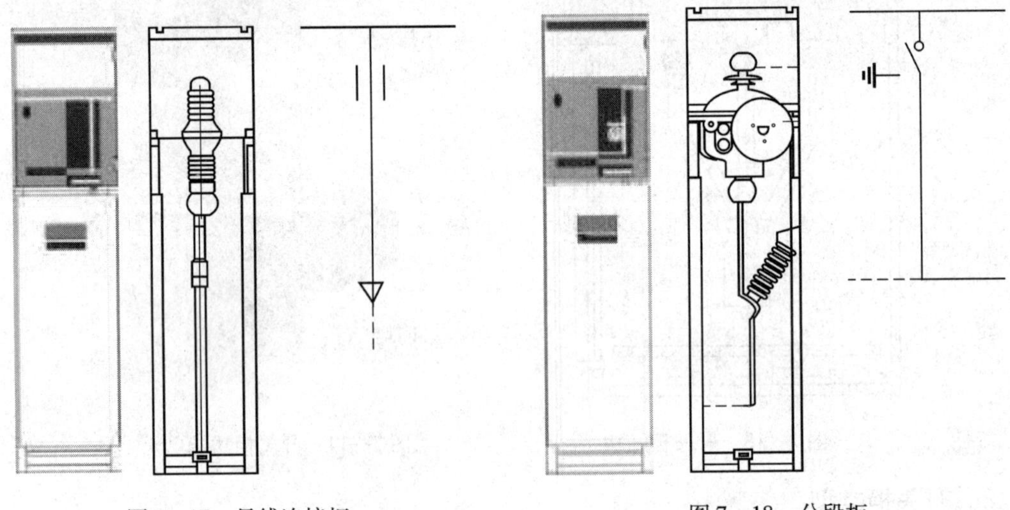

图 7—17　母线连接柜　　　　图 7—18　分段柜

（5）母线提升柜。母线提升柜把母线与装有负荷开关的分段柜的底部连接起来。该柜内空间可安装三个电流互感器和三个电压互感器。前面板固定在柜上，须用专用工具开启。前门板上有观察窗，如图 7—19 所示。

（6）分段计量柜。分段计量柜可安装母线支撑子或两个独立操作的三工位负荷开关。两负荷开关布置在分段母线两端，如图 7—20 所示。

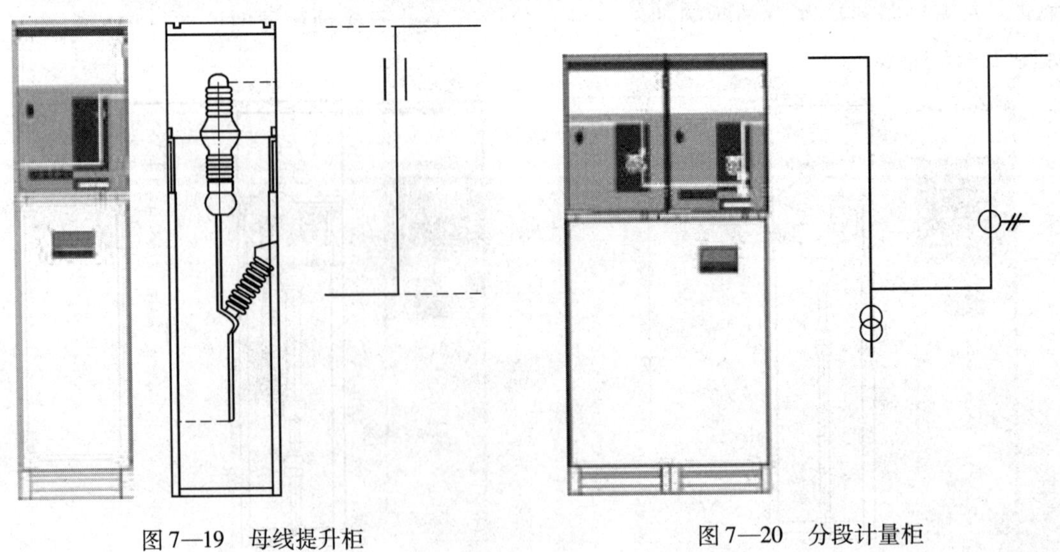

图 7—19　母线提升柜　　　　图 7—20　分段计量柜

（7）断路器柜。断路器柜用于额定电流 1 250 A 开关柜的进线柜。配备有可移动式的真空断路器。运行人员可以透过断路器电缆室门上的观察窗，观察断路器手车的位置及断路器的状态。断路器柜配备电流互感器和电压互感器，如图 7—21 所示。

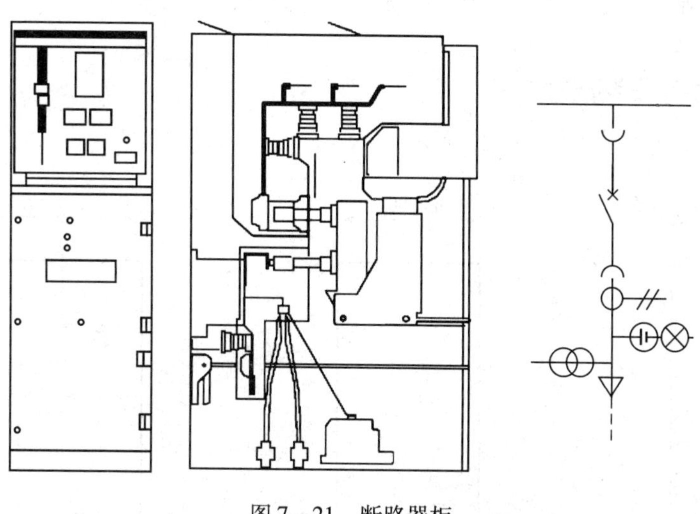

图 7—21 断路器柜

4. 控制电缆入口

控制电缆入口有如图 7—22 所示的四种形式：

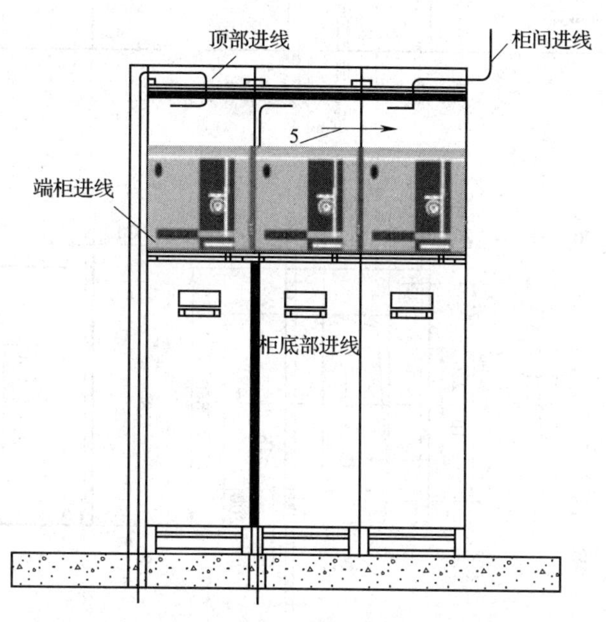

图 7—22 控制电缆入口

（1）柜底部进线。电缆通过 30 × 60 的内部电缆通道从底部引导顶部单元。

（2）端柜进线。通过端柜外侧安装的控制电缆通道进线，再由各柜的电缆走线槽进入柜内。

（3）顶部进线。对于通过电缆桥架顶进的电缆，可以通过柜顶设置的电缆通道进入各柜。

（4）柜间连线。

5. 开关柜基础安装尺寸

开关柜基础安装尺寸如图 7—23 所示。

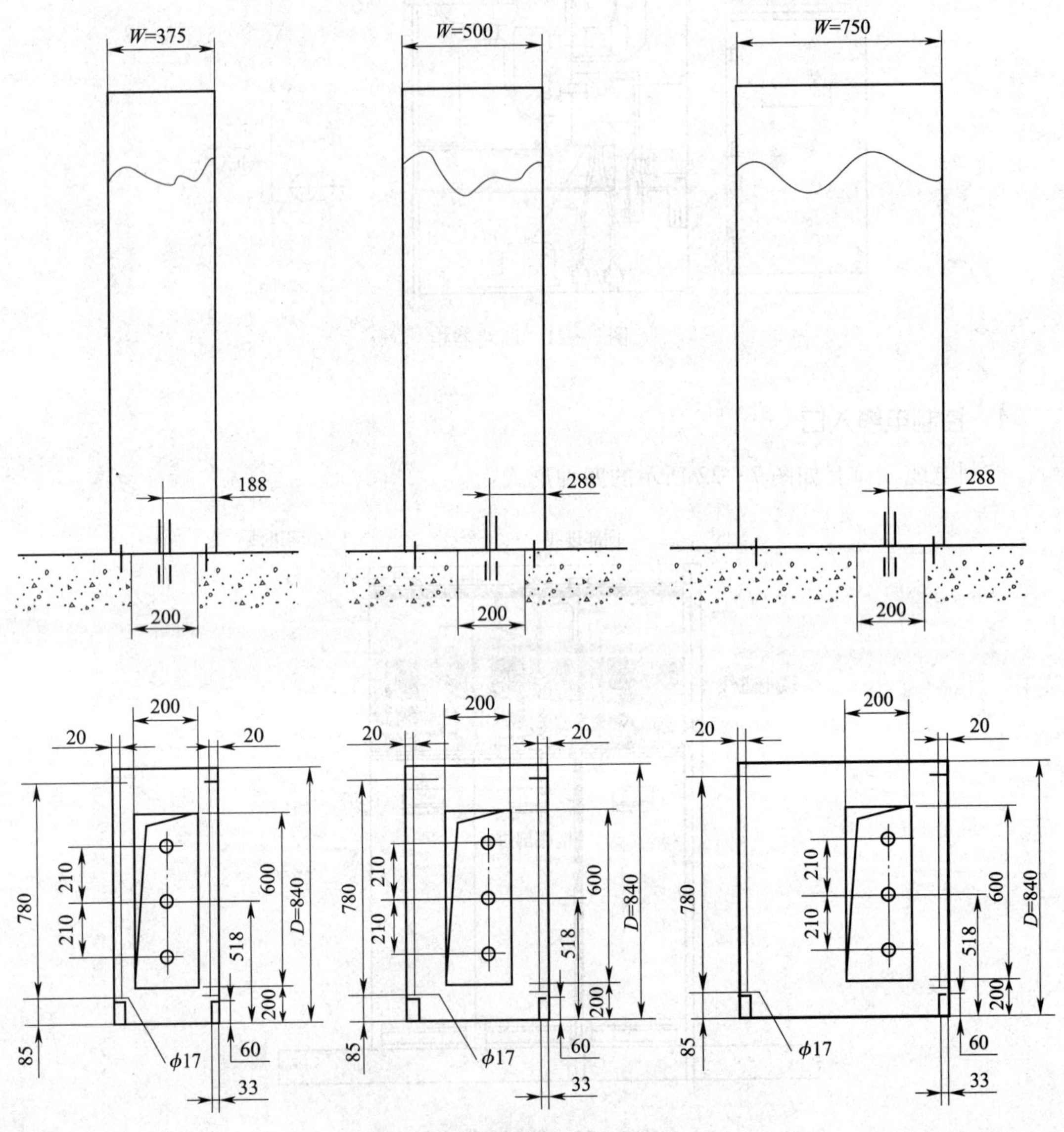

图 7—23　开关柜基础安装尺寸

6. 高压电器

高压配电柜中的高压电器有：电流互感器、电压互感器、隔离开关、高压负荷开关、高压断路器、高压熔断器、高压带电显示器、主母线、分支母线、高压电抗器、高压电容器等，如图 7—24 所示。

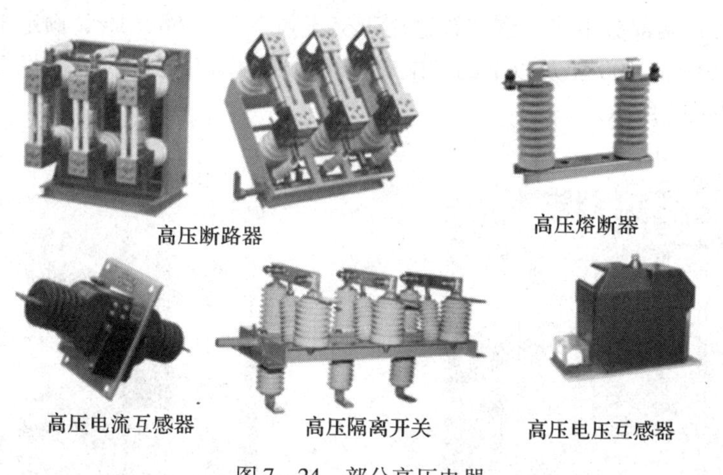

图 7—24　部分高压电器

想一想

高压电器与低压电器参数的主要差别是什么？

7. 成套低压配电柜

成套低压配电柜是一个或多个低压开关设备和与之相关的控制、测量、信号、保护、调节等设备，由制造厂家负责完成所有内部的电气和机械的连接，用结构部件完整地组装在一起的一种组合体，如图 7—25 所示。

图 7—25　成套低压配电柜

目前我国标准成套低压配电柜有：

（1）GGD 型交流低压配电柜适用于变电站、发电厂、厂矿企业等电力用户的交流频率 50 Hz，额定工作电压 380 V，额定工作电流 1 000 ~ 3 150 A 的配电系统，作为动力、照明及发配电设备的电能转换、分配与控制之用，如图 7—26 所示。

（2）GCK 低压抽出式开关柜（以下简称开关柜）由动力配电中心（PC）柜和电动机控制中心（MCC）两部分组成。该装置适用于交流频率 50（60）Hz、额定工作电压小于等于 660 V、额定电流 4 000 A 及以下的控配电系统，作为动力配电、电动机控制及照明等配电设备，如图 7—27 所示。

图 7—26　GGD 型交流低压配电柜

图 7—27　GCK 低压抽出式开关柜

（3）GCS 型低压抽出式开关柜使用于三相交流频率为 50 Hz、额定工作电压为 400 V（690 V）、额定电流为 4 000 A 及以下的发、供电系统中的作为动力、配电和电动机集中控制、电容补偿之用。广泛应用于发电厂、石油、化工、冶金、纺织、高层建筑等场所，也可用在大型发电厂、石化系统等自动化程度高、要求与计算机接口的场所，如图 7—28 所示。

图 7—28　GCS 型低压抽出式开关柜

（4）MNS 型低压抽出式成套开关设备是为适应电力工业发展的需求，参考国外 MNS 系列低压开关柜设计并加以改进开发的高级型低压开关柜，能广泛用于发电厂、变电站、工矿企业、宾馆、市政建设等各种低压配电系统，如图 7—29 所示。

图 7—29 MNS 型低压抽出式成套开关设备

二、成套高低压配电柜安装工艺

本课题主要介绍适用于 10 kV 及其以下的一般工业与民用建筑电气安装工程成套配电柜安装及二次回路接线工艺。

1. 施工准备

（1）设备和材料要求。设备及材料均应符合国家或部门颁发现行的技术标准，符合设计要求，并有出厂合格证。设备应有铭牌，并注明厂家名称，附件、备件齐全。

1）安装使用材料。型钢应无明显锈蚀，并有材质证明，二次接线导线应带有合格证。镀锌螺钉、螺母、垫圈、弹簧垫、地脚螺栓齐全。

2）其他材料。铅丝、酚醛板、相色漆、防锈漆、调和漆、塑料软管、异型塑料管、尼龙卡带、白线、绝缘胶垫、标志牌、电焊条、锯条等均应符合质量要求。

3）主要机具。吊装搬运机具：汽车、汽车吊、手推车、卷扬机、钢丝绳、麻绳索具等。

4）安装工具。台钻、手电钻、电锤、砂轮、电焊机、气焊工具、台虎钳、锉刀、扳手、钢锯、电工工具等。

5）测试检验工具。水准仪、兆欧表、万用表、水平尺、试电笔、高压测试仪器、钢直尺、钢卷尺、吸尘器、塞尺、线坠等。

6）送电运行安全用具。高压验电器、高压绝缘靴、绝缘手套、编织接地线、粉末灭火器。

（2）施工条件。土建工程施工标高、尺寸、结构及埋件均符合设计要求。墙面、屋顶喷浆完毕、无漏水、门窗玻璃安装完、门上锁。室内地面工程完、场地干净、道路畅通。

施工图样、技术资料齐全。技术、安全、消防措施落实。设备、材料齐全，并运至现场库。

2. 操作工艺

工艺流程：设备开箱检查、设备搬运、柜安装、柜稳装、柜上方母带配制、柜二次回路结线、柜试验调整、送电运行验收。

（1）设备开箱检查。安装单位、供货单位或建设单位共同进行，并做好检查记录。按照设备清单、施工图样及设备技术资料，核对设备本体及附件、备件的规格型号是否符合设计图样要求；附件、备件齐全；产品合格证件、技术资料、说明书齐全。

柜本体外观检查应无损伤及变形，油漆完整无损。

柜内部检查：电器装置及元件、绝缘瓷件齐全、无损伤、裂纹等缺陷。

（2）设备搬运。由起重工作业，电工配合。根据设备重量、距离长短可采用汽车、汽车吊配合运输、人力推车运输或卷扬机滚杠运输。

设备运输、吊装时应注意：道路要事先清理，保证平整畅通。设备吊点。柜顶部有吊环者，吊索应穿在吊环内，无吊环者吊索应挂在四角主要承力结构处，不得将吊索吊在设备部件上。吊索的绳长应一致，以防柜体变形或损坏部件。汽车运输时，必须用麻绳将设备与车身固定牢，开车要平稳。

（3）柜安装

1）基础型钢安装：调直型钢。将有弯的型钢调直，然后按图样要求预制加工基础型钢架，并刷好防锈漆。

按施工图样所标位置，将预制好的基础型钢架放在预留铁件上，用水准仪或水平尺找平、找正。找平过程中，需用垫片的地方最多不能超过三片。然后，将基础型钢架、预埋铁件、垫片用电焊焊牢。最终基础型钢顶部宜高出抹平地面 10 mm，手车柜按产品技术要求执行。基础型钢安装允许偏差：长度小于 5 mm，不直度小于 1 mm/m，水平度小于 1 mm/m，位置误差及不平行度小于 5 mm。

2）基础型钢与地线连接：基础型钢安装完毕后，将室外地线扁钢分别引入室内（与变压器安装地线配合）与基础型钢的两端焊牢，焊接面为扁钢宽度的二倍。然后将基础型钢刷两遍灰漆。

（4）柜稳装

1）柜安装。应按施工图样的布置，按顺序将柜放在基础型钢上。单独柜只找柜面和侧面的垂直度。成列柜各台就位后，先找正两端的柜，在从柜下至上三分之二高的位置绷上小线，逐台找正，拒不标准以柜面为准。找正时采用 0.5 mm 铁片进行调整，每处垫片最多不能超过三片。然后按柜固定螺孔尺寸，在基础型钢架上用手电钻钻孔。一般无要求时，低压柜钻 ϕ12.2 孔，高压柜钻 ϕ16.2 孔，分别用 M12、M16 镀锌螺钉固定。允许偏差：垂直度小于 1.5 mm/m，相邻两柜小于 2 mm，成列柜顶部小于 5 mm，相邻两柜边小于 1 mm，成列柜面小于 5 mm，柜间接缝小于 2 mm。

2）柜就位。找正、找平后，除柜体与基础型钢固定。柜体与柜体、柜体与测挡板均用镀锌螺钉连接。

3）柜接地。每台柜（盘）单独与基础型钢连接。每台柜在后面左下部的基础型钢侧面焊上焊片，用 6 mm^2 铜线与柜上的接地端子连接牢固。

（5）柜顶上母线配制。见“高低压成套配电柜母线安装”。

（6）柜二次小线连接：

按原理图逐台检查柜（盘）上的全部电气元件是否相符，其额定电压和控制、操作电源电压必须一致。

按图敷设相与柜之间的控制电缆连接线。

控制线校线后，将每根芯线煨成圆环，用镀锌螺钉、圆环、弹簧垫连接在每个端子板上。端子板每侧一般一个端子压一根线，最多不能超过两根，并且两根线间加圆环。

（7）柜试验调整。高压试验应由当地供电部门许可的试验单位进行。试验标准符合国家规范、当地供电部门的规定及产品技术资料要求。

试验内容：高压柜框架、母线、避雷器、高压瓷瓶、电压互感器、电流互感器、高压开关等。

调整内容：过流继电器调整，时间继电器、信号继电器调整以及机械连锁调整。

二次控制小线调整及模拟试验：将所有的接线端子螺钉再紧一次。绝缘测试：用 500 V 欧姆表在端子板处测试每条回路的电阻，电阻必须大于 0.5 MΩ。二次小线回路如有晶体管，集成电路、电子元件时，该部位的检查不准使用欧姆表测试，应使用万用表测试回路是否接通。

接通临时的控制电源和操作电源；将柜（盘）内的控制、操作电源回路熔断器上端相线拆掉，接上临时电源。

模拟试验：按图样要求，分别模拟试验控制、连锁、操作、继电保护和信号动作，保证正确无误，灵敏可靠。拆除临时电源，将被拆除的电源线复位。

（8）送电运行验收

1）送电前的准备工作。一般应由建设单位备齐试验合格的验电器、绝缘靴、绝缘手套、临时接地编织铜线、绝缘胶垫、粉末灭火器等。彻底清扫全部设备及变配电室、控制室的灰尘。用吸尘器清扫电器、仪表元件，另外，室内除送电需用的设备用具外，其他物品不得堆放。检查母线上、设备上有无遗留下的工具、金属材料及其他物件。试运行的组织工作、明确试运行指挥者，操作者和监护人。

安装作业全部完毕、质量检查部门检查全部合格。试验项目全部合格，并有试验报告单。继电保护动作灵敏可靠，控制、连锁、信号等动作准确无误

2）送电。由供电部门检查合格后，将电源送进室内，经过验电、校相无误。

由安装单位合进线柜开关，检查 PT 柜上电压表三相是否电压正常。合变压器柜开关，检查变压器是否有电。合低压柜进线开关，查看电压表三相是否电压正常。送其他柜的电。

在低压联络柜内，在开关的上下侧（开关未合状态）进行同相校核。用电压表或万用表电压挡 500 V，分别接触两路的同相，此时电压表无读数，表示两路电同一相。用同样方法，检查其他两相。

3）验收。送电空载运行 24 h，无异常现象可办理验收手续，交建设单位使用。同时提交变更洽商记录、产品合格证、说明书、试验报告单等技术资料。

3. 质量标准

(1) 主控项目。柜的试验调整结果必须符合施工规范规定。检验方法：检查试验调整记录。

高压瓷件表面严禁有裂纹、缺损和瓷釉损坏等缺陷、低压绝缘部件完整。检验方法：观察检查。

柜内设备的导电接触面与外部母线连接处必须接触紧密。应用力矩扳手紧固。检验方法：实测与检查安装记录。

(2) 一般项目

1) 柜安装：柜与基础型钢间连接紧密，固定牢固，接地可靠，柜间接缝平整。盘面标志牌、标志框齐全，正确并清晰。小车、抽屉式柜推拉灵活，无卡阻碰撞现象；接地触尖接触紧密调整正确，投入时接地触头比主触头先接触，退出时接地触头比主触头后脱开。小车、抽屉式柜动、静触头中心线调整一致，接触紧密；二次回路的切换接头或机械、电气联锁装置的动作正确、可靠。油漆完整均匀，盘面清洁，小车或抽屉互换性好。检验方法：观察检查。

2) 柜内的设备及接线。完整齐全，固定牢靠。操动部分动作灵活准确。有两个电源的柜母线的相序排列一致，相对排列的柜母线的相序排列对称，母线色标正确。二次小线接线正确，固定牢靠，导线与电器或端子排得连接紧密，标志清晰、齐全。柜内母线色标均匀完整；二次接线排列整齐，回路编号清晰、齐全，采用标准端子头编号，每个端子螺钉上接线不超过两根。柜（盘）的引入、引出线路整齐。检验方法：观察和试操作检查。

3) 柜及其支架接地支线敷设，连接紧密、牢固，接地线截面选用正确，需防腐的部分涂漆均匀无遗漏。线路走向合理，色标准确，涂刷后不污染设备和建筑物。检验方法：观察检查。

4. 成品保护

设备运到现场后，暂不安装就位，应及时用苫布盖好，并把苫布绑扎牢固，防止设备风吹、日晒或雨淋。

设备搬运过程中，不许将设备倒立，防止设备油漆、电器元件损坏。

设备安装完毕后，暂时不能送电运行，变配电室门、窗要封闭，设人看守。

未经允许不得拆卸设备零件及仪表等，防止损坏或丢失。

三、高低压成套配电柜母线安装

母线是指在成套配电柜中用来作为连接柜间以及柜内各电气设备进行汇集、分配和传送电能的导体。在发生短路故障时要承受短路电流造成的发热和电动力作用，是作为高、低压成套电器中重要的一次元件。开关柜用母线按其横截面分为：矩形、圆形（或双 D 形）和槽形母线三种。

当母线的横截面积相同时，矩形母线的周长要比圆形母线大，其散热效果好，冷却条件好。而且，在一定允许加热温度下，矩形母线所通过的电流要比圆形母线大，圆形母线的集肤效应较强，而矩形母线比较均匀。因此成套开关柜内一般都采用矩形母线。

母线的材质有铜、铝、钢。其中铜的导电率最高，相同截面积时它的载流量最大；而钢最小，常用于互感器回路或避雷器回路中。

10 kV 以下矩形母线安装工艺。

1. 施工准备

（1）材料要求。铜、铝母线应有产品合格及材质证明。母线表面应光洁平整，不应有裂纹、折皱、夹杂物及变形和扭曲现象。

绝缘子及穿墙套管的瓷件，应符合国家标准和有关电瓷产品技术条件的规定，并有产品合格证。

绝缘材料的型号、规格、电压等级应符合设计要求。外观无损伤及裂纹，绝缘良好。

金属紧固件及卡具，均应采用热镀锌件。其他辅料有调和漆、焊接材料等。

（2）主要机具。母线煨弯器、电焊、气焊工具、钢锯、电锤、砂轮、台钻、手电钻、板锉、钢丝刷、木锤、力矩扳手、铜丝刷。

皮尺、钢卷尺、钢板尺、水平、线坠、欧姆表、万用表、细钢丝或小线。

（3）施工条件：屋顶不漏水，墙面喷浆完毕，场地清理干净，并有一定的加工场所。高空作业脚手架搭设完毕，安全技术部门验收合格。合窗齐全。

电气设备安装完毕，检验合格。预留孔洞及预埋件尺寸、强度均符合设计要求。施工图及技术资料齐全。

2. 施工工艺

工艺流程：放线测量、支架及拉紧装置制作安装、绝缘子安装、母线的加工、母线的连接、母线安装、母线涂色刷油、检查送电。

（1）放线测量。进入现场后根据母线及支架敷设的不同情况，核对是否与图样相符。核对沿母线敷设全长方向有无障碍物，有无与建筑结构或设备管道、通风等安装部件交叉现象。配电柜内安装母线，测量与设备上其他部件安全距离是否符合要求。放线测量出各段母线加工尺寸、支架尺寸，并划出支架安装距离及剔洞或固定件安装位置。

（2）支架及拉紧装置的制作安装。母线支架用 50 × 50 × 5 角钢制作，用膨胀螺栓固定在墙上，如图 7—30 所示。

母线拉紧装置制作组装，如图 7—31 所示。

（3）绝缘子安装。绝缘子安装前要测试绝缘，绝缘电阻值大于 1 MΩ 为合格。检查绝缘子外观无裂纹、缺损现象，绝缘子灌注的螺栓、螺母牢固后方可使用。6 ~ 10 kV 支柱绝缘子安装前应做耐压试验。

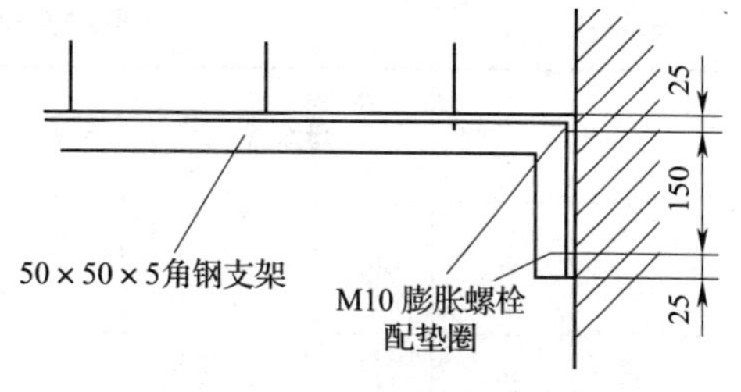

图 7—30　母线支架

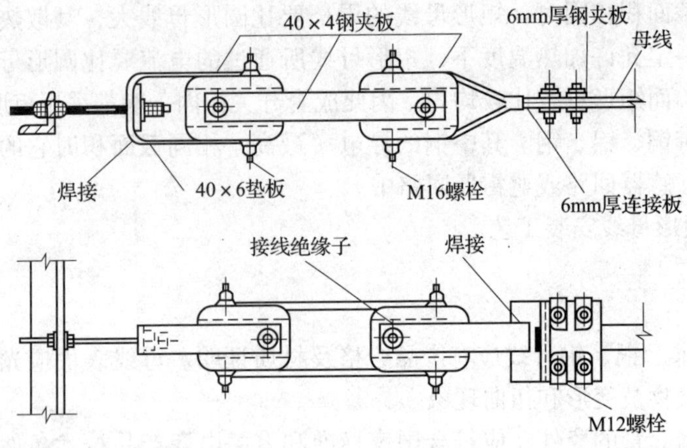

图 7—31 母线拉紧装置

绝缘子上下要各垫一个石棉垫。绝缘子夹板、卡板的制作规格要与母线的规格相适应。绝缘子夹板、卡板的安装要牢固。

（4）母线的加工

1）母线的调直与切断。母线调直采用母带调直器进行调直，手工调直时必须用木锤，下面垫道木进行作业，不得用铁锤。母线切断可使用手锯或砂轮切割机作业，不得用电弧或乙炔进行切断。

2）母线的弯曲。母线的弯曲应用专用工具（母线煨弯器）冷煨，弯曲处不得有裂纹及显著的皱折。不得进行热弯。母线平弯及立弯的弯曲半径如图 7—32 所示。母线弯曲规定见表 7—1。

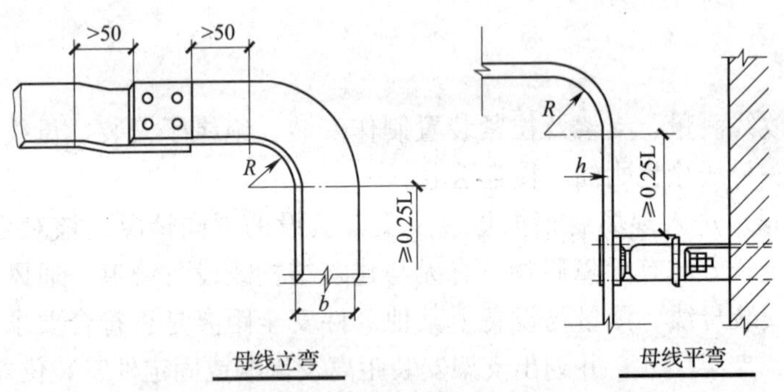

图 7—32 母线弯曲半径

表 7—1 母线最小弯曲半径值（R）

弯曲方式	母线端面尺寸（mm）	最小弯曲半径（mm）		
		铜	铝	钢
平弯	50×5	2 h	2.5 h	2 h
	125×10			
立弯	50×5	1 b	1.5 b	0.5 b
	125×10	1.5 b	2 b	1 b

母线扭弯、扭转部分的长度不得小于母线宽度的 2.5 ~5 倍，如图 7—33 所示。

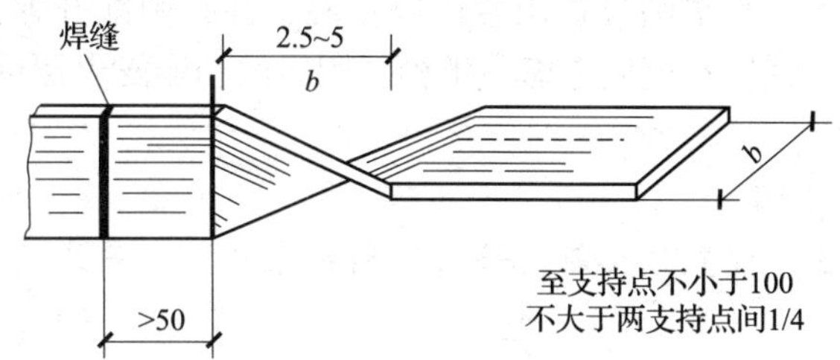

图 7—33 母线扭弯、扭转长度

（5）母线的连接。母线的连接可采用焊接或螺栓连接方式。

1）母线的焊接

焊接位置：焊缝距离弯曲点或支持绝缘子边缘不得小于 50 mm，同一相如有多片母线，其焊缝应相互错开不得小于 50 mm。

焊接技术要求：铝及铝合金母线的焊接应采用氩弧焊，铜母线焊接可采用 201#或 202#紫铜焊条、301#铜焊粉或硼砂，为节约材料，也可用废电线芯或废电缆芯线代替焊条，但表面应光洁无腐蚀，并须擦净油污，方可施焊。

焊接前应当用铜丝刷清除母线坡口处的氧化层，将母线用耐火砖等垫平对齐，防止错口，坡口处根据母线规格留出 1 ~5 mm 的间隙，然后由焊工施焊，焊缝对口平直，不得错口。必须双面焊接。焊缝应凸起呈弧形，上部应有 2 ~4 mm 加强高度，角焊缝加强高度为 4 mm。焊缝不得有裂纹、夹渣、未焊透及咬肉等缺陷，焊完后应趁热用足够的水清洗掉焊药。

2）母线的螺栓连接。矩形母线采用螺栓固定搭接时，连接处距支柱绝缘子的支持夹板边缘不应小于 50 mm；上片母线端头与下片母线平弯开始处的距离不应小于 50 mm，如图 7—34 所示。

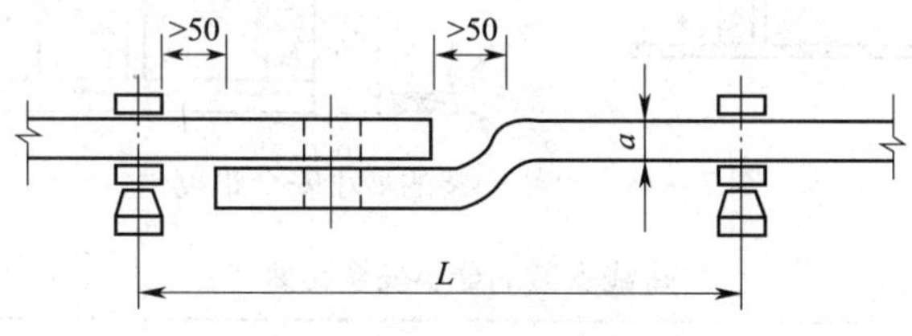

图 7—34 螺栓固定搭接

母线与母线，母线与分支线，母线与电器接线端子搭接时，其搭接面必须平整，清洁并涂以电力复合脂，并符合下列规定：

铜与铜：室外、高温且潮湿或对母线有腐蚀性气体的室内、必须搪锡。干燥室内可直接连接。

铝与铝：直接连接。

铜与铝：在干燥室内，铜母线搪锡，室外或空气相对湿度接近 100% 的室内，应采用铜铝过渡板，铜端应搪锡。

钢与铜或铝：钢搭接面必须搪锡。

母线采用螺栓连接时，平垫圈应选用专用厚垫圈，并必须配齐弹簧垫。螺栓、平垫圈及弹簧垫必须用镀锌件。螺栓长度应考虑在螺栓紧固后丝扣能露出螺母外 5 ~ 8 mm。

想一想

金属铜和铝为什么不能直接接触？如果遇到铜导线与铝导线连接时，应该怎样连接？

（6）母线安装。母线安装应平整美观，具体要求为：

水平段：两支持点高度误差不大于 3 mm，全长不大于 10 mm。

垂直段：两支持点垂直误差不大于 2 mm，全长不大于 5 mm。

间距：平行部分间距应均匀一致，误差不大于 5 mm。

母线安装的最小安全距离如图 7—35 所示和见表 7—2。

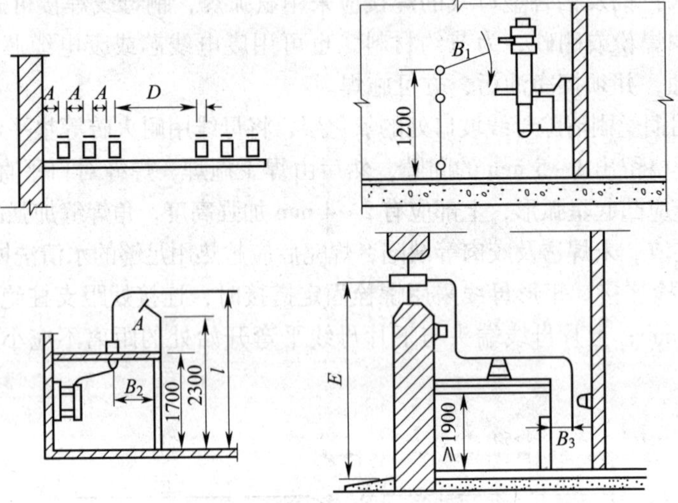

图 7—35　母线安装的最小安全距离

表 7—2　　母线安装的最小安全距离

项目	额定电压		
	1 ~ 3 kV	6 kV	10 kV
带电部分至地及不同相带电部分之间（A）	75	100	125
带电部分至栅栏（B1）	825	850	875
带电部分至栅栏（B2）	175	200	225
带电部分至板状遮档（B3）	105	130	155
无遮拦裸导体至地面（C）	2 375	2 400	2 425
不同分段的无遮拦裸导体间（D）	1 875	1 900	1 925
出线套管至家外通道路面（E）	4 000	4 000	4 000

母线支持点的间距：对低压母线不得大于 900 mm，对高压线不得大于 1 200 mm。低压母线垂直安装且支持点间距无法满足要求时，应加装母线绝缘夹板，如图 7—36 所示。

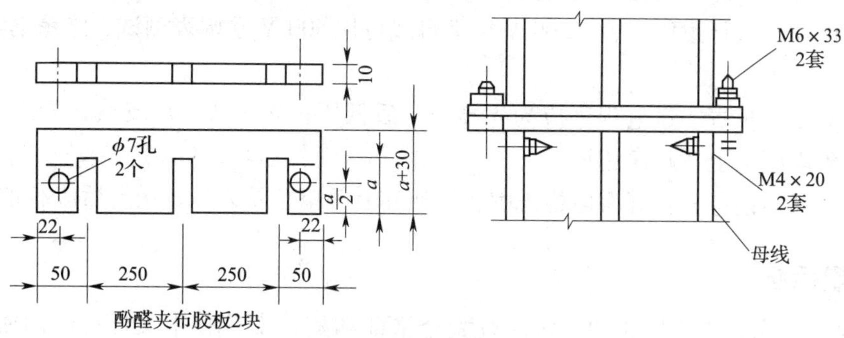

图 7—36　母线绝缘夹板

母线在支持点的固定：对水平安装的母线应采用开口元宝卡子，对垂直安装的母线应采用母线夹板，如图 7—37 所示。

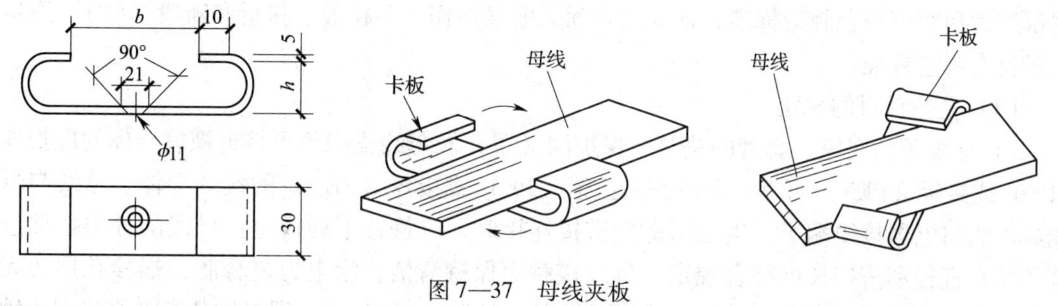

图 7—37　母线夹板

母线只允许垂直部分的中部夹紧在一对夹板上，同一垂直部分其余的夹板和母线之间应留有 1.5 ~2 mm 的间隙。穿墙隔板的安装做法如图 7—38 所示。

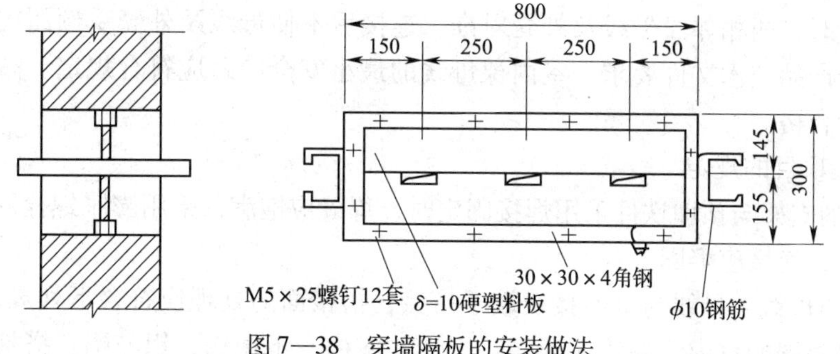

图 7—38　穿墙隔板的安装做法

（7）母线的涂色刷油。

母线的排列顺序：母线水平排列（由盘后向盘面）、垂直排列（由上向下）、引下线（由左到右）：A（U）、B（V）、C（W）或 A（U）、B（V）、C（W）、N。涂漆颜色：A 相黄色、B 相绿色、C 相红色、不接地中性线紫色、接地中性线紫色带黑条纹。

设备接线端，母线搭接或卡子、夹板处，明设地线的接线螺钉处等两侧 10 ~15 mm 处均不得刷漆。

（8）检查送电。母线安装完后，要全面地进行检查，清理工作现场的工具、杂物，并与有关单位人员协商好，请无关人员离开现场。

母线送电前应进行耐压试验，500 V 以下母线可用 500 V 欧姆表测试，绝缘电阻不小于 0.5 MΩ。

送电要有专人负责，送电程序应为先高压、后低压；先干线，后支线；先隔离开关后负荷开关。停电时与上述顺序相反。

车间母线送电前应先挂好有电标志牌，并通知有关单位及人员，送电后应有指示灯。

3. 质量标准

（1）封闭母线、插接母线的规定。查验合格证和随带安装技术文件；防潮密封良好，各段编号标志清晰，附件齐全，外壳不变形，母线螺栓搭接面平整、镀层覆盖完整、无起皮和麻面；插接母线上的静触头无缺损、表面光滑、镀层完整。

（2）裸母线、裸导线的规定。查验合格证；包装完好，裸母线平直，表面无明显划痕，测量厚度和宽度符合制造标准；裸导线表面无明显损伤，不松股、扭折和断股（线），测量线径符合制造标准。

（3）主控项目的规定

1）绝缘子的底座、套管的法兰、保护网（罩）及母线支架等可接近裸露导体的应扫地（PE）或接零（PEN）可靠。不应作为接地（PE）或接零（PEN）的接续导体。母线与母线或母线与电器接线端子，当采用螺栓搭接连接时，应符合下列规定：母线的各类搭接连接的钻孔直径和搭接长度符合规定。母线接触面保持清洁，涂电力复合脂，螺栓孔周边无毛刺；连接螺栓两侧有平垫圈，相邻垫圈间有大于 3 mm 的间隙，螺母侧装有弹簧垫圈或锁紧螺母。螺栓受力均匀，不使电器的接线端子受额外应力。

2）封闭、插接式母线安装应符合下列规定：母线与外壳同心，允许偏差为 ±5 mm；当段与段连接时，两相邻段母线及外壳对准，连接后不使母线及外壳受额纠应力：母线的连接方法符合产品技术文件要求。室内裸母线的最小安全净距应符合规定。高压母线交流工频耐压试验合格。

（4）一般项目的规定

1）母线的支架与预埋铁件采用焊接固定时，焊缝应饱满；采用膨胀螺栓固定时，选用的螺栓应适配，连接应牢固。

2）母线与母线、母线与电器接线端子搭接，搭接面的处理应符合下列规定：铜与铜：室外、高温且潮湿的室内，搭接面搪锡；干燥的室内，不搪锡；铝与铝：搭接面不做涂层处理；钢与钢：搭接面搪锡或镀锌；铜与铝：在干燥的室内，铜导体搭接面搪锡：在潮湿场所，铜导体搭接面搪锡，且采用铜铝过渡板与铝导体连接：钢与铜或铝：钢搭接面搪锡。

母线的相序排列及涂色，当设计无要求时应符合下列规定：上、下布置的交流母线，由上至下排列为 A、B、C 相，直流母线正极在上，负极在下；水平布置的交流母线，由盘后向盘前排列为 A、B、C 相；直流母线正极在后，负极在前；面对引下线的交流母线，由左至右排列为 A、B、C 相；直流母线正极在左，负极在右；母线的涂色：交流，A 相为黄色、B相为绿色、C相为红色；直流，正极为棕色、负极为蓝色；在连接处或支持件边缘两侧10 mm以内不涂色。

3）母线在绝缘子上安装应符合下列规定：金具与绝缘子间的固定平整牢固，不使母线受额外应力；交流母线的固定金具或其他支持金具不形成闭合铁磁回路；除固定点外，当母线平置时，母线支持夹板的上部压板与母线间有1～1.5 mm的间隙；当母线立置时，上部压板与母线间有1.5～2 mm的间隙；母线的固定点，每段设置1个，设置于全长或两母线伸缩节的中点；母线采用螺栓搭接时，连接处距绝缘子的支持夹板边缘不小于50 mm。

4）封闭、插接式母线组装和固定位置应正确，外壳与底座间、外壳各连接部位和母线的连接螺栓应按产品技术文件要求选择正确，连接紧固。

4. 成品保护

绝缘瓷件应妥善保管，防止碰伤，已安装好后的瓷件不应承受其他应力，以防损坏。已调平直的母带半成品应妥善保管，不得乱放。安装好的母带应注意保护，不得碰撞，更不得在母带上放置重物。变电室需要二次喷浆时，应将母带用塑料布盖好。母线安装处的门窗装好，并加锁防止设备损毁。

5. 工程交接

变压器、高低压成套配电柜、穿墙套管及绝缘子等安装就位，经检查合格，才能安装变压器和高低压成套配电柜的母线。

封闭、插接式母线安装，在结构封顶、室内底层地面施工完成或已确定地面标高、场地清理、层间距离复核后，才能确定支架设置位置：

与封闭、插接式母线安装位置有关的管道、空调及建筑装修工程施工基本结束，确认扫尾施工不会影响已安装的母线，才能安装母线。

封闭、插接式母线每段母线组对接续前，绝缘电阻测试合格，绝缘电阻值大于20 MΩ，才能安装组对。

母线支架和封闭、插接式母线的外壳接地（PE）或接零（PEN）连接完成，母线绝缘电阻测试和交流工频耐压试验合格，才能通电。

四、基础槽钢的制作及安装

1. 施工流程

施工准备、测量与定位、基础槽钢安装、接地直线制作、基础槽钢刷漆。

2. 施工准备

（1）工具准备。水准仪、塔尺、水平尺、冲击电钻、手锤、钢卷尺、配电箱、活动扳手、电工工具、油漆刷。

（2）材料准备。基础槽钢、膨胀螺栓、镀锌扁钢、防锈漆、角钢。

3. 确定安装方式

施工前应首先确认土建预留的孔洞和预埋件位置是否符合设计图样要求，并确认各设备的基础槽钢固定方式，即直接焊接在结构层预埋件或采用膨胀螺栓直接固定在变电所房建的结构层上，有如图 3—39 所示的固定方式，每种设备的固定方式根据现场情况而定，利用膨胀螺栓与地面结构层连接时，螺杆与螺帽应点焊。

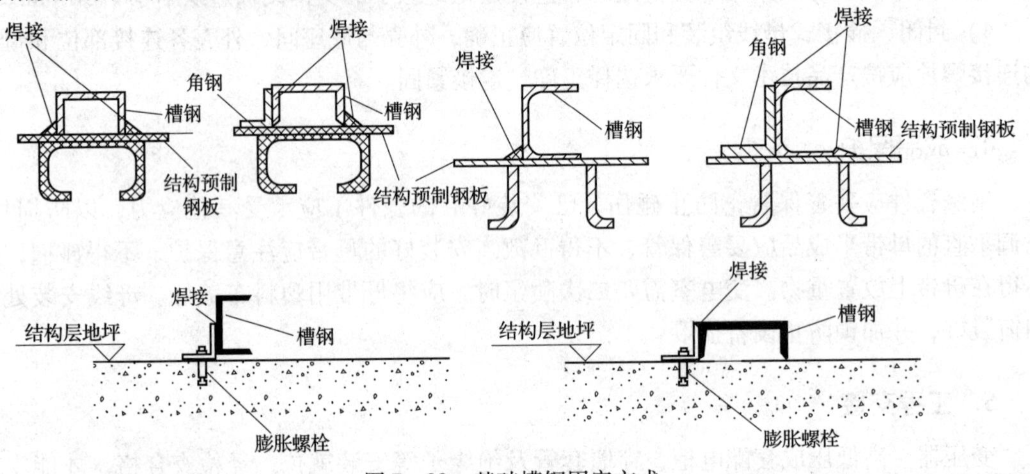

图 7—39　基础槽钢固定方式

4. 基础槽钢制作

为保证基础槽钢的安装精度，在安装前先根据图样尺寸对槽钢进行下料，并将槽钢调直；按厂家要求焊接成一个整体框架或局部焊接，安装时只需将成型的框架搬运至现场进行安装即可；对预埋件需根据加工图现场焊接为整体框架。对这部分预埋件制作中应特别注意，必须保证预埋件槽钢的平直度全长误差不大于 3 mm，焊接必须牢固，并满足焊接工艺要求。

5. 定位与测量

清理基础槽钢安装处的结构层地面，按照施工图的要求，全面复测结构层的标高，核对标高是否满足槽钢安装的要求，若有出入应及时提出，提前处理。依据施工图样和现场预留孔洞情况用钢卷尺、墨线在结构地板上放样出基础槽钢安装基准线。

6. 基础槽钢安装

依据弹出的基础槽钢安装基准线，正确摆放好槽钢，用钢卷尺测量基础槽钢是否符合设计图样要求，在摆放槽钢时，应保证设备外壳与墙面距离不少于 800 mm，基础槽钢可根据预留孔洞位置适当前后调节，设备安装后允许有部分槽钢外露。

在设备房的每个基础槽钢顶面选取不少于 3 个点，并用水准仪测量其标高并记录测量值（在读取塔尺数据时，应看两次数据避免看错），找到最高点，取最高点作为槽钢安装基准标高，若最高点低于地坪标高则取地坪标高为槽钢安装基准标高。

依据确定的槽钢安装基准标高对槽钢调平、调直并核对无误后，用点焊固定（点焊时应保持槽钢水平、平直，电焊时应时刻观察水平尺中的气泡是否在中心、水准仪数据是否偏移，若气泡移位应立即停止点焊，进行调整后继续开始点焊）。

全面复测各数据无误后再将所有固定点逐点全断面焊接。基础槽钢安装误差及不平行度允许偏差小于 1 mm/m。

接地体（线）的焊接、设备接地槽钢与基础槽钢焊接应圆滑满焊，无虚焊、假焊现象。低压开关柜基础槽钢若采用立放安装方式，侧柜前侧基础槽钢应低于变压器基础钢板 20 mm，若采用卧放则两基础设备槽钢在柜前侧平齐。

7. 接地支线制作

依设计图位置所示在每组基础槽钢两端焊接长为 100 mm 的 6. 3#槽钢如图 7—40 所示。

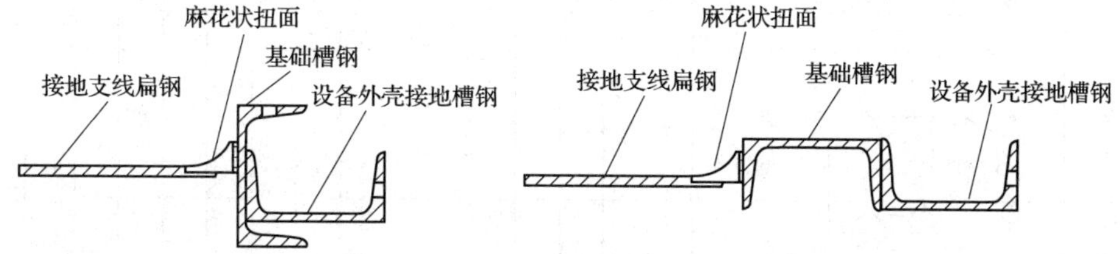

图 7—40　接地支线

根据施工图样所示在每一设备基础槽钢不同的两点与接地支线（40 × 4 镀锌扁钢）焊接并煨弯引至接地干线上。接地支线扁钢应沿结构层平躺敷设，敷设至基础槽钢后再麻花状扭面，以扁钢正面进贴基础槽钢后满焊，焊缝总长度不小于 120 mm，接地支线与接地干线搭接面不少于 80 mm。

8. 基础槽钢刷漆

基础槽钢全部焊接后，敲掉焊缝焊渣并打磨，清除锈蚀，刷一遍防锈漆。

思考与练习

1. 成套高压配电柜的作用。
2. 说明开关柜类型。
3. 高压配电柜中的高压电器有哪些？
4. 简述成套高低压配电柜操作工艺。
5. 高低压成套配电柜母线指什么？其作用是什么？

技 能 训 练

1. 阅读如图 7—41 所示 10 kV 配电设备典型组合系统图，说明该系统的功能和各高压配电柜的作用。

配电柜序号	1	2	3	4	5	6	7	8	9	10
方案编号	24	52（改）	JD1	08	22	31（改）	08	JD2	24	52（改）
母线规格（四）	由设计确定									
GG1A-10F 10kV一次系统方案 主结线图	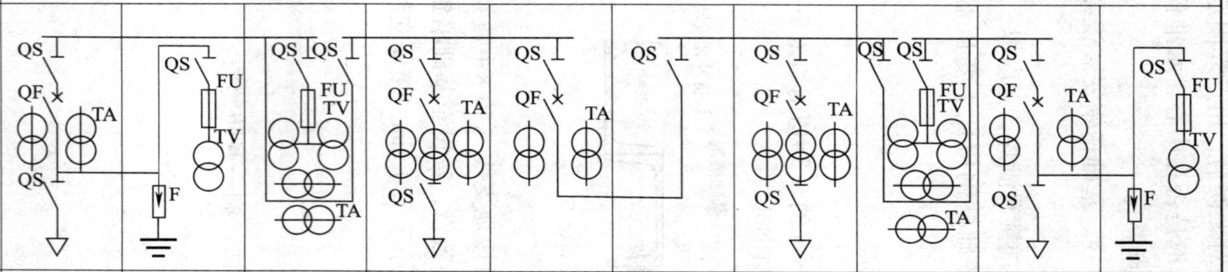 QS QF TA QS	QS FU TV F	QS QS FU TV TA	QS QF TA QS	QS QF TA	QS	QS QF TA QS	QS QS FU TV TA	QS QF TA QS	QS FU TV F
隔离开关 GN19-10C/□	2	1	2	2	1	1	2	2	2	1
隔离开关操作机构CS6-1T	2	1	2	2	1	1	2	2	2	1
少油断路器SM10-10/Ⅰ（Ⅱ）	1			1	1		1		1	
断路器操作机构CT8-Ⅰ（Ⅱ）	1			1	1		1		1	
电压互感器		JDZ-10/0.1-3	2（JDZ-10/0.1-0.5）					2（JDZ-10/0.1-0.5）		JDZ-10/0.1-3
电流互感器	2×□□/5		2（JDZ-10/0.1-0.5）	3×□□/5	2×□□/5		3×□□/5	2（JDZ-10/0.1-0.5）	2×□□/5	
高压熔断器 RN2-10-0.5A		3	3					3		3
避雷器 $r5W_2$-12.7/42		3								3
电流表 1T1-A	1×□□/5			1×□□/5	1×□□/5		1×□□/5		1×□□/5	
电压表 1T1-A		0~12kV	0~12kV					0~12kV		0~12kV
电压表换相开关LW2-5.5/F4-x		1	1					1		1
有功电能表			1					1		
无功电能表			1					1		
配电柜用途	进线	电压互感器	计量	变压器	联络	联络	变压器	计量	进线	电压互感器
二次图号	5.3.3	5.3.11	5.3.9	5.3.7	5.3.5	5.3.5	5.3.7	5.3.9	5.3.3	5.3.11
备注	SN10-10/Ⅰ配CT8-Ⅰ用于开断电流16kA系统中 SN10-10/Ⅱ配CT8-Ⅱ用于开断电流31.5kA系统中									

图7—41　10 kV配电设备典型组合系统图

2. 阅读如图 7—42 所示 10 kV 配电设备典型组合系统图，说明该系统的功能和各高压配电柜的主要高压电器名称。

配电柜序号	1	2	3	4	5	6	7
柜型							
母线规格							
SF_6负荷开关（环网柜）10kV一次系统主结线图	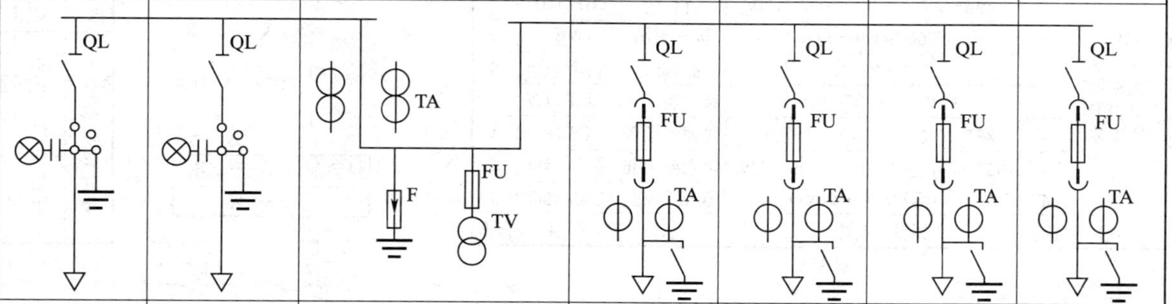 QL	QL	TA F FU TV	QL FU TA	QL FU TA	QL FU TA	QL FU TA
配电柜用途	进（出）线	出（进）线	计量	变压器	变压器	变压器	变压器
负荷开关 400A	1	1		1	1	1	1
高压熔断器 200A			0.5A	3	3	3	3
避雷器 $Y5W_2$–12.7/42			3				
电压互感器 JDZ–10			2				
电压互感器 LFS–10			2 ×□□/5	2 ×□□/5	2 ×□□/5	2 ×□□/5	2 ×□□/5
电压表 44L1–V			1				
电流表 44L1–A			1	1	1	1	1
有功电度表 44L1–W · h			1				
无功电度表 44L1–Var · h			1				
配电柜面宽（mm）	450	450	900	450	450	450	450

图 7—42　10 kV 配电设备典型组合系统图

3. 阅读如图 7—43 所示双电源切换配电柜电气原理图，分析切换和联锁过程。

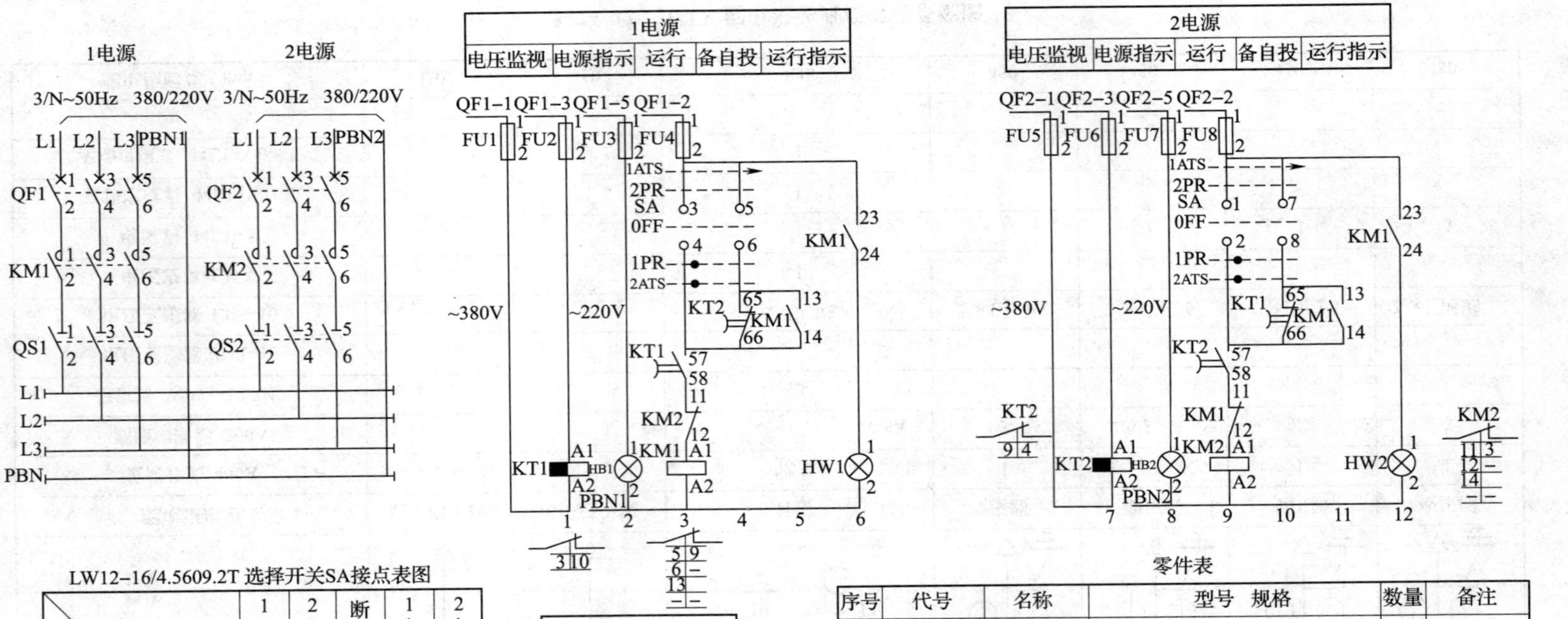

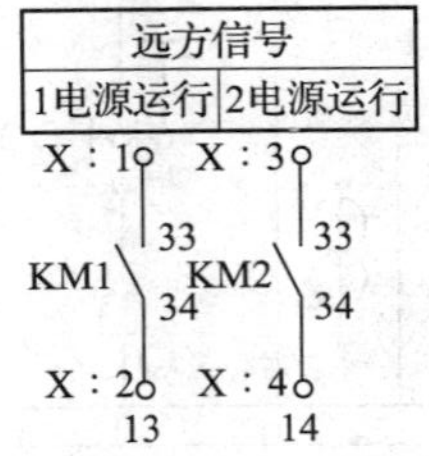

LW12-16/4.5609.2T 选择开关SA接点表图

接点号	位置和用途	1电源备自投	2电源运行	断开	1电源运行	2电源备自投
		LATS	2PR	0FF	1PR	2ATS
		90°	45°	0°	45°	90°
1○—⊣⊢—○2	1-2	×	×			
3○—⊣⊢—○4	3-4				×	×
5○—⊣⊢—○6	5-6	×				
7○—⊣⊢—○8	7-8					×

远方信号	
1电源运行	2电源运行

零件表

序号	代号	名称	型号 规格	数量	备注
1	QS1,QS2	隔离开关	QA12.5~630A/30	2	安装在XLK-DH电源切换箱（柜）上
2	QF1,QF2	低压断路器	CM1-100□~630□/3□40AC220V	2	
3	KM1,KM2	交流接触器	CJ29-63~630A AC220V三极	2	
4	KT1,KT2	时间继电器	JSK4-320/Q延时0.1s	2	
5	FU1~FU8	熔断器	gF-16/6A	8	
6	SA	选择开关	LW12-16/4.5609.2T	1	
7	HB1,HB2	信号灯	AD11-22/41-8CZ 220V蓝色	2	
8	HW1,HW2	信号灯	AD11-22/41-8CZ 220V白色	2	

图 7—43 双电源切换配电柜电气原理图

4. 阅读如图 7—44 所示低压配电柜安装，说明主要安装数据。

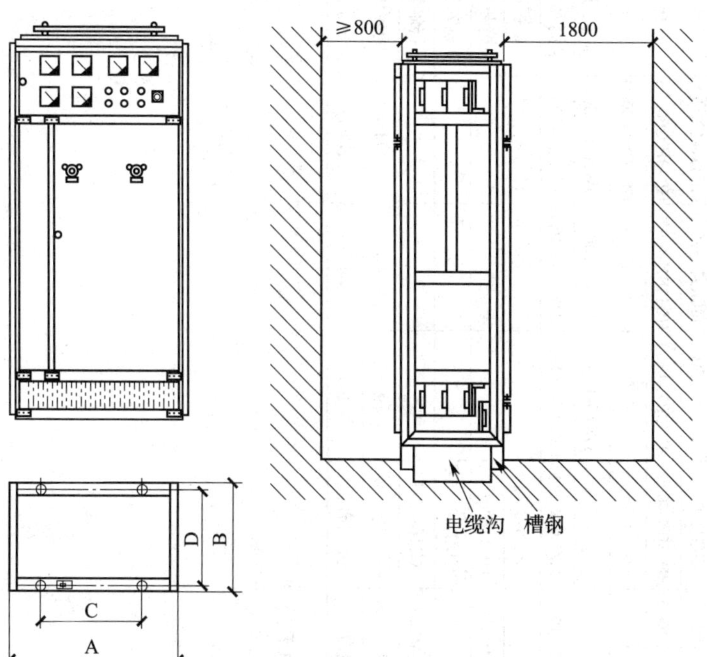

产品代号	A	B	C	D
TGGD 06	600	600	450	556
TGGD 06A	600	800	450	756
TGGD 08	800	600	650	556
TGGD 08A	800	800	650	756
TGGD 10	1000	600	850	560
TGGD 10A	1000	800	850	756
TGGD 12	1200	800	1050	756

图 7—44　低压配电柜安装

5. 阅读如图 7—45 所示双电源供电方案，说明工作原理。

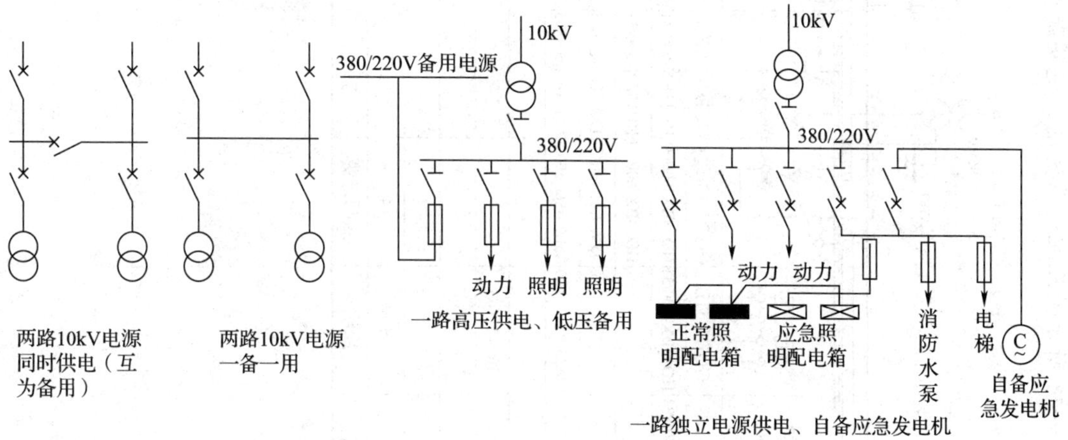

图 7—45　双电源供电方案

6. 阅读如图 7—46 所示低压配电系统图，说明配电系统组成、系统工作原理和各配电柜的主要低压电器的作用。

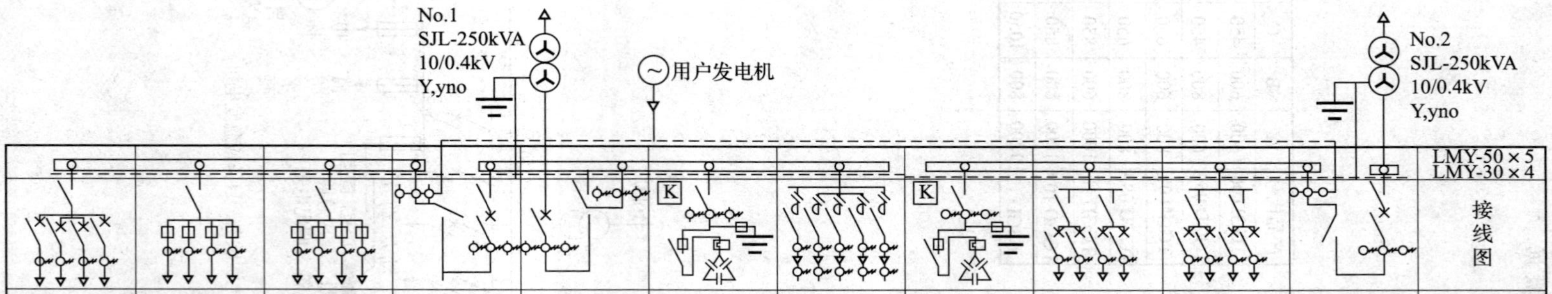

No.1
SJL-250kVA
10/0.4kV
Y,yno

用户发电机

No.2
SJL-250kVA
10/0.4kV
Y,yno

LMY-50 × 5
LMY-30 × 4

											接线图
GGD1-34B	GGD1-51B	GGD1-51B	GGD1-13(改)	GGD1-12(改)	GGJ1-01	GGD1-59A	GGJ1-01	GGD1-39B	GGD1-39B	GGD1-13(改)	低压柜型号
HD13BX=400/31	HD13BX-400/31	HD13BX-400/31	HD13BX-600/31	HD13BX-600/31	HD13BX-400/31	HD13BX-400/31	HD13BX-400/31	HD13BX-400/31	HD13BX-400/31	HD13BX-600/31	刀开关
			HD13BX-600/31	HD13BX-600/31						HD13BX-600/31	刀开关
DZ10-100/3			DWX15-30/3	DWX15-630/3				DZ10-100/3	DZ10-100/3	DWX15-630/3	自动空气开关
LMZ1-0.66 100/5	LMZ1-0.66 100/5	LMZ1-0.66 100/5	LMZ1-0.66 500/5	LMZ1-0.66 500/5	LMZ1-0.66 200/5	LMZ1-0.6 100/5	LMZ1-0.66 200/5	LMZ1-0.66 100/5	LMZ1-0.66 100/5	LMZ1-0.66 500/5	电流互感器
					FYS-0.22		FYS-0.22				避雷器
HR5-100/3	HR5-100/3	HR5-100/3			HR5-300/3	HR5-100/3	HR5-300/3				熔断器
					BCMJ0.4-16-3		BCMJ0.4-16-3				电容器
					CJ16-32/3	CJ10-100/3	CJ16-32-3				接触器
1	3	3	4	5	6	7	8	9	10	11	间隔编号
照明	照明	照明	照明记费	进线	无功补偿	动力	无功补偿	动力	动力	进线	间隔名称

图 7—46 低压配电系统图

7. 阅读如图 7—47 所示高压母线绝缘子安装，说明安装结构和主要参数。

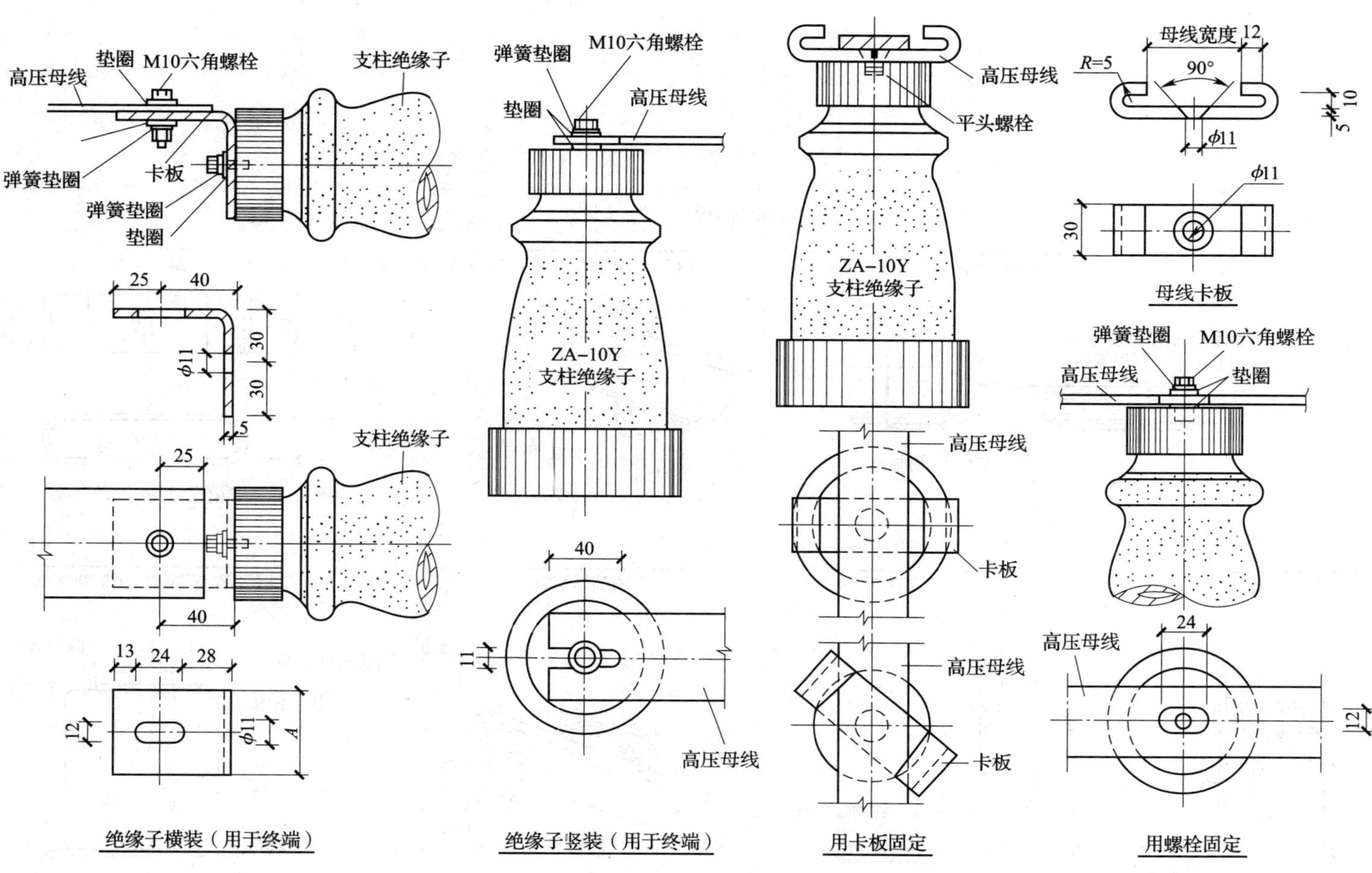

图 7—47 高压母线绝缘子安装

8. 阅读如图 7—48 所示母线安装图。说明主要安装数据和制作工艺。

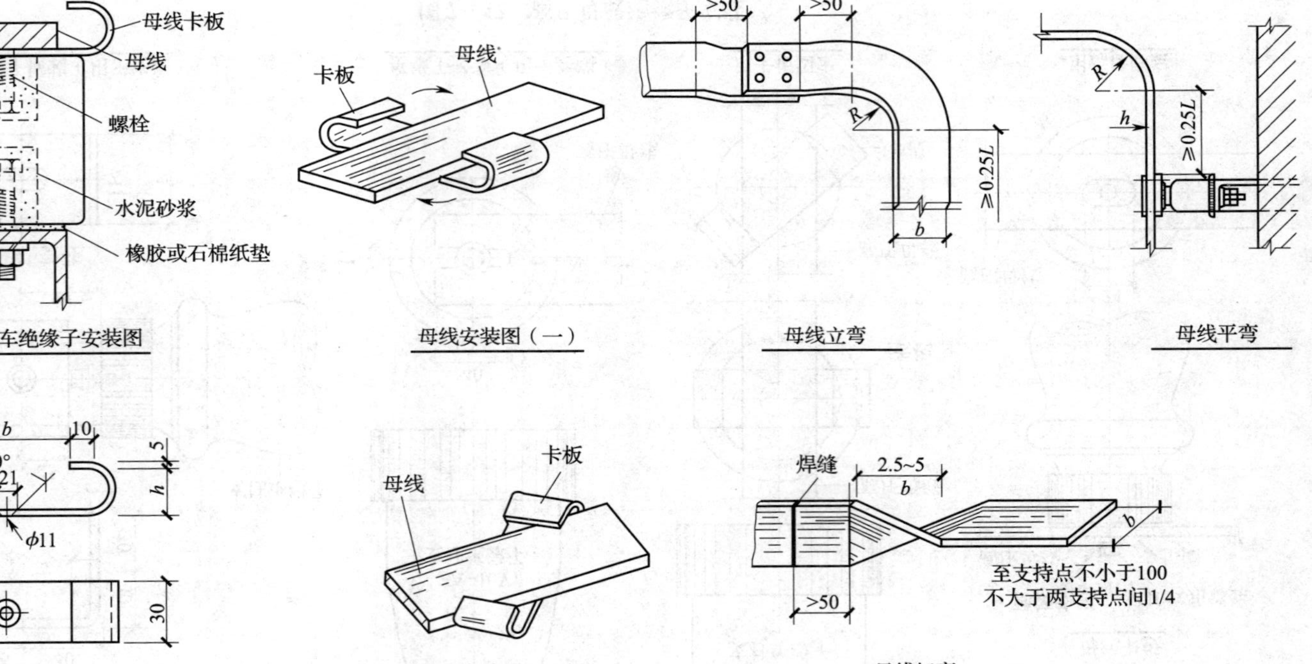

图 7—48　母线安装图

9. 阅读如图 7—49 所示母线绝缘子支架安装图，说明主要安装数据和制作工艺。

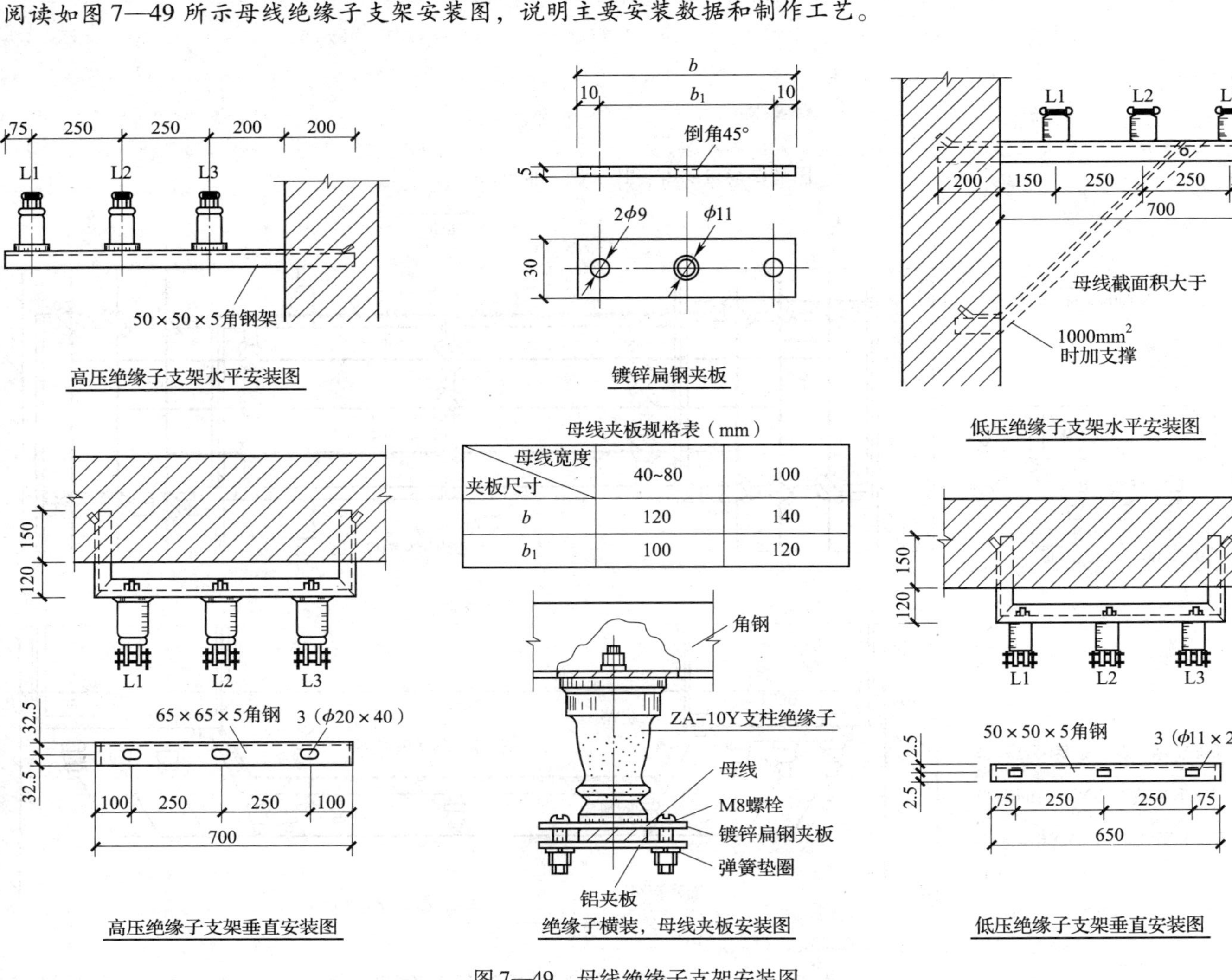

母线夹板规格表（mm）

夹板尺寸＼母线宽度	40~80	100
b	120	140
b_1	100	120

图 7—49　母线绝缘子支架安装图

10. 阅读如图 7—50 所示高压开关柜间母线安装图，说明安装工艺和主要数据。

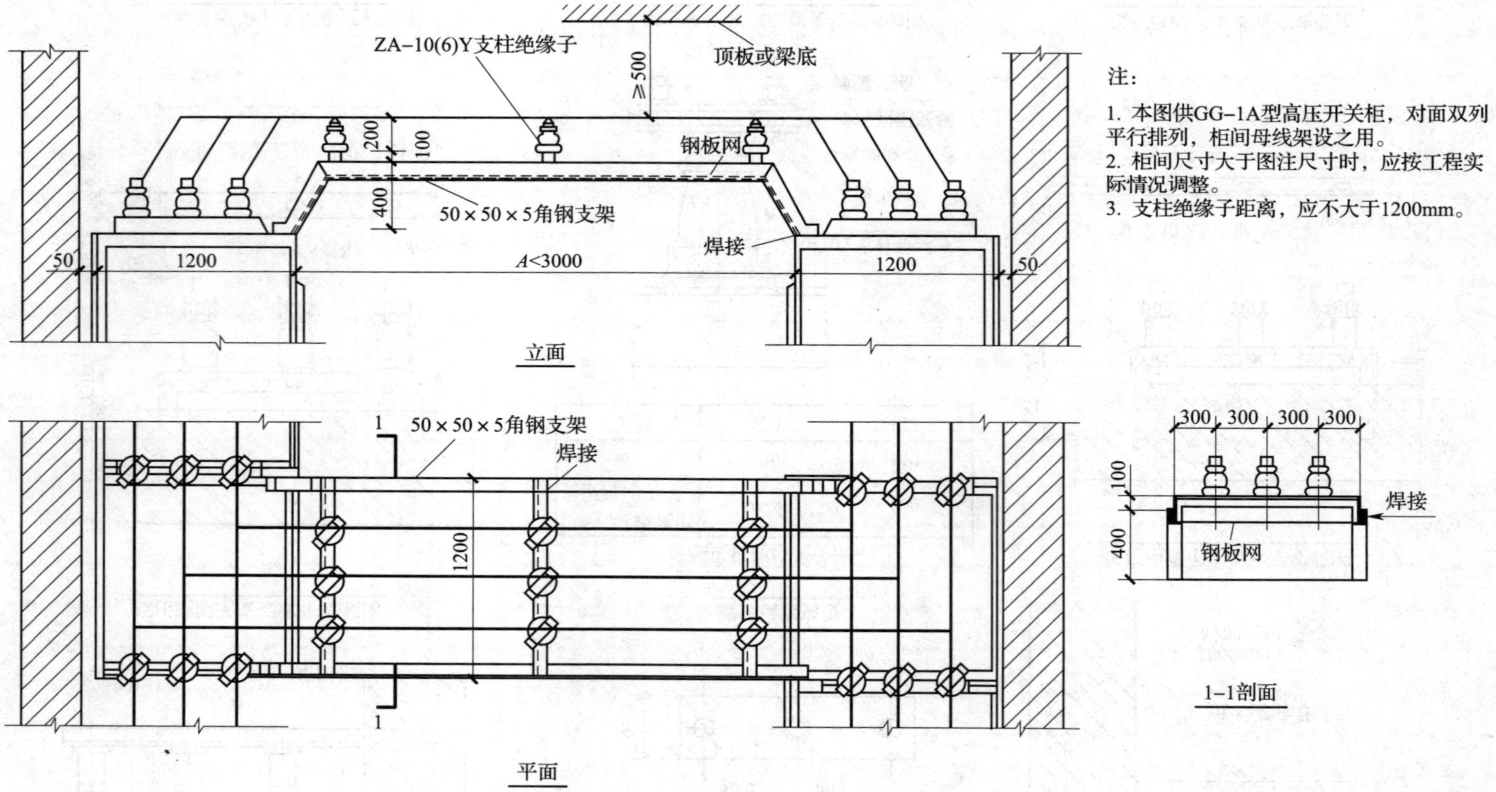
顶板或梁底
≥500
ZA-10(6)Y支柱绝缘子
钢板网
200
100
400
50×50×5角钢支架
焊接
50
1200
A<3000
1200
50
立面
1
50×50×5角钢支架
焊接
1200
1
平面
注:
1. 本图供GG-1A型高压开关柜，对面双列平行排列，柜间母线架设之用。
2. 柜间尺寸大于图注尺寸时，应按工程实际情况调整。
3. 支柱绝缘子距离，应不大于1200mm。
300 300 300 300
100
400
焊接
钢板网
1-1剖面

图 7—50　高压开关柜间母线安装图

11. 阅读如图 7—51 所示母线桥架安装图，说明安装工艺和主要数据。

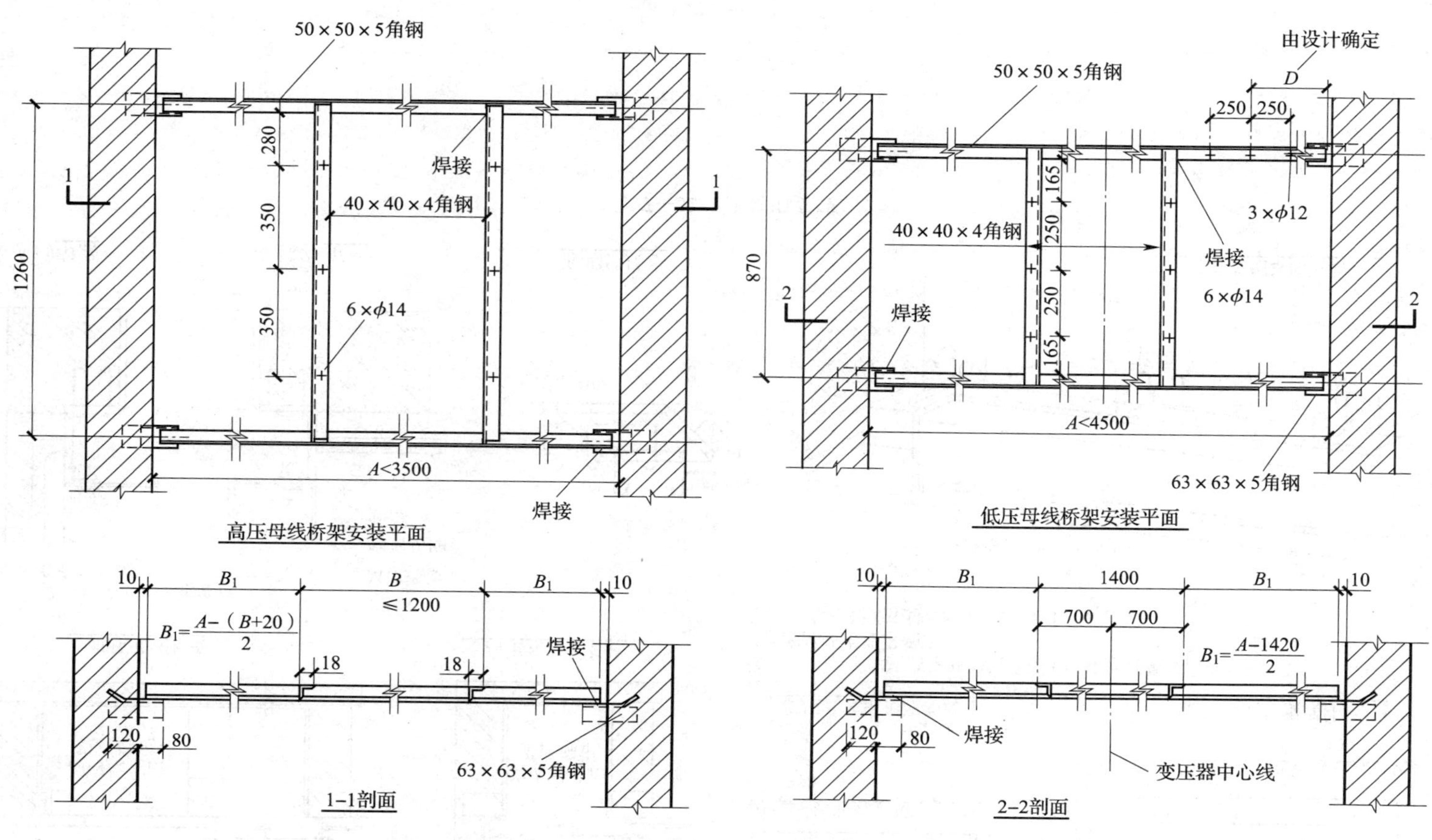

图 7—51 母线桥架安装图

12. 阅读如图 7—52 所示开关柜安装，说明制作开关柜基座的工艺。

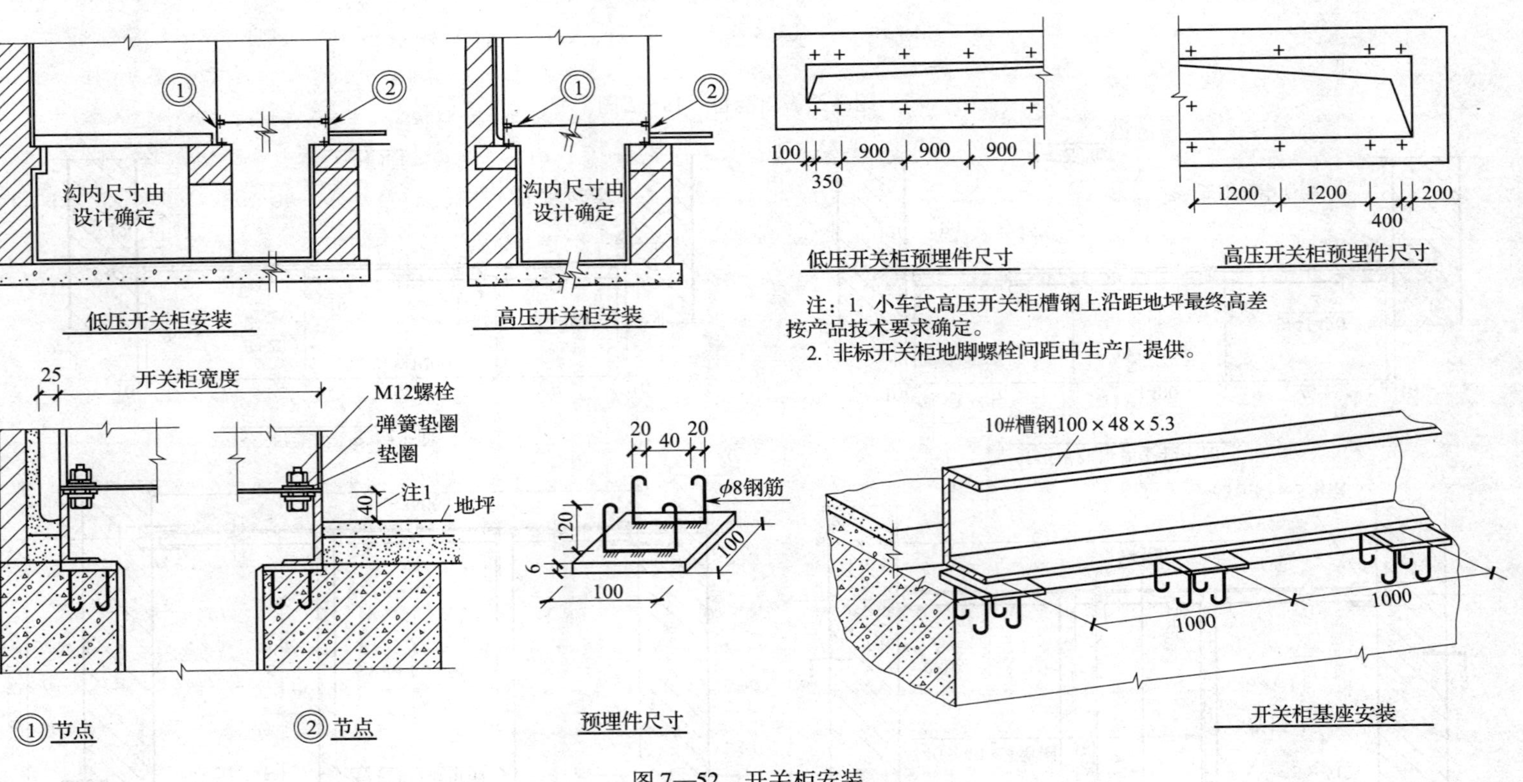

注：1. 小车式高压开关柜槽钢上沿距地坪最终高差按产品技术要求确定。
2. 非标开关柜地脚螺栓间距由生产厂提供。

图 7—52 开关柜安装

13. 阅读如图 7—53 所示开关柜基础图，绘制开关柜基础槽钢加工图。

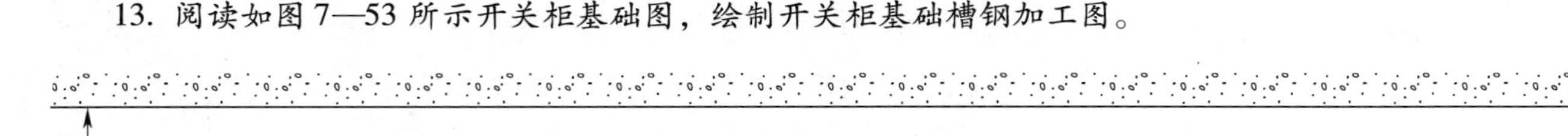

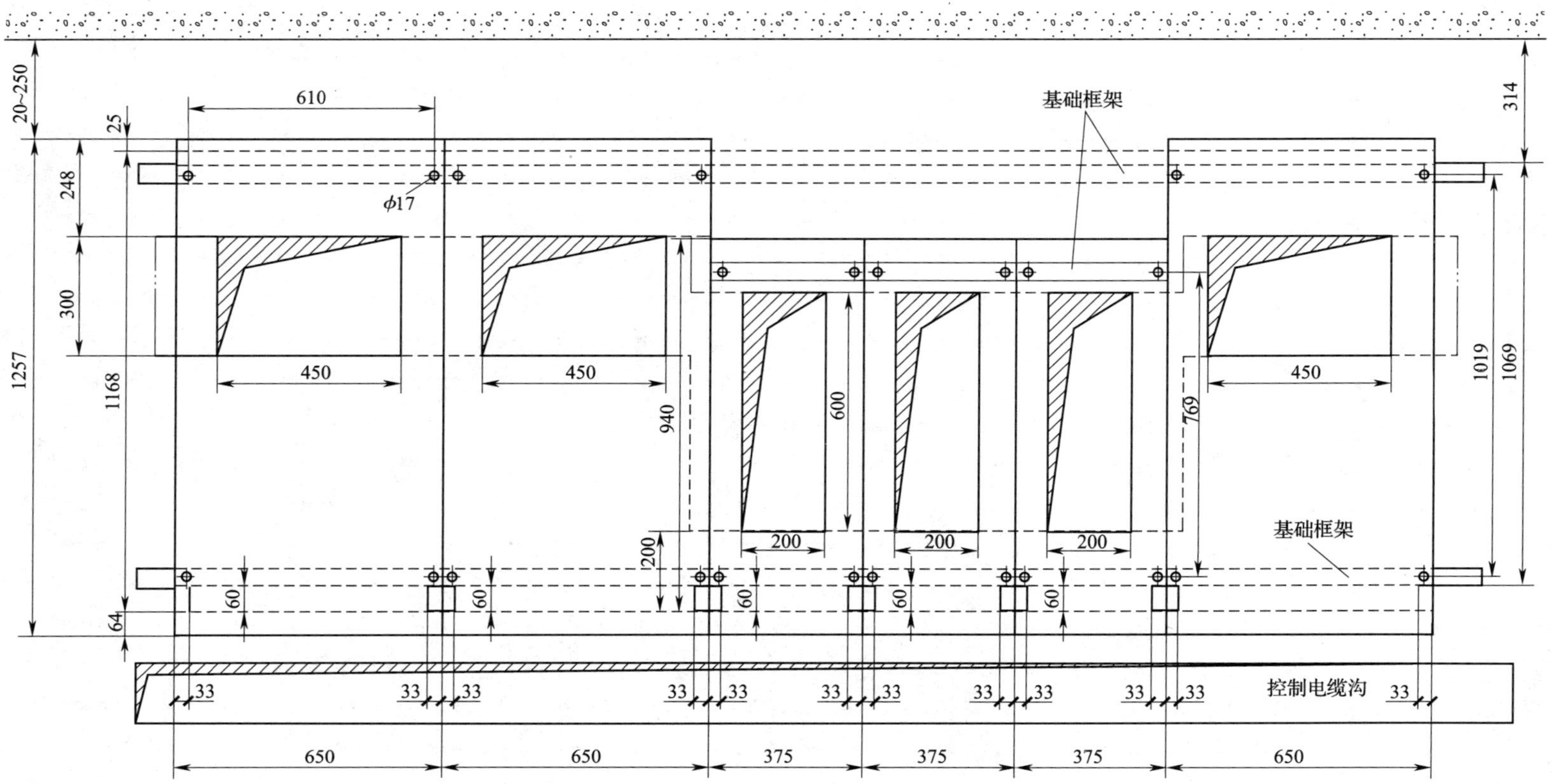

图 7—53　开关柜基础图